U0160765

THⁱNKr
新思

有思想和智识的生活

量子

THE QUANTUM

量子物理史上的 **40** 个重大时刻
A HISTORY IN **40** MOMENTS

通 STORY 史

JIM BAGGOTT

[英] 吉姆·巴戈特——著　　徐彬 于秀秀——译　　季燕江——审校

中信出版集团｜北京

图书在版编目（CIP）数据

量子通史：量子物理史上的 40 个重大时刻 /（英）
吉姆·巴戈特著；徐彬，于秀秀译 . -- 北京：中信出
版社，2020.3 （2024.3 重印）
书名原文：The Quantum Story: A History in 40
Moments
ISBN 978-7-5217-1308-4

Ⅰ . ①量… Ⅱ . ①吉… ②徐… ③于… Ⅲ . ①量子论
－物理学史 Ⅳ . ① O413-09

中国版本图书馆 CIP 数据核字 (2019) 第 292118 号

量子通史——量子物理史上的 40 个重大时刻

著　　者：[英] 吉姆·巴戈特
译　　者：徐彬　于秀秀
审 校 者：季燕江
出版发行：中信出版集团股份有限公司
　　　　　（北京市朝阳区东三环北路 27 号嘉铭中心　邮编　100020）
承 印 者：河北鹏润印刷有限公司

开　　本：880mm×1230mm　1/32　　印　张：17　　　字　数：353 千字
版　　次：2020 年 3 月第 1 版　　　　印　次：2024 年 3 月第 5 次印刷
京权图字：01-2019-3732
书　　号：ISBN 978-7-5217-1308-4
定　　价：88.00 元

献给 MSS

每位学生都值得拥有至少一位好老师

目录

第二章

量子诠释

第三章

量子论战

第四章

量子场

第五章

量子粒子

6

第六章

量子实在

7

第七章

量子宇宙学

前 言

　　20 世纪是由物理学所定义的。全球顶尖物理学家的头脑，汇聚成一条思想之流，忽而将人类带到奇迹的巅峰，忽而又一路降至绝望的谷底。20 世纪伊始，人类对绝对知识是那样确定，然而在世纪之末，却又发现并没有绝对的确定性。人类曾以为能够正确地把握物理实在的本质，但就在 20 世纪，物理学家发展的理论，却又否定了完全理解实在的可能性。依然是在 20 世纪，人类还造出了能把物理实在完全毁灭的武器。

　　我们对世界本质的认识，几乎全都来自同一个物理理论。这个理论在 20 世纪前 30 年得到发现并不断完善和发展，逐渐变成物理学史上最成功的理论。在 21 世纪的今天，我们对于很多技术都感到习以为常，但这些技术中，有很多都是以这个理论为基石的。

　　不过，成功是有代价的，因为这一理论也彻底剥夺了人类从世界的最基本构成层面了解这个世界的能力。

　　阿尔伯特·爱因斯坦拒绝接受这一新理论提出的不确定性和

随机性的说法，他曾说过一句经典名言："上帝不掷骰子。"尼尔斯·玻尔（Niels Bohr）断言："一个人，无论是谁，若没有对这个理论感到震惊，就说明他还没有理解它。"美国天才物理学家理查德·费曼（Richard Feynman）则更进一步：他断言**没人**能理解它。对任何一个受过经典物理学语言和逻辑训练的人来说，这个理论在数学上颇具挑战性，其诡谲令人发狂，而其完美又令人惊叹。

这，就是量子理论，本书讲述的就是量子理论的历史故事。

如果我们把量子理论的历史渊源追溯到马克斯·普朗克（Max Planck）发现"作用量量子"的 1900 年 12 月，那么这个理论已经走过一百多个年头了。你可能觉得，一百年时间，足够物理学家认真研究并理解它的意义了；也足够搞清量子理论对物理实在中的随机和因果有何影响，以及对物理实在的本质有何影响了。然而事实正好相反，随着时间的流逝，量子理论给人带来的震惊有增无减。

虽然没有人真正理解量子理论到底是如何运行的，但在应用中，其规律是无可置疑的，量子理论预测的正确性和精确性，在整个科学史上是无可比拟的。虽然对于如何诠释量子理论的争论依旧激烈，但对于量子理论根本性上的对错，却没什么可争论的。

在过去 400 多年的时间里，人类产生了一个信念（或许应该叫**信仰？**）：基于实证的调查研究如果符合严格的科学标准，就能够揭示大自然运行的真正机制。然而当自然机制揭开面纱，展示出量子机制时，科学和哲学两个世界不可避免地发生了碰撞。我们所面对的不是真理和理解，而是令人不安的问题，那些关于这个世界我们到底有望了解多少的问题。量子理论把人类推到了认识论悬崖的边缘。20 世纪 20 年代中期以来，人类一直战战兢兢，担心从这个边缘掉落。

这个理论神奇又令人不安，本书就是献给它的：1900 年，它从研究黑体辐射实验的陶瓷炉中诞生，经过了一个世纪，欧洲核子研究中心（CERN）的大型强子对撞机又带来了发现新的量子现象的曙光。本书把量子通史分成 40 个"时刻"来讲述，这 40 个时刻都是量子理论发展的关键时刻或转折点。

本书将带我们踏上一段漫长的旅程。第一章介绍了普朗克 1900 年的发现，追溯了早期量子理论的发展历程，包括爱因斯坦的光量子假说、玻尔的原子的量子理论、路易·德布罗意（Louis de Broglie）的波动-粒子假说、维尔纳·海森伯（Werner Heisenberg）的矩阵力学、令人迷惑不解的电子自旋现象及沃尔夫冈·泡利（Wolfgang Pauli）的不相容原理。第一章以埃尔温·薛定谔（Erwin Schrödinger）迟来的"艳福"收尾，那是在 1925 年，薛定谔创立了波动力学。

第二章追溯了量子理论的哥本哈根诠释的发展过程。1926年，马克斯·玻恩（Max Born）诠释了薛定谔波函数的重要意义，我们由此出发，旁观玻尔、海森伯和薛定谔关于量子跃迁的激烈论战，再目睹海森伯发展出不确定性原理，然后欣赏 1927 年玻尔在科莫的演讲。

到了这个阶段，量子理论的先驱爱因斯坦却成了这一理论最坚定的批评者之一。第三章讲述了玻尔-爱因斯坦论战，这也是科学史上最深刻的论战之一。1927 年 10 月，第五届索尔维会议召开，爱因斯坦在会上概述了自己最初的几个思想实验，令与会人员陷入了沉思。稍后我们会讲到爱因斯坦-波多尔斯基-罗森论证，即 EPR 悖论，以及 1935 年薛定谔的那只闻名遐迩的猫的悖论。途中我们稍做停留，去一览"绝对奇迹"——保罗·狄拉克（Paul Dirac）关于电子的相对论性量子力学。

要想研究量子理论，就得研究创立量子理论的物理学家。起初，我打算写一本量子理论界的"传记"，也就是以创立和完善量子理论的物理学家为基础的传记。[1] 但是其中涉及的很多物理学家，在世界上第一个核武器的研发中也扮演了关键角色，因此我就想把他们在战争期间的探索也包括进去，写一个很长的章节。本书的写作计划本就野心勃勃，再把这些内容包括进去就有些过分宏大了。于是我就把战争期间的故事拿出来单独成书，名为《原子：物理学第一次大战和原子弹秘史，1939—1949》（*Atomic: The First War of Physics and the Secret History of the Atom Bomb, 1939—1949*），由图标图书（Icon Books）于 2009 年出版。后经出版社允许，我在本书中插入了一段插曲，而这段插曲就是从《原子》中提炼出来的，重点放在了 1941 年 9 月玻尔和海森伯在哥本哈根的那场声名狼藉的会面，当时哥本哈根已被纳粹占领。

战后，物理学家们重拾学术研究，而量子理论却陷入了危机之中。第四章讲述了由朱利安·施温格（Julian Schwinger）、理查德·费曼、朝永振一郎和弗里曼·戴森（Freeman Dyson）发起的

---

1 在我最初写这本书的写作大纲时，非灵主体的"传记"还很受欢迎。（本书中除非特别说明，均为作者原注。）

一系列讨论危机的会议，这些会议的巅峰成果是促成了量子电动力学的发展。随后在 1954 年，杨振宁和罗伯特·米尔斯（Robert Mills）基于局域规范对称性发展了量子场论，这是人们始料未及的。1960 年，谢尔顿·格拉肖（Sheldon Glashow）、阿卜杜勒·萨拉姆（Abdus Salam）和斯蒂芬·温伯格（Stephen Weinberg）继续深入研究，提出了电弱统一理论（unified electro-weak theory）的早期版本，并预言了"重光子"，即 W 粒子和 Z 粒子的存在。虽然这些努力大部分都被物理学界草率地否定了，但这段时期是理论物理学史上前所未有的高产期。这一时期的巅峰成果包括 1963 年默里·盖尔曼（Murray Gell-Mann）提出的夸克理论、引入对称破缺的概念及 1967 年提出的希格斯机制。

此时，量子物理学与粒子物理学融为一体。本书的第五章详细探讨了体积越来越大、耗资越来越多的粒子加速器和对撞机的重要作用，它们目前为止为证明量子场论收集的论据，逐渐形成了粒子物理学中大名鼎鼎的标准模型。1968 年，斯坦福直线加速器中心研究发现，质子具有内部结构。我们在第五章中由此出发，接着去了解一种科学家猜测存在的粲夸克的发现，以及由盖尔曼和哈拉尔德·弗里奇（Harald Fritzsch）的量子色动力学理论描述的色力。

1974 年，J/ψ 介子（由一个粲夸克和一个反粲夸克组成）由斯坦福直线加速器中心和布鲁克黑文国家实验室在所谓的"十一月革命"中发现。随后，在 1983 年，欧洲核子研究中心观测到了 W 粒子和 Z 粒子。这些发现把物理学家引向了通往标准模型的道路。标准模型基于三"代"物质粒子的相互作用，这些粒子包括轻子（电子和中微子）和通过传递力的粒子相互作用的夸克。传递力的粒子包括光子、W 粒子和 Z 粒子及传递色力的胶子。但到目前为止，标准模型中仍没有引力的一席之地。在第五章最后，我们来到 2003 年 9 月，物理学家在欧洲核子研究中心会聚一堂，庆祝他们取得的成功。

接下来，本书要退回到 1951 年，当时大卫·玻姆（David Bohm）对哥本哈根诠释可能带来的影响越来越不安。受爱因斯坦的鼓励，玻姆继续研究爱因斯坦、波多尔斯基和罗森的论点，将其进一步完善，把三人的思想实验带入了现实的王国。玻姆继续发展出了一套传统量子理论的替代理论，这套内容详尽的理论便是"隐变量"理论。

从这些故事出发，第六章追溯了当代实验的发展轨迹，而当代实验的目标就在于探求物理实在的本质。1964 年，约翰·贝尔（John Bell）提出了贝尔定理和贝尔不等式，揭示了爱因斯坦质疑的本质问题，直截了当地检验了局域与非局域问题。具有决定性的实验，首先由阿兰·阿斯派克特（Alain Aspect）与其同事在 1981 年和 1982 年做出。该实验证明，量子世界确定无疑是非局域的。

随后一系列的实验证明，量子世界的确存在一些令人无法理解的特性，这令坚定的实在论者陷入绝望，苦苦挣扎。这些实验中包括马朗·斯库利（Marlan Scully）和凯·德吕尔（Kai Drühl）的量子擦除实验及证明宏观量子物体相互干涉的实验，以及与薛定谔的猫类似的非生命体实验室版本。安东尼·莱格特（Anthony Leggett）曾设想出一个不等式，第六章的最后介绍了安东·蔡林格（Anton Zeilinger）与同事为了验证该不等式在 2006 年前后做的实验。实验结果充分表明，我们不能继续认为测量所得的粒子属性就必然反映或代表粒子的本质属性。

这些实验明确地告诉我们，人类永远无法感知现实的"庐山真面目"。我们只能解释经验现实的某些方面，而经验现实是由我们使用的工具和所问问题的性质决定的。看起来，量子物理学已经完成了向实验哲学的转变。

一直以来，物理学家都想把两大物理理论——量子理论和广义相对论——结合起来，统一为量子引力理论，或者换种说法，将两者统一为能够描述宇宙间万事万物的"万物理论"。第七章，也是本书的最后一章，将介绍物理学家为此所做的努力。第七章从正则量子引力（canonical quantum gravity）方法——其数学形式是惠勒-德维特方程（Wheeler–DeWitt equation）——的发展开始。1974 年，斯蒂芬·霍金（Stephen Hawking）把量子场论应用到黑洞附近的弯曲时空，发现黑洞"并没那么黑"。

1984 年 8 月，第一次超弦革命爆发，超弦革命有望提供一套理论，这套理论不仅能够解释标准模型里的所有粒子，还能容纳进引力子（引力子是一种假想的传递引力的场粒子）。但是，随着不同版本的超弦理论的出现，超弦理论不再具有独特性，早期的希望也随之破灭。差不多同时，正则方法以圈量子引力论（loop quantum gravity）的形式重出江湖。1995 年 3 月，超弦理论在某种程度上热火重燃，这就是第二次超弦革命，直至今天，它依然在理论物理学中占据主导地位。

但是，超弦理论总是抓着模糊的隐藏维度不放，也无法做出经得起检验的预言，人们对它也就越来越没有耐心。量子理论再次陷入了危机，不过这在它 110 年的光辉岁月中可算是家常便饭了。自量子理论兴起之时，物理学界就一直痴迷于诠释，第七章末尾探讨了它依然能够扮演的重要角色。

本书最后一节的标题充满积极色彩：慰藉人心的量子。欧洲核子研究中心坐落在日内瓦，2008 年 9 月，这里的大型强子对撞机（LHC）正式启动，目前已经耗资 35 亿英镑（约合 310 亿人民币），虽然启动后不久就发生了严重事故，但它为解决当前的危机带来了一些希望。至少，大型强子对撞机将能够确定希格斯玻色子的存在，[2] 从而证实对称性自发破缺机制，解释粒子如何获得质量，并给标准模型锦上添花。至少，它能够给出**答案**。

最好的结果则是 LHC 能够发现一些奇异的、全新的实验事实。如果这些实验事实无法用目前构成标准模型的量子场论解释，危机将进一步加深。到那时，物理学或许会经历一次重生。人们似乎只有在绝望的低谷中才能看到突破，推动量子理论在漫漫征程上驶向下一个阶段。最好的结果就是，LHC 能够发现**问题**。

我在本书中所选择的"时刻"，大部分毫无疑问是量子理论史上的关键时刻，而有些时刻的作用则不那么明显。对于自己的选择，我认为都是有其道理的，但我也深知其中的风险，把这些"时刻"放在一起，读者可能会感觉本书描述的是一个通往科学真

---

2 2012年7月4日，欧洲核子研究中心宣布在LHC的实验中发现新玻色子；2013年3月14日，该种玻色子被确认为希格斯玻色子。——译者注

理的一帆风顺、不可抵挡的必然过程。

但是科学的发展可没有这么简单。限于篇幅，我们无法一一描述其中的所有死胡同与瓶颈。有些理论曾一时占尽风头，最终却被更具数据说服力的后来者取代。事实上，科学探索的过程非常混乱，通常没有逻辑，深受情绪因素的影响，而且由参与其中的个人推动向前，这些人就似"梦游"一般，偶尔走到了通往暂时性科学真理的道路上。

我要向牛津大学出版社的编辑拉莎·梅农（Latha Menon）表示感谢，感谢她的耐心、勇气和能力，把我的"野心"引向可实践的康庄大道。还要向阅读手稿并给出意见的安东尼·莱格特、卡洛·罗韦利（Carlo Rovelli）及彼得·沃伊特（Peter Woit）表示感激。当然，毋庸赘言，书中如果存在偏差、误见、错解等，责任都应由我个人承担。

量子理论与我们理解世界的常识性概念存在天壤之别，给人类的知识和心理带来了挑战，我希望本书足以明鉴这些挑战，并向那些起身迎接挑战的伟大物理学家致敬。对于那些通过应用一个"无人可以理解"的理论而能获得的成果，我希望本书也能予以充分的说明。

吉姆·巴戈特

2010 年 7 月于雷丁

序言　乌云蔽空

伦敦
1900年4月

　　20 世纪伊始，有太多理由足以让人们相信，物理学的伟大征程即将完结。

　　经典物理学的架构以 17 世纪艾萨克·牛顿集大成的成就为基石，并在接下来 200 年的科学研究中，创造了一个看似无懈可击的世界模型。这个模型能够解释一切，从研究运动物体的动力学中力与运动的相互作用到热力学、光学、电学、磁学以及万有引力，可以说是包罗万象。它还能够描述一切，近到地球上日常生活中的物品，远到可见宇宙的最边缘之物。对于经典物理学的基本准确性、基本真理，似乎再没有可供怀疑的地方了。

　　然而，牛顿在发展他的理论的时候也做了妥协。他需要一个绝对空间和一个绝对时间来提供一个框架，以测量所有的运动。其中最令人烦忧的是引力。在牛顿的所有力学中，力是一个物体通过接触，作用到另一个物体的物理现象，而牛顿的引力，是指物体之间一种神秘的、相互的超距作用产生的影响。他由于在原本理性的、物理的和数学的精确描述中引入了"超自然的力量"，而遭世人诟病。牛顿在他最著名的杰作《自然哲学的数学原理》的第二版（1713 年）中，添加了《综合注释》（*General Scholium*）一文，他写道：

> 到目前为止，我们已经用引力解释了天空和海洋的现象，但还没有找出此种力量的起因……我没能从现象中发现引力属性的原因，也没有提出任何假设。[1]

牛顿认为，引力是一种能够瞬时发挥作用的力。除了一种假想的、被称为以太的物质外，引力发挥作用无须任何其他媒介。而以太则无处不在、无比稀薄、充满整个空间。

牛顿还将自己的力学范围扩展至了光，他认为光是由微小的粒子构成的。与他同时期的英国自然哲学家罗伯特·胡克（Robert Hooke）和荷兰物理学家克里斯蒂安·惠更斯（Christiaan Huygens）则与他意见相左，认为光是一种波。鉴于牛顿的声望和权威，微粒说在近一个世纪的时间里一直处于统治地位。

就在牛顿去世的大约 80 年后，英国物理学家托马斯·杨（Thomas Young）于 1801 年至 1803 年向伦敦的英国皇家学会递交了一系列论文，重振了光的波动学说。杨认为波动说是唯一可以

---

1 Isaac Newton, *The Mathematical Principles of Natural Philosophy*, Book II （1729 English translation）, p.392.

解释光的衍射和干涉现象的理论。在一项通常归功于杨的实验中，光在穿过两个狭窄的、间距很小的孔或缝时，会产生明暗相间的条纹。这种现象用光的波动理论很容易解释。光波从两条缝射出来后，两者的波峰和波谷刚好"步调一致"，即"同相"。在那些一条光波的波峰与另一条光波的波峰一致的地方，两波会叠加并加强，这叫作相长干涉，从而产生亮条纹；在那些一条光波的波峰与另一条光波的波谷一致的地方，两波相遇，互相抵消，这叫作相消干涉，从而产生暗条纹。

很明显，杨的解释逻辑清晰、无可辩驳，但当时的物理学界却强烈否定了他的观点，有些人甚至谴责他的解释"避开了所有优点"。[2]

但是，波动说最终证明它是不容忽视的。19世纪60年代，苏格兰物理学家詹姆斯·克拉克·麦克斯韦（James Clerk Maxwell）把电学和磁学合二为一，创立了电磁学。电现象和磁现象存在紧密的联系，这一点多年来已为世人公认，迈克尔·法拉第（Michael Faraday）在伦敦的英国皇家研究院所做的卓越的实验研究，则把这一点推向高潮。通过与流体力学的对比类推，麦克斯韦认为存在电磁场，并用一套复杂的微分方程描述了它的性质。[3]

关于这些场如何在空间传播，麦克斯韦没有提出自己的猜想。但是，这些方程明确表明，电场和磁场穿过自由空间时，是

---

2 attributed to Lord Brougham, *Edinburgh Review*. Quoted in Hecht and Zajac, p. 5.
3 麦克斯韦方程组的历史发展在克里兹（Crease）的著作《历史上最伟大的10个方程》（*A Brief Guide to the Great Equations*）中有详细描述。

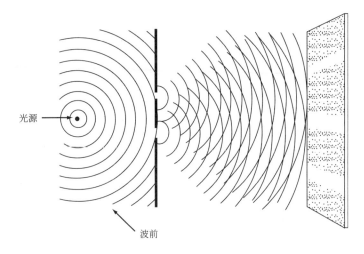

图1 托马斯·杨发现，光穿过两个狭窄的、间距很小的孔或缝时，会产生明暗相间的条纹。杨认为只有一种解释，即光的波动理论。波前相长干涉，形成亮条纹；相消干涉，形成暗条纹

相互依存的，也就明确说明了电场和磁场都是以波动方式传播的。此外，麦克斯韦还发现，这些电磁波的传播速度与光速完全相同。

但是，波是某种物质中的扰动。池塘表面的水波就是水中的扰动，树林中一棵树倒下，产生的噪声则以声波的形式在空气中传播。所有的波动都需要媒介的支持，那么光波在传播时的媒介究竟是什么呢？以太，再一次被赋予了使命。虽然法拉第拒绝以太的概念，但麦克斯韦在建立自己的理论时却非常倚仗它。

如果没有以太，引力和电磁现象似乎都无法得到解释。而有了以太，某些物理结果就能够预言了。地球在太空中的运动，可以认为是拖曳着周围的以太一起运动。而且，就像声波顺着强风

传播速度会加快一样，光波顺着"以太风"的传播速度也会加快。这也就意味着，相对于地球在太空中的运动方向，不同方向的光速会存在可测量的偏差。1887 年，美国物理学家阿尔伯特·迈克尔逊（Albert Michelsen）和爱德华·莫雷（Edward Morley）对这一预言做了最严苛的检验。结果他们发现，没有证据能够证明存在拖曳效应，因此也就没有证据证明地球和以太之间存在相对运动。

19、20 世纪之交，牛顿宏伟的力学大厦整体上依然显得坚不可摧。整个结构运转得如此完美，它是那样无懈可击，物理学家别无选择，要么放弃引力的超距作用，要么缄默不语，不再把它当作一个问题。此前的事实已经证明，牛顿在光的问题上是有可能犯错的，但到了此时，有一点已经非常明显：尽管麦克斯韦在光波的传播媒介上存在一些疑点，但光的波动理论与他创建的同样完美的结构非常契合。

19 世纪末的物理学家满怀着胜利在望的期许——或许，我们不应该苛责他们。1900 年，伟大的英国物理学家开尔文勋爵（威廉·汤姆森，William Thomson）在英国科学促进会的一次会议上发表了著名的宣言："现在，物理学中已没有什么新东西有待发现了，剩下的工作就是越来越精确的测量。"[4]

这句宣言广为人知，反映出了当时人们的心态，不过，它也

---

4 attributed to Lord Kelvin. Quoted in Isaacson, p. 90, but see also the footnote on p. 575.

很可能是杜撰出来的。[5]实际情况是，在 19 世纪的最后十年，随着反面证据越来越多，经典物理学的力学结构大厦已经开始嘎吱作响、摇摇欲坠了。1900 年 4 月，开尔文在英国皇家研究院的演讲中说道，他认为在热和光的动力学理论上空，仍残存着两朵 19 世纪的"乌云"。[6]

开尔文不鼓吹胜利主义，而是有先见之明。

此时，乌云仍在聚集，即将遮蔽天空。但没有人能准确地判断出，暴风雨将在哪儿降临。

5 在2007年出版的爱因斯坦传记中，沃尔特·艾萨克森（Walter Isaacson）说他没有发现直接的证据证明开尔文说过这样的话。
6 见克拉格（Kragh）的《量子世代》（*Quantum Generations*），第9页。

PART 1
第一章

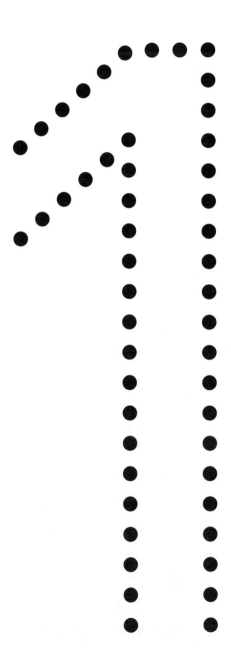

作用量量子

1

平生最难事

柏林
1900年10月

曾有人劝告马克斯·普朗克，不要在理论物理学上耗费青春了，这个人就是他在慕尼黑大学时的导师。导师忠告他说，随着热力学原理的发现，物理学作为一门学科，已经基本完结了。简单来说，就是已经没什么可发现的了。

然而，随着 20 世纪的临近，物理学中一些对立理论之间却存在分歧。热力学原理强化了人们认为自然是一个和谐流动的流体的设想。能量既不能被创造也不能被毁灭，它在辐射与物质实体之间不间断地流动，本身就是一种不间断的连续体。原子论者的观点则与之对立，立场全然不同。原子论者认为物质不是连续的，而是由离散的原子或分子构成的。他们认为利用统计学方法，通过计算构成物质实体的原子或分子的机械运动，就能得出该物质实体的热力学属性。

普朗克精通经典热力学。原子论者的统计力学模型，从某些方面动摇了他的世界观，改变了他一生的研究。虽然普朗克也承认物质的原子论的确取得了一些显著成就，但他依然将其视作"进步的危险敌人"，[1] 最终"会因人们倾向于连续性物质的假设而不得不被摈弃"。[2]

1897 年，普朗克选择了"空腔辐射"理论，即我们熟知的"黑体辐射"，把它作为与原子论者立场对立的理论基础，也把它视为融合力学与热力学的一方土地。但仅仅三年后，普朗克的发现就逐渐使他倒向了原子论学说。与此同时，他的发现还静悄悄地埋下了一颗革命的种子，即将颠覆我们对世界的科学认知，而这几乎可以说是意外的收获。这场革命的持续影响，即便在一个多世纪之后，依然余威不减。

上述普朗克在原子论学说上遇到的问题，是一种简单叙述。原子论者通过把热力学量的计算还原为对原子或分子运动的数据统计，打开了一扇大门，但门内是一些令人不安的结果。在热力学中，某些无疑不可逆转的现象，以及不容反驳的自然规律，从统计学角度讲，则被认为只是众多不同选择中最具可能性的那一种。

对热力学第二定律的诠释，是矛盾的关键点。这是普朗克 1879 年的博士论文的主题，也正是对这个问题的研究让普朗克成为这一领域世界顶级的专家。热力学第二定律表述为：处于封闭系统中的物质，比如气体，与外界阻隔了能量的交换，那么随着系统内的气体达到热平衡，被称为熵的热力学量将不可避免地自发地增加到最大值。

---

1 Max Planck, letter to Wilhelm Ostwald, 1 July 1893. Quoted in Heilbron, p. 15.
2 Max Planck, *Physikalische Abhandlungen und Vorträge*, Volume 1, Vieweg, Braunschweig, 1958, p. 163. Quoted in Heilbron, p. 14.

熵是一个比较抽象的量，人们习惯将它解释为表示一个系统中的"混乱度"的量。[3] 1895 年，经普朗克同意后，他的研究助理恩斯特·策梅洛（Ernst Zermelo）在德国科学杂志《物理年鉴》（*Annalen der Physik*）上发表了一篇论文，将论战的矛头直接指向了原子论者。

举个例子来说，如果我们在一个密闭的容器中，释放两股不同温度的气体，那么根据热力学第二定律，气体将混合，温度不断趋向平衡，混合气体的熵将逐渐增加到最大值。但是，根据原子论者的观点，混合气体的变化是每种气体中的原子或分子的机械运动造成的，混合气体的平衡状态只是其最可能的状态。而策梅洛则认为，这一点恰恰表明，原则上无法排除一系列能彻底逆转原子或分子运动的事件存在的可能性。如果这些事件真的发生了，那混合气体必然会分离，回到两者最初的温度，混合气体的熵会自发减少，这与热力学第二定律又是完全矛盾的。

原子论者的领袖，奥地利物理学家路德维希·玻尔兹曼（Ludwig Boltzmann）回应道：与对热力学第二定律普遍认同的诠释相反，熵并不总是增加，只是在绝大多数情况下增加而已。从统计的角度看，熵值高的状态数比熵值低的状态数多得多，这导致系统在更多情况下都处于高熵值的状态。玻尔兹曼认为，实际上，我们如果等的时间足够长，[4] 最终将会发现那些熵在自发减少的系统。

这个观点的神奇之处，就相当于聚会上的鸡尾酒杯摔碎了还

---

3 比如冰块在融化后，会转化为更为混乱的液体形式。而液体水加热变成蒸汽后，则转化为更加混乱的气体形式。随着从固体到液体再到气体的转化，测量出的水的熵也会随之增加。

4 必须承认，我们要等的时间要远远超过宇宙现在的年龄。

可以自我复原，惊掉在场所有嘉宾的下巴。

对普朗克来说，这一点把对热力学第二定律的诠释逼到了崩溃的边缘。为了找到一个强有力的反驳，击碎玻尔兹曼的统计学解释，普朗克把战场转向了空腔辐射物理学。

这个选择，似乎是绝对安全的选择。毕竟，空腔辐射的理论物理学看起来与原子或分子没有丝毫关联。它关乎两个问题：一个是麦克斯韦理论中电磁辐射的连续波的问题；另一个则是热力学的问题，其第二定律使得辐射趋于平衡。普朗克认为，如果他能不借助原子论的统计力学模型就阐明平衡的过程，那他就可以摧毁热平衡力学描述的基石。

在当时，科学家对空腔辐射的特性已经有了相当的了解。加热任何一个物体到比较高的温度，它都会获取能量并发出光来。我们把物体加热后的状态称为"赤热"或"白热"。加热物体的温度越高，发出的光就越强烈，频率也就越高（也就是波长较短）。随着温度不断升高，物体开始呈现出红色，接着是橘黄，然后是明黄，再然后是亮白。

理论物理学家通过引进"黑体"，将此问题简单化。黑体是一个假想的、完全不反射光的（通体黑色）物体，能吸收并发出光辐射，对任何频率的辐射都一视同仁，不偏不倚。黑体与周围环境达到热平衡时，它发出的辐射强度与黑体内的能量总量有关。

理论物理学家进一步发现，如果一个空腔壁吸收效果非常好，且在壁上刺穿一个小孔（通过这个小孔，辐射可以进出），那么通过研究这个空腔内的辐射，就可以探索黑体的性质。早期的空腔辐射实验，大多使用陶瓷和铂制的封闭圆柱体，造价比较高。[5]

1859 年到 1860 年的冬天，德国物理学家古斯塔夫·基尔霍夫（Gustav Kirchhoff）证明，发射能量与吸收能量之比，只取决于辐射频率和空腔内部的温度，与空腔的形状、空腔壁的形状，甚至空腔的材质，没有半点关系。这表明，与辐射本身的物理学相关的某些基础性问题正一步步揭开面纱。基尔霍夫向科学界发起了挑战，看谁能最先发现这一行为的本质。

在此之后，物理学界取得了诸多进展。1896 年，德国物理学家威廉·维恩（Wilhelm Wien）通过研究空腔辐射实验中发射出来的红外辐射（热辐射），推导出辐射频率与空腔温度之间存在一个相对简单的数学关系。维恩定律看起来具有相当高的可信度，1897 年，汉诺威技术学院的弗里德里希·帕邢（Friedrich Paschen）通过实验，也进一步证明了维恩定律。然而在 1900 年，柏林帝国物理技术研究所的奥托·卢默（Otto Lummer）和恩斯特·普林斯海姆（Ernst Pringsheim）的实验结果却证明，维恩定律在低频率时并不适用。很明显，维恩定律还不是最终的答案。

1889 年，普朗克接替基尔霍夫在柏林大学的职位，并于 1892 年晋升为正教授。无论怎么看，普朗克都不像一个科学革命先锋。他出身于牧师和教授的家庭，从小受到神学和法学的熏陶。在校时，他学习勤勉，英俊优雅，但并未显露出过人的天赋。他自己都觉得自己在物理学领域没什么天分，但最终却在学术界脱

---

5 研究空腔辐射，不单单是为了构建理论原则。德国标准局（German Bureau of Standards）也关心此事，因为它可以作为评定电灯等级的参考。

颖而出，蜚声国际。此时，他刚 40 岁出头，研究步调缓慢、沉稳而又保守，喜欢科学的稳定性和预见性，这也反映出包括他在内的德国上层阶级人士的普遍特点。后来据他自己说，他是一个有"和平倾向"的人，拒绝"一切可疑的冒险"。

普朗克住在柏林郊区的格吕讷瓦尔德，1900 年 10 月 7 日，实验物理学家海因里希·鲁本斯（Heinrich Rubens）拜访了他，其间跟他谈了一些与同事费迪南·库尔鲍姆（Ferdinand Kurlbaum）共同实验的新成果，他们研究了低频率的空腔辐射。鲁本斯对低频率辐射特性的描述，让普朗克陷入了深思。鲁本斯离开后，普朗克继续埋头于自己的研究。他对维恩定律做了修正，最后得出的表述适合所有已知的实验数据，而这些修正，大部分都是靠某种灵光一闪的猜测得来的。

普朗克发现了他的辐射定律。

这一定律需要两个基本常数，第一个与温度相关，第二个与辐射频率相关。第二个常数最终用符号 h 表示，即后人熟知的普朗克常数。普朗克辐射定律中的这两个常数，当与光速和牛顿的引力常数结合起来时，似乎为所有物理量都提供了基础。关于这两个常数的作用，普朗克这样写道："物理学常数使表述长度、质量、时间和温度的单位成为可能，它们是独立于特定物体或材料的，无论在何时、何种文化中，甚至对外星人和非人类来说，它们的意义都保持不变，因此可以被称为是'基本物理计量单位'。"[6]

---

6 Max Planck, *Physikalische Abhandlungen und Vorträe*, Volume 1, Vieweg, Braunschweig, 1958, p.666. Quoted in Hermann, p. 11.

　　普朗克随后给鲁本斯寄了一张明信片，上面写了新辐射定律的详细内容。在 1900 年 10 月 19 日的德国物理学会会议上，普朗克做了报告，向与会者介绍了新定律大致的推导过程。他宣称："我之所以信心十足地让大家关注这个新方程，是因为从电磁辐射理论的角度来说，它是除维恩方程之外，最简单的方程了。"[7] 第二天，鲁本斯告诉普朗克，他把实验结果和新定律做了比较，证明"所有结果完全与新定律相符"。[8]

　　似乎普朗克辐射定律就是最终的**那个**答案了，至少从实验结果看是如此。此时，普朗克转移了注意力，他要为该定律找出一个合适的理论基础，而这个任务让他经历了"平生最难熬的几周"。[9]

　　普朗克把目光放在了电磁场与空腔材料中一组"振子"的相互作用上。这些振子的主要目的是，保证能量通过一个连续、动态的吸收与发射过程，在可能的辐射频率间保持适当的平衡。[10] 普朗克精通熵和热力学第二定律，他开始用辐射定律，就单个振子的内部能量和振动频率（会引发空腔内部相同的辐射频率），推算单个振子熵的表达式。就此他得出了振子熵的表达式，使用这个

---

7 Max Planck, *Verhandl. Der Deutsche Physikalische Gesellschaft*, 2, 1900, p. 202. Quoted in Kuhn, p. 97.
8 Max Planck, *Physikalische Abhandlungen und Vorträe*, Volume 3, Vieweg, Braunschweig, 1958, p. 263.Quoted in Hermann, p. 15.
9 Max Planck, Nobel Lecture, 2 June 1920, in *Nobel Lectures: Physics 1901–1921*, Elsevier, Amsterdam 1967. See http://nobelprize.org/nobel_prizes/physics/laureates/1918/planck-lecture. html
10 最初，普朗克把这些振子称为"共振器"，但到1909年时，他接受了共振器不需要特别属性的观点。今天，我们知道这些振子是被高度激发的电子，存在于组成空腔材料的原子内部（大家别忘了，电子的存在被证实仅仅是在三年之前，即1897年）。

(a)

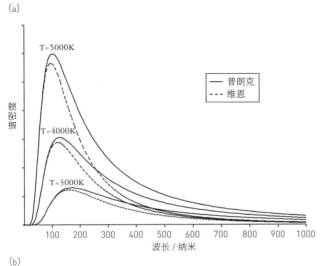

(b)

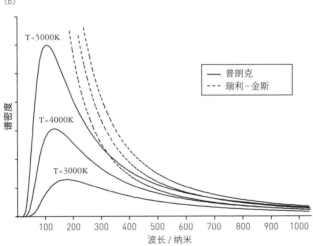

图2 （a）在三个不同温度下，根据普朗克辐射定律的预测和根据维恩定律的预测的对比。维恩定律在高频率（短波）上，准确再现了黑体辐射的行为，但在低频率（长波）上却不适用，在温度较高的情况下，不一致最为明显。（b）同样在三个不同温度下，普朗克辐射定律与瑞利-金斯定律的对比。频率很低（波长很长）时，瑞利-金斯定律接近黑体辐射的行为，但在紫外光这一段上，却出现了灾难性的差异结果

表达方式得出的计算结果与实验结果完全一致。现在他面临的问题是从"第一原理"中推算出相似的表达式，然后比较两者，得出适当的结论。

这个问题正是普朗克所说的"平生最难事"。普朗克估计试了好几种不同的方法，但他发现，他总是不由自主地回到同一个表达式，这个表达式与他的对手玻尔兹曼的统计方法很是相像。数学正引领他朝着一个他不想去的方向前进。

玻尔兹曼计算气体熵的方法是，假定将气体的总能量看成是一系列的"包"。最低的能量包设为 ε，下一个为 2ε，再下一个为 3ε，以此类推。这样，能量不同的气体分子分布在不同的能量包之内，能量包中分子可能出现的不同分布方式的数量也可以计算出来。在这个分析中，能量本身保持连续性的变化。玻尔兹曼的所有工作就是把能量打包起来，然后以此类推从 0 到 ε、从 ε 到 2ε 等**能量范围**内的分子数，进而计算出不同的排列组合的数量。

比如，假设一种气体只有 3 个分子，3 个分子分别以 a、b、c 表示。我们假定该气体的总能量为 4ε。把两个分子放入最低位的能量包 ε，另外一个放入 2ε 中，就可以得出这个结果。可能会有几种排列组合方式呢？只有三种。我们可以把分子 a 和 b 放入最低的能量包，把 c 放入下一个，用 [ab, c] 表示。我们也可以把分子 a 和 c 放入最低的能量包，把 b 放入下一个，用 [ac, b] 表示。第三种排列组合方式就是 [bc, a]。

根据玻尔兹曼的观点，气体最有可能的状态，是在可用的能量下，气体分子排列组合种类最多的那种状态，代表了那个能量下的最大熵值。通过使排列组合可能的最大数值与能量分布最可能的状态相等，就可以相对简单地计算出熵本身。

普朗克对抗玻尔兹曼观点的战争至少持续了三年，且普朗克一直处于失利状态。现在，他在这种必然面前缴械投降了。正如他后来解释的那样："从那时起，也就是从它产生的那一天起，我就埋头其中，试图阐明'新分布律'的真正物理特性，这个问题让我不自觉地考虑到熵和概率之间的联系，而这正是玻尔兹曼的想法。" [11]

虽然黑体辐射的问题看起来与气体是否由原子或分子构成的问题风马牛不相及，但现在，普朗克向原子论者的统计方法伸出了手，并将其拿过来用。然而，其中大有玄机。由于他是先得出结果，再回头推算，因此他需要的统计方法其实与玻尔兹曼用的方法大相径庭。

与玻尔兹曼的统计分布相比，普朗克的统计分布存在一些细微的差别。玻尔兹曼检验的是在多个能量包中**可分辨的**分子的排列组合，而普朗克检验的，却是空腔构成材料的多个振子中存在的**不可分辨的**能量（我们继续用 ε 表示）的排列组合。比如，如果我们使用普朗克的方法将能量（4ε）分配到 3 个振子上，那么我们会发现存在 15 种排列组合方式。我们可以把所有的能量都放在第一个振子中，剩余的两个都没有，得出的排列方式为（4ε, 0, 0）。其他排列方式为（3ε, ε, 0），（2ε, ε, ε），（ε, 2ε, ε），等等。

此外，普朗克发现，若要得出他想要的结果，能量元素必须

---

11 Max Planck, Nobel Lecture, 2 June 1920, in *Nobel Lectures: Physics 1901–1921*, Elsevier, Amsterdam 1967. See http://nobelprize. org/nobel_prizes/physics/laureates/1918/ planck-lecture.html

要与振子频率直接相关（由此也与辐射频率直接相关），这就是他如今广为人知的公式 $\varepsilon = h\nu$（能量等于普朗克常数乘以频率）。他还进一步发现，能量元素必须固定为 $h\nu$ 的整数倍。普朗克是循着一条与玻尔兹曼截然不同的路径，最终得出这些结论的。

许多年后，普朗克描述了他当时的心中所想：

简单来说，我当时的做法就是绝地求生。[12] 我本性偏好安宁，拒绝一切可疑的冒险。但那时候，在辐射与物质的平衡问题上，我已经斗争了六年都没有什么成果（自 1894 年起），我清楚这个问题对于物理学具有最根本的重要性……因此，必须不惜一切代价，找到一个理论解释。

此时，普朗克心甘情愿且满怀热忱地倒向了原子论。1900 年 12 月 14 日，德国物理学会举行每两周一次的常规例会。下午 5 点刚过，普朗克就把自己最新推算出来的辐射定律在会议上做了介绍。他向与会人员解释道："我们由此认为，能量是由确定数量具有相等有限大小的包裹组成的，这点是整个计算方法中的最核心之处。"[13] 1901 年 1 月，他向《物理年鉴》提交了一篇论文。关于后来以他名字命名的物理常数，他是这样说的：

……由于它的量纲是能量和时间的乘积，因此我把它称作基本作用

12　Max Planck, letter to Robert Williams Wood, 7 October 1931. Quoted in Hermann, p. 21.

13　Max Planck, lecture to the Berlin Physical Society, 14 December 1900. Quoted in Isaacson, p. 96.

量量子或与能量元素 $h\nu$ 相应的作用元素。[14]

1900 年 12 月 14 日是人们公认的量子革命开始的日子。实际上，普朗克此时还没有意识到他的公式 $\varepsilon=h\nu$ 的重要性，但正是这个公式，动摇了经典物理学的结构。

据说，一次在格吕讷瓦尔德散步时，普朗克告诉他 7 岁的儿子埃尔温，他"觉得自己的发现可能是第一等的，或许仅次于牛顿的发现"。[15] 但这个说法的可信度值得怀疑。如果确有此事，那普朗克可能指的是他发现了辐射定律中第二个常数的性质——他将其称为玻尔兹曼常数，用字母 k 表示——而**不是**指发现了作用量量子和电磁辐射中的固定能量元素。

普朗克借助统计过程，将固定的能量元素分配到振子中，并没有过多考虑这一步会给物理学带来多大改变。如果原子和分子是真实的实体——这点普朗克此时也已准备接受了，那么在他看来，能量本身必定是连续的，在辐射和物质之间不间断地来回流动。但在推导他的辐射定律时，普朗克不经意间引入了能量本身应是"量子化"的观点。这个观点贯穿在普朗克的演讲、论文中，但表意不清，没有任何评注，也没有引起任何关注。

只有真正的天才才能看到被其他所有人所忽视的内容。

---

14 Max Planck, *Physikalische Abhandlungen und Vortrae*, Volume 3, Vieweg, Braunschweig,1958, p. 266. Quoted in Hermann, p. 19.
15 Heisenberg, *Physics and Philosophy*, p. 19.

2

奇迹之年

伯尔尼
1905年3月

　　普朗克通过运用自己的辐射定律，取得了举世瞩目的成就。1901 年，他利用当时的实验数据，对普朗克常数和玻尔兹曼常数都做了估算。接着，他运用玻尔兹曼常数的估值计算了阿伏伽德罗常数（1 摩尔的纯物质中所含的原子或分子的数量）。[1] 之后他又运用阿伏伽德罗常数的估值确定了电子的电荷数。他对这些基本常数的估值相当精确，与目前的公认值只相差 1%~3%。

　　这一转变让他成了一个十足的原子论者：普朗克开始把原子和分子当成真实的存在了。

　　然而，虽然普朗克的结果看似天衣无缝，但人们对其推导过程仍然心存疑虑，因为他的结论是采取迂回的方式反推出来的。很多人都迷惑不解。事后看来，其实他的做法本也不足为奇。普朗克从一种某方面来

1　1摩尔物质的质量（以克为单位）在数值上等于这种物质的原子量或分子量。

看完全是经典的框架里，提炼出了一种意义深远的非经典概念。不得不说，这必然会对经典物理学造成冲击。

一个年轻的物理学家对普朗克的推导仍持怀疑态度。1905 年，这个年轻人还在伯尔尼的瑞士专利局工作，头衔是"三级技术专家"。他，就是阿尔伯特·爱因斯坦。

1902 年 6 月 16 日，爱因斯坦进入瑞士专利局工作。对他来说，这个工作让他如释重负。1900 年 8 月，在苏黎世联邦理工学院完成研究生学业后，他试图在大学里谋个学术职位，德国、荷兰、瑞士的大学都走了一遍，但都没有成功。一段时间里，他一直没有工作，后来谋了一份高中老师的临时工作。

渐渐地，爱因斯坦对自己的教书前景越来越绝望，于是他向大学同学兼好友马塞尔·格罗斯曼（Marcel Grossmann）求助。格罗斯曼知道专利局迫切需要人手，而他父亲刚好与专利局主任有私交，非常愿意介绍爱因斯坦过去。爱因斯坦搬到伯尔尼，一边盼着去专利局上班，一边通过担任私人数学和物理教师糊口，等待瑞士联邦委员会的决定。

同年，他的父亲赫尔曼去世。临终之际，赫尔曼终于答应了儿子的请求，同意他与同窗米列娃·玛利奇（Mileva Marić）结婚。1896 年的时候，爱因斯坦与米列娃一同被联邦理工学院录取，二人在学校初识。米列娃成了爱因斯坦的缪斯，两个人互传情书，他爱称她为"多丽"，而她称他"约翰尼"。然而，爱因斯坦的父母起初并不同意他俩在一起。

1903 年 1 月 6 日，在爱因斯坦的朋友莫里斯·索洛文

（Maurice Solovine）和康拉德·哈比希特（Conrad Habicht）的见证下，两人举行了婚礼。爱因斯坦刚到伯尔尼的时候，在报纸上登过辅导课（带免费试听课）的招生广告，索洛文和哈比希特当时都联系了爱因斯坦，三个人后来成了密友。他们经常坐在一起讨论，话题无所不包，还自称"奥林匹亚学院"三人组。

他们三个人的友谊经得起时间和风雨的考验。但有个秘密，爱因斯坦连最亲密的挚友都没有透露过。他曾经和米列娃育有一女，名叫丽瑟尔。孩子在爱因斯坦刚到伯尔尼几天后就出生了。米列娃怀孕后回到娘家待产，娘家在塞尔维亚的诺维萨德。爱因斯坦本来打算等自己在伯尔尼安顿好后，就把米列娃和孩子接过来同住，但计划赶不上变化。

虽然在专利局的薪水能够负担得起米列娃和孩子的生活，但毕竟身在瑞士传统的官僚体系中，未婚生子这样的事儿与当时的风俗格格不入，会让人瞧不起。因此米列娃独自返回了苏黎世，把丽瑟尔留给了亲戚，后来又交给朋友照看，这样做似乎是决定要放弃女儿，让别人领养了。爱因斯坦从未见过自己的长女，或者说从没有抱过她。之后，再没有关于丽瑟尔的记录了，她的存在成了严格保守的家族秘密。[2] 她最终的归宿也是个谜。[3]

1904 年 5 月 14 日，米列娃和爱因斯坦的第二个孩子出生，取名为汉斯·阿尔伯特（Hans Albert），算是取代了第一个孩子的

---

2 直到1986年，研究人员在爱因斯坦的私人信件中，才发现这个秘密，其中有关于她的只言片语。
3 有人认为丽瑟尔可能在1903年9月死于猩红热。还有一种猜测，认为丽瑟尔由米列娃的朋友海琳·萨维奇（Helene Savic）收养。参见Isaacson，p87。

位置。这时，爱因斯坦在专利局的工作已经稳定下来了。他发现
工作很有趣，可以借此让自己的批判性思考更为锐利，并且可以
通过直接的实践结果，夯实自己对物理学理论的见解。与"奥林
匹亚学院"的朋友的交流，给他提供了丰富的哲学大餐，包括经
验主义以及荷兰哲学家巴鲁赫·斯宾诺莎所持的"神即自然"的
决定论哲学观。这些早期获得的知识，对爱因斯坦接下来的人生
都有着极为深远的影响。

假如爱因斯坦当时成功申请了学术职位，那他未来应对学术
生涯的挑战时很有可能就会持一种求稳的态度，选择相对"安全
的"研究课题，发表令人钦佩但缺少强烈革命色彩的研究论文。
然而现实中，远离学术体系的制约、有一个安静的研究环境，这
些都让爱因斯坦可以不受羁绊地思考（甚至建议他人也思考）那
些超乎想象的问题。

1905 年春，哈比希特离开了伯尔尼。5 月底，爱因斯坦写信
给他，告诉他自己最近的研究：

我承诺给你寄四篇论文。第一篇是关于辐射和光的能量性质的，很
有突破性……第二篇是有关测定原子大小的……第三篇是关于悬浮在液体
中尺度约为 1/1000mm 的微小颗粒的，这篇论文证明这些悬浮在液体中的
颗粒将在热运动的作用下发生可观测的随机运动。实际上，已有生理学家
发现了悬浮颗粒的这类运动，他们称之为布朗运动。第四篇论文现在还只是
个草稿，涉及运动物体的电动力学，主要是对时间和空间理论做了修改。[4]

---

4 Albert Einstein, letter to Conrad Habicht, 18 or 25 May 1905.
Quoted in Isaacson, p. 93.

这四篇论文，无论是哪一篇，都可以给爱因斯坦带来永久的学术认可，甚至是名望。第一篇论文写于 1905 年 3 月，文中做了大胆的断言。爱因斯坦认为，只有把辐射本身看作是由不连续的能量包组成的，普朗克辐射定律才有意义，他把这些不连续的能量包称为光量子。第二篇和第三篇分别写于 4 月和 5 月，探讨了分子的物理实在和一些可观测的分子运动的结果。[5] 第四篇完成于 6 月，爱因斯坦在这篇论文中提出了狭义相对论。后来的第五篇论文，是对 6 月狭义相对论论文的补充，于 1905 年 9 月发表，在那篇论文中，他提出了名震世界的方程 $E=mc^2$。

这一年，是爱因斯坦的奇迹之年（annus mirabilis）。当时他才 26 岁。

普朗克对辐射定律的推导存在前后不一致的问题。普朗克最初遵循经典物理学的原则，认为能量是连续性的变量，后来他的观点又与之前完全相反，认为给定能量分布在空腔构成材料的振子上。

1900 年 6 月，英国物理学家瑞利勋爵（Lord Rayleigh），即威廉·斯特拉特（William Strutt），发表了另一个空腔辐射的理论模型，对其进行了详细描述，推导出与维恩和普朗克的定律均有区别的辐射定律。[6] 在论文中，瑞利对经典物理学原理的应用方式，

---

5 1905年7月，爱因斯坦把第二篇论文作为博士论文提交给苏黎世大学（那时苏黎世理工学院还不能授予博士学位）。据爱因斯坦说，由于篇幅太短，他的论文起初被拒了。他只加了一个句子，又提交上去，结果被接受了。爱因斯坦成了"博士先生"（德语：Herr Doctor）。参见Isaacson，P103。
6 普朗克辐射定律的论文于当年10月发表，瑞利的论文则早几个月，但当时普朗克并不知晓瑞利的研究结果。

是普朗克没有应用过的。但瑞利的计算中出现了一个错误，英国人詹姆斯·金斯（James Jeans）于 1905 年 6 月纠正了这一错误，结果就是我们现在熟知的瑞利-金斯定律。

尽管瑞利的推导和热力学原理的应用均符合逻辑，很有说服力，但结果简直就是个灾难。瑞利-金斯定律指出，空腔辐射的强度与辐射频率的平方成正比，可以无限增大。该定律预言，在辐射频率较高，或者说波长较短时，辐射出的总能量会迅速增长至极高的水平。[7] 相对来说，在低频率时，瑞利-金斯定律给出的结果与实验数据非常一致，维恩定律却不吻合；而在高频率时，维恩定律给出的结果则与实验数据比较一致，瑞利-金斯定律却不吻合。但普朗克定律给出的结果与所有频率的数据都一致，可见，两个定律都是普朗克定律的极端表现。

看来，真正遵循经典物理学推导出来的定律失败了。只有普朗克神秘的非经典的推导能够得出有效的定律。

爱因斯坦很大程度上独自证明了这一点，独立推导出了瑞利-金斯定律的正确形式。虽然这个问题已经够费解的了，但是爱因斯坦还在追寻一个更大的成就。在 1905 年 3 月发表的论文的开头，他是这样写的：

物理学家对气体和其他有重量的物体形成的理论概念，与麦克斯韦的在所谓真空中的电磁过程的理论，存在着极大的形式差异。对于一个

---

7 1911年，奥地利物理学家保罗·埃伦费斯特（Paul Ehrenfest）称这个问题为"瑞利-金斯的紫外灾难"，也就是现在为人们熟知的紫外灾难（ultraviolet catastrophe）。

由大量但有限的原子和电子构成的物体，我们认为其状态完全由这些粒子的位置和速度决定；但在确定空间的电磁状态时，我们需要利用连续的空间函数，因此有限数量的变量是不足以完全确定空间的电磁状态的。[8]

　　原子和分子的证据变得越来越无可辩驳，这种物质的微粒说已经占了上风。此时，爱因斯坦把目光转向了两者的分歧，一边是**微粒**物质模型，一边是麦克斯韦电磁场理论中描述的辐射**波**。

　　爱因斯坦即将迈出非常大胆的一步，后来他对朋友哈比希特说，这一步"非常具有革命性"。当时的问题在于，在经典理论的框架中找不到跨出这一步的理由，在瑞利－金斯定律的制约条件中也找不到跨出这一步的理由。

　　为了解决这个问题，爱因斯坦采用了他称之为"启发性原则"的方法。他把它完全当作一个未经证实的假说：

　　就熵与体积的关系而言，如果单色光的辐射（密度足够低）是由大小为 [hv] 的能量量子组成的不连续介质，那么就有理由开展研究，以确定有关光的发射与转化的定律是否也是基于光是由此类能量量子组成的这一点。[9]

　　牛顿之后两百年，爱因斯坦准备回归光的"微粒"说了。他

---

8 Albert Einstein, *Annalen der Physik*, 17,1905, p. 132. This quote is from the English translation published in Stachel, p. 177.
9 Albert Einstein, *Annalen der Physik*, 17, 1905, pp. 143–144. English translation quoted in Stachel, p. 191

提出了这样的猜想："从一个点光源发出来的光线，在传播过程中，能量不会连续地分布在不断增大的空间中。而是包含有限数量的能量量子，以点的形式分布在空间之中，不加分割地运动，且只能以完整的单位被吸收或生成。"[10]

　　爱因斯坦并非打算彻底抛弃辐射波动论。毕竟，证明光的波属性的实验证据比比皆是，比如光的衍射和干涉现象，只能通过波动模型来解释。爱因斯坦建议融合两个看似矛盾的描述，承认波动现象是一段时间内多次观察的平均结果。因此，波干涉反映的不是特定位置单个光量子运动的瞬时"快照"，而是许多光量子在一定时间内平均统计的集体运动。

　　虽然尚未得到证实，但爱因斯坦打算用他的光量子假说来解决物理学中的其他问题，这些问题依靠空腔辐射和普朗克定律都无法解释。此时他把注意力转向了光电效应。

　　这个现象也是一个长期困扰物理学界的问题。大家普遍认为，当光照在金属表面时，金属表面会射出电子。在光的波动模型中，光的能量与光强（或光波振幅的平方）成正比。这样一来，增加光的强度，射出电子的能量也应该随之增加。但实验结果并非如此。

　　加大光的强度，增加的只是射出的电子的**数量**，单个电子的能量并没有增加。相反，实验发现，电子能量是随着光的频率增加而增加的，与之前普遍接受的电磁辐射理论完全相左。

10　Albert Einstein, *Annalen der Physik*. 17,1905, p. 133. English translation quoted in Stachel, p. 178.

　　爱因斯坦认为打到金属表面的光量子把它所有的能量都传给了单个电子，这样这个问题就解决了。射出来的电子所带的能量等于光量子的能量减去电子逃逸到金属表面所消耗的能量，后者是这种金属的属性（现在我们称这个量为功函数）。

　　此时，爱因斯坦把注意力放在了普朗克方程 $\varepsilon = h\nu$ 上，并赋予了它一个全新的意义。普朗克用这个简单方程来描述确定的能量量子和振子频率之间的数学关系，而爱因斯坦则用它描述光量子的能量和（辐射）频率之间的关系。这样一来，爱因斯坦就彻底把普朗克公式与空腔辐射的问题分离开了。他用普朗克公式表述所有条件下光的基本属性。

　　由于每个光量子能把能量 $h\nu$ 传给金属中的电子，所以射出来的电子所具有的能量会随着辐射频率 ν 增加而增加。增加辐射强度会使射到金属表面的光量子的数量增加，射出来的电子的数量也会增加，但每个电子的能量不会增加。

　　爱因斯坦的理论非常简单，但它做出了大量重要的、经得起检验的预言。爱因斯坦证明，这样的实验产生的光电电压应该与 1902 年德国物理学家菲利普·莱纳德（Phillipp Lenard）实验中检测到的电压处于同一个数量级，而实际情况确实如此。随后，他接着预言，光打到金属表面射出的电子的电压与射入的光线的频率的函数图是一条直线，其斜率与实验中使用的金属性质没有关系。[11]

　　对于这一点，物理学界一头雾水，不知如何解释。爱因斯坦的天赋在 1905 年发表的 5 篇论文中已经体现得淋漓尽致。普

11　这条直线的斜率就是普朗克常数的数值。

朗克成了狭义相对论积极的支持者，但对于光能量的量子化仍表示怀疑。在他看来，他在推导辐射定律时的计算，只是一个数学上的权宜之计，并没有现实依据。在这一点上，爱因斯坦走得太远了。

随后，爱因斯坦被推荐加入了大名鼎鼎的普鲁士科学院，科学院的科学领袖（普朗克位列其中）对爱因斯坦在物理学上的重大贡献表示了认可。同时他们也认为他的判断存在一些错误，不过这些错误可以谅解。"他的推断有时不一定完全正确，比如光量子假说中的推断，但这不能真的怪他，因为即便是在最精确的科学中，有时如果不冒险尝试一把，是不可能引进真正新颖的观点的。"[12]

普朗克和爱因斯坦随后开始频繁通信。普朗克准备让步，承认确定的能量量子的特点是由空腔材料的原子的内在属性决定的，而这种属性尚未可知。换而言之，确定能量元素的出现，不是因为光由这类元素构成，而是构成空腔本身的原子只能发射出确定的能量元素。

1900 年 12 月，普朗克已经点着了一根缓慢燃烧的导火线。五年后，量子革命开始，但在它开始时，声音微弱得很，人们对光量子假说的反应异常消极。爱因斯坦非常清楚光量子与光的波动理论之间存在着冲突，正因如此，他才非常谨慎，但也决不放弃自己的观点。

1906 年，爱因斯坦升职为"二级技术专家"。

12　Pais, *Subtle is the Lord*, p. 382.

3

一点客观实在

曼彻斯特
1913年4月

　　爱因斯坦的研究视野远不限于光量子。他预料，能量的量子化或许是一个更加普遍的现象，1907 年，他又发展出一套关于晶体比热的量子理论。虽然当时没人认真理会他的研究，但到 1909 年时，新的实验结果使物理学界不得不重新审视他的理论。

　　1910 年，杰出的德国科学家瓦尔特 · 能斯特（Walther Nernst）决定拜访爱因斯坦，当时爱因斯坦已返回苏黎世，在苏黎世联邦理工大学（ETH[1]）工作，依然没什么名气。能斯特的拜访激发了大家对爱因斯坦和其研究的极大尊重，苏黎世的一位同事说："连伟大的能斯特都不远千里，从柏林来到苏黎世与他讨论，说明这个爱因斯坦绝非等闲之辈。"[2] 爱因斯

---

1 瑞士苏黎世联邦理工大学（The Eidgenossische Technische Hochschule）的缩写。前身就是爱因斯坦完成硕士学业的苏黎世联邦理工学院，后来通过调整，升级为大学，具有授予博士学位的资格。1911年正式更名为苏黎世联邦理工大学。
2 attributed to George von Hevesy. Quoted in Kuhn, p. 215.

坦的量子方法能吸引到众人注意，能斯特起了助推作用。从 1911 年年初开始，越来越多的科学家开始引用爱因斯坦的论文，拥护量子思想。

与此同时，原子也从猜想存在的实体（一些物理学家认为原子是主观臆测的形而上学的产物）升级为了实验室精细研究的对象。早在 1897 年，英国物理学家约瑟夫·约翰·汤姆森（Joseph John Thomson）发现了带负电荷的电子。两千多年来在世人眼中一直不可分割的原子，现在具有了某种内部结构。

1909 至 1911 年间，新西兰物理学家欧内斯特·卢瑟福（Ernest Rutherford）发现了更多原子结构的秘密。他与在曼彻斯特大学的研究助手汉斯·盖革（Hans Geiger）和欧内斯特·马斯登（Ernest Marsden）合作实验，用高能量的 α 粒子（某些放射性元素发生衰变时会发射出高速的 α 粒子）轰击薄的金箔。令他们大吃一惊的是，每 8 000 个 α 粒子中，会有一个的轨迹发生偏转，偏转角度有时候能达到 90 度。这种偏转程度令人惊讶，不亚于眼睁睁看着高速的机关枪子弹被一张薄纸改变了方向。

随后，卢瑟福在解释这些结果时认为，这意味着原子的大部分质量都集中于原子中间一个很小的核上，质量轻很多的电子则绕着原子核旋转，就像行星绕着太阳旋转一样。按照这个模型来推断，原子内部大部分都是虚空的。[3] 卢瑟福提出的原子内部结构的行星模型至今仍很有说服力。

电子理论一直让 25 岁的丹麦物理学家尼尔斯·玻尔念念不

---

3 如果把原子的尺度与太阳系作比，那么冥王星（当然，冥王星不再归为行星之列）就是原子最外面的电子，原子核的半径是太阳半径的十分之一左右。

忘。1911 年 9 月，他乘渡轮穿过大贝尔特海峡（位于西兰岛和菲英岛之间），离开丹麦前往英格兰。1909 年，他与玛格丽特·诺伦德（Margrethe Norlund）初识。1910 年夏，两人订婚，但是玻尔这次留下了她，只身前往英国。带着自己博士论文的英文翻译版（翻译得还很蹩脚）和卡尔斯伯格基金会的奖学金，玻尔前往剑桥大学，到约瑟夫·约翰·汤姆森的实验室从事研究工作。

20 世纪初叶，剑桥大学是理论物理学和实验物理学的重镇之一。汤姆森受到人们的普遍敬重，不仅因为他对科学的贡献，还有他那燃烧不尽的热情。1906 年，他因发现电子获得了诺贝尔物理学奖，此后，他一直沉浸在原子结构理论的研究之中。汤姆森做实验的时候经常出事故（他曾说他实验室内的所有玻璃都被施了魔法），因此最终不得不放弃所有需要"亲自动手"的实验。

汤姆森决心用自己发现的粒子来解释原子和分子的特征。功夫不负有心人，他最终提出了一个原子的理论模型。在这个模型中，原子由两部分组成。一部分是一个没有重量并带正电荷的均匀球体，另一部分则是球体上镶嵌的几百个带负电荷的电子，整个原子看起来就像一个点缀着葡萄干的蛋糕。在这个模型中，原子的大部分质量来自电子。

但这个模型本身也存在缺陷。如果嵌入带有正电荷的介质的电子是静止不动的，那么汤姆森就能推导出一些稳定的构形，但他怀疑磁性材料的性能是由原子内部电子的运动造成的。然而，任何涉及运动电子的模型都被预言具有内在的不稳定性。

汤姆森别无选择，只有重新思考这个模型，1910 年剑桥实验室的实验证明，他大大高估了每个原子内部的电子数。最初他提出有几百个，其实没这么多，甚至可以说少得可怜。

　　玻尔之所以来到剑桥，是因为他觉得这个问题是物理学的核心问题，而汤姆森这个人也很了不起。但事与愿违，二人的关系一开始就很糟糕，而且貌似再也没法修复了。玻尔是个年轻的博士后，但他的英语能力不行。虽然他一向待人谦逊有礼，但有时也会太过直率，让人误解。他与汤姆森的初次会面就不融洽。玻尔拿着汤姆森一本关于原子结构的书，走进汤姆森的办公室，指着某个地方，说道："这里错了。"[4] 难怪汤姆森刚开始时对他怎么也热情不起来。

　　玻尔尽力挽回，但越来越有挫败感。他参加了几次讲座，并在汤姆森的指导下做了一些实验，但他觉得这些实验毫无意义，因此开始努力学习英语。在丹麦时，玻尔作为守门员，在足球场上取得过一些成绩（他的弟弟哈拉尔德为丹麦国家队踢过几场比赛，该队曾在 1908 年伦敦奥运会摘得银牌）。在英国，玻尔加入了当地一个足球俱乐部，但他的物理研究仍然毫无进展。1911 年10 月他写信给弟弟抱怨汤姆森很难相处，不好说话，好像接受不了批评意见。

　　1911 年 11 月初，玻尔在曼彻斯特大学与卢瑟福初识。他决定转到卢瑟福的研究团队，用自己博士后的最后几个月时间学习放射现象。玻尔知道卢瑟福的原子行星模型，但这时他的主要兴趣在放射性上，而曼彻斯特实验室是世界上研究放射现象的顶级实验中心。

---

4 Pais, *Niels Bohr's Times*, p. 120.

实际上，卢瑟福的行星模型还并没有得到物理学界的太多关注。虽然行星模型看起来很有说服力，但也有相当大的不可能性，这是因为和汤姆森模型一样，在行星模型中，电子也不应该是运动的。与太阳和行星不同，电子和原子核都带有电荷。根据麦克斯韦的理论，在电磁场中移动的电荷会以波的形式辐射能量。根据预测，这些波会把绕轨道旋转的电子的能量带走，因此电子绕原子核旋转的速度会越来越低，难以抗拒带正电荷的原子核的强大吸引力。在行星模型中，电子由于失去了能量，就会朝着原子核旋转跌落，原子自身就会在亿万分之一秒内坍缩。

汤姆森和很多人一样，对此完全不信。

卢瑟福同意接收玻尔加入自己的团队，完成他的博士后工作，但前提是玻尔能征得汤姆森的同意。汤姆森没有反对，1911年12月，玻尔办理了转到曼彻斯特大学的手续。第二年3月，他开始在那儿开展研究。几年后，玻尔回忆道："在剑桥，虽然大体上做的事情很有趣，但是没有一点儿用处。"[5]

起初，玻尔开始做铝吸收 α 粒子的实验。但实验物理学不是他的专长，几周后，他问卢瑟福自己能不能研究些理论问题。虽然卢瑟福对不同的研究项目、对助理的研究工作都有着浓厚兴趣，但当时他正忙于编写一本关于放射性物质的物理书，鲜有时间做展开讨论。玻尔需要的放射性相关知识，是从曼彻斯特的两位同事那儿学到的，一位是乔治·冯·赫维西（George von Hevesy），一位是查尔斯·达尔文（Charles Darwin，玻尔在给别人介绍这个达尔

5 Pais, *Niels Bohr's Times*, p. 121.

文时，经常说他是"那个"达尔文的孙子）。

同时，也是通过研究达尔文提出的一些问题，玻尔才把研究注意力从放射性转移到了原子结构上。有一个问题他仍需解决：从经典物理学角度来说，带负电荷的电子绕带正电荷的核旋转的系统，本身是不稳定的。玻尔推断，或许引入量子的观点能够取得一些进展。他逐渐确信，卢瑟福模型内部的电子结构在某种程度上是受普朗克的作用量子支配的。

正如之前的爱因斯坦一样，玻尔现在意识到，要指望完全依靠经典物理学来解决这些原子层面的矛盾，可以说是有些痴心妄想了。根据经典物理学的原理，原子就不应该存在。但是原子确确实实是存在的，因此仅仅运用经典力学的数学方法推导出某个理论描述是不可能的。

还需要些别的什么东西。

本书上文曾提到，在面临这种死局时，1905 年爱因斯坦引入了"启发性原则"。此时玻尔所做的，与爱因斯坦极为相似。他猜测，如果原子是稳定的，就意味着围绕原子核旋转的电子一定存在着某种稳定的构型。这些稳定的轨道以某种未知的方式取决于普朗克常数。"经典力学无法解释涉及单个电子的问题，这一点看来已经被有力地证实了，似乎这也是意料之内的事。"[6]

其实还有很多应该意料到的事。普朗克辐射定律的推导已经表明，空腔振子只能以能量元素 $h\nu$ 的整数倍吸收或发射能量。此时玻尔认为电子轨道的构型应该很简单，轨道能量按照 $n\,h\nu$ 增加，其

---

6 Pais, *Niels Bohr's Times*, p. 137.

中 $n=1$，2，3……最低的能量，即最内层的稳定轨道，对应的 n 等于 1。

1912 年 6 月，玻尔给弟弟哈拉尔德写信说：

或许我已经发现了原子结构之一二。不要跟别人讲，不然我不会这么快先写信告诉你。

如果我是对的，我谈的就不是某种可能性（或者按汤姆森的理论的说法，某种不可能性）的属性，而是一点儿客观实在……你知道，我的理论有可能不对，毕竟还没有完全研究出来（但我认为我没错）；同样，我觉得卢瑟福也不会认为它完全离经叛道……相信我，我盼着赶紧完成这项研究，并且为了能抓紧完成，我已经好几天没去实验室了（这也是个秘密）。**7**

然而，玻尔模型依然充满矛盾。他写了一份手稿，总结了自己的研究，并在 7 月 6 日提交给了卢瑟福，但并未发表。几周后，他把问题放回公文包，离开曼彻斯特，返回哥本哈根。8 月 1 日，他和玛格丽特完婚并去英格兰度蜜月。在这期间，玻尔短暂访问了剑桥和曼彻斯特的实验室，然后前往苏格兰度假，最后返回哥本哈根，一个学术职位此刻正恭候着他。

1912 年接下来的时间至 1913 年初，玻尔继续研究原子结构。他稳定轨道的猜想要想有任何价值，他就需要用这个理论来解释

7 Niels Bohr,letter to Harald Bohr, 19 June 1912, quoted in French and Kennedy, p. 76.

最近实验的结果，以及预测未做的实验的结果。玻尔的下一个突破发生在 1913 年 2 月，当时他获悉了一条线索，而这条线索即将解开整个谜团。汉斯·汉森（Hans Hansen）是德国哥廷根大学的青年物理学教授，已经做过一些原子光谱学的实验，他使得玻尔注意到了巴尔末公式。

　　光谱学是研究原子和分子电磁辐射的吸收和发射问题的学科。结构简单的原子的光谱往往也很简单，氢原子由一个原子核和唯一一个电子构成，因此它的光谱是最简单的。根据经典物理学的预测，由于原子（比如氢原子）会吸收和发射连续性的能量，因此辐射不会有特定的频率，但事实与之刚好相反。氢原子的发射光谱是一条不连续的"线"光谱，频率相当窄。

　　1885 年，瑞士数学家约翰·雅各布·巴尔末（Johann Jakob Balmer）通过研究一系列氢原子发射线的测量值，发现它们都遵循一个相对简单的模式。他发现，这些线的频率与两个整数的倒数的平方差成正比。换句话说，频率取决于数字 m 和 n，根据巴尔末的研究，对于氢原子的谱线，$m=2$，n 的值则可以分别是 3、4、5……

　　1888 年，瑞典物理学家约翰内斯·里德伯（Johannes Rydberg）对巴尔末公式做了推广。他发现其他原子光谱遵循类似的关系，其中 m 为取值不同的整数。就巴尔末和里德伯本人来说，公式完全由实验证据得来，其背后暗含的原子物理学原理相当模糊。但玻尔马上明白了整数出自哪里。

　　玻尔意识到，一个电子从能量高的外部轨道移至能量低的内部轨道时，会以辐射的方式释放出能量。他猜测，如果每一个轨道都拥有固定的能量，并且能量的值取决于从原子核向外的每个轨道的整数编号，那么轨道之间的能量差就也是固定的。

比如，一个电子绕原子核在轨道上旋转，轨道按整数 n 依次编号，$n=3$，4，5……当电子转移至能量较低的 2 号轨道（$m=2$）时，得出的结果与巴尔末研究的一系列发射线（后来人们熟知的巴尔末系）结果相同。如果 $m=3$，$n=4$，5，6……就将得出另一个线系，这个线系已在 1908 年由德国物理学家弗里德里希·帕邢观测到。玻尔预言在紫外线波段还存在另一个线系，其中 $m=1$，而在红外线波段还有两个线系，其中 $m=4$ 和 5。

不仅如此，使用普朗克常数、电子所带电荷以及电子的质量等若干基本物理常数，玻尔就能计算出里德伯公式中出现的比例常数（著名的里德伯常数）。当时，里德伯常数在光谱测量方面已经为人们所熟知。玻尔的计算结果与实验值相差不到 6%，这个差值也刚好落在他用来计算的基本常数的实验不确定范围之内。

另外，还有一组发射线以美国天文学家和物理学家爱德华·查尔斯·皮克林（Edward Charles Pickering）命名，一些实验物理学家认为这组发射线也属于氢原子。但是，那时皮克林线系是用半整数表征的，所以无法用玻尔理论来解释。因此，玻尔提议用整数重写方程，并提出皮克林线系不属于氢原子，而是属于电离的氦原子。随后，玻尔自己解决了一个计算值和观测值不匹配的棘手问题。纠正后的结果是，电离氦原子的里德伯常数大约是氢原子的 4.00163 倍，而实验物理学家此前发现这个比值为 4.0016。理论和实验的结果如此高度一致，这样的情况是前所未有的。

玻尔关于稳定电子轨道的观点还产生了一个进一步的研究成果。电子必须有固定的角动量，这是一个与电子绕着中心的原子核"旋转"相关的固定值，值为 h 除以 2π。电子在轨道之间的转移必须是瞬时的"跃迁"，因为如果电子是从一个轨道逐渐移至另一个轨道，根据预测，它在这个过程中会再次连续地辐射能量。事实上，当电子在非经典的稳定轨道间转移时，这种转移本身也应该是非经典的不连续的跃迁。玻尔写道：

……"稳定轨道"内的系统，其动态平衡可以借助一般力学来讨论，但不同的稳定轨道之间系统的变化则不能以一般力学为基础来考虑。[8]

用于表征电子轨道的整数后来被称作量子数，电子在不同轨道之间的转移被称作量子跃迁。

1913 年 3 月 6 日，玻尔写信给卢瑟福，信中附了一份论文手稿，手稿题目为《论原子和分子的结构》。卢瑟福回信表示非常赞许，但也提出了几个难题。有一点他颇感困惑：在玻尔的模型中，一个高能轨道的电子需要事先"知道"终了轨道的能量，以发射出频率恰好合适的辐射。卢瑟福已经敲响了警钟，让我们注意新量子理论将对我们理解因果关系带来的影响，而这记警钟还将声声不歇地持续响一个世纪之久。

同时他还提醒玻尔，他的手稿写得过长了。"冗长的论文往

---

8 Niels Bohr, *Philosophical Magazine*, 26, 1913, p 7. This paper is reproduced in French and Kennedy, p. 83.

往会吓住读者，我不知道你是否清楚这一点。"⁹卢瑟福写道，对此玻尔不知如何是好。因为就在他收到卢瑟福回信的前一天，他刚刚寄出了一份手稿的修改稿，而这份修改稿更长。

玻尔决定即刻动身去曼彻斯特，与卢瑟福当面讨论这篇论文。3 月 26 日，他写了回信，信中说要在下周初去拜访卢瑟福。卢瑟福是一个很有耐心的人，两人连续几天讨论到深夜，其间卢瑟福说他没想到玻尔会这么固执。最后他同意保留论文终稿中的所有细节，并以玻尔的名义将其提交给《哲学杂志》(*Philosophical Magazine*)。

论文最终于 1913 年 7 月发表，同年 9 月和 11 月，玻尔又在这本杂志上发表了两篇论文。

玻尔的原子结构模型取得了巨大成功。但是，就像普朗克 1900 年取得的成就一样，这个模型也充满了神秘难解之处。仍有许多问题悬而未决，其中最紧要的当属量子数的问题。量子数意味着什么？它们到底从何而来？

---

9 quoted in French and Kennedy, p. 77.

4 法兰西喜剧

巴黎
1923年9月

实验推动了新的原子量子理论的发展步伐，最终证明了氢原子的光谱并非如此简单。几年前人们已经发现，光谱中的一些线其实是两种间距紧密的线，而且还进一步发现，光谱中的线都分布在低强度的电场或磁场中。除了玻尔的量子数 n，德国物理学家阿诺德·索末菲（Arnold Sommerfeld）又引入了两个量子数 k 和 m，用来解释实验结果。人们认为，这些新引入的量子数，从某种程度上，与稳定电子轨道几何构造的量子化相关。

虽然光谱中不同的线与不同轨道间的量子跃迁有关，但人们很快就发现，并非所有可能的跃迁都会发生，对应于某些跃迁的线在线系中不存在。由于某种未知的原因，有些跃迁是被禁止的。玻尔和索末菲创建了一个详细方案 ——"选择定则"，来解释哪些跃迁是被允许的，哪些是被禁止的。

与此同时，证明爱因斯坦光量子假说的证据也不断增加。爱因斯坦运用他提出的假说，预言了光电效应。1915 年，美国物理学家罗伯特·密立根（Robert Millikan）的实验证实了爱因斯坦的预言。[1] 1923 年，美国物理学家阿瑟·康普顿（Arthur Compton）和荷兰理论物理学家彼得·德拜（Peter Debye）证明光量子可以"反弹"电子，而其频率随后会发生相应的改变（这种改变是可以预测的），如此一来，光的"粒子"地位得到了进一步巩固。这些实验似乎证明，光是由带动量的粒子构成的，这些粒子类似于微小的抛射体。

虽然有这些证据证实，但很多物理学家，包括普朗克和玻尔，都拒绝接受光量子理论。他们更愿意相信量子化的根源是原子结构，想要保留麦克斯韦对电磁辐射的经典波动描述。无论以何种理论取代经典物理学，研究者都必须面对一个艰巨的任务：将光的波动特性和粒子特性融合进一个单一的理论。而且，不管怎样，这个理论还必须能够解释原子的内部结构。针对以量子数为表征的稳定电子轨道，也必须要做出解释。

有一条非常重要的线索，将来自爱因斯坦的狭义相对论。

1905 年，爱因斯坦在他发表的第四篇论文中介绍了狭义相对论。他曾经试图找到一种方法，把 19 世纪末物理学中最令人困惑的发现之一与人们普遍接受的经典理论融合在一起，但却以失败告终。

1887 年，迈克尔逊和莫雷未能找到地球与假想的无处不在的以太之间存在相对运动的证据，因此他们得出结论：光速是恒定

---

1 1921年，爱因斯坦由于在光电效应上的贡献（而不是相对论）获得诺贝尔物理学奖。1922年，玻尔因在原子结构上的研究获得诺贝尔奖。此前，普朗克已经于1918年因发现量子获得了诺贝尔奖。

不变的，与光源的运动无关。这个实验成了历史上最重要的"证伪"实验之一，并使迈克尔逊获得了 1907 年的诺贝尔物理学奖。

牛顿的理论是建立在绝对空间和时间上的，而以太的缺失和恒定光速，是牛顿的任何理论都不能接受的。就像几个月前为光量子创建了一个新理论那样，爱因斯坦现在决定以最少量的假设建立一种新理论，用这种理论推导出迈克尔逊和莫雷实验的结果。他发现，只需要做两个假设。

首先，爱因斯坦假定物理定律对于所有观察者是完全一样的。根据这种假设，对于被观察的物体来说，匀速运动的观察者无论怎样运动，物理定律都不受影响。实际上这就意味着，在任何所谓的惯性参照系内，物理定律都应该是相同的，因此所有此类参照系都是等价的。举例来说，如果 1 号观察者在他所在的参照系中静止不动（比如站在地上），2 号观察者相对于 1 号观察者做匀速运动，或在他自己所在的参照系（如飞驰的列车或宇宙飞船）内静止不动，那么两者各自通过一系列物理测量，能够得到相同的结论。

其次，爱因斯坦假定光速是一个根本性的、普适恒量，没有物体的速度能够超过光速。

依据这些假定，爱因斯坦得出了很多奇怪的结果。一些概念随之过时，比如绝对参照系（以及由此而来的静止的以太的概念）、绝对空间、绝对时间和同时性；而另一些观点则应运而生，比如对四维时空（后来逐渐为世人公认）中的运动物体和钟表的预言，产生了各种奇特的效应。狭义相对论之所以"狭义"（special），是因为它处理的是特殊（special）情况：观察者做的是匀速直线运动。

爱因斯坦给他奥林匹亚学院的朋友莫里斯·索洛文这样解释道：

科学家以前认为，以太是光的载体，是绝对静止的化身，而物体的所有运动都是相对于以太而言的。为了发现这个假想的以太，人们做了很多实验，但都以失败告终。看来这个问题要重新考虑了。相对论就是研究这个问题的。相对论假定所有运动的物理状态都是受物理定律约束的，不存在特例，并进一步发问，在这种情况之下，会得出什么结果。[2]

相对性原理还有一个更深层、具有根本重要性的后果，爱因斯坦在 1905 年发表的第五篇论文中对此做了探究。假设一个物体朝两个相反的方向发射总能量为 E 的光，从与该物体做同样匀速运动的惯性参照系中的观察者的角度来看，物体损失的能量与 E 间存在可观的差别。如下：

……它的质量减少了（E/c^2），物体中的能量变成了辐射能。很明显，这还没说到本质上。我们可以得出更普适的结论：物体的质量是其能量的一种度量……[3]

根据这一理论，能量和质量应该是等价的，并且可以相互转

2 Albert Einstein, letter to Maurice Solovine (undated) , quoted in Isaacson, p. 131.
3 Albert Einstein, *Annalen der Physik*, 18, 1905, p. 641. From the English translation in Stachel, p. 164.

换，转换的关系可表示为 $E=mc^2$。

这个关系式表明，能量可以被看作等同于质量，所有质量都代表能量。爱因斯坦早期的光量子假说将光量子的能量和它的频率联系了起来，于是现在有了两个简单而又具有根本性的公式，将能量与质量、能量与频率两两联系了起来。这似乎会带来一个明显的问题。这两个方程能被结合起来吗？

法国物理学家路易·德布罗意公爵对这种结合深信不疑。

31 岁的德布罗意[4]是第五代德布罗意公爵维克托（Victor）的小儿子。早先，他立志在人文领域有所建树，在索邦大学学习中世纪史和法律，并于 1910 年获得学位。但受哥哥莫里斯的影响，德布罗意从小对物理学耳濡目染，再加上"一战"中的切身经历（在法国陆军服役，负责战地的无线通信，电台设在埃菲尔铁塔），他渐渐爱上了物理学。

战后，德布罗意加入了哥哥领导的私人物理实验室，实验室专门研究 x 射线。1923 年，正是在实验室工作期间，他开始思考如何把狭义相对论和量子理论领域两个最著名的、标志性的方程结合起来：

如果能量在空间中是连续分布的，那量子的定义似乎就没什么意义了。但我们要明白，事实并非如此。我们可以想象，由于自然的元法则，对于一定质量（m）的能量，都相应地会有某个频率（ν）的周期性现

---

4 "de Broglie"这个法语名字的发音在英文中近似于"de Broy"。

象，如此就会发现……（$hv=mc^2$）。[5]

也就是说，一个频率为 v 的光量子具有质量，因而也就拥有动量（动量等于质量乘以速度）。康普顿之前的实验已经揭示了这种动量的存在，因此这种说法也是合理的。

但令人惊叹的是德布罗意的下一步推论。他后来写道：

我一个人苦思冥想了好久，1923 年，我忽然想到一点，应该把爱因斯坦 1905 年的发现推广开来，应用到所有的物质粒子上，尤其是电子。[6]

德布罗意推断，如果拥有频率的电磁波具有粒子的性质，比如动量，那么拥有质量的粒子，比如电子，可能就具有波动的性质。他继续写道：

我们深信一个电子就相当于一个独立的能量包，尽管这未必正确。但就大家公认的观点来说，一个电子的能量分布于整个空间，但又浓缩于极小的区域里，其性质却一直鲜为人知。使一个电子成为一个能量"原子"的，不是其在空间中所占据的区域。我重复一遍：电子充斥在整个空间中。使电子成为一个能量"原子"的，是其不可再分、自成一个单元这一事实。[7]

---

5 de Broglie, p. 8.
6 Louis de Broglie, from the 1963 re-edited version of his PhD thesis. Quoted in Pais, Subtle is the Lord, p. 436.
7 De Broglie, p. 8.

德布罗意提出的观点是电子可以被看成波。就像一束光可以衍射一样，一束电子也可以衍射。这个关系可以用一个简单的方程来表示：$\lambda = h/p$，波长等于普朗克常数除以粒子的动量 p（动量等于质量乘以速度）。粒子的波动特性之所以在日常的宏观物体中不明显，是因为普朗克常数 h 非常小。[8] 只有在基本粒子、原子和分子的微观世界中，物质的波粒二象性才能明显地体现出来。

不管这些"物质波"究竟是什么，它们都无法被视为等同于我们日常所熟知的波动现象，比如声波或池塘水面的涟漪。德布罗意能够证明，这种物质波的速度比光速快——这与爱因斯坦的狭义相对论不相容——因而也就不可能是携带能量的波。因此他对物质波做了这样的总结："是相位的空间分布，也就是说，是**'相位波'**。"[9]

可以看出，从一开始，相位的概念在德布罗意的研究中就扮演着关键角色。我们可以把相位看成是一个简单的正弦振动，振幅上有"波峰"和"波谷"。如果一系列波的波峰和波谷在空间和时间中保持一致，这种情况就叫作"同相位"。

德布罗意此时对于室内音乐的兴趣，正引领他走向一个重大的突破。管弦乐器发出的纯音是所谓驻波的结果，驻波是指乐器的弦或管的长度内相互"契合"的一种振动模式。只要振动模式符合要求，能够契合于弦或管的两端，就能产生多种驻波形式。

---

8 如果普朗克常数非常大，那么宏观世界会比现在奇特得多。
9 de Broglie, p. 10.

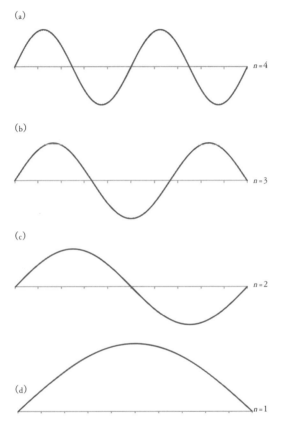

图3 德布罗意把纯音和量子数联系了起来。管弦乐器产生的纯音是由驻波产生的。这些波动模式在管弦末端的振幅必须为零，因此唯一可能的模式就是容纳半波长整数倍的模式。在这张图中，模式（d）中没有节点，（c）中有一个节点，（b）有两个，（a）有三个。如果我们把量子数n定义为节点数+1（或半波长的数目），那么这些模式对应的n就等于1、2、3和4

这就意味着弦或管两端的振幅都为零。只有包含整数倍的半波长，这种振动模式才有可能出现。

因此，最长的驻波的波长等于管或弦长度的两倍。这样的波，两端之间没有"节点"（波的振幅穿过零的点）（如图 3d）。第二长的驻波的波长等于管或弦的长度，两端之间有一个节点（如图 3c）。对于波长第三长的驻波，管或弦的长度等于其波长的 1.5 倍，有两个节点（如图 3b），等等。

德布罗意发现，如果在一个模型中电子波被限定在绕原子核的圆形轨道上，那么玻尔的原子结构理论对整数的要求就自然会出现。他推断，或许玻尔理论中稳定的电子轨道代表的就是电子驻波，就像导致管弦乐器发出纯音的驻波一样。我们可以用同样的论据继续推断，要在一个圆形轨道上产生驻波，电子波的波长必须与轨道周长保持完全契合。

简单来说，当电子波绕轨道传播一周回到原点时，相应的波的振幅和波的相位（波峰－波谷周期的位置）必须与波在起点时的值相同。如果不是这样，波自身就无法"连接"起来，而是会产生破坏性的干涉，从而无法产生驻波。

为了满足这个要求，原子轨道的周长必须等于电子波波长的整数倍。这种要求被称为共振或相位条件。因此，玻尔的量子数可以看成是每个轨道周长对应的电子波的波长数。德布罗意写道："这样一来，共振条件可以被看作是量子理论中的稳定条件。"[10]

德布罗意写了三篇小论文阐述自己的想法，发表在 1923 年

10 de Broglie, p. 29.

9月和10月的《巴黎科学院院刊》上。他把这三篇论文整合在一起，并扩展了自己的想法，作为博士论文提交给巴黎大学理学院。他还把论文打印了三份，其中一份提交给了杰出的法国物理学家保罗·郎之万（Paul Langevin），郎之万将作为答辩委员。[11]

郎之万不知道如何理解德布罗意这个大胆（也可以说是疯狂）的想法，于是向爱因斯坦求助，此时爱因斯坦在柏林大学担任教授。爱因斯坦向他要了一份打印稿。

此时的爱因斯坦，因在狭义相对论和广义相对论上的研究而声名鹊起。1919年的日全食观测发现了太阳光线的弯曲，证实了广义相对论的预言，震惊了世人，这将爱因斯坦推进了大众视野。牛顿的引力论要求存在特殊的超距作用，这一点在当时就遭到抨击，被讽为"神秘的中介"，再加上假想的以太并不存在，因此就更加让人觉得神秘莫测了。此时，超距作用已被弯曲时空中引力体的运动取代。

爱因斯坦在德布罗意的论文中似乎读到了自己先前的反叛意味。他给郎之万回信给予鼓励："他（德布罗意）已经掀起了伟大面纱的一角。"[12]对郎之万来说，这句话足够了。他接受了该论文。1924年11月，德布罗意如期获得了博士学位。德布罗意的论文全文刊发在1925年的法国科学期刊《物理纪事》（*Annales de Physique*）上。

---

11 德布罗意的其他答辩委员分别是让·佩兰（Jean Perrin）、埃利·卡当（Elie Cartan）和查尔斯·莫甘（Charles Mauguin）。
12 Albert Einstein, letter to Paul Langevin, 16 December 1924. Quoted in Moore, p. 187.

1924 年 12 月，爱因斯坦在给荷兰物理学家亨德里克·洛伦兹（Hendrik Lorentz）的信中如此评价：

……德布罗意对玻尔-索末菲量子规则的诠释（巴黎论文，1924 年）非常吸引人。我认为，这是照亮我们最黑暗物理谜题的第一道微弱的亮光。[13]

但并非所有人都表示赞同。大部分物理学家持相当怀疑的态度："德布罗意的理论，实际上就是用了些小聪明、小伎俩，顶多算是个'法兰西喜剧'罢了。"[14]

德布罗意的想法虽然很有启发性，但还远没有解决问题。他是假设像电子一样的物质粒子具有类似波的属性，才把玻尔理论中的量子数与驻波的共振条件等同起来的。但这不过是一种理论上的关联而已。德布罗意并没有从原子的波动理论中推导出量子数，而且也没有提供对量子跃迁的解释：

这里我们明白了为什么某些轨道是稳定的，但我们忽略了从一个稳定轨道转移到另一个稳定轨道的问题。如果不对电动力学进行修正，就无法对这样的跃迁理论进行研究，但目前，我们还没有修正后的版本。[15]

13　Albert Einstein, letter to Hendrik Lorentz, 16 December 1924. Quoted in Pais, *Subtle is the Lord*, p. 436.
14　Gamow, *Thirty Years that Shook Physics*, p. 81.
15　de Broglie, p. 29.

爱因斯坦已然开始担心量子跃迁对因果关系原理带来的影响。因果关系原理是指在物理宇宙中，任何一个结果都可以追溯到一个直接的物理起因。很显然，位于高能原子轨道上的电子会跃迁回一个更稳定、能量更低的轨道上，这是由原子的力学特点所导致的。但这个理论只允许计算自发性跃迁发生的**概率**。跃迁的精确时刻，以及由此发射出的光量子的方向，似乎完全是随机的。也就是说，这些是无法预测的。

爱因斯坦对此一点儿都不满意。1920 年，他就这个问题写信给德国物理学家马克斯·玻恩，信中说他"对放弃确定的因果关系感到特别不开心"。[16] 从一开始，爱因斯坦就把量子假说看成是一个权宜之计，认为它最终会被全新的、更加完整的理论所取代，以合理地解释量子现象。

在量子理论最棘手的早期阶段，爱因斯坦扮演了开拓者的角色，自此之后，他开始深深地怀疑量子理论带来的影响。

有一点非常明确。稳定的原子轨道之间的量子跃迁与目前公认的带电粒子的力学理论不相容。正如德布罗意在论文中指出的，需要对电动力学进行修正。一旦应用到神秘的原子的内部时，既有的模型就不再奏效了。需要一个革命性的全新构想。

16　Albert Einstein, letter to Max Born, 27 January 1920. Quoted in Pais, *Subtle is the Lord*, p. 412.

5

瑰丽的内部

黑尔戈兰
1925年6月

虽然玻尔–索末菲规则取得了成功，但随着无法解释的实验结果越来越多，"旧"的量子理论（人们如此称呼它）逐渐开始瓦解。尽管运用这些"临时"的规则，人们对最简单的原子，即氢原子的光谱，"解释"起来还稍有信心，但对于第二简单的原子——氦原子，就难以解释了。当被置于磁场中时，其他某些特殊的原子，如钠和稀土元素的原子，会呈现出"反常"的光谱。[1] 旧量子理论是通过把量子规则硬塞进经典力学框架中而创建的，显然无法解释这种效应。

理论出现了问题，并演变成了一种对抗。玻尔不愿意接受爱因斯坦的光量子理论，因此选择了另一种替代方法，无须使用点状粒子的概念就能解释诸如光电效应这样的现象。然而，他的不情愿也让他付出了高

---

1 这一"反常"塞曼效应［以荷兰物理学家皮耶特·塞曼（Pieter Zeeman）的名字命名］实际上是正常的行为。而当时物理学家所认为的简单原子的一般行为，实际上才是反常的。

昂的代价。1924 年初，玻尔与荷兰物理学家亨德里克·克喇末（Hendrik Kramers）和美国物理学家约翰·C. 斯莱特（John C. Slater）合作提出了一个理论，放弃了单个原子事件中的动量守恒和能量守恒原则，并提出守恒是统计的平均结果。爱因斯坦勃然大怒。

1925 年初至 1925 年中进行的一些实验逐渐推翻了玻尔–克喇末–斯莱特（BKS）理论。玻尔曾用他的个人魅力和说服力说服年轻的同行放弃他们更准确的判断，转而接受 BKS 理论。如今他同意宣布这份成果"死得光荣"。[2] 现在已别无选择，唯有接受光量子。

BKS 理论的提出表明，物理学界急于找到一种新理论。情况越来越明显，科学家需要创建一种新的量子理论，需要推翻旧的理论，并"自下而上"地重建一套新的规则。这个新规则要不依赖于自身就隐藏着矛盾的经典物理学图景，也就是说不能依赖于带电的物质粒子沿类似行星轨道的轨道绕中心的原子核运动这样的观点。

物理学的革命即将到来。

1917 年，哥本哈根大学的工作环境非常局促，无法满足玻尔对丹麦物理学发展的期待。他开始了漫长而曲折的努力，最终建立了一所新的理论物理研究所。研究所于 1920 年建成，1921 年揭牌，玻尔直接参与了筹建计划。20 世纪 20 年代初期，他又从嘉士伯基金会和国际教育委员会（1923 年由约翰·D. 洛克菲勒创立）筹得了更多的资金，使用这些资金购买科学设备，为学生和访问学者提供助学金和研究基金，并为研究所的进一步蓬勃发展创造机会。

2　Pais, *Niels Bohr's Times*, p. 238.

一大批怀揣远大志向的年轻物理学家纷至沓来，叩响了玻尔理论物理研究所新古典风格的大门，与这位大师一道研究原子理论。1924 年复活节期间，一位年轻的德国物理学家来到了丹麦。他不懂丹麦习俗，也不会讲丹麦语，但他意识到，自己只需要报出玻尔的大名即可：

> ……当人们明白我是要去玻尔教授的研究所之后，一切困难都扫清了，所有大门都向我敞开。这个国家国土不大，但人民亲切友好，能与玻尔这样一位伟大人物一起工作，从一开始我就有一种被保护的安全感。[3]

1922 年 6 月，在哥廷根以玻尔的名义举办的科学盛宴上，维尔纳·海森伯第一次遇到了玻尔。当时他刚 20 岁，在慕尼黑大学攻读博士学位，导师是索末菲。玻尔的第三场演讲临近结束之际，海森伯鲁莽地站了起来，对玻尔的演讲提出批评意见。玻尔略带迟疑地回应了他。演讲结束后，玻尔邀请海森伯一起到附近的海恩山上走一走。玻尔对海森伯说，他完全理解海森伯的疑惑，并邀请这位年轻的物理学家到哥本哈根，做一个学期的研究。

1923 年 7 月，海森伯在慕尼黑完成了博士学业。当时他年轻气盛，并且瞧不上实验物理学，这让他在答辩的时候吃了亏。由于他推导不出计算显微镜分辨本领的公式，因此德高望重的维恩很是失望。最后海森伯虽然通过了答辩，但分数很低。维恩觉得他太过自负，因此给了低分，不过对于我们这位年轻的博士来说，这是一次有益的经历。

---

3 Heisenberg, *Physics and Beyond*, p. 45.

毕业之后，海森伯离开慕尼黑前往哥廷根，与马克斯·玻恩共事，希望能获得大学讲师的资格。后来玻恩回忆道："他就像个单纯朴实的乡下男孩，金色短发，眼睛干净明亮，神采奕奕。"[4]在哥廷根，海森伯开始研究一些有关原子的量子理论的问题，这些问题一直困扰着这个领域的物理学家。在这期间，海森伯对研究面临的困难第一次有了体会。1924 年 1 月，玻尔再次邀请海森伯来哥本哈根，海森伯接受了邀请，并安排在复活节期间前往丹麦。

海森伯在玻尔理论物理研究所受到了热情款待，但在那儿的所见所闻让他有点手足无措，并心生敬畏。作为原子物理学的中心，这里一片热闹繁忙的景象，他目睹了"很多聪明的年轻人从世界各地赶来，会聚到这里。每个人都比我厉害得多，不光是在语言能力和待人处事上胜过我，掌握的物理学知识也比我多。"[5]

在哥本哈根待的前几天里，海森伯都没怎么见到玻尔。但后来玻尔还是抽出时间，约海森伯去散散长步。他们穿过西兰岛，一直走到克龙堡宫。克龙堡宫历史悠久，因丹麦最著名（或许纯属虚构）的哈姆雷特王子而闻名遐迩。

来到哥本哈根让海森伯至少在短期内避开了德国的社会和政治动荡，不用直面生活的波折。1924 年 2 月，阿道夫·希特勒因参与前一年 11 月份的"啤酒馆暴动"而被判处五年监禁，但这次宣判却让国社党（纳粹党）取得了宣传上的胜利。[6] 玻尔特别

---

4 Max Born, quoted in van der Waerden, p. 19.

5 Heisenberg, *Physics and Beyond*, p. 45.

6 希特勒其实只在监狱里待了八个月。关押期间，他与鲁道夫·赫斯（Rudolph Hess）写出了《我的奋斗》一书。

想听听这位德国年轻人怎样看待德国发生的事件。

"这几天，我们的报纸总是在告诉我们，德国境内发生了不详的兆头，掀起了反犹浪潮，很明显有煽动者在煽风点火。你有没有遇到过此类情况？"[7]他问海森伯。玻尔有一半犹太血统。

他的确遇到过，海森伯向玻尔讲述了自己的经历。那是在1922年夏，当时爱因斯坦正在莱比锡做广义相对论的演讲。海森伯一直认为科学应该高于政治，但政治变动引发了慕尼黑的内乱。他目睹了学生游行抵制爱因斯坦的"犹太物理学"，而这场游行竟是菲利普·莱纳德鼓动的，这一切让他极为痛心。

海森伯的首次哥本哈根之旅虽然很短暂，却掀开了日后频频来访并在这里长住的篇章。1924年9月，他重回玻尔理论物理研究所，获得了嘉士伯基金会和国际教育委员会的资金支持。这次来到这里，他与荷兰理论物理学家亨德里克·克喇末紧密合作，此时的克喇末已是玻尔的得力助手。

与克喇末的合作让海森伯确信，如果想推动原子理论的发展，就必须放弃一些试图"理解"原子内部运作机制的想法。他逐渐发现，行星模型，即物质粒子沿着一系列稳定轨道绕中心的原子核旋转，虽然看起来丰富有料，但无法用数学分析。作为一种经典力学模型，行星模型在加入一些相当任意的量子原则后，其有效期虽然得以延长，但最终将难逃失败的命运。

而在哥廷根，玻恩在着力发展一种新的"量子力学"，用以取

---

7 Heisenberg, *Physics and Beyond*, p. 55.

代经典理论对原子内部结构的解释。海森伯已经选择将注意力集中于已有的实验观测结果，而非仅仅是猜测。原子光谱中原子秘密的揭开，依赖于单个谱系的频率和强度（或"亮度"）的精确样式。海森伯此刻认识到，新的原子量子理论应该只研究这类可观测到的数据，而非无法观测的、符合随随便便的量子原则的力学"轨道"。

在海恩山上，玻尔提到了他们面临的难题。他说："这些模型是从实验中推导得出的，也可以说是猜出来的，而不是依据理论计算得出的。我希望他们描述电子模型时，应尽可能用，且只用经典物理学的描述语言。有一点我们必须清楚，一提到原子，就只能用一种诗意的语言。诗人的关注点也不在描述事实，而是创造意象，建立情感上的联系。"[8]

海森伯确信，是时候使用一种新语言了。

1925 年 4 月，海森伯再次回到哥廷根。5 月底，他得了严重的花粉症，没法继续工作，因此跟玻恩请了 14 天假以便休养恢复。6 月 7 日，他来到德国北部海岸的黑尔戈兰小岛，希望北海干净的空气能够让他尽快痊愈。他的脸部浮肿得厉害，以至于女房东认为他跟别人打架了。

这一段时间海森伯没有受到任何干扰，因此研究取得了飞速的进展。他一直在致力于研究一种原子理论的方法，在这种方法中，不可观测的内部力学的参数被可观测的原子事件的术语所取代——轨道之间的跃迁，被以光谱线的形式呈现出来。他构建了

---

8 Heisenberg, *Physics and Beyond*, p. 41.

一个相当抽象的模型，包括一组谐振子的无穷级数（称为傅立叶级数），每一个谐振子有自己的振幅和频率。[9]海森伯确定，每一个振子（傅立叶级数中的每一项）就是一个量子跃迁，从一个量子数为 n 的稳定轨道跃迁到一个量子数为 m 的轨道。得出的结果是一个由符号，或者说傅立叶级数的项组成的无限大的表。这些项以行和列的形式排列，每一项代表一个量子从初始轨道到终了轨道的跃迁。

接下来，海森伯假设他能够计算出光谱线的强度（亮度），正是表中项的振幅的平方。比如，量子从状态 n 跃迁到 n-2，他发现，必须把 n 跃迁到 n-1 对应项的振幅和从 n-1 到 n-2 对应项的振幅两者相乘。概括说就是，他计算量子跃迁产生的光谱线的强度，是把所有可能的中间跃迁的振幅乘起来并相加。

虽然这个乘法法则看起来简单易懂，且令人满意，但是海森伯察觉出里面存在矛盾之处。如果用这一法则来计算两个不同物理量的乘积（比如 x 和 y），很可能出现这样的情况：x 乘以 y 的乘积与 y 乘以 x 的乘积不相等。海森伯对这类结果毫无经验，并深感不安。

到达黑尔戈兰的时候，海森伯一点都不清楚这一切会带来什么。他已经开始意识到，这个算法可能存在矛盾，尤其关键的是，可能无法满足能量守恒定律。无论提出何种新的原子力学，都必须遵循能量守恒——BKS 理论失败的教训依然历历在目。此刻海森伯要做的就是计算出能量，确定一切都符合能量守恒定律。他一直研究到深夜：

---

9 谐振子更为人熟知的例子包括左右摆动的钟摆，以及连接在弹簧上、有规律上下运动的球。

算出第一组项符合能量守恒定律时，我兴奋得不得了，竟然开始出现大量的计算错误了。终于，当整个计算的最终结果摆在我面前时，已经是凌晨三点钟了。所有的项都符合能量守恒定律，对于我的计算所指向的这种量子力学，其数学上的一致性和连贯性，我可以不用再怀疑了。起初，我相当震惊。我的感觉就像是正在透过原子现象的表面，窥探一个瑰丽的原子内部，但想到此刻，有一大堆数学结构的性质摆在面前必须要去探索，我就感觉头晕目眩。[10]

海森伯兴奋得无法入睡。他悄悄起身，离开住处，在黑夜里走着，攀上小岛南端突出的一块礁石上，等待着观看日出。

海森伯迫不及待地把计算结果写下来，给玻恩寄去了一份手稿复本。虽然在黑尔戈兰时感觉非常兴奋，但他依然不确定这个靠直觉得来的方法到底有没有意义。玻恩在回忆到海森伯向他介绍自己的发现时说："他写了一篇惊世骇俗的论文，但不敢寄出去发表。我应该先读一遍，如果我喜欢论文的内容，就寄给《物理学杂志》（*Zeitschrift für Physik*）。"[11] 玻恩对海森伯的论文大加赞赏，但对于他在论文中用的乘法法则却迷惑不解。它看起来挺眼熟。1925 年 7 月 10 日，玻恩终于想起来了。在学生时代，他曾学过这个乘法法则，这就是矩阵的乘法法则。

矩阵是纵横排列的数字组合，呈正方形或长方形。跟普通数字一样，矩阵也可以进行加、减、乘、除。在做矩阵乘法时，矩

10　Heisenberg, *Physics and Beyond*, p. 61.

11　Max Born, quoted in Pais, *Niels Bohr's Times*, p. 278

阵中的每个元素必须要按照矩阵乘法的具体规则相结合，得出最后的积矩阵中对应的各个元素。与普通数字不同的是，矩阵乘法不遵从乘法的交换律，以 x 和 y 为例，x 乘以 y 不等于 y 乘以 x。

玻恩和他的学生帕斯夸尔·约尔旦（Pascual Jordan）一起，把海森伯的计算用矩阵乘法表达出来。他们发现，这个系统中的能量矩阵是对角化的——矩阵中，除了对角线上的元素，其他均为零，这些矩阵与时间无关，代表了系统中稳定的量子态（或轨道）。

他们还发现海森伯的担忧不无道理。经典物理量的矩阵对应值，如位置和动量是不可交换的。用字母 q 表示位置矩阵，p 表示动量矩阵，他们发现 pq 与 qp 的差（物理学中称为对易关系）等于 $-ih/2\pi$，其中 i 是 -1 的平方根，h 为普朗克常数。[12] 人们再次把经典力学（位置的值和动量的值由普通数字表示，符合交换律）看成是量子力学的极限近似表达，其中假定普朗克常数 h 为零。

海森伯听到回复后非常高兴，舒了口气。"很久之后我才从玻恩那里了解到，这只是矩阵乘法的一种常见情况，在这之前我对这个数学分支一无所知。"[13] 他找到与之相关的基本教材，很快就搞懂了。不久之后，他就与玻恩和约尔旦合作完成了新量子力学的论文，于 1925 年 11 月发表。

海森伯的论文校样稿传到了德高望重的英国物理学家拉尔夫·福勒（Ralph Fowler）手里。福勒在剑桥大学任教，他对这篇论

12　严格来说，pq-qp=$-ih$1/2π，其中1为单位矩阵（unit/identity matrix）。
13　Werner Heisenberg, manuscript of a lecture intended for delivery in Gottingen, May 1975. Subsequently published in Heisenberg, *Encounters with Einstein*, p. 45.

文不感兴趣，便顺手给了自己年轻的学生，23 岁的保罗·狄拉克。

狄拉克拿到校样稿后仔细阅读了论文，差不多一周后，他完全搞明白了海森伯的研究。此时他开始全力研究这个问题，仔细研究了海森伯的乘法法则和法国理论物理学家西米恩·泊松于 1809 年发明的数学运算之间的类似关系。最终，他独自完成了位置-动量的对易关系，证明了能量守恒原理，并推导出了稳定轨道和辐射频率之间的关系（最初玻尔所推论存在的关系）。

狄拉克把描述这些结果的论文手稿寄给了海森伯，让他很沮丧的是，原来玻恩和约尔旦已经预测出了他的这个结论。不过海森伯对他赞不绝口："……一方面，你的结果，尤其考虑到了微商的一般定义，以及量子条件与泊松括号的关系，比玻恩和约尔旦的研究要深入得多；另一方面，比起我们这边，你的论文也写得非常好，公式也更精确。"[14]

此时此刻，新的量子革命已经势不可当。一个真正的量子力学开始建立了，但也伴随着前所未有的数学上的抽象概念。海森伯的方法，经过玻恩和约尔旦的进一步细化，逐渐为人熟知，被称作矩阵力学（海森伯不喜欢这个名字，因为听起来特别像数学研究）。

但是，新理论并不投合所有人的胃口。要想取代"旧"量子理论，新量子力学必须展现出它的力量：但凡旧理论能做的，它也能做，至少，它必须预测出氢原子的发射光谱。它要面临的挑战将会层出不穷。

14　Werner Heisenberg, letter to Paul Dirac, 20 November 1925. Quoted in Kragh, *Dirac: A Scientific Biography*, p. 20.

自旋的电子

莱顿
1925年11月

新量子力学并没有受到所有人的追捧，毕竟它太抽象，有无限维度的数字表格，以及晦涩难懂的乘法则。玻尔对此满怀激情，爱因斯坦则不然。

在计算氢的发射光谱时，物理学界开始运用新方法，但问题是"反常"塞曼效应依然摆在新量子物理学家的面前，时不时地戏弄新的量子物理学家的理解力。通过引进第三个（磁）量子数 m，"正常"塞曼效应很好地与旧量子理论相容，但反常效应依然顽固，毫不让步。一天，年轻的奥地利物理学家沃尔夫冈·泡利在街上走着，有人拦住他，问他为何不开心，他答道："一个人在思考反常塞曼效应时，怎么可能开心呢？"[1]

1920 年，为了解决多电子原子光谱线分布的性质和亮度的分类问题，索末菲引入了第四个量子数，他称作"内量子数"，即 j，以及一条

新的选择定则。如果说前三个量子数是参考原子内部运行机制的经典概念模型而来，那么这第四个量子数完全是为了达到这个目的特意设定的。索末菲认为多电子的原子，其运动是复杂的，有种"隐旋转"的特征。1921 年，图宾根大学的德国光谱学家阿尔弗雷德·朗德（Alfred Lande）提出一种观点，认为量子数 m 和 j 可以取半整数值。两年后他提出，具有多个电子的"内核"和单个外层，即"价"电子的原子，其隐旋转应该与内层核电子相关。

相对来说，朗德的方法是成功的，但依然充满困惑，让人费解。雪上加霜的是，1922 年德国物理学家奥托·斯特恩（Otto Stern）和瓦尔特·盖拉赫（Walther Gerlach）研究了磁场对一束银原子的影响（银原子束是通过加热的炉子发射产生的）。斯特恩一直在寻找玻尔-索末菲理论预言的空间量子化的证据，当他发现银原子束的确被磁场分成两个部分时，就以为已经找到了证据。但其他人，包括爱因斯坦在内，确信他们并没有找到，但也对这些结果迷惑不解。

解释到来的那天，便是旧量子理论最后的欢呼。

1918 年秋，泡利来到慕尼黑。这位被物理学界誉为爱因斯坦的相对论研究方面的神童，以区区 18 岁的年龄，加入了索末菲的研究团队。针对广义相对论，他写了一篇评论文章，并在几年后发表，爱因斯坦如是评价："任何研究过这一成熟而重要的作品的人，都会觉得难以相信，其作者只是一个 21 岁的年轻人。"[2] 著名物理学家、哲学家恩斯特·马赫（Ernst Mach）是泡利的教父。

---

2 Albert Einstein, quoted in Pais, *Niels Bohr's Times*, p. 200.

在慕尼黑，索末菲推荐泡利研究错综复杂的原子理论，以及旧量子理论的"数字游戏"和选择定则。1921 年，泡利拿到了博士学位，前往哥廷根大学与玻恩一起工作，不久后就去了汉堡大学。与海森伯一样，泡利也是在 1922 年节假日期间在哥廷根首次认识玻尔的，并深深地被玻尔的品格、智慧和眼光折服。玻尔邀请他来哥本哈根，他在那儿待了一年后，于 1923 年返回汉堡。

也是在哥本哈根期间，泡利开始埋头努力解决反常塞曼效应的难题。困难可想而知，每隔一段时间，他就会感觉非常痛苦和绝望。虽然他有能力对索末菲和朗德的提议做出一些改进，但对理论上所包含的"特设"的性质很不喜欢。他要寻找某种更根本性的东西。

1924 年底，泡利回到汉堡，把精力放在了剑桥物理学家埃德蒙·斯通纳（Edmund Stoner）的研究上。在他的著作《原子结构及其光谱》（*Atombau und Spektrallinien*）第四版的序言中，索末菲对斯通纳的研究有相关描述。斯通纳论文的第一稿发表在 1924 年 10 月的英国期刊《哲学杂志》（*Philosophical Magazine*）上，论文中他提出了描述量子数与电子"壳层"概念之间关系的方案，电子"壳层"是指以原子核为中心，一层一层嵌套的"壳"，类似于俄罗斯套娃。每层"壳"的能量取决于主量子数 n。每一层壳可能的状态或"轨道"数，取决于给定值 n 时量子数 k 和 m 可以取的值。

按照规则，k 必须为大于零且小于或等于 n 的整数，[3] m 则可

---

3 对于 k 必须大于零这一限制条件，旧量子理论无法证明这一点。在现代原子物理学中，k 已经被轨道角动量（或方位角）量子数 l 取代，取值为 $l=0$，1，2，……，n-1。由此，磁量子数 m 取值范围为 $-l$，……，0，……，l。

以取 $-(k-1)$, $-(k-2)$ ……, 0, ……, $(k-2)$, $(k-1)$, 一共有 $2k-1$ 种选择。因此, 当 $n=1$ 时, k 和 m 唯一可能的值分别为 $k=1$ 和 $m=0$。这就表明, 只存在一个状态或轨道。按照规则, 当 $n=2$ 时, 会对应 4 个不同的轨道; 当 $n=3$ 时, 轨道数为 9。也就是说, 可能的轨道数为 n^2。

但体现在元素周期表中, 情况又稍有不同。德国物理学家瓦尔特·柯塞尔 (Walther Kossel) 早前曾提出, 如果假设惰性气体 (如氦、氖、氩、氪) 的原子具有填满的或 "封闭的" 壳层, 那么根据玻尔的原子理论, 惰性气体具有惊人的稳定性和惰性就可以理解了。继而, 元素周期表可以理解为电子壳层占有率不断递增的表格。也就是说, 首先是两个电子 (氢、氦), 其次是 8 个电子 (从锂到氖), 接着还是 8 个电子 (从钠到氩), 然后是 18 个电子 (从钾到氪), 电子数按壳层序列递增, 直至每一个壳层都被填满或封闭。

斯通纳的研究更进一步。每一个轨道上, 他不是安排一个电子, 而是两个: "在采用的分类中, 其显著特征是, 每一个被填满的能级的电子数等于分配的内部量子数之和的两倍……"[4] 斯通纳认为, 在 n^2 个轨道中, 应该具有 $2n^2$ 个电子。当 $n=1$ 时, 只有一个轨道, 也就意味着总共有两个电子占据该轨道; $n=2$ 时, 存在 4 个轨道, 也就意味着具有 8 个电子; $n=3$ 时, 轨道为 9 个, 电子数为 18 个。

泡利根据事实进行了推断。他认为朗德的模型把 "隐旋转"

---

4 Edmund Stoner, quoted in Enz, p. 122.

归因于多电子原子的内层电子是错误的，尽管这个模型看起来相当成功。斯通纳提出，把每个轨道（每个壳层）上的电子数增加一倍。根据泡利的推断，这需要把第四个量子数归到每一个单个的电子上，而非内层电子上。由此他得出了一个启发性的结论：电子必须有一个古怪的、非经典的"双值性"，其特点是拥有半整数的量子数。此外还有一点，原子的壳层结构和元素周期表表明，每个轨道能够且仅能容纳两个电子。泡利写道：

> 原子不可能具有两个或两个以上相同的电子，也就是说，不存在两个在强场中的电子，所有量子数的值……都相同。如果一个原子中存在一个电子，其量子数（在外场中）具有确定的值，那么这个状态就被"占据"了。[5]

这就是泡利的不相容原理（exclusion principle）。根据不相容原理，原子的每一个电子，都具有不同的 4 个量子数组合。举例来说，一个处于 $n=1$, $k=1$, $m=0$, $j=+1/2$ 状态的电子，只能进入 $j=-1/2$ 的电子（n、k 和 m 均相同）的轨道。j 的其他取值都不可以，所以一个轨道仅能容纳两个电子。

对于这个规则，泡利提不出任何正式的解释，而且也没有可替代的选择，只能表述说，它好像"自然而然地就显示出了这种性质"。[6] 1924 年 12 月，他给在哥本哈根的玻尔和海森伯寄了一

5 Wolfgang Pauli, quoted in Enz, p. 122.
6 Wolfgang Pauli, quoted in Enz, p. 122.

份论文手稿复本，海森伯给他的回复虽热情洋溢，却也尖酸刻薄：

看到你的论文，我应该是**最开心**的一个，不仅因为你把这个骗局推到了一个难以想象、令人眼花缭乱的高度（引入具有 4 个自由度的**单个电子**的概念），对我的侮辱也由此打破了新纪录，而且我还要庆贺一下，最终你也（布鲁图斯，连你也！[7]）在形式主义空谈者的面前低下了头颅……[8]

虽然在迄今仍不明确的原子的量子力学中，它的起源仍然模糊不清，但泡利的不相容原理解释了多电子原子的一个重要性质，即多电子原子毕竟是真实存在的。之前的原子理论，对于多电子原子的所有电子为何最后没有坍缩到能量值最低的轨道上，一直给不出什么解释。

对于电中性的原子，电子数的增加意味着原子核正电荷总量也在增加。核的电荷数越大，电子受到原子核的吸引力也就越大，因此最内轨道的半径就越小。现在我们也许会认为，不断拥挤的电子之间产生的排斥力会阻止原子坍缩形成更小的轨道，因此也就不会坍缩到更小的体积。然而很容易发现，随着中心核电荷的增加，电子间的排斥力无法阻止重原子体积的急剧缩小，因为相邻电子之间的排斥力不足以抗衡原子核对电子的吸引力。从原子质量和元素密度可以计算出原子体积，原子体积会因原子电荷的

7 恺撒大帝被刺，临死前对刺杀者布鲁图斯说的最后一句话，西方人引用这句话代指背叛。——译者注
8 Werner Heisenberg, postcard to Wolfgang Pauli, 15 December 1924. Quoted in Enz, p. 124.

变化产生复杂的变化，但不会随着电荷增加而产生系统性的缩小。

通过防止电子坍缩或凝聚进最低能量的轨道，不相容原理允许复杂的多电子原子以周期表描述的模式存在。不相容原理允许世界上存在数不清的元素种类，多种多样的化学组合，乃至所有的物质实体，包括生物和非生物。这是非常了不起的成就。

但是，问题依然存在，为什么每个轨道仅能容纳**两**个电子呢？

年轻的美国物理学家拉尔夫·克勒尼希（Ralph de Laer Kronig）认为，这是因为电子的"双值性"与**自旋**有关。1904 年，克勒尼希出生于德国德累斯顿，父母都是美国人。1925 年 1 月，他在美国纽约的哥伦比亚大学完成博士学位并回到了德国。他回德国后开始与朗德共事。

1924 年 12 月底，泡利给朗德寄了张明信片，表达了希望在 1 月 9 日访问图宾根的想法。他很想跟朗德探讨不相容原理，并试图从朗德收集到的大量数据中寻找一些光谱学数据，或许能够反驳不相容原理。

朗德把泡利关于不相容原理的信给他的美国新助理看了。第四个量子数在单个电子上的应用让克勒尼希感到震惊，他立即就想到了一种可能的解释。索末菲已经把第四个量子数归为"隐旋转"，假如这个旋转实际上就是单个电子的自旋会怎样呢？如果电子绕自己的轴自旋（就像地球在绕太阳公转的轨道上自转一样），那么就会产生一个小的局部磁场。一个原子中电子的性能就像一个微小的条形磁铁，它将会具有一个磁矩，与所在的外磁场产生的力线一致或相反，并产生两种不同的能量状态，以分裂的光谱线的形式表现出来。

如果不存在两种能量状态，那么电子就只有一种状态，光谱中就只应该有一条线。根据克勒尼希的计算结果，电子自旋的角动量需要具有固定值 $1/2\,\hbar$，其中 $\hbar$ 是普朗克常数 h 除以 2π 的简写。此外，他还证明了磁矩和角动量之比取决于与自旋相关的一个特征因子，即大家熟知的电子的朗德"g因子"，它的值必须为2。这就相当奇怪了，因为经典力学预言，电子轨道磁矩与轨道角动量的比为1。

此外还存在一个问题。从克勒尼希快速推导出的表达式中，他计算出的光谱线的分离程度是实验观察到的两倍。这与假设的 $g=2$ 无关，因为这个假设是用来解释另外的实验观察结果的。电子自旋能解决朗德核心模型三个问题中的两个，但却无法解决所有问题。

第二天，克勒尼希去火车站接泡利：

也不知为什么，我之前想象中的他（泡利）年纪比较大，还留着胡子。他长得跟我想的非常不一样，但随即我就感受到了从他身上散发出来的气场，令人着迷又有些局促不安。在朗德的研究所，讨论很快就开始了，我也有机会发表我的观点。泡利评价说："Das ist ja einganz witziger Einfall（你的观点确实很睿智）。"但他不认为这与实际情况有什么关系。[9]

作为理论物理学家，泡利天赋异禀，但同样也以尖酸刻薄著

9 Ralph de Laer Kronig, quoted by Enz, p. 111.

称。对于克勒尼希提出的观点，他完全予以否定。后来克勒尼希
又与玻尔、克喇末和海森伯交流，他们也同样否定了他的观点。
不管怎样，预测结果和实验观察结果之间存在的两个不一致，让
克勒尼希深感困扰，而且一个旋转的带电球体，其赤道的运转速
度需要快过光速的十倍，这一点与爱因斯坦的狭义相对论是不相
容的。因为这些原因，后来克勒尼希就放弃了他的观点。

在物理学领域，十个月算很长了。在荷兰莱顿，两位年轻的
荷兰物理学家塞缪尔·古德斯米特（Samuel Goudsmit）和乔治·乌
伦贝克（George Uhlenbeck）独立得出了与克勒尼希相同的结论，
物理学界对他们观点的态度倒是比较温和。他们在论文中的总结支
持了电子围绕自身旋转的学说，这篇论文投给了德国期刊《自然科
学》（*Naturwissenschaften*）。论文提交后，他们与令人敬重的物理学家
亨德里克·洛伦兹进行了交流。洛伦兹告诉古德斯米特和乌伦贝克，
在经典电子理论中，他们的观点几乎是不可行的。二人担心自己
犯了大错，急急忙忙地要在发表之前把论文撤回，但已经为时太
晚了。

1925 年 11 月，论文发表了。刚开始，论文引起了类似当初
对克勒尼希观点的担心。1925 年 12 月，泡利和斯特恩去火车站
接玻尔，并询问他对两位荷兰物理学家的观点作何评价。虽然玻
尔说了类似观点很有趣的话，但话中有话，暗示他觉得观点可能不
对。抵达莱顿后，玻尔见到了爱因斯坦和奥地利物理学家保罗·埃
伦费斯特，他们也问了相同的问题。当听到爱因斯坦解释说，自己
提出的某些反对观点是可以解决时，玻尔的态度开始有所改变了。

玻尔随后从莱顿前往哥廷根，海森伯和约尔旦又问了他同样的问题。这次玻尔热情满满，而海森伯隐约想起，似乎之前听说过类似的观点。在回哥本哈根的路上，玻尔乘坐的火车经停柏林，他在那儿碰到了刚从汉堡回来的泡利。泡利又专门提到电子围绕自身的旋转，问玻尔是怎么想的。此时，玻尔说这是一个重大的进展。在原子物理学的领域中，一个带电物体自旋的经典图景是没有意义的，对于这一点，泡利仍然无法接受，将它称为"又一个哥本哈根邪说"。[10]

但玻尔已然成为电子围绕自身旋转学说强有力的支持者，而且他或许是第一个使用"电子自旋"这一术语的人。这个术语被沿用了下来，尽管在量子理论中的含义与在经典诠释中的含义已相去甚远。随着它越来越为人接受，有一点也就越来越清楚：泡利（以及玻尔、克喇末和海森伯）当时让克勒尼希打消进一步研究自己提出的观点的念头，也就让他失去了成为电子自旋"发现者"的机会。[11]虽然克勒尼希一般情况下总是淡然地对待这件事儿，但也禁不住会感到些许苦涩，他后来在给玻尔的信中写道："有的物理学家嘴上说着欢迎多样性，但对自己的观点总是那么固执地肯定，内心膨胀。要不是想批评一下这种现象，我就不会跟他（克喇末）提这件事儿了。"[12]

10　Wolfgang Pauli, quoted in Pais, *Niels Bohr's Times*, p. 243.
11　后人就此做了一首诗文：Der Kronig halt' den Spin entdeckt, halt' Pauli ihn nicht abgeschreckt.（若非泡利打击，电子自旋发现者，非克勒尼希莫属。）见Enz，第117页。
12　Ralph de Laer Kronig, letter to Niels Bohr, 8 April 1926. Quoted in Pais, *Niels Bohr's Times*, p. 244.

不出玻尔所料，导致光谱线分裂的预测和观察之间不一致的神秘影响因素，得到了令人满意的解决。英国物理学家卢埃林·希乐斯·托马斯（Llewellyn Hilleth Thomas）随后证明，把问题重置于恰当的电子静止参照系中，将改变谱线分裂的表达式，原表达式中 g 的取值不再是 $g=1$，取 $g=2$ 将使预测的分裂值减半。

保罗·狄拉克随后提出，如果电子能被看作拥有两个可能的"自旋"方向，那么，这或许就能解释为什么每个电子轨道仅能容纳两个电子的问题。两个电子的自旋方向必须要刚好相反，才能在一个轨道中"安身"。一个轨道最多能够容纳两个自旋方向**配对**的电子。

这是个相当大的进展，但依然存在相当多的谜团。原则上说，一个经典的自旋物体，不会被限制在与磁矩方向一致或相反的两个位置。这种限制是以某种方式由电子的量子性质决定的，这样解释才算合理。

尚不清楚的只是，这种限制是如何实现的。

7

迟来的"艳福"

瑞士阿尔卑斯山
1925年圣诞节

泡利和狄拉克两个人很快就转向了矩阵力学，推导氢发射光谱的主要特征，即著名的巴尔末公式。1926 年 1 月 17 日，泡利向《物理学杂志》提交了一篇论文，陈述他的研究结果。而就在五天后，狄拉克向《英国皇家学会会刊》（*Proceeding of the Royal Society*）提交了他的论文，泡利仅比狄拉克早了这么几天。

泡利还运用新的力学来解释斯塔克效应。斯塔克效应以德国物理学家约翰内斯·斯塔克（Johannes Stark）命名，指的是在静电场中光谱线分裂的问题。然而，这一效应中的某些关系依旧是假设，或者说笼罩在"拟设"（源于德语 ansatz，是指有待实验结果验证的"有根据的推测"或"假设"）之下。此外，矩阵力学理论尚不完全符合相对论——也就是说，它不符合爱因斯坦狭义相对论的要求。而且它与泡利的不相容原理、电子自旋以及反常塞曼效应尚不相容。

虽然老一辈物理学家对于矩阵力学中数学公式的复杂性和缺乏"直

观性"比较头疼，但对于新一代量子物理学家来说，这里却似一个欢乐的游乐场。泡利在论文中写道："海森伯的量子理论彻底避开了定态（原子的稳定轨道）下电子运动的力学–运动学直观性。"[1]意思很明确了。要想取得进展，首先必须抛弃经典物理学遗留下来的概念包袱，把注意力集中于在实验室中可观察和可测量的东西上。

　　量子理论未来的发展方向似乎确定了。不过，量子革命的少壮派激进分子的风头，即将被 38 岁的奥地利物理学家埃尔温·薛定谔抢走。当他完成自己研究的时候，新量子理论的图景几乎已经彻底变样了。

　　1910 年 5 月，薛定谔拿到了维也纳大学的物理学博士学位。1914 年，服完一年多义务兵役之后，他回到维也纳大学，获得了讲师（Privatdozent，编外讲师）的职位。随后"一战"爆发，他又服了四年兵役，中断了研究生涯。1917 年，薛定谔返回维也纳，并在 1920 年晋升为副教授。之后他又先后搬往耶拿（德国西南部城市）、斯图加特（德国西部城市）、布雷斯劳（波兰城市），并在 1921 年获得了苏黎世大学理论物理学教授的职位。

　　1921 年 10 月，薛定谔与妻子安妮玛丽（他爱称她为安妮）搬到了苏黎世。但几个月后，医生诊断他疑似患有肺结核，要求他完全静养治疗。他与安妮搬到了阿尔卑斯山区的阿罗萨度假区，住在一处别墅中。此处毗邻著名的达沃斯滑雪胜地，二人在那儿待了 9 个月。在安妮的悉心照料下，薛定谔慢慢恢复了健康。山

1　Wolfgang Pauli, *Zeitschrift für Physik*, 36, 1926, p. 336. An English translation is available in van der Waerden, p. 387.

区海拔高，环境相对封闭，给薛定谔提供了宝贵的思考时机，在身体恢复的同时，他写下了两篇科学论文。1922 年 11 月，薛定谔返回苏黎世，重新开始紧张而忙碌的教学工作。12 月 9 日，他完成了被推迟的教授就职讲座。

由于教学工作繁重，他做研究的时间很少。虽然他的呼吸系统疾病已经被治好，但身体仍然虚弱，且很容易疲劳。在苏黎世的新生活日渐安定下来后，他或许开始思虑自己在物理学界的地位了。作为科学家，薛定谔精通多个领域，知识广博且成就颇多，获得了广泛的赞誉。但在他自己熟悉的物理科学领域，薛定谔还没有做出过什么显著的贡献。韶华渐逝，他别无选择，只能眼睁睁地看着年轻一代的物理学家把自己抛在身后。他似乎已经被挤到了边缘地带，在物理学史上只能做一个脚注。1924 年，当他受邀参加比利时工业家富豪欧内斯特·索尔维（Ernest Solvay）发起的第四届索尔维会议时，都没人要求他提交任何会议论文。

此时，薛定谔跟安妮的婚姻也出了问题。他们的婚姻一直以来都相对"开放"，两个人都有外遇。对婚姻的不忠，让两人之间摩擦不断，但并不足以闹到上诉离婚的地步。薛定谔很想要个孩子，但由于两个人性生活不和谐，因此生育孩子的可能性似乎不大。安妮也不想离婚，想继续维持这种"开放"的婚姻状态。她是天主教徒，离婚代价太大，而且一旦离婚，倒很有可能正中薛定谔反布尔乔亚情绪之下怀。[2] 虽然性生活不和谐，但埃尔温的帅

---

2 薛定谔有一个笔记本，详细记录了他的性生活。这可不仅仅是记录性征服的日志，更像是对女性性感的个人探索。

气和才智依然让安妮迷恋其中："比起赛马，虽然与金丝雀生活容易些，但我还是喜欢赛马。"[3] 然而，矛盾还在升温。

有时候，薛定谔会与隔壁苏黎世联邦理工大学的同事、荷兰物理学家彼得·德拜和数学家赫尔曼·外尔（Hermann Weyl）一起放纵生活，寻求婚姻外的慰藉。他们形成了一个复杂的社交网。安妮爱上了外尔，两人有了婚外情。同时，外尔的老婆海琳·约瑟夫（Helene Joseph）在跟着现象学大师埃德蒙德·胡塞尔（Edmund Husserl）研究哲学期间，爱上了苏黎世联邦理工大学的瑞士物理学家保罗·谢尔（Paul Scherrer）。

薛定谔生活中这些乱七八糟的事情必然会影响他的工作。1923 年，他一篇论文都没有发表。翌年，他努力收拾心情，重拾研究的热忱。1925 年 10 月，在爱因斯坦刚发表的论文中，一个脚注吸引了他的注意力。脚注中提到德布罗意做的"一个非常值得注意的贡献"。[4]

薛定谔带着好奇找到了德布罗意的论文，所读到的内容随即在他心里激起千层浪。1922 年在阿罗萨休养期间，薛定谔曾写过一篇题为《论单个电子的量子化轨道所具备的一个显著特性》的论文，发表在《物理学杂志》上。他从好友外尔那儿获得了灵感，产生了一些想法。以此为基础，他注意到稳定电子轨道和所谓的"规范因子"（轨道本身的特点）之间存在一种关系。[5] 他发现，如果把规范因子解释为相位因子，就能理解不同电子轨道（它是主

---

3 Arthur I. Miller, in Farmelo, p. 117.
4 Albert Einstein, quoted in Pais, *Niels Bohr's Times*, p. 241.
5 在第20节中，我们还会探讨规范理论的问题。

量子数 n 的来源）之间的关系。

虽然当时意识到这一点很重要，但薛定谔还是选择不再深入研究。而在此时，当他读到德布罗意的论文时，他意识到之前注意到的关系就是德布罗意所指的在围绕原子核的圆形轨道上产生电子驻波的相位条件。

苏黎世大学和苏黎世联邦理工大学的物理学家形成了定期联合举行学术讨论会的习惯，讨论会每两周举行一次，就近期双方感兴趣的课题进行讨论。法国期刊《物理纪事》刚发表了一篇德布罗意的论文，德拜问薛定谔要不要就这篇论文准备一次讨论会，由薛定谔来介绍这篇论文。薛定谔同意了，并于 11 月 3 日写信给爱因斯坦，信中提及他 1922 年写的电子轨道方面的论文，并将两篇论文做了对比，但同时指出："自然，德布罗意是在他的全面理论框架内进行思考的，总体来说，要比我的单一论述有价值得多，毕竟当时我还无从下手。"[6]

座谈会于 11 月 23 日召开。与会的观众中，有一位年轻的瑞士学生，名叫菲力克斯·布洛赫（Felix Bloch），去年刚刚开始在苏黎世联邦理工大学的学习生涯，想要学习工程学。但他发现物理学魅力更大，德拜的一节讨论课，比其他所有课程加起来让他学到的东西还要多。这次薛定谔就德布罗意的论文召开的讨论会更是让人无法忘怀，布洛赫在五十多年后回忆道：

6 Erwin Schrödinger, letter to Albert Einstein, 3 November 1925. Quoted in Moore, p. 192.

在之后的一次讨论会上，薛定谔以非常清晰的思路阐释了德布罗意
是如何把波和粒子关联起来的，以及如何通过要求静态轨道的长度等于
整数个波长，得出尼尔斯·玻尔和索末菲的量子化规则。薛定谔发完
言后，德拜随口评价了一句，这样讨论有点太幼稚了。身为索末菲的学
生，德拜知道要想恰当地处理波动，必须要有波动方程。这句话听起来
毫不起眼，也没给大家留下什么深刻印象，但很明显，薛定谔后来认真
思考了这个想法。[7]

1925 年圣诞节前几天，薛定谔离开苏黎世，动身去瑞士的
阿尔卑斯山地区小住几日。1922 年在阿罗萨疗养期间他就住在那
里，1923 年和 1924 年圣诞节期间，他与安妮也是在那里过的节。
但此时夫妻二人的关系已冷到冰点。于是他决定邀请一位维也纳
的旧相好与他同行，把安妮留在了苏黎世。他随身携带的还有针
对德布罗意的论文做的笔记。

我们不知道这位旧相好到底是谁，也不知道她对薛定谔产生
了什么影响，但在 1926 年 1 月 8 日回到苏黎世的时候，薛定谔
已经发现了**波动力学**（wave mechanics）。

从经典物理学出发不可能严格地在物理上推导出量子力学的
波动方程。但是，顺着薛定谔当时笔记上的推导，却是可能的。他
从众所周知的经典波动方程出发，后者将波函数［用符号 ψ（psi）
表示］描述的所有波动形式的时间和空间依赖性关联了起来。最初，

7 Felix Bloch, *Physics Today*, 29, 1976, p. 23.

他用的是与时间无关的波动方程，因为它更适合描述驻波（而非行波）。

深入到经典波动方程后，薛定谔把德布罗意推导出的粒子质量（更确切地说是粒子的动量）和波动频率的关系式替换掉了。他意识到，要想获得有意义的波动方程的解，就必须对电子波函数（把电子看作波的数学描述）的形式做些假设。他需要限制可以接受的函数的种类，更确切地说，函数必须为单值（在给定的空间坐标中只有一个值）、有限的（而非无限）和连续的（没有突然的"断裂"或不连续）。

像德布罗意一样，薛定谔采用了完全与相对论匹配的方法，尝试在符合爱因斯坦狭义相对论要求的情况下推导出氢原子的电子的波动方程。他把电子波函数置于特定的坐标系中，这个坐标系更适于求解球形静电场中运动的问题。这就是所谓的球面极坐标系，其坐标包括电子和核之间的距离 r，角度 θ（一种余纬度，读作 theta）和角度 ϕ（一种经度，读作 phi）。他发现他可以把波函数分解成两个独立的函数：一个是"径向"函数，只取决于 r；一个是角函数，也叫"球谐"函数，只取决于 θ 和 ϕ。结果会得出一系列非常复杂的微分方程。

到这里，已经是薛定谔数学能力的极限了。如果说球谐函数的微分方程他尚能解决，径向函数方程他就怎么也应付不了了。无论如何，他觉得他已经看到足够多的东西了。12 月 27 日，他写信给维恩：

此刻，我正在努力研究一个新的原子理论。如果我数学再好一些，那该有多好啊！我对这个研究非常有信心，而且盼着自己最终能够……解决这个问题，会是非常漂亮的一个……我希望自己不久之后能对这项研究做一个更为详尽、易于理解的报告。此刻，我必须多学点数学……[8]

　　1926 年 1 月 8 日，薛定谔返回苏黎世，并立即向外尔寻求帮助。大约一周之内，他就解决了径向函数的微分方程的问题。现在，他必须要解决半整数的量子数，受此困扰，他又转头回到非常相似的非相对论波动方程，这个方程的结果只有整数值。此时此刻，所有谜团的解摆在了他的面前。

　　通过限制在原子核附近的三维电子波函数的性质，波函数可能的解的一种特定模式自然并且直接地出现了。薛定谔发现径向函数的解取决于两个整数，这两个整数分别等同于主量子数 n 和量子数 k，而角函数的解取决于 k 和 m。不同解的能量值由主量子数的平方决定，如此就重新推导出了巴尔末公式。

　　在薛定谔的推导过程中，唯一的**拟设**与他对电子波函数形式做的限制有关。剩下的——量子数、它们之间的相互关系、氢的能级、巴尔末公式——就是不容辩驳的数学逻辑的结果了。的确非常漂亮。

　　薛定谔在论文中详述了他的研究，并把论文寄给了《物理年鉴》。1926 年 1 月 27 日，杂志社收到他的论文，这时距离他做出最初的发现不过三周的时间，而距离《物理学杂志》收到泡利的

---

8 Erwin Schrödinger, letter to Wilhelm Wien, 27 December 1925. Quoted in Moore, p. 196.

论文也不过 10 天的时间。在论文中，薛定谔证明玻尔和索末菲所引入的"特设"的量子数"与表示振动弦节点数的整数一样自然而然地出现了"。[9]

薛定谔波动力学的微分方程具有一个特性。一个微分算符[10]作用于一个函数，得到一个数（量）乘以该函数。如果是动力学系统中计算总能量的微分算符（哈密顿算符[11]），运算后得到的量就是系统的总能量。满足此类方程的函数有一个专有名称叫本征函数（eigenfunction），运算得出的数称作本征值（eigenvalue）。随后，薛定谔给自己的论文定名为《作为本征值问题的量子化》。

对薛定谔来说，波动力学的成功意味着有机会把经典力学的重要元素重新引入量子化的图景中。现在，他试图把电子在不可见的电子轨道之间发生的不连续的量子跃迁，用一个更经典的、更具视觉化的图像替代掉，即系统定态波函数之间的平滑和连续的变化。

1926 年 1 月到 6 月的这六个月中，薛定谔相当高产，就新的波动力学写出了六篇具有高度创新性的论文，而这一切始于外尔所说的"他生命中一次迟来的'艳福'"。[12]薛定谔在其中一篇论文中阐述了矩阵力学和波动力学在数学上的等价关系。在经典力

9　Erwin Schrödinger, *Annalen der Physik*. 79, 1926, p. 361. Quoted in Moore, p. 202.

10　算符是指对数学函数进行操作的指令，如用数去乘它、对它求微分等。

11　以19世纪爱尔兰数学家威廉·罗恩·哈密顿（William Rowan Hamilton）的名字命名。

12　Hermann Weyl, quoted in Moore, p. 191.

学中，粒子的动量 p 是由粒子的质量乘以速度得出的。而在波动力学中，动量的表达由微分算符取代。按照惯例，现在我们需要把经典力学的 p 和等价的波动力学算符区分开，在字母 p 的上方画一个"帽子"∧，即 $\hat{p}$，来表示算符。

很显然，波函数经过一系列运算后，其结果由施加的运算顺序决定。在薛定谔的波动力学中，位置 q 乘以波函数，再施以动量算符 $\hat{p}$ 所得的结果，与先施以动量算符 $\hat{p}$，再以位置 q 乘以波函数所得的结果是不同的。换种说法就是 $\hat{p}q\psi$ 不等于 $q\hat{p}\psi$。在波动力学中，动量算符被构造为能使得位置－动量对易关系 $\hat{p}q-q\hat{p}$ 等于 $-ih/2\pi$。

薛定谔在论文的脚注中写道："我根本没意识到与海森伯有什么本质的关联，我当然知道他的理论，但他用的数学方法已经超出了代数学，对我来说太难了，而且缺乏直观性，即使没把我吓退，也是被难住了。"[13] 他们对对方的感觉是针锋相对的。在薛定谔发表了可与之比肩的论文后不久，海森伯写信给泡利："我越是思考薛定谔理论的物理部分，就越是反感……薛定谔关于其理论直观性的描写（套用玻尔的话）'可能并不对'，换言之，就是胡扯。"[14]

但是，虽然海森伯有疑虑，但薛定谔的杰作（tour de force）吸引了众多拥护者。现在，大家都把注意力转到电子的波函数身上了。波函数是什么，又该如何诠释呢？

13　Erwin Schrödinger, *Annalen der Physik*. 79, 1926, p. 735. English translation quoted in Moore, p. 211.
14　Werner Heisenberg, letter to Wolfgang Pauli, 8 June 1926. Quoted in Cassidy, p. 215.

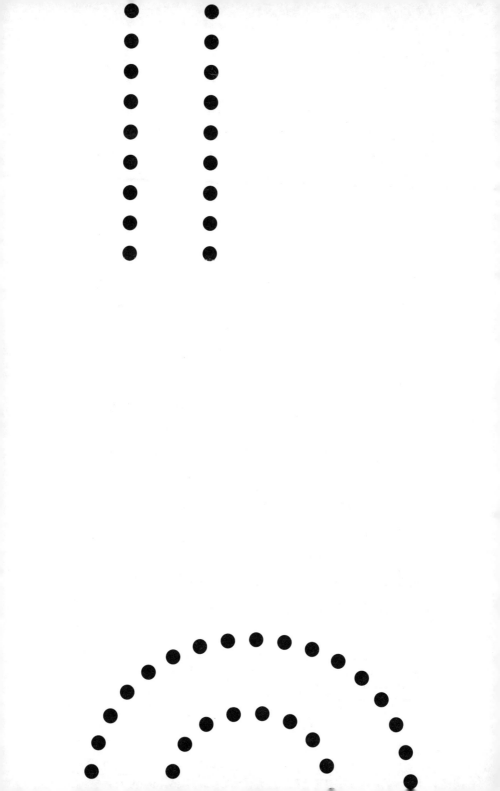

PART 2

第二章

量子诠释

8

幽灵场

牛津
1926年8月

在薛定谔看来，关于他的新波动力学的波函数的解释简单而直接。虽然德布罗意已经围绕波粒二象性的核心概念发展了他的想法，但薛定谔很乐意完全去除粒子性。他认为波函数是完全波动的物质世界的真实体现。在他的描述中，粒子的行为是由"物质波"集合的重叠和加强所产生的幻觉。

薛定谔想象的是所谓的"波包"状态。如果在空间和时间的特定点周围聚集的一系列高振幅的波叠加在一起，则合成波在该点就会有更大的振幅，并且在其他地方的振幅很小。无论从哪一点来看，这样的波包就像少许浓缩的物质——粒子。如果这样的集合或波的"叠加"随后在空间和时间上同步移动，就会产生看起来像粒子轨迹一样的路径。

这也许可以说简单吧，但实际上并不那么直接。除了薛定谔所考虑的特殊情况之外，波包状态通常是不可持续的，除非它们的尺度远大于构成它们的波的波长。在原子尺度上构建出的波包不应该是这样的。荷兰物理学家亨德里克·洛伦兹认为,电子波包不能维持在一起。随着组成它的波在传播过程中彼此分开,它也会弥散开,迅速消失在虚无之中。

薛定谔也开始有了怀疑。还有一些现象很棘手,例如光电效应。他努力使其与他的稳定波状态之间平滑、连续过渡的模型相一致。

与此同时,在哥廷根,马克斯·玻恩对波函数的含义有了截然不同的看法。他开始拒绝薛定谔将经典物理视角带回原子核心的尝试。虽然当时哥本哈根学派和哥廷根学派的物理学家并不认为玻恩的诠释特别激进,但它却引发了关于现实存在的本质的争论,这种争论一直延续到今天。

马克斯·玻恩曾在布雷斯劳、海德堡和苏黎世的大学学习数学,之后在哥廷根大学获得了理论物理学博士学位。在哥廷根,他接触到了数学界的一些"大牛":菲力克斯·克莱因(Felix Klein)、大卫·希尔伯特(David Hilbert)和赫尔曼·闵可夫斯基(Hermann Minkowski)。他很快被任命为希尔伯特讲座的笔记记录员,最终成为希尔伯特的无薪助手。

玻恩于 1915 年成为柏林大学理论物理学教授。正是在这里,他遇到了爱因斯坦,他们成了亲密的朋友。1918 年 11 月,爱因斯坦将玻恩从病床上拖起来,帮助他释放了被学生革命者囚禁的大学校长和院长们。1919 年,玻恩搬到法兰克福,之后被任命为哥廷根大学新成立的理论物理研究所所长。该研究所成了理论物理学的重要中心,与哥本哈根的玻尔研究所一样,吸引了来自世界各地的知名访问学者和优秀学生。

1925 年 7 月,玻恩意识到海森伯奇怪的乘法规则实际上是矩阵的乘法规则。因此,他也是量子力学的创始人之一。随后,当玻恩注意到新的波动力学时，他立即认识到薛定谔的方法是有用的，并且在一开始的时候，就非常欣赏薛定谔试图将量子力学恢复为经典的时空描述的方法。但他对薛定谔试图消除量子跃迁的做法感到震惊。

玻恩于 1925 年 11 月离开哥廷根，前往美国做巡回讲座。在位于波士顿的麻省理工学院的讲座中，他强调了有必要对矩阵方法持谨慎态度：

> 如果将理论再延伸一步，要想搞清楚（矩阵力学的）原理是否足以解释原子结构，就将变得非常费力。即使我们倾向于相信这种可能性，也必须记住，这只是解决量子理论谜团的第一步。[1]

在返回德国后，玻恩很快就开始用薛定谔的波动力学来解决有关量子粒子（如电子和原子）之间相互作用的性质的问题。矩阵和波动力学已经被证明至少是部分成功的，[2] 它提供了一个框架，在该框架内可以理解原子中的电子稳定轨道，并且可以预测谱线的位置和强度。这些新的量子理论解决了结构问题，但它们没有解决有关结构之间跃迁（量子跃迁）的问题。

玻恩希望，通过提出一个有关电子和原子之间碰撞的量子理论，他就能有机会提出一个有关辐射（光量子）和物质之间相互

---

1 Max Born, *Problems of Atomic Dynamics*, MIT Press, Cambridge, Massachusetts, 1926. Quoted in Beller, p. 31. Born's book was the first to present the new quantum mechanics.
2 我这里说是部分成功的，因为矩阵力学和波动力学都没有被置于与爱因斯坦的狭义相对论一致的形式之下，并且仍然没有考虑泡利的不相容原理或反常塞曼效应。

作用的理论。换句话说，他将发现一个能纳入薛定谔波动力学中的量子跃迁理论。

这就是玻恩选择放弃矩阵力学的原因。海森伯的理论被设计用于描述原子中电子的定态（稳定轨道），并允许预测谱线的位置和强度。这个理论不容易继续扩展，把粒子碰撞包括进去。玻恩曾试图使用矩阵方法，但徒劳无功，而波动力学则被证明更加灵活。

他很快完成了一篇题为《碰撞现象的量子力学》的论文，并于 1926 年 6 月提交给了《物理学杂志》。尽管他采用了波动力学的方法，但是论文中包含了对波函数进行彻底的重新诠释的种子。

玻恩将一个电子和一个原子之间的碰撞解释为，一个电子的平面波与一个以特定频率振动的原子间的相互作用，原子中电子的振动频率是由其所处的原子态决定的。碰撞的结果是产生由这些波的叠加形成的复杂振动，然后这些波会分离开来，电子波的"散射"就是这种相互作用的结果。在台球的碰撞中，我们可以从碰撞之前球的质量、速度和方向预测碰撞后球的散射方向。玻恩现在看到波动诠释消除了这种可预测性。他推断，碰撞前后电子和原子状态之间的直接因果关系已经丧失了。

在光的波动理论中，波振幅的平方与光的强度之间的关系是很好理解的。在他的论文中，薛定谔试图通过"启发式猜想"，在单个电子的波函数的振幅的模方和电荷密度之间建立起一种联系。[3]

---

3 振幅的模方是波函数振幅乘以其复共轭，记为$|\psi|^2$。如果波函数不是复变函数（如果它不包含 i，也就是-1的平方根），那么波函数的模方就是它的平方，即ψ^2。

现在玻恩指出，波函数表示电子波在某特定方向上散射的**概率**："……只有一种可能的解释，那就是'波函数'给出了一个来自特定初始方向的电子被'抛向'一个最终方向的概率。"[4] 在这篇匆忙写就的论文的论证部分中，玻恩添加了一个脚注："更精确的思考表明，概率与'波函数'的平方成正比。"

玻恩后来声称，他曾受到爱因斯坦在一篇未发表的论文中所做的评论的影响。在使用德布罗意的波–粒思想解释光量子的背景下，爱因斯坦曾提出波代表了一种"Gespensterfeld"（幽灵场），它决定了光量子沿某个具体路径传播的概率。因此，对于薛定谔试图将波函数看作真实波扰动的直接解释，玻恩选择拒绝接受，他追随爱因斯坦的逻辑，将波函数视为在量子跃迁中实现特定结果（例如碰撞）的概率的度量。

爱因斯坦并没有发表他的推测，原因是这种概率解释对因果关系和决定论的概念有深远的影响，而上述两个概念是爱因斯坦非常珍视的。玻恩也十分了解这其中的含义。他在 1926 年 6 月的论文中写道：

因此，薛定谔的量子力学对碰撞效果的问题给出了非常明确的答案，但没有解释任何因果关系的问题。人们无法得到有关这个问题的回答："碰撞后的状态是什么？"而只是得到下面这个问题的回答："碰撞的特定结果的可能性有多大？"……

---

4 Max Born, *Zeitschrift für Physik*. 37, 1926, p. 863–867. An English translation is available in Wheeler and Zurek, pp. 52–55. The quotations（and associated footnote）appear on p. 54.

在这里，决定论问题浮现了出来。从量子力学的理论角度来看，在任何单个事件中，都没有一个量跟碰撞的后果存在因果关系。而在实验中，我们到目前为止，也没有理由相信原子的某些内在特性会导致碰撞产生特定的结果。我们是否应该心存希望，认为以后能够发现这些属性……并在单个事件中确定它们？或者我们应该相信理论和实验的一致（不可能为因果演变规定条件）是建立在这些条件不存在的基础之上的一种预设的和谐？我自己倾向于在原子世界中放弃决定论。但这是一个哲学问题，是物理学论证无法独自决定的。[5]

这些文字引发了一场持续数十年的辩论。如果波函数只带有关于概率的信息，那么它们就不具备薛定谔观念中的那种"真实性"。如果量子力学中唯一可用的信息关系到某些特定结果发生的概率，那么因果关系和决定论就要被舍弃。在量子跃迁领域，我们不能说："如果我们这样做，就会发生那样的事。"我们只能说："如果我们这样做，那么那件事将以一定的概率发生。"如果量子系统一些新的，但目前"隐藏"的特性在未来被揭示出来，在探究原因的时候能直接追溯到某一种效应，也许可以恢复因果关系和决定论。但玻恩并不觉得有必要求助于这些隐藏的特性。

如果波函数不是真实的，那么它们就不再需要像预期的那样表现得像真实的系统。玻恩一下子就解决了薛定谔波动力学的许多概念问题。现在没有必要求援于站不住脚的波包状态了。

---

5 Max Born, *Zeitschrift für Physik*. 37, 1926, p. 863–867. See Wheeler and Zurek, p. 54.

薛定谔也因他的波函数可能是复变函数（也就是说波函数中含有基于 -1 的平方根 i 的虚数）深感困扰。对于包含两个及以上电子的复杂系统，波函数无法用表征三维空间的三个坐标来描述，而是需要用表征多维空间的多个坐标来描述。包含 N 个粒子的系统，其波函数取决于 $3N$ 个位置坐标，并且是 $3N$ 维位形空间或"相空间"中的函数。在抽象的多维空间中，想象包含复函数的实在物是非常难的。然而，如果无须对这些函数给出现实的解释，就不会出现任何困难。

在他匆忙准备的 6 月份的论文中，玻恩承诺会提出更多经过深思熟虑的观点。一个月后，他提供了这些思考。在第二篇论文中，他大大加强并深化了他的诠释，并承认他从爱因斯坦的研究工作中汲取了灵感。在这篇论文中，玻恩认为一个系统的波函数，由于某种类型的转换（跃迁），可以表示为系统的两个或多个离散本征函数的叠加，每个本征函数以特定比例混合在一起。总和中每个本征函数 ψ_n 的比例或振幅由"混合"因子 c_n 确定。现在玻恩认为，系统在转换后处于 ψ_n 为特征的状态的概率由其振幅的模方给出，即 $|c_n|^2$，根据定义，这是一个介于 0 和 1 之间的数字。

在他 6 月份的论文中，玻恩谈到了涉及电子和原子碰撞的状态转换的概率。现在，他讨论的是特定量子态本身的概率。

当玻恩于 1926 年 8 月在英国牛津大学举行的英国科学协会会议上发表演讲时，他的观点已经非常完整了。玻恩的演讲由美国物理学家罗伯特·奥本海默（J. Robert Oppenheimer）翻译，后者当时正与哥廷根大学玻恩的同事詹姆斯·弗兰克（James Franck）

合作。论文的英译版随后于 1927 年在英国期刊《自然》（*Nature*）上发表。在本次讲座中，玻恩第一次明确区分了经典物理学的统计概率和与波函数相关的量子概率。他写道：

> 在经典力学中，对封闭系统状态（所有粒子的位置和速度）的认知，不论任何时刻都明确决定了系统的未来运动，这就是物理学中因果关系原理的表现形式……但除了这些因果律之外，经典物理学也总是利用某些统计学的方法。事实上，由于对初始状态从来就不可能百分之百的知晓，因此概率的存在是合理的。只要这种情况存在，统计方法就有可能或多或少暂时地得到利用。[6]

在经典物理学中我们之所以要使用概率，是因为对于大型复杂系统的状态，我们经常处于无知状态。一个很好的例子是玻尔兹曼使用统计方法来描述原子和分子气体的特性。在这种情况下，我们或许可以自信地认为，在微观层面上，对于经历一系列碰撞的每个粒子，因果关系和决定论是成立的，但我们无法通过实验来跟踪观察这些运动。于是乎，我们需要用到统计平均的方法。

现在玻恩将这种情况与量子力学中的概率进行了对比：

> 经典理论引入了微观坐标，这些坐标决定了单个过程，但是又通过对其值取平均而消除了单个过程的特征；而新的量子理论在根本没有

---

6 Max Born, *Nature*, 119, 1927, pp. 354-357. Reproduced in Born, pp. 6-12. This quotation appears on p. 6.

引入这些概念的情况下得到了相同的结果。当然，并不是不能相信这些坐标的存在，但是只有当设计出了进行实验观察的方法之后，它们才具有物理意义。

玻恩用下面的评价结束了他的演讲："……概率波的基本概念可能会以某种形式持续存在下去。"

经典概率和量子概率之间的区别可能看似微不足道或无关紧要。对于哥廷根学派和哥本哈根学派的物理学家来说，玻恩的解释似乎既符合直觉，又显而易见。这没什么了不起的。因此，当海森伯在 1926 年 11 月提交的一篇论文中采用量子概率解释时，他觉得不需要引用玻恩 6 月或 7 月的论文。

但是，量子力学对概率的这种使用已经移去了物理理论中的一块基石。量子力学看起来提供了一种方法，使用这种方法，能够识别转换的不同可能结果，并确定其相对概率。应用该方法在很多方面都等同于说明发生转换的原因。然而，量子理论中没有任何东西可以预测何种可能的结果在实际中会得以实现。确定了原因和可能结果的范围后，实际效果似乎完全取决于概率。

一些物理学家深受困扰。正如在给维恩的一封信中所解释的那样，薛定谔对玻恩的论点并不信服：

通过阅读玻恩发表在《物理学杂志》上的论文的抽印本，我或多或少知道了他的看法：波必须通过场定律严格地按因果确定，而另一方面，波函数只具有光或物质粒子实际运动的概率的含义。我认为玻恩因此忽略了……这取决于观察者的喜好，取决于他此刻希望将哪一个视为实在的，粒子还是引导场。如果不愿意承认实在只是感官印象的复合体，其余的只是图像，那么自然也就不存在实在的标准。[7]

最重要的是，薛定谔对量子跃迁概念的反对至今没有动摇。

玻恩在 1926 年 11 月 30 日给爱因斯坦的一封信中承认了爱因斯坦的"幽灵场"之说对他的启示。在回信中，爱因斯坦总结了他的疑虑的本质和程度：

量子力学令人印象深刻。但是内心有个声音告诉我，它不是实在之物。这个理论产生了很多成果，但是对于"老家伙"的秘密，我们几乎没有逼近哪怕一点点。[8] 我无论如何都确信**他**不掷骰子。[9]

爱因斯坦的天才和洞察力为新量子理论的建构奠定了基础，但现在他正在迅速转变为该理论最坚定的批评者之一。

爱因斯坦的这种反应让玻恩感到沮丧。关于实在的本质，在量子层面上的激烈争论就要开始了。

---

7 Erwin Schrödinger, letter to Wilhelm Wien, 26 August 1926. Quoted in Moore, p. 225.
8 Old One，"老家伙"，爱因斯坦对"上帝"的称呼。——译者注
9 Albert Einstein, letter to Max Born, 4 December 1926. Quoted in Pais, *Subtle is the Lord*, p. 443.

该死的量子跃迁

哥本哈根
1926年10月

　　海森伯显然非常愤怒。他的新量子力学的基础正面临危险，有可能被薛定谔那种具有直观吸引力和数学上更为人熟知、更易于接受的波动力学所破坏。越来越多的物理学界成员的"叛逃"——他们大松一口气，转而支持波动学的方法，让海森伯越发感到沮丧。矩阵力学正面临失败。

　　除了诠释的问题，还有更多面临的危险，比如薛定谔顽固地试图消除量子跃迁并回归到经典时空的观点。如果波动力学被广泛接受，成为"最深刻的量子定律"，[1,2] 这不仅会使海森伯在黑尔戈兰岛上的发现变得徒劳无功，而且还会对他造成进一步的打击：他原本抱着雄心壮志，认为自己能够主导他帮助创建的这一新领域。海森伯未来的职业生涯也可能

---

1 在 1926 年 6 月的论文中，玻恩写道："在理论的不同形式中，只有薛定谔的形式被证明适合于'描述碰撞'，因此我认为它可能是量子定律最深刻的表述。"

2 Max Born, *Zeitschrift für Physik*. 37, 1926, p. 863–867. See Wheeler and Zurek, p. 52.

处于危险之中。

1926 年 4 月，他拒绝了莱比锡大学理论物理学副教授的职务，更倾向于选择回到哥本哈根的玻尔理论物理研究所，以代替去乌得勒支任职的亨德里克·克喇末。德国的传统是，一个年轻、有抱负的学者总是要接受第一次提供给他的教授职位。海森伯的父亲建议他接受莱比锡的教职。但是，他所咨询过的所有极富声望的大物理学家都建议他去哥本哈根。最终，他于 1926 年 5 月回到哥本哈根。

虽然海森伯承认薛定谔的数学形式体系让人感到亲切和实用，但他在 1926 年 6 月写给泡利的一封信中指出，这些方法应该为矩阵力学服务，仅限于计算个别的矩阵元。与此同时，他还意识到波动方法可以提供迄今为止在矩阵力学中缺乏的一些物理诠释的元素。

一切都在发生改变。海森伯必须找到重获主动权的方法。他决定就这个问题和薛定谔面对面地直接展开辩论。

第一次辩论机会出现在 1926 年 7 月底。受维恩和索末菲的邀请，薛定谔在慕尼黑举办了两次讲座，一次是给德国物理学会的巴伐利亚分会做的，另一次是第二天为一拨挑选出来的量子物理学家做的。海森伯刚刚接受了他的新职位，成了哥本哈根大学的讲师兼尼尔斯·玻尔的助理，一直忙于熟悉波动力学。他在挪威度过了短暂的假期，然后在 7 月份抵达慕尼黑与父母住了一段时间。海森伯带着一大堆反对意见参加了薛定谔的两次讲座。

薛定谔做第一次讲座的时候，会堂里座无虚席，海森伯一言未发。但是，当薛定谔在 7 月 24 日星期六上午结束他的第二次演讲时，海森伯站出来表达了他的反对意见。

海森伯认为，薛定谔设想的波动力学无法解释一些相对具有根本性的物理现象。它无法解释普朗克的辐射定律、康普顿效应或光谱线强度。这些都是只能用不连续性和量子跃迁等观点来解释的现象，而薛定谔的连续的波动力学无法与这些观点相容。

听众的反应跟他所希望听到的大不一样。维恩示意他闭上嘴，坐下。海森伯后来写道：

……维恩相当尖锐地跟我说，他很理解我的遗憾，但矩阵力学已经完蛋了，随之完蛋的还有量子跃迁等所有毫无意义的想法，我提到的困难无疑在不久的将来都会被薛定谔解决。薛定谔本人在他自己的答复中并不十分肯定，但他也坚信，消除我的异议只是一个时间问题。[3]

大多数出席的物理学家都抱有类似的想法。年迈的实验物理学家维恩可能永远不会原谅年轻的理论物理学家海森伯三年前在慕尼黑攻读博士学位期间，对实验以及实验仪器理论的回避，海森伯糟糕的博士成绩证明了维恩对这个新贵理论物理学家是多么生气。即使是索末菲，曾在与维恩进行的对于理论与实验的相对重要性的辩论中，为海森伯的"非凡能力"辩护，此时，他似乎也已经被薛定谔的方法在数学上的简单优雅所征服了。

海森伯非常失望。演讲结束后不久，他写信给玻尔，谈到他在薛定谔演讲时提出反对意见产生的不愉快结果。玻尔十分理解海森伯的遭遇，并决定邀请薛定谔去哥本哈根进一步讨论这些问

3 Heisenberg, *Physics and Beyond*, p. 73.

题。薛定谔同意于 1926 年 9 月底访问玻尔。海森伯赶紧回到了丹麦。

这将是一系列重要对话的第一轮，这些对话将塑造量子理论的未来发展，并塑造我们有关物理实在的概念。

1926 年 8 月底，薛定谔带着安妮在南蒂罗尔度过了为期三周的假期。之后，安妮去萨尔茨堡看望自己的父母，薛定谔与维恩一起度过了几天，并于 9 月底前往哥本哈根。

玻尔和海森伯从哥本哈根火车站一接到薛定谔，他们的辩论就开始了。玻尔和薛定谔之前没有见过面，而薛定谔此刻肯定也在想，自己陷入了一个怎样的局面。玻尔对待前来访问的学者一直都体贴而友善，但在对待薛定谔时，表现得就像个无情的狂热分子。玻尔寸步不让，他和海森伯是对的，薛定谔是错的，现在玻尔的使命是让薛定谔看到真正的光明。

但是，薛定谔也对如何诠释他的波动力学有着深刻的信念和根深蒂固的立场。此外，物理学界对他的理论热情接纳，这也鼓舞了他。他绝对不会退缩。

"当然你意识到了，"薛定谔说，"量子跃迁的整个想法必将被归为无稽之谈。"[4]

薛定谔指出量子跃迁完全无法理解，在原子内部移动的电子是如何做出这种不连续跳跃的呢？"这种跳跃应该是逐渐的还是在瞬间完成的？"他问道，"如果是逐渐的，电子轨道的频率和能

---

4 Heisenberg, *Physics and Beyond*, pp. 73~76

量也必须逐渐变化。但在这种情况下，你如何解释细细的谱线始终不变？另一方面，如果跳跃是在瞬间完成的……那么我们必须要问自己一个问题，跳跃期间电子会如何行为？为什么它不像电磁理论所指出的那样发射连续的光谱？在跳跃过程中，是哪些定律在主宰电子的运动？换言之，量子跃迁的整个想法纯属幻想。"

玻尔的回应为真正的论证奠定了基础，这涉及物理理论的可视性和可理解性。

"你说的绝对有道理，"玻尔回答说，"但这并不能证明没有量子跃迁。它只能证明我们无法想象它们，在描述量子跃迁时，那些我们用于描述日常事件和经典物理实验的具象概念是不够用的。对于这一点我们也不需要惊讶，因为所涉及的过程不是直接经验的对象。"

但是薛定谔不想被牵扯进关于概念含义及其流变的哲学辩论。"我只想知道原子内部会发生什么。我不太介意你选择用什么语言来讨论它。"他说。

假设电子是围绕原子核运行的微小粒子，那么，薛定谔希望某种物理理论应该描述这些粒子如何在它们的轨道上运动，以及如何从一个轨道转换到另一个轨道。但无论是波动力学还是矩阵力学都无法提供一种合理的描述。薛定谔认为，将这一图景改为物质波的图景，一切就突然变得大为不同，未解决的矛盾也消失不见了。

"恕我持不同意见，"玻尔坚持说，"矛盾不会消失，它们只是被推到了一边。"玻尔重申了使用波动力学解释普朗克辐射定律的问题，以及普朗克定律要求原子具有不连续变化的离散能量值这一事实。"你该不会对量子理论的整个基础都产生了怀疑吧？"他说。

薛定谔别无选择，不得不缓和语气。"我绝没有声称所有这些关系都得到了充分的解释。"他说。他指出，将热力学应用于波动力学最终可能会提供一些答案。

不，玻尔反驳说，别指望了。"二十五年来，我们已经很清楚普朗克公式意味着什么。而且，除此之外，我们可以非常直观地看到不连续性，也就是原子现象中的突然跳跃，比如我们在探测用的闪烁屏上观察到的突然闪光或单个电子穿过云室时突然出现的轨迹。你不能简单地忽略这些观察，并表现得好像它们根本不存在。"[5]

"如果所有这些该死的量子跃迁都真的存在，"薛定谔恼火地说道，"那我当初就不该研究量子理论。"

玻尔试图平息讨论。"但我们其余的人都非常感激你参与了量子理论的研究，"他说，"你的波动力学对数学的清晰度和简洁性做出了很大的贡献，相比于先前所有形式的量子力学，它是一个巨大的进步。"

薛定谔住在玻尔的家中，两人夜以继日地辩论。也许是因为脑力上的消耗太大了，他发烧病倒了。可是，即使是在病床上，玻尔也不放过他。玻尔的妻子玛格丽特殷勤地招待薛定谔，给他

---

5 云室是由J.J.汤姆森的学生查尔斯·威尔逊发明的。当高能粒子穿过云室时，会使腔室中蒸汽的原子电离，从而在其尾流中留下带电离子。水滴在离子周围凝结，揭示了粒子的轨迹。

端来茶水和蛋糕，希望他早日恢复，玻尔坐在床边不依不饶继续
讨论问题："但是你必须承认……"

　　但是薛定谔什么也不愿承认。

　　尽管心里不愿承认，辩论得如此激烈，还是深刻影响了薛定
谔。他认识到必须以某种方式让波动和粒子的观点能够相互融洽。
他现在意识到，单独的波动力学不可能是所要的答案。

　　在给维恩的一封信中，他描述了他与玻尔的第一次会面：

　　玻尔……研究原子问题的方法……非常出色。他完全相信，用常规
的方式来理解原子是不可能的。因此，谈话几乎立即转到了哲学问题上，
很快你就弄不清楚自己是不是站在他所攻击的立场上，也不知道自己是
否真的必须攻击他所捍卫的立场。[6]

　　但是两个人对对方都没有恶意。这是一个令人兴奋，同时也
非常耗费心智的辩论，对于量子理论的未来发展具有重要意义。
在同一封信中，薛定谔继续说道：

　　除去我们之间所有理论上的争议，我与玻尔，特别是海森伯的关系
都很融洽，他俩对我善良温和，关怀备至，令我非常感动。

---

6 Erwin Schrödinger, letter to Wilhelm Wien, 21 October 1926.
Quoted in Moore, p. 228.

一个简单的事实是，目前还没有人能够对量子力学提供一个各方面一致的解释。然而，玻尔和海森伯都确信他们是在正确的道路上前行。

与薛定谔的辩论对玻尔的影响非常大。薛定谔掌握与经典物理相关的各种波动概念，以及他对提供某种时空可视性的理论的不懈追求，使玻尔认清了他们都在努力解决的问题的确切本质。

薛定谔珍视波动概念所提供的连续性和可视性，因此根本无法看到不连续的量子跃迁与波动概念共存的可能性。玻尔认为："……我们用来描述日常事件和旧物理学的实验的图像概念，不足以描述量子跃迁的过程。"

玻尔和海森伯已经放弃了使用经典的时空概念来描述基本上无法可视化的物理学的任何尝试。但波动力学在物理学家中获得了共鸣，这一事实向玻尔表明，使用经典概念来描述非经典的量子现象并不会那么容易被抛弃。

玻尔随后考虑，经典的波动概念和粒子概念也许在某种程度上同样有效，每个都有助于描述一个不可思议的量子实在的某些方面，这取决于被观察到的具体现象。两者相互排斥，但是若想完整描述原子的内部运作，两者都是需要的。

海森伯也停下来进行了反思。不可避免的是，虽然他乐于接受玻恩的概率诠释，但对于玻恩将波动力学看作是"量子定律最深刻的表述"，海森伯很不高兴。他觉得玻恩的结论仍然留有太多空间，可以进行其他诠释。与此同时，玻恩开始对薛定谔方法对矩阵力学的"胜利"感到遗憾，因为这种方法继续拖着薛定谔，使他的诠释一直紧紧围绕着它。

海森伯现在住在玻尔理论物理研究所的一个小阁楼里，有倾斜的墙壁和窗户，可以俯瞰菲尔德公园的入口。玻尔有时会深夜来到公寓，两人讨论他们的科学问题，直到凌晨。

但是海森伯不喜欢玻尔正在发展的方法。它似乎太模糊，哲学意味太浓，也太武断。对于一个可以这样也可以那样，变幻不定的理论，海森伯感到不安。他想要的是能够带来一种独特诠释的理论，这种诠释即使不是针对物理的亚原子实体（如电子）的，也至少是针对其可观测属性的，如能量和动量。

虽然他们在许多方面存在分歧，但海森伯有充分的理由相信他们正在走向同样的结果。如此简单的现象——例如在云室中看到的电子轨迹——被证明是如此难以处理，这一点让他很惊讶。实际上，矩阵力学中是没有轨迹的概念的。根据波动力学，电子的物质波在穿过云室时会伸展、传播或消失。然而，任何看过云室中电子留下的轨迹的人都会坚信，电子具有粒子般的轨迹。

海森伯是这样总结这一段时间的激烈辩论的：

我记得，与玻尔的讨论经常持续很多个小时，一直到深夜，结束的时候也经常近乎绝望。讨论结束后，我总是独自一人去附近的公园散步，我一次又一次地问自己这一问题：大自然真的像看起来的那样荒谬吗……[7]

---

7 Heisenberg, *Physics and Philosophy*, p. 30.

海森伯和玻尔没有得出真正的结论。旷日持久的辩论让他们精疲力尽，甚至关系有点紧张。后来玻尔决定于 1927 年 2 月去挪威滑雪度假，听到这一消息，海森伯大大松了一口气。

他独自一人留在了哥本哈根，"……我可以独自一人，在这里没有打扰地思考这些毫无希望的复杂问题。"[8]

8 Heisenberg, *Physics and Beyond*, p. 77.

不确定性原理

10

哥本哈根
1927年2月

1926 年 6 月的时候，玻恩曾热切地接受了薛定谔的波动力学，但是到了 11 月，他的反对态度变得强硬起来。他告诉薛定谔："如果你是对的，一切都会很美好。可惜，在这个世界上如此美好的事情很少发生。"[1]在给爱因斯坦的一封信中，玻恩解释说："薛定谔的成果将其本身简化为纯数学的东西，他的物理学则非常可怜。"在矩阵方法变得不再流行之后很久，玻恩还是继续支持这种方法。[2, 3]

但哥廷根学派仍然孤独。在其他地方，物理学家开始使用波动力学

---

[1] Max Born, letter to Erwin Schrödinger, 6 November 1926. Quoted in Beller, p. 36.
[2] 玻恩和帕斯夸尔·约尔旦写过一本关于基础量子力学的书，并于1930年出版。在其中，他们根本没有提到波动力学。泡利写了一篇让作者感到难堪的评论，说书中只发现了一个积极的特征："就印刷和纸张而言，这本书非常出色。"引自贝勒，第38页。
[3] Max Born, letter to Albert Einstein, 30 November 1926. Quoted in Pais, *Niels Bohr's Times*, p. 288.

来重新计算那些已用矩阵力学获得的结果。并且，正如玻恩所做的那样，在矩阵方法不适用或太麻烦的时候，他们也应用波动力学。

1926 年 10 月，薛定谔在哥本哈根辩论期间不妥协的立场，使得玻尔和海森伯比以往任何时候都更加坚定地想要寻求一个满意的解决方案。正如他在哥廷根的同事那样，海森伯也许曾想过只是简单地退回到矩阵力学，但他在慕尼黑的经历以及他与玻尔的长期讨论使他确信，需要找到一种新的方法。是时候回到画板面前了，是时候去尝试思考不可想象的东西了。

从一开始，海森伯就决心消除原子的量子力学中涉及粒子和波的经典时空图像。他希望将注意力集中在实验室的实验中可真实观察和记录到的属性上，例如光谱线的位置和强度。1927 年 2 月他独自留在哥本哈根，思考这些实验中可观测到现象的意义和含义。不知何故，他需要在矩阵力学中引入至少某种形式的"可视性"。

这一思路将引导他做出另一个基本发现。

许多年后，玻恩在解释他为何反对波动力学时说："……每天都在詹姆斯·弗兰克精彩的原子和分子碰撞实验中目睹粒子概念孕育出的新结果，让人确信粒子的属性是不能简单抹掉的。"[4]

没错，电子在云室中留下的轨迹似乎提供了明确的证据，表明电子具有粒子属性。然而，正是这一点，薛定谔的波动力学似乎无法给出合理的解释，除非借助完全站不住脚的"波包"概念外。波动力学最薄弱的地方正是在这里。

---

4 Max Born, *My Life and Views*, Scribner's, New York, 1968, p. 55. Quoted in Pais, *Niels Bohr's Times*, p. 288.

然而，情况非常复杂。海森伯需要做的是重新获得"制高点"。他需要找到一种方法，使用矩阵力学来描述特定的粒子属性，以及描述伴随而来的量子跃迁，从而驳斥薛定谔独有的波动解释。他的方法不是矩阵力学与波动力学，或粒子与波动的对垒，因为无论如何，矩阵方法都试图消除上述这些经典的概念。他的方法是要建立起联系，使用矩阵力学中详细描述的潜在量子行为，来描述原则上可在实验室中观测到的大尺寸粒子特性。他要做薛定谔的波动力学做不到的事情。

海森伯从与帕斯夸尔·约尔旦和狄拉克的对话中获得了灵感。狄拉克于 1926 年 9 月抵达哥本哈根，做为期六个月的访问学者。泡利也提供了一些重要的线索，在 1926 年 10 月海森伯收到的一封信中，泡利曾提议不要像玻恩所做的那样，将波函数的模方解释为电子从一个状态转至另一个状态的概率或系统处于特定状态的概率，而是解释为在原子内轨道的特定位置"发现"该电子的概率。[5] 这样就形成了一个图像，图像中粒子状电子在空间中的位置变得"模糊"。在任一时刻，在核周围的不同位置，电子被发现的概率也不同。[6]

从本质上讲，通过将薛定谔的波函数和玻恩的概率解释融合起来，泡利给出了一种关于时空的描述。至少泡利坚信需要两者的这种联系。他写道："然而，我现在充满热情地相信，**矩阵元素必须与粒子（我们所讨论的处于定态下的粒子）的主要可观察的运**

---

5 严格说来，泡利提出在位置 q 和 $q + dq$ 之间发现该电子的概率，由下式给出：$|\psi(q)|^2 dq$，其中 dq 是沿着 q 坐标的无穷小增量。

6 这张图像今天仍然以原子"轨道"的形式存在，被绘制为电子的密度图或边界面，使得在边界面之内发现该电子的概率很高（通常为 90% 或更高）。

动（**也可能是统计**）**数据存在联系**。"[7]这完全颠覆了他在 1926 年 1 月发表的关于氢原子矩阵力学的论文中所持的立场。

泡利在他的信中继续对量子力学中的位置和动量之间的关系进行了重要的分析。他考虑了两个电子碰撞的情况。当电子相距很远时，它们就很容易被视作平面波来处理，每个平面波具有明确定义的位置（q）和动量（p）。但把它们放在一起时，它们就会表现为泡利所谓的"暗点"（dark point），在暗点时情况变得模糊起来。如果假定位置受到了控制，则动量不受控制，反之亦然。他写道："人们可以用'眼睛 p'观察世界，也可以用'眼睛 q'观察世界，但如果一个人同时睁开双眼就会疯掉。"[8]

这种行为可以追溯到位置–动量对易关系。

四个月前，泡利曾写道，矩阵元素必须与主要可观察的运动数据关联起来。海森伯现在试图用矩阵力学来做到这一点，来描述云室中电子清晰可见的路径。他很快陷入到了困境中：

……当我很快意识到我面前的障碍无法克服的时候，我开始怀疑，我们是否一直都在提出错误的问题。但是我们哪里出错了？电子穿过云室的路径明显存在，人们很容易观察到它。量子力学的数学框架也存在，并且不容置疑，无法再做任何改进。因此，在两者之间建立联系应该是

---

7 Wolfgang Pauli, letter to Werner Heisenberg, 19 October 1926. Quoted in Cassidy, p. 232. The emphasis is Pauli's.
8 Wolfgang Pauli, letter to Werner Heisenberg, 19 October 1926. Quoted in Enz, p. 141.

有可能的，虽然看起来很难。[9]

随后，海森伯回忆起在柏林所做的有关新矩阵力学的演讲之后，他与爱因斯坦进行的一次对话。爱因斯坦挑战了新理论的哲学基础，特别是海森伯坚持认为新理论只应该处理原子系统的可观察属性这一点。

"但是，你该不是认真的吧，以为除了可观察到的量之外，其他的东西都不能写入物理理论？"[10]爱因斯坦当时这样反对道。

海森伯则反驳说，爱因斯坦本人在建立相对论的时候，就是这么做的。爱因斯坦承认他可能曾经这么做过，但是目前量子力学的一切都还是胡说八道。"这个理论将决定我们能观察到什么，"他继续辩论道，"你必须意识到观察是一个非常复杂的过程，观察过程中的现象会在我们的测量设备中产生某些事件。结果是，设备中会发生进一步的过程，最终通过复杂的途径产生认知印迹，并帮助我们在自我意识中固化这些效果。沿着这一整条途径——从现象到它在我们意识中的固化——我们必须清楚自然是如何运作的，至少在实践层面清楚自然的法则，才能声称已经观察到了任何东西。"

爱因斯坦说，被观察的现象会在我们的测量设备中产生某些事件。当时已经过了午夜，海森伯还是去了菲尔德公园散步。在黑暗中走着的时候，他问了自己一些相当基本的问题，例如：当我们谈论电子的**位置**时，我们实际上在谈论什么？电子通过云室

9　Heisenberg, *Physics and Beyond*, p. 77.
10　Heisenberg, *Physics and Beyond*, p. 63.

所产生的轨迹看起来相当真实——它确实是电子穿过空间的轨迹毫无疑问的度量吗?

等一下,轨迹是电子在通过腔室时,被电子电离的原子周围的水滴发生凝结才变得可见的。水滴比它们"检测"的电子大得多,这表明电子通过云室的瞬时位置和速度实际上只能近似地获知。

海森伯这时找到了正确的问题:"量子力学能否代表这样一个事实:电子近似地处于一个既定的位置,并且以近似于一个既定速度的速度移动?我们能否无限地接近这些近似值,以致不会造成实验上的困难?"[11]他回到自己的房间,很快就证明了,他确实可以用矩阵力学在数学上表示这种近似值。他找到了他所要寻求的联系。

海森伯发现了不确定性原理:位置和动量的"不确定性"的乘积不能小于普朗克常数 h。[12] 换句话说,量子力学对精度有一个根本的限制,在任何实验室进行的实验中,位置和动量共同确定的值的精度是有限的。在一个完全经典的世界中,h 被假定为零,因此不存在这样的限制。

在推导出不确定性原理之后,海森伯现在必须证明,这是一个不可违背的基本原理。他设计了许多假想的"思想"实验(gedank-exnexperiments),旨在说明该原理在物理上是如何表现出来的。这些思想实验并不一定是真实的实验设想,而只是想象中

---

11 Heisenberg, *Physics and Beyond*, p. 78.
12 术语中的"uncertainty"(不确定性)此后被更正式地定义为"indeterminacy"(不确定性),也就是对位置或动量平均值的均方根偏差。此外,在更现代的不确定性原理的表述中,这些不确定性的乘积不能小于$h/4\pi$。

的案例，其基础是假设所需设备遵循实际的逻辑，以及这些设备与所研究的对象间的相互作用。

在海森伯看来，要谈论任何物体的位置和动量，需要一个明确的、可操作的定义，而且这些定义中涉及的量是可以用设计的实验来测量的。为了说明这一点，他回忆起他还在哥廷根上学时的一次对话。假设我们希望测量电子的路径——当它通过云室或绕原子轨道运行时的位置和速度（或动量），最直接的方法是使用显微镜跟踪电子的运动。光学显微镜的分辨本领随着辐射频率的增加而增加，因此若想以这种方式"看到"电子，就需要假设我们有伽马射线显微镜。当伽马射线的光子[13]从电子上反弹回来时，有一些会被透镜系统收集到，并用于生成放大的图像。

但是现在，海森伯认为，我们面临一个问题。伽马射线由高能光子组成，每次当有伽马射线光子从电子反弹回来时，康普顿效应就意味着该电子会发生强烈的摇晃。这种摇晃意味着电子的运动方向和动量都会以量子力学所支配的方式发生变化。正如玻恩论证的那样，我们只能计算出特定的动量在特定方向上散射的概率。虽然我们有可能确定电子的瞬时位置，但是电子与我们用来测量其位置的装置之间相当大的相互作用意味着我们对电子的动量一无所知。如果我们用泡利所说的"眼睛 q"来观测，我们就无法测量电子的 p 值。

我们可以使用能量低得多的光子来尝试避免这个问题，并因

---

13 在1926年发表的一篇猜测性论文中，美国化学家吉尔伯特·N. 刘易斯（Gilbert N. Lewis）创造了光子这个名称来描述一个辐射能量单元。这个名字于1927年被首次应用于爱因斯坦的光量子学说。

此测量出电子的动量，但是使用低能量（低频或波长更长的）光子意味着我们必须放弃确定电子位置的希望。就如泡利所说的如果我们用"眼睛 p"来观看，我们就无法测量电子的 q 值。

"因此，"海森伯写道，"位置确定得越准确，动量就越不准确，反之亦然。在这种情况下，我们就有了方程 $pq\text{-}qp = \text{-}i\hbar$ 直接的物理诠释。"[14] 当试图确定绕原子核运行的电子的路径时："……我们必用波长明显短于轨道尺度的光来照射原子。然而，这种光的单个光子就足以将该电子从其'路径'中弹开（因此只能定义其'路径'中的单个点）。故而，此处'路径'这个词没有明确的含义。"

海森伯把类似的观点拓展到了对能量和时间的测量上，推导出等效的能量－时间不确定关系。在实际意义上，这通常被解释为辐射的寿命（较高能量状态下的原子发射的光强度衰减到其初始强度的某个特定比例所花费的时间）将是不确定的，不确定度的大小与其能量的不确定性有关。辐射寿命的不确定性意味着较高能量状态原子发射光子的确切时刻的不确定性。换句话说，我们越是准确（及时）地测量辐射的寿命，并因此测得光子的产生时刻，或者是通过设备跟踪光子的轨迹，辐射的能量和辐射时的能量状态就越不确定。反之亦然。

海森伯的基本前提是，在量子尺度上进行测量时，我们将面对一个根本性的限制，其大小和能量与主要测量过程中所采用的

---

14 Werner Heisenberg, *Zeitschrift für Physik*, 43, 1927, pp. 172–198. An English translation is provided in Wheeler and Zurek, pp. 62–84. This and the subsequent quote appear on pp. 64–65.

距离和能量是处于同一量级的。因此，在对研究对象进行测量时，要想避免测量被不可预测的、根本性的因素干扰，是不可能的。量子跃迁的不连续特性主导了这一过程，在量子水平上，我们的测量技术过于"笨拙"了。在这种解释中，量子力学对哪些是**可测量的**设定了基本限制，对于那些不可测量的除了推测它们不可测量之外，没有其他能做的。

海森伯认为，不确定性原理为因果关系敲响了丧钟。所有量子相互作用的核心具有根本性的不连续性，这意味着不可能确定地预测这种相互作用的结果。但是，即使在经典物理学中，因果律本身也是有缺陷的。海森伯写道：

"如果我们准确地知道现在，就可以预测未来。"这一点不是结论而是假设。即使是从原理上讲，我们也无法详细了解现在的一切细节。出于这个原因，我们所观察到的一切都是在丰富的可能性和对未来可能性的限定中的一种选择。由于量子理论的统计特征与所有认知的不精确性密切相关，人们可能会认为，在认知到的统计世界背后仍然隐藏着一个存在因果关系的"真实"世界。但是明确说来，对于我们，这种猜测似乎无法带来任何结果，也是毫无意义的。物理学应该只描述观察的相关性。人们可以用这种方式更好地表达事物真实的状态：因为所有实验都受量子力学定律的影响……因此，量子力学确定了因果关系的最终失败。[15]

15　Werner Heisenberg, *Zeitschrift für Physik*, 43, 1927, pp. 172–198. See Wheeler and Zurek, p. 83. According to Beller（see pp. 99–101）, in reaching this conclusion Heisenberg was influenced by a paper published by physicist H.A. Sentfleben in 1923.

爱因斯坦说过，理论决定了我们能够观察到什么。

海森伯的理论宣告了因果关系的死亡，另外还蕴含了量子测量的另一个令人不安的特征：所观察到的一切都是从"充分的可能性"中做出的选择。测量导致的相互作用会产生一系列可能的结果，可以描述为测量本征态的叠加，叠加中每个 ψ_n 的贡献由 c_n 决定。从所有这些可能性中只能产生一个现实：电子在"这里"或"那里"，被以"这个"或"那个"角度散射。只能事先知道每种可能结果的相对概率，因此也就不可能确切地预测实际获得的结果。从许多测量的可能性到一个测量的真实性这种转变，后来被称为"波函数坍缩"。

海森伯给泡利写了一封长信，基本上可以看作是一篇论文的草稿，描述了他在不确定性原理上的研究结果。这封信的落款日期是 1927 年 2 月 23 日。他没有写给玻尔。"我希望在玻尔从滑雪假期回来之前，能得到泡利的反馈。"他后来解释说，"因为我再次感到，当玻尔回来时，他会对我的解释感到愤怒。所以我首先想得到一些支持，看看是不是有人喜欢它。"[16]

泡利的回复充满了鼓励，于是海森伯将他的论文完善后写了出来。但是玻尔对于这一理论所持的态度，他还真是担心对了。

---

16 Werner Heisenberg, interview by Thomas Kuhn, 19 February 1963, Niels Bohr Archive. Quoted in Pais, *Niels Bohr's Times*, p. 304.

11

哥本哈根精神

哥本哈根
1927年6月

与薛定谔的辩论也给玻尔留下了深刻的印象。让他感到困扰的倒不是薛定谔的顽固，而是他意识到，他们面临许多困难的原因是他们陷入了经典物理学的概念和语言的困境。

薛定谔的话语讲述的是一个由经典的波动组成的逼真、可视化、连续变化的世界。海森伯的话语是关乎实证主义者的世界的，拒绝接受实在论和可视化，支持在具有预测性的数学形式体系中体现出的粒子性和量子不连续性。玻尔在这两个极端之间徘徊，认识到这两种描述各自的有效性，但却因为他无法找到自己的话语来描述量子领域的事实而感到困惑。

即使经典物理学的语言，如波动和粒子、因果关系、时空和连续性等，看起来不适合描述量子世界，玻尔也必须承认，这仍然是我们所拥有的唯一的语言。

玻尔一直在与经典的波和粒子概念中所固有的矛盾做斗争。在谈及电子的时候，薛定谔成功地将其说成是波。但是，正如玻恩从弗兰克在哥廷根的实验中观察到的那样，电子的粒子性质似乎也是无可否认的。这些行为肯定是不可调和的。在一项实验中，电子是一种波——一种在一定空间区域中延展的非局域扰动，它既不是"在这里"也不是"在那里"；在另一项实验中，电子是一个粒子，一个小的、集中的带电物质，它在任何时候都只能位于一个位置——它在"这里"，而不在其他地方。矩阵力学或波动力学的数学工具无法解决这种难题。虽然所有这些行为都显得相互矛盾，但大自然本身并没有悖论。玻尔决心弄明白这是如何成为可能的。

他也利用了与海森伯进行的紧张对话后的这段休息时间，做了一些独立思考。在挪威度假期间，他收到了海森伯于 1927 年 3 月 10 日写的一封信，其中概述了他在不确定性原理方面所取得的突破。

两周后，玻尔结束滑雪假期回到家中。他的思考虽然尚未结束，但已经达到了成熟的重要阶段。海森伯向他快速地介绍了他的发现，并分享了他的论文草稿。最初，玻尔对海森伯的新成果感到非常兴奋，但并不喜欢他取得这一成果所使用的方法。这两位物理学家现在陷入了进一步的激烈争论。

火花四溅。

在挪威乡村滑雪时，连续数小时的宁静让玻尔有机会获得一些不间断的高质量思考。这些想法代表了对量子现象诠释进行了两年的反思之后所达到的高潮，现在他得出了一个重要的结论。

他判断，电子类似波和粒子的行为所暗示的矛盾比实际更明显。我们之所以寻求经典的波动和粒子概念来描述实验的结果，是因为我们人类生活在经典世界中，这是我们通过实际经验所获悉的唯一一类概念。玻尔现在意识到，这种基本上属于经典世界的语言是唯一可用的语言。

无论电子的"真实"属性是什么，它所表现出的行为都取决于我们选择进行的各种实验。根据定义，这些实验需要使用具有"经典"维度的装置，产生足够大的效果，以便在实验室中观察和记录，采用的形式可能是照相底片的曝光，或是指针在电压表中的偏转，抑或是观察云室中的轨迹。

因此，对于某一个实验所产生的效应，用经典物理学语言来解释，就变成了电子衍射和干涉效应，于是我们得出结论，在这个实验中，电子是一种波；对于另一个实验所产生的效应，我们会解释为碰撞中的动量转移，或涉及局部电子的轨迹等，于是我们得出结论，在这个实验中，电子是一种粒子。这些实验是相互排斥的。我们无法设想出一个同时展示这两种行为的实验，不是因为我们缺乏聪明才智，而是因为这样的实验根本就无法设计出来。

由于我们无法在经典尺度以外的任何其他尺度建造出实验仪器，我们被剥夺了对量子世界"真实"本质的洞察力。于是乎，我们得到的是量子世界反映在我们的经典仪器的"镜子"中的影像。而且，由于我们可以提出的实验问题永远受到这种限制，因此探究量子现实的"真实"属性是无稽之谈，这是我们永远无法获知的。

这意味着我们可以提出有关电子波动特性的问题，或者提出与波不相容的有关电子粒子特性的问题，但我们不能问电子**究竟**

是什么。我们要面对的是一个根本的波粒二象性，当我们选择用不同的经典"镜子"反映它时，量子世界总是呈现出不同的面貌。

玻尔宣称这些非常不同的、相互排斥的行为并不矛盾，而是**互补**的，从而解决了诠释的困境。

乍一看，海森伯的不确定性原理似乎与玻尔的推理完全一致。确实，在互补的波和粒子概念方面，玻尔可能迅速掌握了不确定关系的重要性。但是，当他读到海森伯于 1927 年 3 月 23 日（在他返回哥本哈根前一天）投给《物理学杂志》的论文时，他感到越来越沮丧。尽管最终结果是兼容的，但海森伯在他的论文中提出的逻辑透露出了一种截然不同的哲学。

"尼尔斯·玻尔结束了滑雪假期，回到家中，"海森伯写道，"我们进行了一轮新的艰难讨论。"[1]

玻尔觉得海森伯的方法中有几个方面他无法接受。首先，玻尔认为，海森伯在他的伽马射线显微镜思想实验中采用的论据存在致命缺陷。

在理解纯粹的粒子诠释时，海森伯将不确定性的根源追溯到康普顿效应，以及电子和用于检测它的伽马射线光子之间的实质性的、不连续的相互作用所导致的根本性的"笨拙"。但是，玻尔现在指出，原则上，康普顿效应会产生精确的可计算的反冲，并且在任何情况下，这种效应仅适用于"自由"电子（不是束缚在

---

1 Heisenberg, *Physics and Beyond*, p. 79.

原子核周围轨道上的电子）。

玻尔认为，不确定性的起源应该追溯到用于探测电子性质的伽马射线的波动特性。任何显微镜的分辨率都会受到透镜孔径中衍射效应的限制。这种衍射会导致图像模糊，这样对于距离小于最小可分辨距离的物体，显微镜就无法分辨了。虽然随着使用波长更短的射线，分辨率会增加（正如海森伯假想的那样，要解决接近电子维度的距离的问题，显微镜需要使用伽马射线），但是由于光圈只能具有有限的尺寸，这一简单事实意味着设备的分辨率仍存在一个根本的限制。精度的下降代表了一种根本的不确定性。

玻尔可能接着向海森伯解释了，从光学仪器的分辨力理论得出的不确定性之间的**经典**关系，将同时导致位置－动量和能量－时间的不确定性关系。波包在空间中弥散的不确定性与其波长倒数的不确定性的乘积不能小于 1。通过向波包添加越来越多的不同频率或波长的波，可以使波包越来越集中在某个点附近，同时振幅会越来越锐利。然而，在这样做时，我们也失去了波包的波长精度（也因此失去了波长倒数的精度）。另一方面，我们可以将波包的波长限制为单个精确已知的波长，但由于该波在空间上的弥散性，其振幅将不再聚焦在一个点上。因此，我们失去了它的"位置"精确性。

使用德布罗意推导出来的关系式 $\lambda = h/p$，可以简单地通过用动量代替波长将这种关系转换为位置－动量不确定关系。结果是，正如海森伯所推断的那样，位置和动量的不确定性的乘积不能小于 h。

第二个等价的经典关系将频率和时间的不确定性联系了起

来，使它们的乘积不能小于 1。这可以简单地理解为经典波形的频率被"采样"的时间间隔。如果时间间隔太短，那么对波的采样就会不够，从而无法精确确定其频率。精确确定频率需要足够长的时间间隔，至少包括一个波峰和波谷，这会导致"时间"精度的损失。通过普朗克关系式 $\varepsilon=h\nu$ 中能量与频率的关系，用能量替换掉频率，就可以从这种经典关系推导出能量-时间的不确定性关系，结果是能量和时间的不确定性的乘积不能小于 h。

海森伯差一点就没能获得慕尼黑大学的博士学位，因为他无法推导出显微镜分辨本领的表达式。这让答辩委员维恩很生气，因为维恩在他的讲座中讲过所有必需的背景知识。这一经历一直让海森伯感到羞愧，他的论文指导老师索末菲也觉得尴尬。他现在似乎又一次在显微镜的理论上遇到了困难。[2]

但是在任何情况下，海森伯在讨论中都极不情愿接受任何波动诠释。波动是他的竞争对手薛定谔的理论，他关于不确定性的论文是对薛定谔连续波物理学的讨伐。接受波动描述的合理性，即使是在玻尔提出的互补性条件下，对他来说步子也跨得太大了。在他的论文中，海森伯宁愿强调量子现象的微粒性和本质上的不连续性。

玻尔认为，海森伯未能抓住要领。他现在已经意识到位置-动量和能量-时间不确定性关系实际上表明的是经典波和粒子概念之间的互补性。波动性和粒子性是暴露于实验中的所有量子系统中的固有属性，并且，通过选择实验——选择反映波的

---

2 见第5节。

"镜子"或反映粒子的"镜子"——我们在待测量的属性中引入了不可避免的不确定性。正如海森伯所论证的那样，这不是通过我们测量工作的"笨拙"引入的不确定性，而是因为我们选择的装置迫使量子系统展示出一种行为而非另一种行为。

这可以扩展到互补性的第二个层次，这种互补性存在于一种对动量和能量现象的因果描述，以及对位置和时间的时空描述之间。只要我们不加干扰，处于定态的电子或者说围绕原子核的稳定轨道运行的电子的表现将遵从因果律，具有可预测的动量和能量。但是，在时空描述中，我们需要确定电子的位置和时间，就需要某种形式的相互作用，这意味着一种不连续性，并排除了因果关系，此时我们就必须面对量子概率。

玻尔认为，不确定性关系带来了一种根本性的限制，这些限制不是针对哪些是可测量的，而是针对原则上哪些是**可知的**。

玻尔坚持自己的观点。他认为海森伯的论文包含了根本性的错误，不够成熟，且只考虑了一种特殊情况。针对这种情况，现在还可以制定一个互补性的一般规则。海森伯的论文，即便已经付印了，也应该予以撤回。

但是海森伯顽固地拒绝了。就他而言，伽马射线显微镜思想实验中的错误并没有影响他有关不确定性的论文的基本论点，他认为没有理由撤回它。年轻的瑞典物理学家奥斯卡·克莱因（Oskar Klein）最近刚来到哥本哈根访学，他也被卷入了争论。他站在了玻尔的一边，在这种超级激烈的争论中，局面往往会失控，争论变得尖刻且带有人身攻击。

海森伯后来承认，他们的冲突"非常令人不快"。"我记得争论到最后我哭了，因为我无法承受来自玻尔的压力。"[3] 作为反击，海森伯发表了一些令人遗憾的言论，目的就是中伤对手。玻尔向泡利求助，甚至愿意负担他来哥本哈根的差旅费。但是泡利抽不出时间。

辩论一直持续到 1927 年的春天。玻尔主张将波动和粒子的互补性作为不确定性的核心。海森伯认为坚持使用经典的概念没有任何价值，在量子领域没有任何可论证的有效性。"好吧，"海森伯说，"我们有一个一致的数学方案，这种数学方案告诉我们可以观察到的一切，并且自然界中没有什么东西是这种数学方案无法描述的存在。"[4]

玻尔拒绝了自然万物遵循数学方案的观点。海森伯反驳道：

当然，波动和粒子是我们讨论的一种方式，这些概念源自经典物理学。经典物理学教会我们谈论粒子和波动，但是由于经典物理学在量子水平上是不成立的，我们为什么要如此坚持这些概念呢？为什么我们不能简单地说，我们不能以非常高的精度使用这些概念，因而也就无法利用不确定关系，因此我们必须在一定程度上放弃这些概念。当我们超越经典理论的这个范围时，我们必须意识到我们的经典语言就不再适用了。

3 Werner Heisenberg, interview by Thomas Kuhn, 25 February 1963, *Archive for the History of Quantum Physics*. Quoted in Jammer, p. 65.
4 Werner Heisenberg, interview by Thomas Kuhn, 25 February 1963, *Archive for the History of Quantum Physics*. Quoted in Jammer, p. 65.Werner Heisenberg, interview by Thomas Kuhn, 25 February 1963, *Archive for the History of Quantum Physics*. Quoted in Pais, *Niels Bohr's Times*, p. 310.

它们并没有真正反映物理现实，因此有一个新的数学方案总比没有任何东西要好，因为新的数学方案会告诉我们，哪些东西可能存在，哪些可能不存在。自然界只是以某种方式遵循该方案。

但这并没有什么效果。对玻尔来说，我们的语言必须适用，因为我们的理解产生自我们在描述中使用的词语，而不是数学方案，而语言是我们所拥有的一切。

"当然，"海森伯在 5 月 16 日的一封信中向泡利抱怨说，"如果从波粒二象性开始，那么我们可以做任何事情而不必担心矛盾。"[5]但到目前为止，海森伯的决心已被玻尔的个性和信念力磨蚀掉了不少。现在，他至少已经准备好接受玻尔对伽马射线显微镜实验中不确定性起源的判断了，认为他是对的。在同一封信中，他向泡利承认："……位置-动量不确定关系确实自然而然地出现了，但并不是完全以我想象的那种方式。"

在克莱因的建议下，海森伯同意在他即将发表的关于不确定性的论文的论证中添加一个注释：

在这方面，玻尔让我注意到，我在本文的讨论过程中，忽略了几个基本要点。最重要的是，在我们的观察中，不确定性并非完全来自不连续性的发生，而是与在不同的实验中我们期望有同等的正确性这一点直

---

5 Werner Heisenberg, letter to Wolfgang Pauli, 16 May 1927. Quoted in Cassidy, p. 238.

接相关，这些不同的实验有的支持微粒理论，有的支持波动理论。[6]

　　这个注释纠正了伽马射线显微镜思想实验的错误解释，并表达了他对玻尔的感激之情："我非常感谢玻尔教授在早期阶段与我分享了他对于这些研究的想法（他的研究很快将通过他关于量子理论的概念结构的论文呈现出来），并与我讨论了这些想法。"

　　泡利终于抽出时间于 1927 年 6 月初前往哥本哈根。虽然他们的争论留下的伤疤还得一段时间才能抚平，但伤口已经愈合。在泡利的鼓励下，玻尔和海森伯取得了某种形式的和解。但他们的关系并不是一个统一战线，而是持截然不同的诠释观点的三个物理学家之间相当尴尬的联盟。

　　这种有着共同基础的诠释的支柱，是波粒互补性、不确定性原理、基于量子概率对波函数的诠释、波动理论的本征值与可观察量的测量值之间的对应关系（如动量和能量），以及对应原理——量子数很大的时候量子行为到经典行为的转变。

　　这些新量子理论的信徒传播新福音的热情，的确是前所未有的。海森伯就曾讲述并写到过量子理论的"哥本哈根精神"（Kopenhagener Geist der Quantentheorie）。[7]

　　后来，这被称作（量子力学的）**哥本哈根诠释**。

6　Werner Heisenberg, *Zeitschrift für Physik*, 43, 1927, pp. 172–198. See Wheeler and Zurek, pp. 83–84.

7　*The Physical Principles of the Quantum Theory*, preface.

12

不存在量子世界

科莫湖
1927年9月

　　1927 年 6 月，海森伯接到消息说莱比锡大学再次向他发出了邀请，这一次给他的是教授职位。随后又有一些工作机会向他招手，这些工作来自哈勒、慕尼黑、苏黎世，甚至美国。他本来挺想去慕尼黑大学的，但那里给他提供的是一个副教授职位，在他的论文导师索末菲手下工作。他知道，索末菲会在七年后退休，之后就将由他来接任。莱比锡和哈勒的大学提供的是教授职位，而且这些大学都在德国。由于海森伯此前已经拒绝过一个副教授职位，按惯例他现在应该接受其中的一个邀约。最终他决定接受莱比锡大学的教席。

　　将海森伯召回莱比锡的是德拜，他最近刚从苏黎世联邦理工大学来到莱比锡大学。泡利接替了德拜在苏黎世联邦理工大学的位置，约尔旦在汉堡大学接替了泡利的职位，克莱因则接替了海森伯在哥本哈根空下来的职位。在短短的几个月内，"哥本哈根精神"的信徒都已经升到了著名大学的终身教授职位，在这些位置上，他们可以将哥本哈根的薪火传播给新一代的量子物理学家。

然而，仍有一些声音发出不同意见。薛定谔接替了普朗克在柏林大学的位置。他于 1927 年 8 月，在他的 40 岁生日前不久抵达柏林，和量子力学的另一个异见者爱因斯坦走到了一起。

玻尔赢得了与海森伯的争论，这使得互补性成为量子理论新诠释的核心。但是他的这种观点，还需要在此前参与过辩论的一小群物理学家之外进行阐述。展示的机会很快到来了，他应邀参加一场国际会议，以纪念亚历山德罗·伏特（Alessandro Volta）逝世一百周年，该大会于 1927 年 9 月在意大利科莫湖岸边的卡杜奇研究所（Istituto Carducci）举行。

在克莱因的协助下，玻尔从 4 月份就开始准备他的演讲。这个过程充满了曲折。玻尔被一种永不满足的欲望所驱使，希望能够达到一种清晰的认识。他认为这种认识对物理哲学具有根本性的重要贡献，将建立起我们试图在量子水平上理解物理实在的基础。克莱因解释说："当时由玻尔口述讲稿，但是第二天，他往往会把头一天所说的都抛弃掉，我们只得又重新开始。"[1] 草稿打了一遍又一遍。

随着科莫会议日期的临近，玻尔的弟弟哈拉尔德强调，玻尔已经把该说的都写下来了。

1927 年 9 月，一个杰出的物理学家国际团体在科莫市相聚一堂。来到科莫的包括玻恩、德布罗意、康普顿、德拜、意大利

---

1 Oskar Klein, interview with Leon Rosenfeld and J. Kalckar, 7 November 1968, *Niels Bohr Archive*. Quoted in Pais, *Niels Bohr's Times*, p. 311.

物理学家恩里科·费米（Enrico Fermi）、弗兰克、海森伯、马克斯·冯·劳厄、洛伦兹、密立根、帕邢、泡利、普朗克、卢瑟福、索末菲、斯特恩和塞曼。然而，一些人的缺席也引起了大家的注意。爱因斯坦接到了邀请，但是他无法参加，此外，薛定谔、狄拉克也都缺席了。

9 月 16 日，玻尔进行了他的演讲。尽管许多早期的草稿保留了下来，但本次讲座的文稿却没能留存下来。讲座内容随后在一系列会议论文集中发表，并于 1928 年在英国科学期刊《自然》中重印。他做了如下开场白：

……我将尝试只运用简单的思考，而不涉及任何数学技术细节，向诸位描述一些总体性观点。我认为这些观点对于了解这一理论从肇始到当下的总的发展趋势是非常合适的。我希望这有助于协调不同科学家所持的明显相互冲突的观点。[2]

虽然玻尔和海森伯之间争论的焦点，在于是否包含互补的波动描述，但在他的讲座中，玻尔将注意力集中在了因果和时空观点的互补性上。他说：

一方面，正如通常所理解的那样，物理系统状态的定义要求消除所有外部干扰。但在这种情况下，根据量子假设（量子变化在根本上是不连续的），任何观察都是不可能的，而且最重要的是，空间和时间的概念

---

2 Niels Bohr, *Nature*, 121, 1928, pp. 580–590.

将失去它们目前的意义。另一方面，如果为了使观察成为可能，我们允许与不属于系统的测量手段发生某些相互作用，那么系统状态的明确定义将不再可能，并且任何一般意义上的因果关系也将不复存在。量子理论的本质由此迫使我们把时空协同和因果关系（两者合到一起定义了经典理论）看作互补但互斥的特征，分别象征着观察和定义的理想化。[3]

尽管玻尔与克莱因通力合作，反复修改了草稿，希望能清晰地表达自己的思想，但是他说话声音太轻，仍然让人感觉模糊不清。他从经典波动光学方程出发对不确定关系的优雅推导，算是一个亮点，但在冗长的演讲中，他经常使用的是含义模糊的术语，这导致他的听众大都兴趣索然。

匈牙利物理学家尤金·魏格纳（Eugene Wigner）对玻尔的亲密助手比利时物理学家利昂·罗森菲尔德（Leon Rosenfeld）说："这个讲座不会使我们任何一个人改变自己对量子力学的看法。"[4]

但是，一时的困惑无法掩盖一个简单的事实：互补性——无论玻尔选择如何定义它——代表了与过去明确的决裂。

在科学史上，科学第一次面临（玻尔所认为的）我们自身获取科学知识的能力的巨大限制。经典物理学对这种限制一无所知。

---

3 Niels Bohr, *Nature*, 121, 1928, pp. 580-590. This quote appears in Wheeler and Zurek, pp. 89-90.
4 Leon Rosenfeld, interview by Thomas Kuhn and John Heilbron, 1 July 1963, *Niels Bohr Archive*. Quoted in Pais, *Niels Bohr's Times*, p. 315.

在经典世界中，我们确定物理量大小的方法不会对物理量本身的性质或大小产生影响。我们很自然地认为，无论我们是否进行测量，经典物体都拥有这些属性，无论大小如何。

但现在玻尔声称，将量子化的波-粒子视为具有独立于某些测量装置或观察手段的任何内在特性是没有意义的。虽然我们可以谈论电子的位置、速度或动量等，就好像它们是电子独立存在的属性一样，但实际上只有当电子与专门设计用于显示这些属性的仪器相互作用时，它们才会变为"真实"的属性。这些概念有助于我们关联和描述观察结果，但除了用作将我们的研究对象与我们用于研究它的工具联系起来的手段外，它们没有任何意义。

"量子理论的一个特点，就是承认在被应用于原子现象时，经典物理思想存在根本的局限，"玻尔说，"由此产生的状况是量子理论有一种独特的性质，因为我们对实验材料的解释基本上取决于经典概念。"[5]

多年后在总结这一状况时，海森伯是这样说的：

哥本哈根诠释对量子理论的诠释始于一个悖论。物理学中的任何实验，无论是关于日常生活现象还是关于原子事件，都应使用经典物理学术语进行描述。经典物理学概念构成了我们描述实验安排并陈述结果的语言，我们不能也不应该用其他语言取代这些概念。这些概念的应用

---

5 Niels Bohr, *Nature*, 121, 1928, pp. 580–590. This quote appears in Wheeler and Zurek, p. 90.

仍然受到不确定性关系的限制，在使用经典概念时，我们必须牢记这些概念的适用范围是有限的，但我们不能也不应该试图扩大它们的适用范围。[6]

使用量子理论的数学形式体系，科学家随后试图将互补的波动描述和粒子描述整合到一个结构中。玻尔坚持认为，这并不意味着该理论是错误的或不完整的。

或许，我们很难不去想象这样一种图景：单个电子存在于不依赖我们测量的某种预设状态下。但根据哥本哈根诠释，这样的心灵图景可以说毫无用处，更糟的是还可能会产生误导性。

那些对现代哲学有一定了解的人，能够在哥本哈根诠释中发现强烈的经验主义甚至实证主义的痕迹。

经验主义传统大体可以追溯到苏格兰哲学家大卫·休谟、法国哲学家奥古斯特·孔德以及奥地利物理学家恩斯特·马赫。从1867年至1901年，马赫在布拉格大学和维也纳大学担任物理学教授。他认为科学活动包括对我们感知到的自然事实进行研究，以及通过观察和实验来理解事物之间相互关系的尝试。根据马赫的说法，这种尝试应当以最经济的方式进行。

对于任何无法通过实验或观察验证的领域的相关陈述，马赫都拒绝接受，认为它们是非科学的。他认为，试图描述超越我们直接感官的现实，是达不成什么目的的。相反，我们的判断应该遵循可验证性的标准（理论与实验或观察是否一致？）和简单性

---

6 Heisenberg, *Physics and Philosophy*, p. 32.

（它是与实验或观察相一致的最简单的理论吗？）。

在构建物理理论时，我们应该寻求最经济的方式来组织事实并建立事实间的联系。如果理论中使用的概念或理论概念描述的实体本身不具有可观测性，我们就不应该赋予它们以更深刻的意义。马赫认为，只有那些我们能够感知到的元素才真正存在，而寻找一种我们无法感知到的物理现实是没有意义的：我们只能知道自身所经历的。眼见为实。

马赫对可证实陈述的评判标准特别严格。这导致他拒绝绝对空间和绝对时间的概念，并与路德维希·玻尔兹曼的反对者一起拒绝原子和分子的实在性。

本质上不可证实而需要诉诸情感或信仰的臆测，并不是科学。然而，这些臆测属于哲学的一个分支，称为形而上学（其字面意思是"超越物理层面"），并没有被完全拒绝。它们被认为是建立对生活的某种态度的过程中的一个合理部分，但它们在科学中没有地位。这种哲学立场——对可证实性的强调以及试图消除形而上学的无情态度，通常被称为**实证主义**，这一名称是由孔德首创的。

20 世纪 20 年代早期，马赫的观点对维也纳出现的一个新哲学思想学派的发展产生了极大的影响。以维也纳大学哲学教授莫里茨·石里克（Moritz Schlick）、德国出生的哲学家鲁道夫·卡尔纳普（Rudolf Carnap）和奥地利哲学家奥托·纽拉特（Otto Neurath）等人为中心，"维也纳学派"通过使用形式逻辑分析扩展了实证主义的视野。他们从广博的资源中汲取灵感，特别是受益于物理学家马赫、玻尔兹曼和爱因斯坦的研究。[7]从哲学角度来看，他们这种特殊的实证主义在休谟和孔德的作品中就有了雏形。另外，他们还受到同时代的学者，如剑桥大学的伯特兰·罗素和维也纳的路德维希·维特根斯坦的分析方法的影响。

维也纳学派发端的论点是，唯一的真知是科学知识，科学陈述要想有意义，必须具备理论上的逻辑性和可验证性。他们的哲学有时被称为**逻辑实证主义**，其基础是逻辑分析，后者既是可验证性的标准，也是科学与形而上学之间严格的分界线。

最重要的是，逻辑分析的使用导致所有形而上的陈述毫无意义，继而消灭掉了它们。逻辑实证主义者一举从哲学中消除了几个世纪以来关于思想、存在、现实和上帝的"伪陈述"。维也纳学派的观点在 20 世纪中期主导了科学哲学。

维也纳学派对物理学理论发展的影响是显而易见的。理论仅仅是以最经济的方式在观察或实验结果之间建立联系的工具。如果理论描述了我们无法直接感知的实体的行为，那么实体本身也仅仅是方便的理论工具，而不应该被误认为是一种独立实在的元素。

这并不一定意味着没有"实在"的事物。科学理论描述**经验的实在性**——这种实在表现为我们可以直接感知并加以验证的"效应"——但是不指望能够超越这种经验水准。若是那样，就只能沦为毫无意义的臆测。

在哥本哈根学派的物理学家中，海森伯是个实证主义者。正

---

7 他们称自己为"恩斯特·马赫学会"。

是海森伯在他关于矩阵力学的论文中坚持使用一种新语言，杜绝使用经典概念，并采用一致的数学方案作为代替。许多年后他写道：

我们在原子物理研究工作中的实际情况通常是这样的：我们希望理解某种现象，希望搞清楚在自然规律的支配下，这种现象将如何发展。因此，参与该现象的那部分物质或辐射是理论处理中的自然"对象"，并且在这方面应与用于研究该现象的工具分开。这里再次强调原子事件描述中的主观因素，因为测量装置是由观察者构建的，我们必须记住，我们观察到的不是自然本身，而是我们的提问方式揭示的自然。[8]

尽管哥本哈根学派的物理学家对于花费大量时间来阐述他们的哲学并没有太大的兴趣，但是他们仍然意识到，在理解量子层面的知识构成和获取方法上，他们的诠释制造了相当多的问题。海森伯在他许多相关的公开演讲中，都格外地把提高公众对这些问题的认识当作自己的职责。[9]

从根本上说，哥本哈根诠释表明，在量子理论中，我们已经达到了我们所能知道的极限。试图超越这个极限是毫无意义的：

---

8 Heisenberg, *Physics and Philosophy*, pp. 45–46.
9 最终，哲学家开始注意到这个问题。在1930年至1932年间，维也纳学派的石里克就量子理论对因果关系和知识哲学的启示，寻求了海森伯的建议和指导。很明显，维也纳学派的实证主义者发现哥本哈根学派的物理学家现在所说的内容，与自己的观点能产生很多共鸣。

我们怎么能指望自己知道不可知的东西呢？其论证理由是，任何引入新概念来描述潜在独立现实的尝试，都不可避免地牵涉到对熟悉的经典概念的再修改，并落到形而上的层面。我们总是会回到能够总结我们全部知识的两个理想化的概念上：波动和粒子。

这种诠释要求我们接受一点：我们永远不会"懂"量子概念。它们超越了人类的经验，因此是形而上的。量子实体既不是波也不是粒子，我们需要在必要时以适当的经典概念——波或粒子——来替换它。

来看看玻尔的阐述：

不存在量子世界。只有抽象的量子物理描述。认为物理学的任务是弄清楚自然是怎么回事，这是错误的。物理学关注的是我们对于自然有何看法。[10]

将上述说法与英国哲学家 A.J. 艾耶尔（A.J. Ayer）对逻辑实证主义的评论相对比：

逻辑实证主义者的独创性在于，他们使形而上学的不可能性不依赖于哪些是可知的，而是依赖于哪些是可言说的。[11]

10　Aage Petersen, in *French and Kennedy*, p. 305.
11　A.J. Ayer（ed.）, *Logical Positivism*（*The Library of Philosophical Movements*）. The Free Press of Glencoe, 1959, p. 11.

仔细分析玻尔的哲学影响及其关于哥本哈根诠释和互补性的论著表明，哲学上他更接近于被称为**实用主义**而非实证主义的传统。[12] 实用主义由美国哲学家查尔斯·桑德斯·皮尔士创立，其基本脉络可以追溯到德国哲学家格奥尔格·黑格尔。实用主义具有许多实证主义的特征，二者都完全拒绝形而上学。然而，二者也存在差异。

"眼见为实"这一实证主义信条意味着我们能知道的受制于我们能观察到的。实用主义学说接受一种更实际的（或者说更实用的）方法来处理实体（例如电子）的实在性。这些实体的性质和行为由理论描述，并产生可观测的效果，但其本身无法被观测到。实用主义者认为，我们所能知道的并非受制于我们能看到的，而是受制于我们能**做到的**。

现代原子理论之父[13] 想要接受原子的实在性，似乎是合乎逻辑的。但在科莫的讲座中，玻尔对原子内部结构理论所能阐释的内容施加了限制。他认为我们生活在一个经典世界里，我们的实验是经典实验。跳出这些概念，你就跨越过了一道门槛，横亘在你能够知道什么和不能知道什么之间的门槛。

且不论是属于实证主义还是实用主义，玻尔哲学最重要的特征是它大体上的反实在论。它否认量子理论对于独立于测量设备而存在的潜在物理实在有任何意义，否认理论的进一步发展能够使我们更接近某些尚未揭示的真理。"因此，一般物理意义上的

---

12 *Niels Bohr's Philosophy of Physic*, pp. 231-232.
13 指玻尔——译者注

独立实在性既不能归因于现象，也不能归因于观察工具。"[14] 玻尔说。

对于这番话，同为实在主义者的爱因斯坦和薛定谔听了肯定都不会高兴，但两人都没参加科莫的会议。不过也不用等太久，一个月后，在布鲁塞尔将召开第五届索尔维会议，在科莫刚见过面的众多杰出科学家会再次碰面，玻尔将在那里重做他关于互补性的讲座。

这一次，爱因斯坦和薛定谔都会出席。

14　Niels Bohr, *Nature*, 121, 1928, pp. 580-590. This quote appears in Wheeler and Zurek, p. 89.

PART 3

第三章

量子论战

13

论战拉开帷幕

布鲁塞尔
1927年10月

1911年，物理学的第一届索尔维会议召开。会议由普朗克和能斯特发起，洛伦兹主持，讨论与辐射理论和比热容理论相关的问题。比利时工业家和慈善家欧内斯特·索尔维家财万贯，为会议提供了资金支持。这是首次仅限受邀者参加的国际物理学会议，会议非常成功。一年后，索尔维在布鲁塞尔投资创建了国际物理与化学研究所。

第五届索尔维会议的主题是"电子和光子"，仍由洛伦兹主持。这是他最后一次在公众面前露面，几个月后的1928年2月，洛伦兹与世长辞。虽然会议的主题是"电子和光子"，但从邀请名单中可以看出，讨论的正题是新量子力学。

早在1926年4月，洛伦兹和科学规划委员会的成员就开始筹备会议日程。但在筹备的几个月中，物理学发展迅猛，为了紧跟形势，他不得不调整想法，并扩充邀请名单。量子理论的奠基人——普朗克、爱因斯坦、玻尔、德布罗意，以及量子力学的新生代——玻恩、海森伯、泡利、薛定谔、狄拉克等，都将悉数到场。

1927 年 10 月 24 日，爱因斯坦、玻尔及其他物理学界领军人物在布鲁塞尔的生理研究所齐聚一堂。第五届索尔维会议开幕了，由洛伦兹致开幕词，英国物理学家威廉·L. 布拉格（William L. Bragg）做首场讲座。玻尔后来谈起这次会议："……我们几个参会的人，急切地想知道爱因斯坦对物理学的最新进展做何感想。在我们看来，这些最新进展有利于阐明他早期提出的那些问题。"[1]

玻尔想看看爱因斯坦到底有多睿智。

周一下午，布拉格先做了主题为 x 射线反射的讲座，接着是康普顿做报告，他最近因发现以他名字命名的康普顿效应而获得了诺贝尔奖。

第二天下午，德布罗意就量子现象的诠释，介绍了一个新方法，这是一个以"双解"为基础的激进方法。实际上，德布罗意诠释波粒二象性不是从波"或"粒子的角度，而是从波"和"粒子的角度进行的。在这个方法中，真实的单个量子点 - 粒子的运动路径是由一个真实的波场引导的。双解中的第二个场与薛定谔波动力学中的波函数具有同样的统计意义，也适用于同样的概率解释：

ψ 波既表现为**导波**（玻恩称之为 Führungsfeld），也表现为**概率波**。由于粒子的运动在我们看来似乎是严格确定的……但似乎我们也并没有

---

1 Niels Bohr, in Schilpp, pp. 211–212.

理由摈弃单个物理现象的决定论，它就存在于我们的概念之中，这点从其他方面来说与玻恩的概念很类似，总之看起来没什么太大出入。[2]

这是一个大胆的解法，有可能会动摇互补性的根基，把互补性的创建和辩论过程中耗费的所有精力的意义全都一笔抹煞掉。也许并不奇怪，这个想法没有唤起大家的普遍热情。如果德布罗意指望着从爱因斯坦那儿获得支持，那他可要失望了，因为爱因斯坦一直默不作声。

早在几个月前，爱因斯坦似乎就已独自探索过跟这类似的方法。1927 年 5 月 5 日，他在柏林的普鲁士科学院宣读了一篇题为《薛定谔的波动力学能完全确定还是只在统计学的意义上确定一个系统的运动？》（*Does Schrodinger's Wave Mechanics Determine the Motion of a System Completely or Only in the Sense of Statistics?*）的论文。在论文中，爱因斯坦对理论做的调整基本上是把经典波和粒子的描述综合到一起，其中薛定谔力学中的波函数扮演导场的角色，引导物理上具有实在性的点粒子。

5 月初的时候，爱因斯坦还对这个结果兴奋不已，但没过几周，他的热情就消失殆尽了。5 月 21 日，论文已付印，但他要求撤回那篇论文。他开始疑惑，给多维位形空间中的波函数赋予物理意义是否正确。或许更重要的是，他进一步发现在他的调整中，虽然粒子本身仍是局域性的，但它们依然能从导场中受到非局域

---

2 Louis de Broglie, 'The New Dynamics of Quanta', *Proceedings of the Fifth Solvay Congress*, 1928.

的影响。这种影响会涉及他一直设法规避的因果论。

爱因斯坦本来说好要在索尔维会议上宣读一篇论文，但在 6 月 17 日，他写信给洛伦兹请求谅解："经过前前后后反复思量，我最终的结论是，这个报告我做不了，我不能假装报告没有问题。"[3]

第二天上午，玻恩和海森伯支好了哥本哈根－哥廷根学派的"摊位"。两人作为搭档登台，陈述了经过适度扩展后与薛定谔的波动方程相关联的矩阵力学、基于量子概率的诠释、海森伯的不确定关系，以及对该理论的大量应用实例。他们言辞激烈地宣称量子理论已经完成，不需要再对它基本的物理和数学假设做进一步修订：

  ……我们认为量子力学已经完结，无须再对它基本的物理和数学假设做任何修改。[4]

下午，薛定谔做了波动力学的讲座，这也是会议的最后一场正式讲座。薛定谔不想跟"矩阵派"正面对决，因此只讲了原理问题。他详述了波动力学引起争议的几个方面，如波在位形空间的意义，也提出了诠释的不同方法。在接下来的讨论中，薛定谔认为

---

3 Albert Einstein, letter to Hendrik Lorentz, 17 June 1927. Quoted in Pais, *Subtle is the Lord*, pp. 431–432.
4 Max Born and Werner Heisenberg, 'Quantum Mechanics', *Proceedings of the Fifth Solvay Congress*, 1928. English translation from Bacciagaluppi and Valentini, p. 437.

未来的发展可能会产生一个在四维时空层面更为普遍的理论，海森伯对此提出异议："在薛定谔先生的计算中，我看不到任何希望。"[5]

由于与另一场科学会议的时间发生冲突，布鲁塞尔的议程在中途被打断了，另外那场会议由巴黎科学院发起，纪念法国物理学家奥古斯丁·菲涅耳（Augustin Fresnel）逝世一百周年。当洛伦兹发现两场会议日程存在冲突时，再改日程已经来不及了。他提出了一个折中的建议，将索尔维会议推迟一天。参会人中，想去参加菲涅耳纪念活动的可以自行前往，周五返回布鲁塞尔继续讨论。

周五上午，洛伦兹宣布一般性讨论会议开始。他先发表了自己的一些观点，表达了一位老物理学家对因果论和决定论的执念，之后请玻尔发表演说。玻尔描述了互补性的概念，很多内容跟在科莫时讲的一样，但这次主要是讲给爱因斯坦听的，毕竟爱因斯坦是第一次听到他的观点。[6] 爱因斯坦没有立即做出回应。

最终，爱因斯坦还是做了一些评价。他说："虽然自知对量子力学的本质了解得并不很透彻，但我还是想大体评论一下。"[7]

爱因斯坦提到了大家熟知的衍射实验，也就是一束电子或光子穿过狭缝的实验。[8] 在这项实验中，第二张屏上出现了衍射图案

---

5 Werner Heisenberg, *Proceedings of the Fifth Solvay Congress*, 1928. English translation from Bacciagaluppi and Valentini, p. 472.
6 玻尔在第五届索尔维会议上没有做正式讲座。应他的要求，正式会议议程手册附上了他发表在《自然》杂志的论文译稿。
7 Albert Einstein, *Proceedings of the Fifth Solvay Congress*, 1928. English translation from Bacciagaluppi and Valentini, p. 486.
8 为了使爱因斯坦提出的这个实验更易于理解，我对它做了一些较为详细的解释。

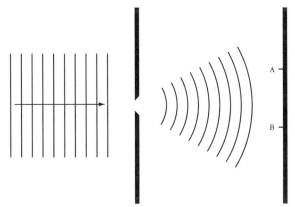

图4　爱因斯坦与玻尔的辩论中提到的简易的电子或光子衍射实验。
我们一旦在第二张屏的A处探测到粒子，就会立刻知道它没有到达
另一个位置B。爱因斯坦认为，"波函数坍缩"违背了狭义相对论

并被记录下来（如使用感光胶片）。如果量子理论被认为是能够描
述单个过程的完整理论，那么适当的波函数就能描述出每个量子
粒子的行为，而且正是波函数的属性产生了衍射图案。然而，当
波函数投到第二张屏上，瞬间"坍缩"时，屏上产生了一个局域
点，表明"粒子撞到了这里"。[9]

　　爱因斯坦反对以这样的方式看待这个过程。他说，假设观察
到粒子到达第二张屏的位置 A，那么在观察时，我们不仅知道粒

---

9 感光乳胶由数百万个微小的银盐（卤化银）晶体组成。光子与
银盐晶体相互作用，晶体（以及它周围的一些晶体）分解，产生黑
色的银沉积。之后，使用显影化学品分解更多的晶体，放大最初的
沉积，就能产生肉眼可见的影像。然后用另外的化学品处理胶片，
将剩余的卤化银转化成无色的盐，胶片就不再感光了。这就是负片
（底片）。光穿过底片后，投到光敏纸上，产生正片。

子到达了位置 A，也很明确它没有到达位置 B。不仅如此，在观察到粒子到达 A 的同时我们就知道它没有到达 B。在整张屏的其他位置上，发现粒子的概率在我们观察前恐怕就被"抹掉"了。

爱因斯坦认为波函数的坍缩表明存在一种特殊的"超距作用"。这个粒子原本以某种方式分布在空间的一大片区域中，却在瞬间转变为局域的粒子了，测量动作似乎改变了系统远离测量点的位置处的物理状态。爱因斯坦感觉这种超距作用违背了狭义相对论的前提。

爱因斯坦对德布罗意的双解方法表示赞同，他说："在我看来，一个人若要推翻这种异议，只需依照下列方法：不只是用薛定谔的波动方法来描述这个过程，与此同时，还要定位传播过程中粒子的位置。我认为德布罗意沿这个方向探索是对的。如果只用薛定谔的波动方法（假设量子理论能描述单个过程），那么在我看来，$|\psi|^2$ 与相对论的前提就是矛盾的。"[10]

然而，还存在一种截然不同的描述。如果波函数代表的概率的大小并非针对单个粒子，而是针对完全相同的很多粒子的集合，情况会怎样呢？根据这个观点，每一个粒子都沿一个确定的局域路径穿过狭缝，到达第二张屏。这种可能的路径有很多，衍射图案也因此反映出大量粒子（每个粒子都沿不同但确定的路径）的统计分布。这个分布与波函数的模方相关，表征的是大量粒子的

10　Albert Einstein, *Proceedings of the Fifth Solvay Congress*, 1928.
English translation from Bacciagaluppi and Valentini, p. 488.

概率而非单个粒子的概率。

我们无法通过观察单个量子粒子的运动过程来区分这些概率。两种描述都宣称，一个粒子穿过狭缝后，会到达第二张屏的特定位置。在第一种描述中，到达的点在粒子与感光胶片发生作用的瞬间就确定了，到达该点的概率就是波函数的模方。在第二种描述中，到达的点由粒子的实际路径决定，而这些路径又是由波函数的模方给出的统计概率决定的。在两种描述中，我们都只有在探测到大量粒子时，才能看到衍射图案。

玻尔不知道该怎么理解爱因斯坦的评价。他说："我感觉自己的处境好艰难，因为我根本不懂爱因斯坦到底想说明什么。无疑，错的是我。"[11]

玻尔继续解释说："我不知道量子力学是什么。我认为我们处理的都是一些数学方法，它们对于描述我们的实验来说是够用的。"在他看来，爱因斯坦试图坚持本质上经典的时空描述，而经典描述已经站不住脚了。他接着说："符合因果论的时空描述的整个基础，都被量子理论推翻了，因为它是以存在没有干涉的观察为前提的。"

对于爱因斯坦的发言，玻尔不得要领，但爱因斯坦也并未放弃。在布里坦尼克宾馆的餐厅里，与会者都在，讨论仍在继续。爱因斯坦直接质问玻尔量子理论的意义，科学史上最重要的科学辩论之一开场了。大家都想要在这种非常时刻弄清物理实在的本质。

---

11 Quoted in Bacciagaluppi and Valentini, p. 489.

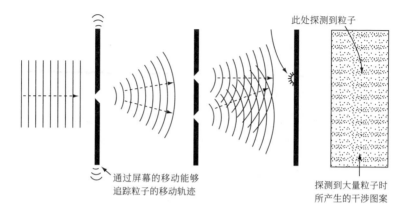

图5 爱因斯坦对经典双缝实验做的改动。一个粒子穿过第一张屏上的狭缝，通过观察屏移动的方向，就可以判断粒子偏转的方向（以及朝第二张屏的哪条狭缝移动）。观察粒子随后打在第三张屏的位置，可以追踪粒子穿过整个仪器的轨迹。如果现在允许大量粒子一个接一个穿过仪器，从原则上说，就可以看到双缝干涉图案。这个思想实验似乎能让我们同时观察到粒子属性（如轨迹）和波动属性（干涉），这与海森伯的不确定性原理是不相容的

奥托·斯特恩描述了当时的情景：

爱因斯坦下楼吃早餐，其间表达了对新量子理论的担忧，每次他都会发明设计一个巧妙的实验，让人看到新理论并不成功……在场的泡利和海森伯对此却不是太关注，只是嘴上应着"ach was, das stimmt schon, das stimmt schon"（"哦，没错，没错"）。但是玻尔却谨慎地思考爱因斯坦提出的问题，晚饭时分，我们坐在一起，他详细地分析这个问题。[12]

---

12 Otto Stern, interview with Res Jost, 2 December 1961. Quoted in
Pais, *Subtle is the Lord*, p. 445.

此时爱因斯坦决定攻击哥本哈根诠释，试图证明由于哥本哈根诠释的不完备性，该理论的一个重要基础——不确定关系的物理意义——会出现不自洽的情况。论战是以一系列难题的方式展开的，并被爱因斯坦发展为思想实验，严格来说，这种实验无法在实验室中进行实际操作。对爱因斯坦来说，构想出在原则上可执行的实验就足够了。

爱因斯坦向与会人员发问，在谨慎控制和观察一个量子粒子和屏幕之间的动量传递的条件下，粒子穿过屏幕的狭缝时会发生什么？一个粒子穿过狭缝撞击到屏幕上时，会发生偏转，其路径由动量守恒决定。通过观察屏幕本身的移动，就可以判断出粒子偏转的方向。

他说，现在想象，在屏幕和感光胶片之间再插入一个有两个狭缝的屏。如果我们能借助第一张屏发现粒子偏转的方向，接下来就能判断出粒子随后会穿过两条狭缝中的哪一条。从最终探测到的粒子在胶片上的位置，我们就可以追踪粒子穿过整个仪器的轨迹。

现在让仪器探测大量粒子（粒子一个接一个地穿过狭缝），就能看到双缝干涉图案。爱因斯坦由此总结道，通过这种方法，我们就可以同时搞清楚粒子属性（确定的轨迹）和波动属性（干涉），这与玻尔的互补概念和哥本哈根诠释中的不确定关系都是矛盾的。这证明了哥本哈根诠释从本质上说不自洽。

对于爱因斯坦的挑战，玻尔进行了仔细思考。他把这个思想实验又往前推进了一步，画出了爱因斯坦的思想实验所需仪器仿真风格的草图。他的目的不在于试图想象这些实验如何在实际中

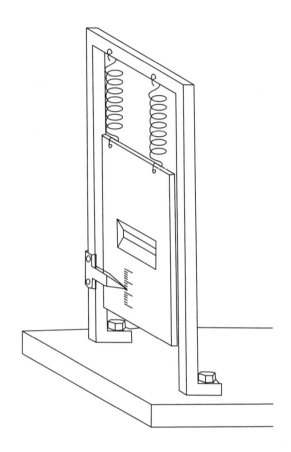

图6 玻尔手绘的假想仪器，证明如何测量第一张屏可能出
现的移动。选自《阿尔伯特·爱因斯坦：哲人科学家》第
一卷，第220页，保罗·阿瑟·席尔普编辑，版权©1949 by
Library of Living Philosophers, Inc。此图经敞院出版公司允
许重印

操作，而是主要想发现爱因斯坦的论述中是否存在缺陷。

要想控制并观察从量子粒子到第一张屏的动量转移，屏需要能够沿着垂直面移动。爱因斯坦称，随着粒子穿过狭缝，通过观察屏的反冲方向，就能得出粒子朝哪个方向偏转的结论。

玻尔设想了一个屏，由两个弹力不强的弹簧悬吊起来。屏上有指针和刻度，能够测量出屏的移动量，因此也就能测量出粒子作用在屏上的动量。玻尔设想了一台宏观仪器，这本身是没有问题的，只要这台仪器足够灵敏，能够观察单个量子事件就行。后面大家会看到，灵敏度很重要。

当把这个假想装置应用到此类思想实验的分析中时，玻尔必须证明不确定性原理的自洽性，从而证明其互补性。根据不确定性原理，如果按爱因斯坦的建议控制动量向屏的转移，屏的位置必然会产生一种伴随的不确定性。如果我们沿着垂直面以一定的精确度测量屏的动量，那么屏的位置必须能产生一种不确定性，使得不确定性的值的乘积不小于普朗克常数 h。

为什么会这样？玻尔给出的答案是，为了足够准确地读出第一张屏上的刻度，必须要光的照明。照明会使光子打在屏上，并产生不可控的动量转移，或不可控的"振动"。"然而，要想读出刻度值，无论采取什么方法，都会导致屏的动量发生不可控的变化。根据不确定性原理，我们对狭缝位置的认知和动量控制的精确性之间，永远都存在一种倒数关系。"[13]

玻尔能够证明，当一个粒子偶联的波穿过第二张屏上的双缝

---

13 Niels Bohr, in Schilpp, p. 220.

时，第一张屏上狭缝位置的不确定性会破坏波的相位相干性，因此，干涉图案也就"褪去"了。按照波动和粒子描述的互补性，控制动量从粒子到第一张屏的转移可以让我们追踪粒子穿过仪器的轨迹，但无法让我们观察到干涉效应。

玻尔总结道：

……摆在我们面前的是一个选择，**要么**追踪粒子的轨迹，**要么**观察干涉效应，这样我们就没必要非得自相矛盾地得出结论：电子或光子的行为依赖于（第二张屏）上存在一个能够判断粒子穿过与否的狭缝。我们这里的例子很典型，涉及在相互排斥的实验布置中，互补的现象是如何出现的。在对量子效应的分析中，要想在原子物体独立的行为和它与测量仪器（用于定义现象发生的条件）间发生的相互作用之间划一条明晰的分界线是不可能的。[14]

爱因斯坦接着又提出了改进的思想实验。他对哥本哈根诠释的重重疑虑丝毫不减，这反过来又迫使玻尔捍卫哥本哈根诠释。玻尔成功反击了爱因斯坦的所有质疑，玻尔写道："爱因斯坦带着嘲讽的口气问我们，是否真的相信'亲爱的上帝会掷骰子'（'…ob der liebe Gott wurfelt'）。面对这个问题，我的回应是，应该像古代的思想家所呼吁的那样，在用惯常的语言把问题归因于天意时，我们应该慎之又慎。"[15]

14　Niels Bohr, in Schilpp, p. 217.
15　Niels Bohr, in Schilpp, p. 218.

玻尔牢牢地捍卫了哥本哈根诠释的地位，或许他对此心满意足，但爱因斯坦不断质疑带来的压力，让他的观点的基础发生了微妙的变化。玻尔又回到了"笨拙的干扰"的概念，也就是无法控制的动量转移，而这也正是他之前批评海森伯的地方。

出席布鲁塞尔会议的物理学家，虽然大多数都认为玻尔的抗辩取得了胜利，但一颗生命力更加旺盛的异见种子已经埋下。在玻尔成功为哥本哈根诠释的自洽性做了辩护后，第五届索尔维会议落下了帷幕。

但爱因斯坦依然未被说服。

14

绝对奇迹

剑桥
1927年圣诞节

在诠释问题上取得的进步，兴许让泡利感到心满意足。但是，在把电子自旋和不相容原理融入量子理论的主体结构方面，他却丝毫没有进展，这又让他心生郁闷。他把这点称为"审美上的失败"。[1]

此外，构建主流量子力学时采用的方程也存在局限，这些方程不符合爱因斯坦狭义相对论的要求。人们逐渐意识到，电子自旋问题在某种程度上关系到寻找一个完全符合相对论的量子理论方程。

1926年春，奥斯卡·克莱因重新独立发现了薛定谔波动方程的相对论版本。在经过汉堡大学理论物理学家瓦尔特·戈登（Walter Gordon）进一步修改后，这个方程成为后来人们熟知的克莱因-戈登方程。实际上，薛定谔也于1926年1月发现了这个方程，不过由于它不能做出与实验相

---

1 Wolfgang Pauli, *Atti del Congresso Internazionale dei Fisci*, 11–20 Settembre 1927, Como, Pavia, Roma, 1928. Quoted in Enz, p.160.

符的预测，所以薛定谔放弃了这个方程。

与此同时，在布鲁塞尔举行的索尔维会议上，面对大家就量子理论的基本原理和诠释展开的无休止的争论，英国物理学家保罗·狄拉克则异常冷静。如果诠释无法提出新的方程，那他也不愿意耗费大量时间就诠释的细枝末节做太多阐述。他还发现，尽管自己对理论的数学结构的突出贡献担得起国际社会的认可，但有那么几次，他在欧洲大陆的对手总是在最后关头把自己击倒在地。狄拉克强烈地感到自己需要发现某种独创性的东西，由自己第一个向世人公布、能够宣称属于自己的东西。

很明显，电子自旋就是他的目标。1926 年底，狄拉克与海森伯打了个赌，看看在量子理论的框架下，自旋还需要多久才能被人理解。海森伯说至少要三年，狄拉克则轻率地说只需三个月。但三个月过去了，问题并没有得到解决。不过，早在 1919 年狄拉克还在学工程学时，当他第一次听说相对论后，就完完全全地被吸引住了。此时他集中精力，想要发现一个完全符合相对论的量子理论。

他的发现同时也将解决电子自旋的谜团。但是，他的发现也产生了大量远超大家预料的结果。

英国学者总给人一种一本正经、不爱交际的印象，狄拉克即便没有漫画描述的那样夸张，也是这类人的典型了。他的性格在童年时期就已形成，他的父亲查尔斯是瑞士人，仪表堂堂，20 岁就离开了家。1890 年，查尔斯在英格兰西南部的布里斯托尔定居，成为一名教师。1902 年，保罗·狄拉克出生，在家排行老二。

父亲查尔斯的童年生活似乎并不快乐。可悲的是，自己的这种经历并没有让他引以为戒，能对自己的孩子宽容一点。他是个专制型的家长，觉得社交往来没什么价值，因此除了直系亲属外，他禁止孩子在外参加不必要的社交活动。孩子们成了他的社交囚徒，"关押"在他管制的监牢中，日益沉闷无声。查尔斯的母语是法语，现在又担任法语教师，他只许保罗用法语跟自己交流。

他当时以为那样对我学法语有好处。后来我发现用法语根本表达不了自己的想法，而相对于用英语交流，保持沉默是我更好的选择。从那时起，我就变得非常安静——这发生得非常早……[2]

于是狄拉克把自己的热情都投入到数学当中，以弥补社交和情感发育的不足。然而，他无法将热爱的数学当作自己的职业。在父亲的严厉影响下，他于1918年开始在布里斯托尔大学攻读工程学学位。

一年后，爱因斯坦的相对论点燃了公众的热情，狄拉克也深深为之着迷。据媒体报道，爱因斯坦的广义相对论曾预言光线能够弯曲，而阿瑟·爱丁顿（Arthur Eddington）证实了这一点。这件事对年轻的狄拉克来说是个启示，他继续深入研究狭义相对论和广义相对论，后来成为相对论数学结构的大师。

---

2 Paul Dirac, interview with Thomas Kuhn and Eugene Wigner, April 1962, *Archive for the History of Quantum Physics*. Quoted in Kragh, *Dirac*, p. 2.

英国当时正处于经济大萧条时期，工程学应届毕业生不太好就业。狄拉克于 1921 年毕业，但找不到合适的工作。布里斯托尔大学数学系向他提供了攻读数学的机会，并且免除一部分学费，狄拉克欣然接受。之后，他就又学了两年数学。

1923 年，科学和工业研究部资助了狄拉克一笔奖学金，他终于得以逃离令人窒息、压抑的家庭，前往剑桥大学攻读博士学位。[3]他原本一心想研究相对论，但却被分到了拉尔夫·福勒（Ralph Fowler）手下做研究，这不免最初让他感到有些失望。福勒的研究兴趣都在原子和量子物理学领域。不过，狄拉克很快发现，对于这个新兴的领域，他也产生了浓厚的兴趣，并且有很多事可做。几年后他回忆道："一直以来，我都把原子看作是假想的东西，而这里的人们研究的却是与原子结构相关的方程。"[4]

福勒与玻尔，以及哥本哈根和哥廷根的各个学校，都有密切的往来。1925 年 8 月，福勒收到海森伯在矩阵力学上的第一篇论文清样，就随手递给了狄拉克。

狄拉克对相对论依然痴迷，此时也已获得量子物理学新秀的美名，这些都让他更加难以抗拒地想要寻找一个完全符合相对论的新量子理论。但在过去的两年中，他已经失败了好多次。1927

---

3 这里我用的"逃离"一词应从其字面意思理解。保罗的哥哥雷金纳德（Reginald）精神苦闷，一方面情感上受父亲压抑个性的影响，另一方面，弟弟保罗在学术上取得的成果也让他自卑不已。1924 年，雷金纳德自杀身亡。

4 Paul Dirac, 'Recollections of an Exciting Era', in C. Weiner (ed.), *Exploring the History of Nuclear Physics*, American Institute of Physics, New York, pp. 109–146. Quoted in Kragh, *Dirac*, p. 8.

年 10 月的索尔维会议上，他向玻尔提到了这个问题，玻尔告诉他，这个问题克莱因已经解决了。狄拉克试图向玻尔解释克莱因的方程为何仍然不尽人意，但他被打断了，因为当时演讲马上就要开始了。

与玻尔的对话虽短，却让狄拉克明确了一点，当务之急，是要找到一个合适的解法。从布鲁塞尔一回来，他就又投入这个问题的研究之中。他独自研究，处于一种相对隔绝的状态，不咨询任何人的意见。这点倒是很符合他的性格。

从很多方面说，爱因斯坦的狭义相对论都是关于如何正确处理时间的问题，把时间看作第四维度，与普通空间的其他三维地位平等。从这方面来看，薛定谔波动方程的含时版本，是"不平衡"的，对三个空间坐标而言它是一个二阶微分方程，而对时间则只是一阶微分方程。[5] 从这点来说，波动方程看上去更像是描述扩散现象的方程。空间和时间之间缺少平衡，意味着薛定谔的波动方程不符合相对论。

薛定谔，以及后来的克莱因和戈登，都曾试图通过创建一个包括时间在内的二阶微分方程，以实现平衡。尽管方程达到了要求的平衡，但却遇到了很多问题，这使薛定谔不得不放弃它。狄拉克不喜欢这个方程，海森伯也不喜欢。1926 年 12 月 21 日，匈牙利物理学家约翰·库道尔（Johann Kudar）在给狄拉克的信中写

---

5 在一阶微分方程中，某个函数（如 f）对某个变量（如 x）只求一次微分，这种情况写作 df/dx。而在二阶微分方程中，某个函数对某个变量则求两次微分，写作 d^2f/dx^2。

道："泡利先生对二阶相对论性波动方程疑虑重重。"[6]克莱因-戈登方程中，也依然没有电子自旋的迹象。

大家都认为，相对论性波动方程对于时间来说应该是一个一**阶**微分方程。这一点事关重大，至少对于玻恩对波函数的概率诠释是如此。只有当方程是时间的一阶微分方程时，诠释才能继续成立。接下来的难题是对方程进行调整，使它在空间和时间上都是一阶微分方程。做到这一步很容易，但会导出一些"模样难看"的平方根算符，让理论物理学家头疼不已。狄拉克需要找个方法解决这些问题。

1927 年 5 月，泡利在处理三个空间坐标中动量的平方根算符的问题时，遇到了同样的问题，他将包含两行两列的方块矩阵用作每个算符的系数，结果相当成功。泡利当时试图解释电子自旋的性质，这些后来被命名为**泡利自旋矩阵**的系数看上去应用得很好。虽然这尚不算是对电子自旋的完整描述，但却朝正确方向迈进了一大步。

狄拉克的问题是，他现在必须要找个方法解决**四个**平方根算符的问题，其中三个算符是动量算符，第四个算符源自一个描述电子的质量随速度的变化而变化的项。根据狭义相对论，电子的质量与其速度有关。狄拉克最初认为，他只需找到另外一个二乘二的矩阵系数就行了，但没有奏效。这样的系数并不存在，二乘二的矩阵不是要找的答案。

---

6 Johann Kudar, letter to Paul Dirac, 21 December 1926. Quoted in Kragh, *Dirac*, p. 54.

狄拉克首先是位数学家，其次才是物理学家，而现在摆在他面前的是一个数学问题。首要任务是解决数学问题，然后再考虑这个解法的物理诠释。在反复研究这些公式的时候，狄拉克突然顿悟了。他后来解释说："我突然意识到，没必要死守着那些用两行两列的矩阵表征的量，为什么不试试四行四列的矩阵呢？"[7]

结果非常奏效。他将系数表述成四行四列的矩阵，使平方根算符线性化，然后继续求解方程。

这就是著名的狄拉克方程。虽然它并没有预测出之前的理论所没有的结果，但却是概念上的一个巨大成功。这是狄拉克的发现，属于他一个人的发现。

狄拉克的矩阵从形式上与泡利的自旋矩阵相同，运用这种矩阵意味着电子自旋的属性自动地表现在狄拉克的相对论方程中。把四维时空引入量子理论方程产生了电子的第四个"自由度"，而这又要求需要有第四个量子数，这正与 1925 年 11 月古德斯米特和乌伦贝克提出的观点一致。

但无论它是什么，电子的自旋无论如何都不能理解为电子绕其轴旋转。它只是一个纯粹的符合相对论的量子属性，在经典物理学中没有与之对应的内容。从这点来说，它与电子的其他属性截然不同。比如，原子中电子的轨道角动量与量子数 k 乘以 h 相

---

7 Paul Dirac, in C. Weiner （ed.）, *Exploring the History of Nuclear Physics*, American Institute of Physics, New York, pp. 109–146. Quoted in Kragh, *Dirac*, p. 59.

关，且原则上说，对 k 值没有限制或者说 k 值没有上限。[8] 这样，通过把 h 趋于零，另外一方面把 k 的值趋于无穷大以与 h 的趋势抵消，就可以使轨道角动量趋于经典值。

然而，同样的做法却不适用于电子自旋。电子的自旋量子数被限制为一个值，无法随着 h 趋于零而无限增大。对电子自旋而言不存在经典的对应。

虽然其诠释令人费解，但我们确切地知道电子自旋产生了作用，导致产生了一个小的磁矩。这个磁矩可与外加磁场的磁力线方向一致或刚好相反。我们可以把这些情况看作是"自旋向上"和"自旋向下"。在一个磁场中，电子磁矩的两个可能的方向产生了两个能级，用磁自旋量子数表示，产生了"双值性"，对应自旋向上的状态和自旋向下的状态。两个能级导致原子光谱产生了两条线。

重新用狄拉克方程来描述电子在电磁场中的运动，会得到与塞曼效应一致的结果，也就是说自旋磁矩是基于经典力学预测的值的两倍。狄拉克的理论预测，自旋磁矩与电子的自旋量子数和电子的朗德 g 因子的乘积有关。所以和克勒尼希最初的观点一样，在狄拉克的理论中，g 因子确实为 2。

就在 1927 年圣诞节前，查尔斯·达尔文到访剑桥，得知了狄拉克的研究结果，很是震惊。他立即写信给玻尔："狄拉克现在研

---

8 现代量子理论中，量子数 k 已由轨道角动量量子数 l 取代，$l = 0$，1，2，……$n-1$。

究出了一个全新的方程体系，其所有情况下的自旋都是正确的，似乎就是那个'答案'了。而且他的方程都是一阶微分方程，不是二阶！"[9]

消息不胫而走。狄拉克在发表介绍自己的方法的论文前，写信给哥廷根的马克斯·玻恩。利昂·罗森菲尔德记述了人们对狄拉克理论的反应："大家立即就把它看作是**那个**解法。它被视为绝对的奇迹。"[10]狄拉克关于电子的相对论性量子理论的论文，由福勒寄给了《英国皇家学会会刊》。1928 年 1 月 2 日，杂志社收到了论文。

然而，无奈的是，狄拉克不得不为自己的解法付出代价。使用四行四列的矩阵意味着他手上的解是他所需要的两倍。电子自旋角动量的两个可能性方向只是从狄拉克的方程中得出的解数量的一半。另一半对应的是负能量的电子状态，也是用正确的相对论性表达式计算一个自由移动粒子的总能量得出的结果。

负能量的解法有一些很诡异的特性。"正常的"正能量电子在力的作用下会加速，但对于负能量解描述的粒子，随着对其施加的力增大，其速度会逐渐慢下来。面对如此不合理的结果，大多数物理学家会将其视为"不符合物理规律"而弃之不顾，并继续只研究正能量的解。在经典物理学中，这样考虑问题或许人们还能接受，毕竟经典物理学认为能量变化是连续的，在经典体系

---

9 Charles Darwin, letter to Niels Bohr, 26 December 1927. Quoted in Kragh, *Dirac*, p. 57.
10 Leon Rosenfeld, interview with Thomas Kuhn and John Heilbron, July 1963, *Archive for the History of Quantum Physics*. Quoted in Kragh, *Dirac*, p. 62.

中，一个拥有正能量的系统不可能突然一跃变为处于负能量的状态之下。

但是，量子力学恰好允许这种突然的、不连续的跃迁，因此，正能量的电子跃迁到负能量的状态是完全可行的。这种情况在实验室中体现为从"传统的"、人们熟悉的负电荷（用 $-e$ 表示）态跃迁到人们不熟悉的正电荷（用 $+e$ 表示）态。人们从未观察到这种跃迁。

这种反常行为让人心绪不宁，疑虑重重。海森伯写信给玻尔："相对论性方程以及狄拉克理论的不一致性让我非常烦恼。"[11] 1928年6月，狄拉克在莱比锡大学就他独创性的理论做了一场精彩演讲。但是，他跟大家一样，对于如何解决 $e \rightarrow -e$ 这个难题，没有一点儿头绪。

这多出来的解必须谨慎对待，它们的确令人头疼。问题是，它们代表的是什么呢？

11 Werner Heisenberg, letter to Niels Bohr, 23 July 1928. Quoted in Kragh, *Dirac*, p. 66.

15

光子箱实验

布鲁塞尔
1930年10月

接下来的两年里，狄拉克苦苦研究的问题就是后来人们熟知的"±"问题。1929 年 12 月，他大体写出了一个解决办法。他说，假设宇宙中充盈着一个负能量态的"大海"，大海中充满了成对自旋的电子，那么，我们将无法感知到这样一个大海的存在，因为这个大海一旦被填满，它就不会与其他事物发生相互作用，只能充当一种背景，在这个背景下，可以对正的能量变化进行测量。

但是，如果一个电子从大海中溢出，变成一个可观察的正能量电子，它原来的位置上就会留下一个"空穴"。这个负能量空穴的表现将跟正能量的正电荷粒子完全一样。

狄拉克认为，由负能量大海中的洞产生的正电荷粒子，实际上就是一个质子。他的推理不是没有先例。1920 年，卢瑟福引入了"质子"这一术语，而在此之前的六年里，他一直把氢原子核称作"正电子"。而且，从"电子空穴"产生质子的想法颇具对称性，激发了狄拉克去寻找一个关于物质基本构成的统一描述。

正如他在 1930 年 9 月的英国科学促进会会议上做报告时所说的那样："一直以来，哲学家都梦想着所有物质都由一种基本粒子构成，而我们提出的理论包括两种粒子：电子和质子，因此我们无法令所有人都满意。[1] 然而，电子和质子并非独立存在的，而是一种基本粒子的两种表现形式，这种说法是合理的。"[2]

但此时狄拉克伸开双手去拥抱梦想还为时过早。他的提议遭到来自各方的严厉批判，原因之一是他还要求电子的质量和"空穴"产生的质子的质量相等。然而这两种粒子的质量存在巨大的差别，质子要比电子重约 2 000 倍，而这点在当时是大家公认的。论战还在继续。

1930 年 10 月 20 日，全世界最杰出的物理学家再一次在布鲁塞尔会聚一堂，召开第六届索尔维会议，很多内容有待讨论。洛伦兹去世后，会议由法国物理学家保罗·郎之万主持，主题是磁学。然而这次会议被人记住，却不是因为与主题相关的正式讲座，而是会议议程中就另一个主题产生的争论，爱因斯坦和玻尔重新开启了论战。

1928 年，玻尔在德国期刊《自然科学》上发表了一篇论文，文中进一步详细说明了他的互补性理论，并把它与爱因斯坦的相对论进行了对比。[3] 光速极快（但有限）意味着对于速度比光速小

---

1 当时尚未发现中子。

2 Paul Dirac, *Nature*, 126, 1930, pp. 605–606. Quoted in Kragh, *Dirac*, p. 97.

3 玻尔在此篇论文中修改了术语，把"互补性"（complementarity）改为"相互性"（reciprocity），这个决定让他后来颇为后悔（见派斯《尼尔斯·玻尔的时代》，第426页）。很快他又回过头继续使用"互补性"这个词。后面，我也会坚持使用"互补性"这个词。

很多的物体，我们可以分开处理空间和时间。同样，普朗克常数极小（但为有限值）意味着对于经典的宏观物体，可以同时对其进行时空描述和因果描述。

玻尔指出，我们一旦要考虑速度接近光速的物体，就决不能忽视相对论的影响。同样，如果我们在量子层面思考物体，也决不能忽视互补性。对于量子物体，不可能同时描述其时空属性和因果属性。

爱因斯坦反对牛顿的绝对空间和绝对时间，是因为实际上并不存在绝对同时性这样的东西。我们一直试图将经典概念的同时有效性应用到量子领域，为什么我们不能接受，不确定性关系使我们无法做到这点呢？

这种观点就像是摆在斗牛面前的一块红布。

就在玻尔的文章发表后不久，奥地利哲学家菲利普·弗朗克（Philipp Frank）指出，在爱因斯坦于奇迹之年（1905 年）发表的开创性的狭义相对论的论文中，爱因斯坦独自一人就完成了玻尔和海森伯的推论。爱因斯坦没好气地回应道："笑话再好，也不能总是重复来重复去的吧。"[4]

此时的爱因斯坦一直在为应对下一个挑战做准备，没有去考虑玻尔所写的互补性与相对论的相似性。这次他有信心能够用狭义相对论推翻"能量–时间不确定性关系"的逻辑一致性，进而推翻哥本哈根诠释的一致性。在布鲁塞尔再次聚首，爱因斯坦向

---

4 Philipp Frank, *Einstein—His Life and Times*, Knopf, New York, 1947, p. 216. Quoted in Jammer, p. 131.

玻尔描述了他最新也最聪明的思想实验。

玻尔几年后回忆道:"在 1930 年的索尔维会议上,我与爱因斯坦再次相见,讨论的内容发生了戏剧性的转变。"[5]

爱因斯坦说,假设我们制造出一个仪器。这个仪器由一个箱子构成,里面放有一个钟表。钟表与一个快门相连,箱子一侧有一个孔,由快门遮住。然后我们在箱子内装满光子,再给这个箱子称重。在预先确定并精确知道的时间,钟表触发快门,快门打开,其时间间隔只允许一个光子从箱子中逃逸,然后快门关闭。我们重新给箱子称重,根据前后质量差和爱因斯坦的狭义相对论($E = mc^2$)能够确定逃逸光子的精确能量。通过这个方法,我们准确测量了从箱子中释放的光子的能量和时间,这与"能量 – 时间不确定性关系"不相符。利昂·罗森菲尔德记下了玻尔当时的反应:

玻尔一下就惊住了……他一时不知如何应对,整晚都闷闷不乐,一个接一个地去说服大家相信这不可能是真的,说如果爱因斯坦对了,那物理学就走到尽头。但是,他没有任何可供反驳的证据。我永远都忘不了物理学界对立的两位泰斗走出大学基金会俱乐部时的场景:爱因斯坦高大威严,步履轻快,脸上还带着一丝嘲弄的微笑;玻尔则小跑着跟在他旁边,显得非常激动……[6]

5 Niels Bohr, in Schilpp, p. 224.
6 Leon Rosenfeld, *Proceedings of the Fourteenth Solvay Conference*. Interscience, New York, 1968, p. 232. Quoted in Pais, *Subtle is the Lord*, pp. 446-7.

　　玻尔一夜无眠，搜肠刮肚地思考爱因斯坦论述中的缺陷，他相信一定存在缺陷。玻尔写道："这个论证是一个非常严峻的挑战，是对整个问题的一次彻底检验。"[7]第二天早餐时分，他心中已经有了答案。

　　玻尔在黑板上画出了另一架仿真仪器的草图，以爱因斯坦描述的方式用它进行测量。在这张图中，箱子被想象成悬挂在一根弹簧上，上面配有指针，这样箱子的位置能够在刻度盘上读出来。箱子上挂有一个小砝码，使指针正好指向刻度盘上零的位置。我们能够看到箱子内部的钟表装置，它们连接着快门。

　　释放一个光子后，把小砝码更换为另一个稍微重一点的砝码，这样指针就会回到刻度为零的位置。假设此处用到的砝码的重量能以任意精确的值独立测定，那么通过计算两个砝码的重量差，就能计算出释放一个光子时系统损失的质量，从而得到光子的能量。到目前为止，一切甚好。

　　现在，玻尔让大家把注意力集中在光子逃逸之前的称重上。很明显，钟表要在提前确定好的某个时间触发快门，然后再关上快门。当然，无法读取钟表盘上的实际读数，因为这涉及箱子与外部世界的光子交换，也就是能量交换。

　　为了给这个箱子称重，必须精心挑选砝码，使指针能够指向刻度为零的位置。但是，为了测量精确的位置，需要照射指针和刻度，根据玻尔之前的论述，这样会导致不可控的动量转移到箱子上，也就是说动量中存在不确定性。

　　这会对称重产生何种影响呢？不可控的动量转移会导致无法

7　Niels Bohr, in Schilpp, p. 226.

预知的抖动。虽然光子箱相对刻度的瞬时位置能够被确定，但测量过程中大量的相互作用会使光子箱的位置发生变化。玻尔认为，可以通过等待更长的时间，使整体更趋于平衡，得出指针位置的平均测量值，以提高测量的精确性。这样就能得到所需的光子箱重量的精确值。由于我们能够预料到这种必要性，因此可以对钟表进行设定，在完成平衡步骤后，立刻触发打开快门。

接下来就是玻尔的致命反击了。

根据爱因斯坦自己提出的广义相对论，在引力场中运动的钟表会受到时间膨胀的影响。对钟表的称重过程能有效地改变它的计时方式。由于光子箱在引力场中会发生无法预料的抖动（因通过测量指针位置来平衡光子箱的重量所致），钟表的快慢也以同样无法预料的方式发生了改变。针对快门打开的精确时间，我们引入了一种不确定性，因为快门打开的精确时间依赖于完成平衡过程所需的时长。平衡过程用时越长（测量光子能量的最终精确度越高），打开快门的精确时刻的不确定性也就越大。

玻尔能够证明，光子箱仪器的能量和时间中的不确定性值的乘积不会大于普朗克常数 h，这符合不确定性原理。

这次讨论非常形象地展示了相对论论证的力量和一致性，再一次强调了在原子现象研究中，对适当的测量仪器（这些仪器定义了参照系）和那些被看作研究对象的部分进行区分的必要性。此外，还要认识到在这些描述中，量子效应是不能被忽略的。[8]

---

8 Niels Bohr, in Schilpp, p. 228.

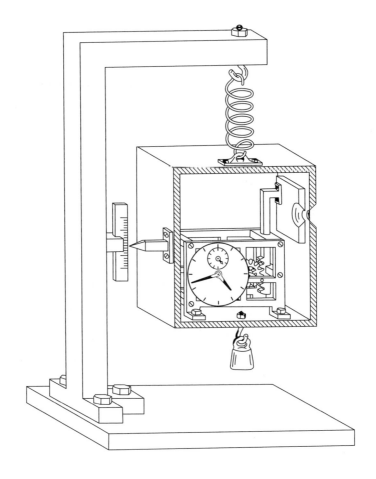

图7 光子箱实验。此图是玻尔画的假想的仪器草图，演示爱因斯坦提出的测量如何进行。经敞院出版社同意后重印。摘自《阿尔伯特·爱因斯坦： 哲学人科学家》卷一，第227页，保罗·阿瑟·席尔普编辑，版权©1949 by Library of Living Philosophers, Inc.

这次反击被誉为玻尔和量子理论的哥本哈根诠释的重大胜利。玻尔用爱因斯坦的广义相对论反过来击败了爱因斯坦。

爱因斯坦仍固执己见，不为所动。在光子箱实验的后期讨论中，他虽然承认似乎好像"没有矛盾"了，[9]但在他看来，依然包含着"某些不合理性"。

玻尔又一次捍卫了哥本哈根诠释，他证明在任何物理测量中，被观察的系统总是会不可避免地受到干扰，且干扰会大到妨碍所获取的信息的精确度的程度，因此信息的精确度无法超过不确定性原理所允许的限度。乍一看，对于这一论点，似乎已经找不到可辩驳的地方了。似乎无论什么样的测量都会与所研究的量子系统在相同尺度上产生物理上的相互作用，而讨论在没有测量的情况下的量子系统的属性是没有意义的，甚至可以说是幼稚的。

不论怎样，爱因斯坦都必须想办法绕过这个问题。

爱因斯坦认为在光子箱实验中仍然存在某些线索。索尔维会议结束后几个月，他想到，如果这个实验不是用来质疑不确定性关系的自洽性，而是从他看到的该理论缺乏完备性的角度出发，推导出一个逻辑悖论，会怎样呢？

在此前的思想实验中，钟表被设定好来触发快门，释放一个光子。在爱因斯坦新的思想实验中，钟表与外面的另一个钟表同步，箱内都填满了光子。现在爱因斯坦承认，他的广义相对论妨

9 Albert Einstein, quoted by Hendrik Casimir in a letter to Abraham Pais, 31 December 1977. Quoted in Pais, *Subtle is the Lord*, p. 449.

碍了我们获得快门释放时刻的准确信息，但是，或许这压根儿就不是问题的关键。

现在，假如在距离光子箱很远之处，比如半光年远的地方，放置一面镜子，让释放出的光子朝镜子飞去。光子往返需要一年的时间，现在我们可以选择做什么样的测量。我们可以打开箱子，比较两个钟表。由于内部钟表的速度受到最初平衡过程的影响，两个钟表已经不再同步了，但我们可以参照外部钟表对内部的那个钟表进行校准。这样一来，就可以回溯光子释放的精确时刻。由于事先知道光子往返需要多长时间，也就可以计算出它返回实验室的精确时刻。

还有一种做法，我们可以把箱子密封起来，用一个较重的砝码重新平衡它，这次平衡过程的时间需要多久就用多久。和此前的实验一样，这个过程能够让我们知道释放的光子的精确能量值。

现在，我们再做一个假设，这个假设或许显而易见，甚至无足轻重：我们在地球上的实验室里做的决定，对半光年之外的光子是不会构成影响的。也就是说，光子与实验室相距 5 万亿千米的时候，无论我们选择怎样测量，光子都不会受到影响。由于我们既可以选择测量光子释放的时间，也可以选择测量光子的能量，因此我们可以得出结论：光子必须同时具有精确的能量值和释放的时间点。

由于量子理论中没有任何内容能够同时给出这些互补性观测量的精确值，因此爱因斯坦进一步得出结论：对于单个量子系统，量子理论给出的描述并不完备。

1931 年 7 月 9 日，奥地利物理学家保罗·埃伦费斯特写信给玻尔，信中提及爱因斯坦对光子箱实验又做了改进。爱因斯坦定于同年 10 月底到莱顿拜访埃伦费斯特，埃伦费斯特希望玻尔也能来，大家平心静气地交流一下观点 [为了强调，他在信中用大写字母写了"RUHIG"（冷静）这个德语单词]。他还详述了爱因斯坦的最新问题。

1949 年，为了庆祝爱因斯坦 70 岁生日，出版了一本作品集，玻尔也贡献了一篇文章，概述了自己的回应。玻尔的立场毫不动摇：

但是，根据量子力学的形式，一个孤立粒子的具体状态，无法既与时间读数，又与精确的能量取值产生明确的联系。因此，它的状态表现出来就像是这种形式无法提供充分的描述方法……实际上，我们必须意识到我们所讨论的问题涉及的不是一个单独的、具体的实验安排，而是两种不同的、相互排斥的实验安排……[10]

关于我们能够在测量中进行选择的问题，他这样说：

或许还要补充一点：很明显，无论我们是提前安排好实验或准备好实验仪器，还是当粒子已穿行在两个仪器之间时，我们选择推迟一点完成实验计划，对于一个确定的实验安排获取的可观察效果，都不会产生什么影响。[11]

10　Niels Bohr, in Schilpp, p. 229.
11　Niels Bohr, in Schilpp, p. 230.

玻尔否定了爱因斯坦的质疑，但是理由却说得不透彻。对于哥本哈根－哥廷根学派的物理学家来说，不管从哪方面来说，玻尔都已经赢得了这场论战，只是他们依然任重道远，很多问题还有待解决。

然而，1931 年爱因斯坦对光子箱实验的修改又埋下了一颗种子，对于哥本哈根诠释的权威性来说，它构成了更大的挑战。爱因斯坦的下一招将打得玻尔措手不及。

晴天霹雳

16

普林斯顿
1935年5月

20世纪30年代初期，实验核物理学异军突起。1932年2月，剑桥大学物理学家詹姆斯·查德威克发现了电中性粒子（中子）存在的证据。[1] 尽管人们当时没有立即把中子看作一种基本核粒子，但这一粒子很快就解决了很多谜团。[2] 同年晚些时候，剑桥大学物理学家约翰·考克饶夫（John Cockcroft）和欧内斯特·瓦耳顿（Ernest Walton）运用线性粒子加速器首次实现了人工诱导的核反应。[3]

其他类型的粒子加速器也相继开发出来。在加利福尼亚，美国物理

---

1 查德威克给《自然》杂志的信《中子存在的可能性》，《自然》，129, 1932, p312，以及他给玻尔的介绍这一发现过程的亲笔书信被重印在布朗编辑的书中，pp365–367。
2 众多物理学家此时仍然确信，原子核中包含电子和质子，在一段时期内，中子被看作是质子–电子的复合粒子。中子被发现一年后，才被视为一种基本粒子。
3 考克饶夫–瓦耳顿装置使用一个电压倍增系统来加速质子，使其能量达到了约70万电子伏特。

学家欧内斯特·劳伦斯（Ernest Lawrence）开始建造一系列尺寸越来越大的回旋加速器。这些加速器能使粒子沿电磁铁形成的环形路径加速，因此具有更高的效率，将粒子加速到更高的能量水平。1932 年，劳伦斯建造了一个磁铁的磁极面直径达 11 英寸（约 28 厘米）的回旋加速器，能够把质子加速到能量超过 100 万电子伏特。

与此同时，狄拉克放弃了"空穴"产生出质子的想法，最终于 1931 年承认，这个"空穴"与电子有着相同的质量。他提出了正电子的说法，"一种实验物理学未知的新型粒子，与电子具有相同的质量和相反的电荷。"[4] 1932 年至 1933 年，美国物理学家卡尔·安德森（Carl Anderson）在做宇宙射线实验时发现了这种粒子存在的证据，将其正式命名为正电子。[5]

1933 年，狄拉克和薛定谔共同获得了诺贝尔物理学奖。委员会还宣布将 1932 年的诺贝尔物理学奖颁给海森伯。1933 年 12 月，这三位物理学家齐聚斯德哥尔摩。在获奖致辞中，狄拉克谈到他推测可能存在负质子，以及完全由反粒子（反粒子的概念后来才广为人知）构成的恒星。

1933 年 1 月 30 日，阿道夫·希特勒就任德国总理。4 月，国社党（纳粹党）政府制定法律，禁止犹太人担任政府职位，包括德国大学中的学术职位。当时，马克斯·普朗克是德皇威廉物理研究院的院长，颇得人心。他直接向希特勒发出呼吁，认为如果犹太科学家被迫移民海外，

---

4 Paul Dirac, *Proceedings of the Royal Society*, A133, 1931, pp. 60–72. Quoted in Kragh, *Dirac*, p. 103.
5 安德森起初认为，在这些实验中发现的粒子轨迹是质子留下的。但在1933年5月，他提出这些轨迹实际上是正电子的轨迹。后来，帕特里克·布莱克特（Patrick Blackett）和朱塞佩·奥恰里尼（Guiseppe Ochialini）证实这些粒子其实就是狄拉克推论得出的正电子。

将会毁掉德国科学的未来。

但呼吁并未起效，犹太科学家大批流亡。德国四分之一的物理学家都被免职，包括诸多诺贝尔奖获得者，马克斯·玻恩和詹姆斯·弗兰克也在其中。虽然薛定谔不是犹太人，不受新法律的约束，但他对纳粹政权的政策深恶痛绝。他离开了柏林，流亡到牛津。

1932 年，爱因斯坦接受了新建立的普林斯顿高等研究所的聘任邀请。他原本打算每年在普林斯顿待五个月，其余时间则待在柏林。但1932 年 12 月离开德国后，他就再也没有回去。1933 年 10 月，他在普林斯顿安顿了下来。他求贤若渴，四处寻找头脑聪明的年轻科学家合作。俄国物理学家鲍里斯·波多尔斯基（Boris Podolsky）和美国物理学家纳森·罗森（Nathan Rosen）引起了他的注意。

他们通力合作，推进爱因斯坦向"量子理论完备性"发起的最新的强力挑战。

爱因斯坦需要找到一种物理情境，在此情境下，原则上能够在量子粒子的状态不受任何干扰的条件下获取其信息。这样一来，玻尔就不能用以前用过的规避爱因斯坦质疑的论点了。改进后的光子箱实验允许实验者选择对两种互补性可观察量中的哪一种进行精确测量，这是解决问题的第一步。

爱因斯坦–波多尔斯基–罗森思想实验（又称 EPR 悖论）此时把问题又向前推进了一步。该实验是对两个量子粒子中的一个进行测量。两个粒子不久前曾发生过相互作用，随后就分离开了。两个粒子分别用粒子 A 和粒子 B 表示。粒子 A 的位置和动量是互补性的可观测量，根据海森伯的不确定性原理，在位置和动量两

者中，测量一个必然会向另一个中引入不确定性。同样，粒子 B
的位置和动量也是如此。

但是，如果现在我们考虑粒子 A 和粒子 B 的位置之**差** q_A-q_B，
以及动量之**和** p_A+p_B，那么就有可能发现这些量的运算符合交换
律。也就是说，原则上讲，我们可以以任意精度同时测量这些量。

关于物理实在，爱因斯坦、波多尔斯基和罗森首先给出了一
个看似合理（尽管带有哲学意味）的定义。

如果在对系统没有任何干扰的状况下，我们能准确预测（也就是说
概率为 1）一个物理量的值，那么就存在一个与这个物理量对应的物理实
在的要素。[6]

这一陈述旨在讲清楚一点：对于每个被单独看待的粒子，准
确测量它的一个物理量（比如粒子 B 的位置），就意味着它的动
量具有无限的不确定性。因此，根据对物理实在的定义，在这些
条件下，粒子 B 的位置是物理实在的一个要素，而动量则不是。
很明显，通过选择进行不同的测量，我们就能（用爱因斯坦、波
多尔斯基和罗森的话来说）确定粒子 B 动量的实在性，但不能确
定它的位置。

但是，粒子 A 和粒子 B 的位置之差和动量之和则不受这种限
制。假设现在允许两个粒子相互作用，并沿远离对方的方向移动

---

6 Albert Einstein, Boris Podolsky, Nathan Rosen, *Physical Review*. 47,
1935, pp. 777–780. Reproduced in Wheeler and Zurek, pp. 138–141.
This quote appears on p. 138.

相当长一段距离。这时我们做一个实验，来精确测量粒子 A 的位置。我们知道，由于位置差必须是一个物理实在的值，因此我们可以推导出粒子 B 的精确位置。那么根据上述定义，B 的位置一定也是物理实在的一个要素。

但是，假设换过来我们选择测量的是粒子 A 的精确动量。我们知道动量之和必须是一个物理实在的值，因此就必然能推导出 B 的动量。那么 B 的动量也一定是物理实在的一个要素。这样一来，粒子 B 与粒子 A 分开后，尽管我们对 B 没有做任何测量，但只要测量了 A，就能确定 B 的位置或者动量，而且根据定义，没有对 B 构成任何干扰。

哥本哈根诠释却认为我们做不到这一点。我们不得不接受一点：如果对量子理论的这个诠释是正确的，那么对另外一个完全不同的粒子的测量，会决定粒子 B 的物理实在（位置或动量），而且两个粒子间的距离可以任意远。爱因斯坦、波多尔斯基和罗森都认为："任何对物理实在的合理定义都不允许出现这种情况。"[7]

EPR 思想实验恰好击中了量子理论的哥本哈根诠释的命门。如果把不确定性原理应用到单个的量子粒子上，那么粒子 B 的位置或动量要通过测量粒子 A 来确定，我们就必须引入某种"幽灵般的"超距作用。

---

7 Albert Einstein, Boris Podolsky, Nathan Rosen, *Physical Review*. 47, 1935, pp. 777–780. Reproduced in Wheeler and Zurek, p. 141.

不论是涉及系统的量子状态所发生的改变，还是仅仅涉及某种交流，一旦测量仪器对任意距离之外的粒子产生超距作用，就违背了狭义相对论的基础——根据狭义相对论，任何超光速的信号通讯都是不可能的。爱因斯坦、波多尔斯基和罗森都认为，没必要引入这种超距作用。粒子 B 的位置和动量自始至终都是确定的，但由于波函数中没有任何内容告诉我们这些量是如何确定的，因此量子理论是不完备的。

最后他们总结道：

虽然我们就此证明了波函数不能对物理实在做出完备的描述，但我们对这种描述是否存在持开放态度。我们认为，是可能存在这样一个理论的。[8]

爱因斯坦、波多尔斯基和罗森的论文题为《能认为量子力学对物理实在的描述是完备的吗？》(*Can the Quantummechanical Description of Physical Reality be Considered Complete?*)，刊登在 1935 年 5 月的《物理评论》上。论文大部分内容似乎是由波多尔斯基执笔的，后来爱因斯坦对于论文中大量使用的语言和讨论的性质显得有些后悔。尤其是上文中提到的物理实在的标准有些多余，成为 EPR 悖论被有力反击的软肋。更令人沮丧的或许是，爱因斯坦、波多尔斯基和罗森提出的主要质疑并不需要这个（或任何）

8　Albert Einstein, Boris Podolsky, Nathan Rosen, *Physical Review*. 47, 1935, pp. 777–780. Reproduced in Wheeler and Zurek, p. 141.

物理实在的标准，不过这些质疑确实是建立在一个基础上的：不论如何定义实在性，它都必须被定义为是**局域**的。

EPR 质疑在《物理评论》上刊登之前就已被主流媒体报道了出来。1935 年 5 月 4 日，星期六，《纽约时报》刊登了题为《爱因斯坦攻击量子理论》（*Einstein Attacks Quantum Theory*）的文章，对争论的重点做了非专业性的总结，并大量引用了波多尔斯基的话。波尔多斯基的结论是，虽然量子力学在理论上是正确的，但它"不是一个完备的理论"。[9]爱因斯坦对于这篇文章及其在大众中的传播感到后悔。同一天的《纽约时报》还刊登了美国物理学家爱德华·康登（Edward Condon）写的一篇文章。康登指出，争论提出了一个"疑点"，但物理实在的标准是这一观点的致命弱点。

玻尔起先是从罗森菲尔德那里听说 EPR 论证的，当时罗森菲尔德正在哥本哈根与玻尔共事。后来罗森菲尔德提到这件事时说道：

这次猛攻对我们来说无疑是个晴天霹雳。对玻尔的影响尤其明显……我刚对玻尔讲到爱因斯坦的观点，他就放下了手头所有的工作：我们必须立即消除这种错误的理解。我们要用同样的例子，向世人呈现正确的理解，以此作为回应。玻尔非常兴奋，马上开始向我描述回应的大体内容。但很快他就犹豫不定了。"不行，这样行不通，我们必须从头再来……必须说清楚……"如此进行了一会儿，他越来越惊诧于论断中

---

9 *The New York Times*, 4 May 1935, p. 11. Quoted in Jammer, pp. 189-90.

存在的一些意想不到的微妙之处。[10]

　　其他人都被 EPR 质疑惊得目瞪口呆了。泡利怒不可遏，狄拉克则惊呼："爱因斯坦证明我们的理论行不通，现在不得不从头再来了。"[11]

　　玻尔和他的同事日复一日、周复一周地研究如何捍卫量子理论。他们把 EPR 思想实验拆解成许多部分，然后再重组到一起。慢慢地，解决方案显露出来了。玻尔评价说："他们做得'很聪明'，但真正管用的是把事情做对。"[12]

　　玻尔对 EPR 悖论的回应发表在 1935 年 6 月的《自然》上，随后又在 10 月的《物理评论》上发表了更详尽的论述。在 10 月发表的论文中，他使用了爱因斯坦、波多尔斯基和罗森三人 5 月份用过的同样的题目，论文摘要如下：

　　爱因斯坦、波多尔斯基和罗森在近日的一篇论文（标题与本论文标题相同）中阐述了某种"物理实在的标准"。本文表明，当将该标准应用到量子现象时，将出现一个本质上模棱两可的表达。在这一点上，本文对"互补性"观点做了解释。从这一点出发，对物理现象的量子力学描

10　Leon Rosenfeld, in Stefan Rozenthal （ed.）, *Niels Bohr: His Life and Work as Seen by his Friends and Colleagues*, North-Holland, Amsterdam, 1967, pp. 114–136.
11　Paul Dirac, interview with Niels Bohr, 17 November 1962, *Archive for the History of Quantum Physics*. Quoted in Beller, p. 145.
12　Leon Rosenfeld, in Stefan Rozenthal （ed.）, *Niels Bohr: His Life and Work as Seen by his Friends and Colleagues*, North-Holland, Amsterdam, 1967, pp. 114–136. Extract reproduced in Wheeler and Zurek, p. 142.

述，在其范围内，似乎是满足所有完备性的合理要求的。[13]

　　玻尔的论文从本质上说，是对互补性及其在量子理论上应用的一个总结。他拒绝接受 EPR 思想实验对哥本哈根诠释造成了严重困难的说法，并再次强调了把被研究物体与研究所使用的测量仪器之间必然的相互作用考虑进去的重要性。他写道：

　　从我们的立场来看，我们发现爱因斯坦、波多尔斯基和罗森提出的上述物理实在标准的措辞中，"对系统不构成任何干扰"这一表述的意思存在模棱两可之处。当然，有种情况是存在的，比如，在测量过程的最后关键阶段完全不考虑对研究系统的力学干扰。但即便在这个阶段，从根本上讲也存在问题：在对系统的未来行为进行预测时，那些决定预测可能的类型的条件也会受到影响。既然这些条件构成了描述任何现象的内在要素，"物理实在"自然也包含其中，那么我们能够看出，上述作者的论证并不能证明"量子力学描述从根本上是不完备的"这一结论。[14]

　　实际上，玻尔认为粒子 B 的位置和动量可以从对 A 的测量中推断出来并不重要。事实很简单，我们无法构想出一套实验装置，能够满足爱因斯坦、波多尔斯基和罗森的实验要求。如果我们能够设计出一个可以精确测量 A 的位置的实验，那么这个实验就不

13　Niels Bohr, *Physical Review*. 48, 1935, 696–702. Reproduced in Wheeler and Zurek, pp. 145–151. This quote appears on p. 145.
14　Niels Bohr, *Physical Review*. 48, 1935, 696–702. Reproduced in Wheeler and Zurek, p. 145.

可能精确测量 A 的动量，反之亦然。如果在一个实验框架下，对于精确测量 A 的位置或者动量，我们根本就没有选择权，那么 B 的实际性质和行为也就无关紧要了。即便没有对粒子 B 的力学干扰（正如 EPR 所假设的那样，玻尔也接受这一点），B 的物理实在的要素，也是由测量仪器（测量粒子 A 时选择使用的仪器）的属性所确定的。

EPR 悖论把玻尔从之前还有点模糊的哲学立场，推到了反实在论的立场上。正是在这点上，玻尔不再使用"干扰"作为反击的论点，而是把注意力集中在实验设备上：实验设备本身的特点就限定了可以揭示的物理实在的类型。爱因斯坦曾试图使玻尔无法用力学干扰来支持其观点，现在情况确实如此了。

物理学界许多人似乎都接受了玻尔的论文，认为它澄清了事实。然而，玻尔的措辞却相当模糊，没有说服力。他强调了测量仪器在**确定**可观测的物理实在要素时起着根本性的作用，但对于这一过程在物理学上是如何实现的，却没有提出新的观点。

不管怎样，玻尔没能成功应对爱因斯坦、波多尔斯基和罗森提出的真正质疑。这三位物理学家在思想实验中创建的是描述两个粒子的波函数，这个波函数允许相距相当遥远的量子粒子之间建立相互关系。进行测量就会引发这个波函数的坍缩，这个概念现在已经以匈牙利数学家约翰·冯·诺依曼的"投影假说"之名，被奉为量子测量理论中不容颠覆的金科玉律。[15]

15　在冯·诺依曼的著作《量子理论的数学基础》中，他区分了由薛定谔的含时波动方程描述的连续的、符合因果律的动力学，以及不连续的、无因果关系的测量过程。此书最初于1932年在柏林出版。

这一坍缩意味着存在一种幽灵般的超距作用，而这点似乎违背了狭义相对论的基本前提。

那么这样一种测量是否必然意味着存在超距作用呢？当然，如果我们能以某种方式把测量仪器的选择（位置 vs 动量）延迟到几近最后的那一刻，那么从原则上说，关于一个距离相当遥远的粒子，我们可能获得的信息似乎会发生瞬时变化。在这种情况下，当我们选择对粒子 A 的某种属性进行测量时，粒子 B 是如何"知道"它应该展示什么样的物理属性（是位置还是动量）的呢？如果对 A 的测量能改变 B 的物理状态，或者 A 的改变能引发与 B 的某种交流，那么就需要存在一种超距作用。

现在，如果双粒子波函数仅反映了我们对量子系统认知的状态，那么它的坍缩似乎就未必会影响系统的物理属性。然而，波函数的坍缩要求那些物理属性变得可以在量子系统中被清楚地定义和阐明，但在坍缩前，它们是模糊且无法被定义的。

量子理论的哥本哈根诠释中，根本没有能够解释这个问题的机制。

17

薛 定 谔 的 猫

牛津
1935年8月

1933 年 10 月，薛定谔当选为牛津大学莫德林学院的院士。英国帝国化学工业公司（ICI）给薛定谔提供了两年的基金支持，因此他与安妮于次月迁往牛津。这是德国科学界的一大损失。为此，柏林《德意志日报》（*Deutsche Zeitung*）唏嘘不已："（薛定谔的离开）令人深感惋惜，就在不久之前，哥廷根大学的数学及理论物理学教授赫尔曼·外尔也接受了美国普林斯顿大学的邀请。"[1]

在莫德林学院的同仁给他举办的正式欢迎仪式上，薛定谔得知自己获得了 1933 年的诺贝尔物理学奖。据薛定谔后来回忆，学院院长乔治·戈登（George Gordon）把他叫到办公室，告诉他"据《泰晤士报》的消息，我会获得那年的诺贝尔奖。然后他用他爵士特有的、机智的语气，继续说：'我觉得你可以相信这个传言。《泰晤士报》是不会报道不确定的事情

---

1 *Deutsche Zeitung*, 24 October 1933. Quoted in Moore, p. 276–277.

的。话说回来，我真是挺吃惊的，我本以为你早就获得了诺贝尔奖。'"[2]

薛定谔已经为原来在柏林的同事阿瑟·马奇（Arthur March）安排好了一个二等临时研究员所需的资助金。他最近跟马奇的妻子希尔德（Hildegunde）产生了婚外情。1934 年 5 月 30 日，希尔德生下了薛定谔的第一个孩子，孩子取名露丝·乔治亚·埃里卡（Ruth Georgie Erica）。虽然他们的婚外情已经不是秘密，但孩子依然登记为希尔德和她丈夫所生。这个孩子由希尔德和安妮共同抚养，实际上，在那一段时间里，薛定谔就像是与两个妻子共同生活在一起一样。

一直在背后努力把薛定谔弄到牛津的弗雷德里克·林德曼（Frederick Lindemann）对此怒不可遏，称薛定谔是个"浪荡子"。在资助的两年期限到期之后，林德曼努力说服帝国化学工业公司继续给予移民的科学家基金支持，公司的一位主管抱怨说，他们不只是给科学家提供薪水，还要养活他们的情妇。

薛定谔越来越厌倦学院生活，把牛津大学的各个学院称作"同性恋学院"。[3] 虽然他对女性的态度谈不上开明，但他还是很讨厌牛津社交圈内露骨的仇视女性的倾向。尽管薛定谔做的初等波动力学讲座很受欢迎，但他还是觉得不自在，感觉自己没做什么却拿着工资，甚至感觉自己是在接受施舍。

幸好与爱因斯坦的通信还能给他少许慰藉。1935 年 5 月，爱因斯坦、波多尔斯基和罗森的论文在《物理评论》发表后，薛定谔给爱因斯

---

2 Erwin Schrödinger, letter to Max Born, 13 January 1943. Quoted in Moore, p. 280.
3 Erwin Schrödinger, quoted by Max Born, *My Life: Recollections of a Nobel Laureate*, Taylor & Francis, London, 1978. Quoted in Moore, p. 298.

坦写信表达了祝贺。

在 1935 年 6 月 7 日写给爱因斯坦的一封信中，薛定谔写道：

看到您在《物理评论》上发表的论文，我很高兴。你公开朝教条化的量子力学喊话，让他们解释我们在柏林曾经促膝长谈过的那些问题。我可以就此说些什么吗？乍听起来像是反对，但其实这只是我想让自己的观点表达得更清楚一些。[4]

在信的结尾，薛定谔陈述了自己的观点：

……我的解释是，我们还缺乏一种与相对论兼容的量子力学，也就是说，所有影响的传播速度都应该是有限的。我们只是在用旧的绝对力学进行类比……分离过程完全没有被纳入正统的观念之中。[5]

从薛定谔提到的"分离过程"，可以看出，EPR 论证给哥本根诠释带来了很大的难题。根据这一诠释，表示双粒子量子态的波函数并不会随着粒子在时空中的分离而发生分离。双粒子波函数不会分解成两个完全独立的波函数以分别关联一个粒子，而是会"扩展"开来，一旦进行测量就会瞬间坍缩，即使它们已经相

4 Erwin Schrödinger, letter to Albert Einstein, 7 June 1935. Quoted in Fine, pp. 66–67.
5 Erwin Schrödinger, letter to Albert Einstein, 7 June 1935. Quoted in Moore, p. 304.

隔了相当远的距离也是如此。

薛定谔发现，通过形成双粒子波函数产生的两个粒子之间的联系或相关性，并不是独一无二只出现在 EPR 思想实验中的：

> 假设有两个相互分离的物体，我们对两者各自都有最大化的认知。如果它们进入了某种可以彼此影响的状态，之后再次分离，这种情况有规律的发生，那么对于两个物体间的这种关系，我称为纠缠。[6]

爱因斯坦、波多尔斯基和罗森采用的物理实在的定义，要求把两个粒子看成是完全分离且不同于彼此的。在测量的瞬间，二者不再被一个单一的双粒子波函数描述。由此所涉及的实在有时被称为"局域实在"，而两个粒子分离开，成为两个独立的物理实体的能力，有时被称为"爱因斯坦可分离性"。

在 EPR 思想实验的条件下，哥本哈根诠释否定两个粒子具有"爱因斯坦可分离性"，因此也就否定它们具有局域实在性（至少在对一个或另一个粒子进行测量之前是如此，而测量之时两者都成了局域的）。

实际上，爱因斯坦在 6 月 17 日曾写信给薛定谔，两人的信在时间上刚好错开了。对于自己前段时间提出的质疑，薛定谔会做何反应，爱因斯坦是没有信心的。在信中，他承认自己与量子

---

6 Erwin Schrödinger, *Naturwissenschaften*. 23, 807–812, 823–828, 844–849.

理论的关系已然变了："不过，想必你会嘲笑我，心里还会想，毕竟很多妓女老来成了修女，很多革命派老来成了保守派。"[7]

不过，从薛定谔 6 月 7 日的信中，就能看出他对这场质疑所持的立场。爱因斯坦寄出第一封信才过了两天，就又充满热情地写了第二封信。在 6 月 19 日的信中，爱因斯坦解释说，在经过深思熟虑地探讨后，他和波多尔斯基以及罗森共同创作的论文得以完成，并主要由波多尔斯基执笔，信中写道："……论文不是我最初想要的样子，可以说形式扼杀掉了最关键的内容。"[8]

在这封信中，爱因斯坦进一步阐述了自己的观点：

实际困难是，物理学本身就是一种形而上学。物理学描述实在，我们只能通过物理描述去认识实在。所有物理学都是对物理实在的描述，但这种描述可以是"完备的"，也可以是"不完备的"。首先，这种表述本身就是个问题。我用下面的类比来解释这一点……[9]

爱因斯坦想象在他面前有两个箱子。两个箱子的盖子，他都可以打开一探究竟。这种看向任何箱子内部的行为被称为"进行观察"。另外，除了两个箱子外，还有一个球。进行观察时，可以确定球在哪一个箱子内。球出现在第一个箱子中的概率是 50%。

7 Albert Einstein, letter to Erwin Schrödinger, 17 June 1935. Quoted in Fine, p. 68.
8 Albert Einstein, letter to Erwin Schrödinger, 19 June 1935. Quoted in Fine, p. 35.
9 Albert Einstein, letter to Erwin Schrödinger, 19 June 1935. Quoted in Moore, p. 304.

此时爱因斯坦自问：这个描述完备吗？他发现有两种可能性。

第一种可能：这不是一个完备的描述。球或许在第一个箱子中，或许不在。但由于缺乏相应的规则，我们不能确定地预测球在哪个箱子里，这意味着描述是不完备的。由于情况不得而知，于是我们求助于概率。

第二种可能：这是一个完备的描述。在箱子打开之前，球处于一种未确定的状态，无法确切地说它在两个箱子的哪一个中。只有箱盖打开时，才能确切地知道球在这个还是那个箱子中。不断重复地进行观察，我们能够推导出，球在两个箱子中的概率分别为50%。观察结果就表现为一种统计行为。箱子打开前，其状态完全由概率来描述：不需要（也不可能有）进一步的信息。

爱因斯坦继续写道：

当我们试图解释量子力学和实在的联系时，也遇到了同样的选择。很显然，对于"球系统"，第二种"唯心论"或薛定谔的诠释都是荒谬的。在大街上随便问一个人，他都只会选择第一种，即玻恩的诠释。犹太教"塔木德"派哲学家否定"实在"，将其看作是幼稚想法的可怕产物，宣称两种概念是一样的，只是表达方式不同。[10]

爱因斯坦提到"塔木德"派哲学家是在挖苦"哥本哈根精神"，毕竟（宗教）哲学只能由合格的教士来解释，他们坚持其正

---

10 Albert Einstein, letter to Erwin Schrödinger, 19 June 1935. Quoted in Fine, p. 69.

确性，不容任何质疑。

　　7月13日，薛定谔给爱因斯坦回了信。此时，科学媒体上已经刊出了一些对爱因斯坦、波多尔斯基以及罗森的论文的评论。薛定谔在信中写道："就我目前看来，杂志上发表的那些评论不够明智。这好比一个人说：'芝加哥好冷。'而另一个回应说：'胡说，佛罗里达热得很。'"[11]

　　但薛定谔仍旧在试图证明一种观点：量子波函数（以及它的统计学解释）反映了波、波包和波包叠加的潜在的物理实在性。爱因斯坦坚持认为波函数不足以完备地描述物理实在，只能表达出系统总体的统计概率。

　　为了说服薛定谔接受这个观点，8月8日，爱因斯坦在回信中又提出了一个思想实验，而这个思想实验最终引导薛定谔发展出量子理论中一个最著名的悖论。爱因斯坦的这个思想实验是有关火药的，火药在一年中的任何时间都可能自燃。

　　一开始，ψ 函数描述的是一个定义相当明确的宏观状态。但是，根据您的方程，一年之后，情况就不再如此了。到时候，ψ 函数描述的将是一种尚未爆炸和已经爆炸系统的混合态。无论怎样解释，这个 ψ 函数都无法变成对真实事件状态的描述。因为在现实中，不存在爆炸和未爆

11　Erwin Schrödinger, letter to Albert Einstein, 13 July 1935. Quoted in Fine, p. 74.

炸之间的中间状态。[12]

爱因斯坦的火药实验是对薛定谔波函数诠释的直接质疑。波函数如何合理地容纳进爆炸和未爆炸、存在与不存在的矛盾点，并用某些荒谬的叠加状态"蒙混过关"呢？

薛定谔没有立即反击，1935 年夏，两人一直在频繁通信。然而，在 8 月 19 日的信中，薛定谔承认："曾经有一段时间，我以为我们可以把 ψ 函数看作是某种对现实的直接描述，但现在我早已放弃了这种观点。"[13] 接着他描述了一个从爱因斯坦的火药实验衍生出的更进一步的实验：

在一个钢制箱子内，放置一个盖革计数器。计数器配有非常少量的铀，铀的数量要少到在接下来的一个小时里，最多只能发生一次原子衰变。原子衰变会触发一个联动装置，打碎一个盛有氢氰酸（一种剧毒酸）的小瓶。而且残忍的是，箱子里还关着一只猫。根据整个系统的 ψ 函数，一个小时后，可以这样说，猫既是死的，也是活的。[14]

这就是著名的"薛定谔的猫"悖论。

整个夏天，薛定谔一直致力于总结量子理论当前的形势。他

---

12 Albert Einstein, letter to Erwin Schrödinger, 8 August 1935.
Quoted in Fine, p. 78.
13 Erwin Schrödinger, letter to Albert Einstein, 19 August 1935.
Quoted in Fine, p. 82.
14 Erwin Schrödinger, letter to Albert Einstein, 19 August 1935.
Quoted in Fine, pp. 82-83.

撰写了三篇论文，最终发表在德国期刊《自然科学》上。与爱因斯坦跨越大西洋的来回通信深刻影响了薛定谔，他决定用一个"相当荒唐的案例"把"测量问题"引入宏观世界，充分展示哥本哈根诠释的荒谬性。

薛定谔用一段文字就描述清楚了他的猫悖论。实际上这就是他曾经给爱因斯坦提到的那个悖论，但是这一次描述得更详细些。放射性物质（这次没有特指哪一种）和盖革计数器必须不受猫可能带来的干扰。触发联动装置后，一个锤子会落下，打碎盛有氢氰酸的烧瓶。"活猫与死猫（原谅这个措辞）处于一种混合或模糊的同等状态，整个系统的 ψ 函数会表达出这种'叠加'。"[15]

以下是这残忍的一幕：在钢制箱子中装有一只猫、含有少量放射性物质的盖革计数器、由枢轴支撑的锤子和盛有氢氰酸的药瓶。把箱子封闭起来。根据放射性物质的量和半衰期，我们可以知道一小时内，会有 50% 的概率发生一次原子衰变。如果确实发生了原子衰变，就会触发盖革计数器，松开锤子，打碎毒药瓶。释放出的氢氰酸会把猫毒死。

在实际测量衰变之前，放射性物质的原子的波函数必须以可能出现的测量结果的线性组合表示，两种可能的结果分别对应于没有发生衰变的原子和发生了衰变的原子的物理状态。但是，把测量仪器看作量子对象，加上使用量子力学方程，会把我们带入无限回归的状态。最终，我们将得到两个可能出现的宏观测量结

15　Erwin Schrödinger, *Naturwissenschaften*. 23, 807–812,823–828, 844–849. Reproduced in Wheeler and Zurek, pp. 152–167. The quote appears on p. 156.

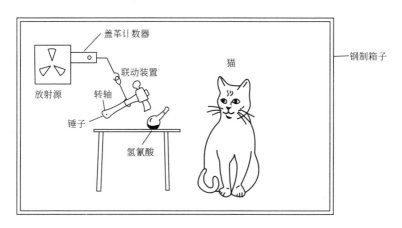

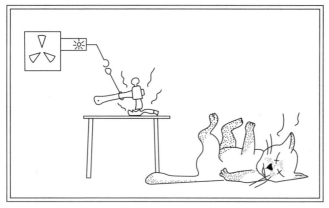

图8　薛定谔的猫。我们是不是必须假设，在打开箱盖的那一刻，活猫与死猫的叠加状态发生了坍缩，使我们观察到的猫要么彻底活着，要么彻底死去？

果的线性组合。

　　但猫会怎么样呢？薛定谔得出了这样的结论：这个实验似乎表明，我们应该把"系统＋猫"的波函数表示为两个波函数乘积的叠加，其中一个波函数描述的是衰变的原子和死去的猫，另一个波函数描述的是未衰变的原子和活着的猫。因此，在测量之前，猫的物理状态是"模糊"的——它既不是死的，也不是活的，而是处于两个状态某种奇怪的联合之下。

我们可以打开箱盖，对这只猫进行观测，确定它的物理状态。我们是否应该认为，在打开箱盖那一刻，"系统＋猫"的波函数发生了坍缩，使我们得以观察并记录下猫的死活？

薛定谔的悖论强调了一个简单的事实：在讨论波函数的坍缩时，没有提到在测量过程中，坍缩在什么时候发生。或许我们可以假设，坍缩发生在微观量子系统与宏观测量设备相互作用的那一刻。但这种假设合理吗？毕竟，宏观测量设备也是由微观实体（分子、原子、光子、中子和电子等）构成的。我们可以说，相互作用发生在微观层面，因此应该用量子力学来处理。

问题是，坍缩本身并不包含在任何量子理论的数学工具中。冯·诺依曼已经发现，将这种坍缩（或投影）引入量子理论中的唯一方法是假定其存在。

尽管薛定谔明显有挖苦的意思，但无论如何都提出了一个重要的难题。根据哥本哈根诠释，经验实在的要素是由我们构建的用于测量量子系统的实验设备的性质所定义的。哥本哈根诠释还坚持认为，我们不要禁不住诱惑，非得要问一个粒子（或一只猫）在测量前的物理状态到底是什么样的，毕竟，这个问题本身就没什么意义。

按照哥本哈根诠释，薛定谔的猫的命运的确是模糊的：在我们打开箱子看它之前，推测它到底是死是活，是没有意义的。而且，虽然薛定谔在他的论文中从另一个语境中提出了这个问题，但无论如何，我们有理由问下面这个问题：如果我们不看会怎样呢？

这种反实在论的诠释让一些科学家很不自在，尤其是那些宠爱猫的科学家。爱因斯坦把这个悖论视为量子理论从根本上就不完备的又一个证据。8 月 19 日，在给薛定谔的回信中，他写道：

……您的猫的实验表明，我们两人对目前理论的特点的判断是完全一致的。不能把一个既包括活猫也包括死猫的 ψ 函数看成是对事件真实状态的描述。相反，这个实验恰恰表明，让 ψ 函数对应于一个既包含活猫也包含死猫的统计系综是合理的。[16]

猫悖论本就不是对哥本哈根观点的正式挑战，似乎也没有引起任何正式回应。1935 年 10 月 13 日，薛定谔写信给玻尔，他认为玻尔对 EPR 质疑的回应（刚刚在《物理评论》上发表）并不令人满意。玻尔声称，测量仪器必须被视作经典的测量仪器，但薛定谔认为，玻尔忽视了一点，那就是未来科学发展有可能会逐渐否定他的这一断言。玻尔简短地回应说，如果薛定谔假想的那些仪器可以被用作测量仪器的话，那么，这些仪器根本就无法被应用于量子力学的领域。

---

16 Albert Einstein, letter to Erwin Schrödinger, 4 September 1935. Quoted in Fine, p. 84.

如果只是把测量仪器看作经典物理学的对象，那么猫悖论所暗示出的无限回归就可以避免，因为经典物体无法像量子物体一样产生叠加状态。这对玻尔来说是不证自明的（对薛定谔来说也是），但关于波函数坍缩的精确起因和机制，依然没有线索。但它就是会发生。

不管怎样，物理学界已经向前迈进了一步。大多数人或许都对无止境的哲学辩论无甚兴趣，而对于这些辩论，玻尔也已经给出了满意的答案。爱因斯坦、波多尔斯基和罗森在直觉上认为，也许存在一个更加完备的理论，但爱因斯坦和薛定谔都无法给出一个这样的理论。

而且，这样的理论必然要引入新的变量，以保证严格的因果关系和决定论，但至今为止这些变量还是"隐藏起来"的，无法观察到，就像在玻尔兹曼的统计力学中，原子和分子的真正运动是隐藏的变量一样。冯·诺依曼在他的《量子力学的数学基础》（*Mathematical Foundations of Quantum Mechanics*）一书中，已经提供了一个数学证明，认为所有这样的隐变量理论都是不可能的。

物理学家还有其他焦虑的事儿。为了使放射性 β 衰变（β 粒子是从原子核中射出的一个高速电子）保持能量守恒，泡利不得不引入另外一个新的粒子。为了保证能量守恒，新粒子必须是很轻的、电中性的粒子，几乎不与任何东西发生相互作用。为了与查德威克的"重中子"区别，恩里科·费米于 1934 年把这个粒子命名为"中微子"。同年年底，德国流亡物理学家汉斯·贝特（Hans Bethe）和鲁道夫·派尔斯（Rudolf Peierls）在《自然》杂志上发表了一篇文章，宣称："……实际上根本不可能观察到中微子。"**17**

事情还没完。对于某些穿透力极强的宇宙射线到底是什么，科学家已经争论了好几年。有些物理学家认为宇宙射线是由电子构成的，也有人认为是质子。但是这些射线粒子的质量很可能介于电子和质子之间。1937 年，卡尔·安德森和赛斯·尼德迈耶（Seth Neddermeyer）得出结论：这是另外一种新粒子，一种"重"型电子，被称作"介粒子"，又称"介子"，后来又称作"μ介子"，或就直接称"μ子"。加利西亚出生的美国物理学家伊西多·拉比（Isidor Rabi）对这些五花八门的称呼很是生气，质问道："这些叫法都是谁定的？"**18**

除了质子和电子，现在又有了正电子和 μ 子。已被提出可能存在但尚未发现的，还有狄拉克的反质子、泡利的中微子以及反中子。狄拉克大一统的"哲学家的梦想"已经凋零四散。

但是，随着希特勒的"德意志第三帝国梦"把欧洲逐渐逼近战火边缘，核物理学的另一个发现即将占据世界顶级物理学家的思想。

17 Hans Bethe and Rudolf Peierls, quoted in Kragh, *Quantum Generations*, p. 181.
18 Isidor Rabi, quoted in Kragh, *Quantum Generations*, p. 204.

间奏曲：物理学第一次大战 [1]

1938年圣诞节—1945年8月

　　1932 年，人类发现了中子，这不仅让物理学家得以更加深入地探索原子核的结构，还给了他们另外一把撬开原子核秘密的武器。中子是电中性的亚原子粒子，能够用来轰击带正电的原子核，它们不会受静电斥力的影响而改变方向。

　　1934 年，费米在罗马做了中子轰击铀的实验，研究结果引起了身在柏林的德国化学家奥托·哈恩（Otto Hahn）的注意。此时，他与助手弗里茨·斯特拉斯曼（Fritz Strassman）也得出了看似没什么意义的结果。哈恩给他的长期合作者、此时逃亡瑞典的奥地利物理学家莉泽·迈特纳（Lise Meitner）写了一连串的信，描述了这些结果。1938 年圣诞节前夕，迈特纳和她的侄子、物理学家奥托·弗里施（Otto Frisch）认为，这些结

---

1 经出版社允许，根据吉姆·巴戈特《原子：物理学第一次大战和原子弹秘史，1939—1949》第86—92页改写。

果就是原子核裂变的证据。

玻尔听闻这项发现时，正要离开哥本哈根到普林斯顿访问。"我们之前真蠢！这简直妙极了！"[2]他表态说，"就应该这样才对。"玻尔本打算继续与爱因斯坦论辩量子理论诠释的问题，但在穿越大西洋的头等舱中，讨论的主题转向了核裂变。在普林斯顿，他与美国物理学家约翰·惠勒（John Wheeler）合作，推断出铀的核裂变源于稀有的同位素铀-235，这种同位素在天然形成的铀中所占比例非常小。这东西能用来制造"超级炸弹"吗？1939 年 4 月，玻尔在普林斯顿对他的同事们说："可以用来制造炸弹，但要倾举国之力才能做成这件事。"[3]

这句话不胫而走。4 月，帝国标准局和德国战争办公室都启动了核研究计划。8 月，爱因斯坦写信给美国总统富兰克林·罗斯福，提醒他将会有"一种威力巨大的新型炸弹"。[4]几天后，林德曼写信给英国首相温斯顿·丘吉尔，告诉他超级原子武器还要很多年才能制造出来。

德国入侵波兰后，1939 年 9 月 3 日，盟国政府向德国宣战。两个德国核研究项目迅速合并成一个，被命名为"铀俱乐部"，隶属于德国陆军军械部。海森伯接到通知，要求他 9 月 25 日到"铀俱乐部"报到。

物理学的第一次大战开始了。

1941 年夏末，海森伯在莱比锡大学和他的助手罗伯特·德佩尔（Robert Dopel）搭建起了第二个实验核反应堆，代号为 L–II。反

---

2 Niels Bohr, quoted in Frisch, p. 116.
3 Niels Bohr, quoted in Wheeler, p. 44.
4 Albert Einstein, letter to Franklin D. Roosevelt, 2 August 1939. This letter is reproduced in Snow, p 178.

应堆被置于一个直径约为 75 厘米的铝球内。铅球中有超过 140 千克的二氧化铀，另外还有约 160 千克的"重"水减速剂（重水是指氢原子被氢的同位素氘取代的水）。实验没有成功，但是在对铝制容器的中子吸收进行修正之后，计算结果表明，中子的数量会在实验过程中增加，并达到能够引发自持链式核反应的水平。

海森伯和德佩尔意识到他们走对了路子。这几乎跟直觉一样，是一种"本能的感觉"，海森伯后来这样记述道："从 1941 年 9 月开始，我们看到了前方的路，通向原子弹的路。"[5]

或许海森伯毫不怀疑，德国科学家已经把英国或美国物理学家远远甩在了后面。这把他置于一种独特且可能非常尴尬的位置上。他在铀俱乐部的同事和朋友卡尔·弗里德里希·冯·魏茨泽克（Carl Friedrich von Weizsacker）力劝他就此事请教他的导师尼尔斯·玻尔。但海森伯寻求这样一次见面的原因，可能已经变得非常复杂了。

1940 年 4 月，德国占领丹麦之后，玻尔本来想待在哥本哈根的理论物理研究所。玻尔是犹太人，在占领军眼中是"非雅利安人"。但德国政府与丹麦政府达成有一项协议，根据这项协议，丹麦的八千犹太人是受到保护的（至少暂时是如此）。德国人这样做的目的是为了维持他们的谎言不被拆穿——纳粹是被邀请来丹麦的。

无疑，海森伯和魏茨泽克都担心玻尔的安危。铀俱乐部当下正在进行的研究让海森伯越来越心生道义上的不安，这也促使他

---

5 Werner Heisenberg, quoted in Irving, p. 114.

决定去哥本哈根拜访玻尔。30 年后，在他的回忆录中，海森伯回忆了魏茨泽克的提议。魏茨泽克说："如果你能到哥本哈根与玻尔一起探讨一下整个项目，或许是件好事。倘若玻尔认为我们错了，应该停止铀的研究，那么对我来说，这个意见将有重大的意义。"[6]

在海森伯看来，他去找玻尔，主要是为了从他那里寻求研究这些科学问题时道义上的指导，毕竟这些问题会"在战争技术层面产生严重的后果"。[7] 根据海森伯在铀俱乐部的同事彼得·延森（Peter Jensen）后来的记述，德国理论物理学的"主教"海森伯，是在从"教皇"那儿寻求赦免。或者，兴许正如德国流亡物理学家鲁道夫·派尔斯后来委婉描述的那样："（海森伯）已经答应与恶魔共进晚餐，但随后他可能发现自己根本没有足够长的勺子。"[8]

海森伯翘首以盼，满怀期待地想与自己的导师交流。对海森伯以及与他同辈的其他科学家来说，玻尔一直都有种父亲般的人格风范。海森伯的妻子伊丽莎白后来写道：

玻尔在梯斯维里的度假屋非常漂亮。在那里，海森伯跟玻尔的孩子们玩闹，带他们乘坐小马车；他曾与玻尔远涉重洋，玻尔也曾造访他的滑雪小屋；他们一起攻坚物理学的难题，他觉得什么事儿都可以与玻尔商量。[9]

但此次见面，或许还有别的原因。瑞典媒体以前报道了美国

6 Heisenberg, *Physics and Beyond*, p. 181.
7 Werner Heisenberg, quoted in Rhodes, p. 384.
8 Rudolf Peierls, quoted in Rhodes, p. 386.
9 Elisabeth Heisenberg, p. 77.

试图制造原子弹的消息，这可能使海森伯和魏茨泽克感到吃惊，因此想看看玻尔知道些什么。

在决定去拜访玻尔后，海森伯如今面临着一堆现实的障碍。虽然德国占领了西欧大部分地区，但是出行仍然受到限制，而且最初当局也不愿让海森伯出这趟门。魏茨泽克提出了一个可能的解决办法。在哥本哈根被占领之后，魏茨泽克已经在那里做了几场讲座，最近一次是在玻尔的研究所，主题是量子理论的哲学启示。在魏茨泽克的敦促下，丹麦方面发出了一份邀请函，邀请海森伯和魏茨泽克两人去哥本哈根，参加由德国文化研究所举办的天文学、数学和理论物理学研讨会，这个研究所近期刚刚在哥本哈根成立。

起初，帝国教育部拒绝了这份邀请，但在德国外交部的压力下（外交部的官员暗示，如果教育部不批准，那么外交部部长恩斯特·冯·魏茨泽克，也就是魏茨泽克的父亲可能会出面干涉），教育部还是批准了此事，前提是海森伯必须低调行事，且只能逗留几天。

虽然有限制条件，但海森伯在 9 月 15 日（周一）一早就抵达了哥本哈根，距离大会预定的召开时间（周五）还有四天。海森伯在途中断断续续地给妻子写了一封信，说这是一次回忆过往的旅行：

此时此刻，我又一次来到了这个城市。它是那样熟悉，自打 15 年前，它就在我心中的某个地方扎了根。市政厅就在我住的酒店附近，站在窗口一眼就能看到。当我再一次听到从那儿传来的钟声时，我的心紧了一下，一切都是那么似曾相识，仿佛外面的世界不曾发生变化。它是我年轻时光的一隅，突然与它重新相遇的感觉很是奇妙，就像是见到了那时的自己。[10]

海森伯太渴望见到玻尔了。第一天晚上，他就头顶着星光，沿着昏暗的城市街道，跑到玻尔在嘉士伯的住处。当看到玻尔和家人安全无恙时，他顿时松了口气。两人的对话很快转到了"最近人类的担忧和不愉快的事件"上。在给妻子的信中，海森伯表达出了某些沮丧的心情："即便是像玻尔这样的伟人，也无法把思想、情感和憎恶完全分开。"但他又写道："但或许一个人本就不该任何时候都分得清这些。"[11]

然而在情感上，海森伯仍然很不敏感，不能设身处地去考虑他以前的同事们的感受。1941 年 9 月，轴心国军队攻占了欧洲大片土地，德国北方集团军群距离列宁格勒（今圣彼得堡）只有七英里，基辅已被包围，对莫斯科的进攻蓄势待发，哥本哈根也已经被占领。这样的局势下，很多人都认为德国会取得战争的胜利。纳粹即将统治欧洲似乎已成定局，所带来的后果也不言而喻。

作为一名实用主义者，海森伯很早以前就接受了与德国政府的"交易"。此时，他是德国文化的代表，受命于德国文化研究所，在哥本哈根散播许多丹麦人看来有些露骨的纳粹宣传言论。

10　Werner Heisenberg, letter to Elisabeth Heisenberg, September 1941.
11　Werner Heisenberg, letter to Elisabeth Heisenberg, September 1941.

在海森伯看来，纳粹必将取得胜利。在这样的情势下，他或许会认为，对那些身处纳粹占领国的前同事以及物理学本身来说，谈判也许能够带来最大的好处。

玻尔和他的同事联合抵制了正式的会议，但海森伯依然来找他们。他前往玻尔的研究所，与一些物理学家吃了几顿午饭，其中就有克里斯汀·穆勒（Christian Moller）和斯蒂芬·罗森塔尔（Stefan Rozental）。后来，他们回忆起那次讨论，感觉甚是苦涩："（海森伯）强调德国赢得战争有多重要……占领丹麦、挪威、比利时和荷兰虽然令人悲伤，但对东欧国家来说，这是好事，毕竟这些国家没有能力统治自己。"[12]

周三傍晚，海森伯与玻尔第二次见面，他提起了核武器的问题。这次会面可谓剑拔弩张，两人后来的回忆也很模糊，而且充满矛盾。海森伯记得晚饭后两个人去散步了，主要是为了避开盖世太保的监视；玻尔则记得这次谈话是在他的书房里进行的。不难理解，海森伯应该是想找个更安全的地方交流，远离跟踪者或窃听设备，因为一旦与玻尔提起原子能的军事应用问题，从原则上讲，他就是在从事叛国行为。

两人的交谈开头并不友好，而且很快就变得更加糟糕。玻尔对海森伯麻木不仁的论调颇有耳闻，此时发现他不但对德国侵略苏联维护有加，更过分的是，他还说德国赢得战争会是好事儿，玻尔对此非常愤怒。当海森伯最终提起他正在参与研究原子弹时，玻尔彻底震惊了。

---

12 Stefan Rozental, quoted in Pais, *Niels Bohr's Times*, p. 483.

按照玻尔的理解，他在 1939 年时就已经声明，创造爆炸性的链式核反应"要倾举国之力"。而现在，他的朋友以及曾经的同事，那个和他一起经历人生中最震撼科学发现那一刻的人，却在不厌其烦地向他解释，说原子弹是可行的，而且自己正在为纳粹研发这种炸弹。战争结束后很久，玻尔给海森伯写过一封信，但从未寄出，信中写道：

……你当时的话很含糊，这让我坚信，在你的领导下，德国做好了一切准备，正在研发核武器。而且你说你对一切都很熟悉，因此无须讨论细节，说在过去的两年里，你几近全力地为制造它而做准备。[13]

海森伯当时还画过一张草图，有观点认为，其目的是向玻尔解释他的研究，不过现在看来这一点存疑。几年后，玻尔曾把这张草图公之于众。这是一个反应堆的草图，但无论是海森伯有意为之，还是玻尔自己的误解，玻尔认为这是一张原子弹的草图。更糟糕的是，海森伯似乎在向玻尔打听盟军核弹计划的有关信息。难道说，这是一次探听军事情报的任务吗？海森伯现在代表的究竟是哪一方的利益？

海森伯在战后宣称，他当时是试图通过玻尔与其他核物理学家一起做出许诺，不去研发核武器。不管这是不是他的真实意图，玻尔都把海森伯视为一个侵略性强权国家刚愎自用的代表，认为

13　Niels Bohr, draft letter to Werner Heisenberg. The Bohr drafts are reproduced in Dorries, pp. 101–179. This quote appears on p. 109.

他已经下决心为他的主人效力，研发终极武器了。玻尔还有另一封写给海森伯但未寄出的信，信中写道：

从一开始你就说，你很确定，如果战争持续时间很长，最终的胜败将由核武器决定，这太让我震惊了……当我露出怀疑的神情时，你又说，我必须理解，在最近几年里，你大部分时间都耗在了这个问题的研究上，丝毫不怀疑它会成功。[14]

海森伯后来回忆起玻尔的观点时说，在当时那种情况下，试图改变不同国家的物理学家的科研活动是不可能的。"而且可以说，在当时，各国的物理学家为本国研究武器，这是再正常不过的事情了。"[15]

虽然两人交流不顺，但似乎分开时还是很友好的。在哥本哈根风景如画的长堤海滨，海森伯与魏茨泽克见面。海森伯承认："你知道吗，我担心谈话谈砸了。"[16]

海森伯和魏茨泽克参加了 9 月 19 日的会议。那次会议只有五位来自哥本哈根天文台的当地天文学家参加。在一份有关此次访问并且必须要提交的报告中，海森伯评价说："我们与斯堪的纳维亚科学界的关系已经变得很糟了。"[17]

在德国大使馆举行的午宴结束后，魏茨泽克要去玻尔家，海

14 Niels Bohr, draft letter to Werner Heisenberg. Reproduced in Dorries, p. 163.
15 Werner Heisenberg, quoted by Helmut Rechenberg in Dorries, p. 69.
16 Werner Heisenberg, quoted by Helmut Rechenberg in Dorries, p. 70.
17 Werner Heisenberg, quoted by Helmut Rechenberg in Dorries, p. 69.

森伯也跟着去了，那是他最后一次拜访玻尔。最后一次会面既没有谈政治，也没有谈科学。玻尔大声朗诵，海森伯弹奏了一首莫扎特的奏鸣曲。

如果海森伯真的曾试图阻止超级核武器的研发，那他失败了。如果他曾试图寻求赦免，那他也失败了。但他失败的方式产生了深刻的影响。在战争期间，人们对纳粹可能运用这种超级武器产生了深深的恐惧，这一点激发了英美两国核领域的科学家努力研发核武器。在这种恐惧的背景下，对德国物理学家（尤其是海森伯）的意图，以及纳粹军事当局决心的解读，为盟国物理学家此时正在做的研究提供了关键的道德辩护。

最终，海森伯真打算跟玻尔说什么都已经不重要了。会谈的结果是，海森伯给最令人敬重、此时深陷纳粹占领之地、有一半犹太血统的丹麦核物理学家留下了一个顽固的印象：海森伯正全心全意为希特勒的军队研发原子弹。

海森伯无法看到所有可能的结局。他铤而走险，进行了浮士德式的交易，这将产生意料之外的结果。

美国科学家发现，仅仅几磅重的纯铀-235 就足以支持爆炸性的快中子链反应，这个发现大大激励了他们制造核武器的信心。铀的密度非常大，因此一个高尔夫球大小的铀就能达到临界质量。1941 年 11 月，罗斯福批准了美国的原子弹研发计划，几天后日本就攻击了位于珍珠港的美国太平洋舰队。1942 年 9 月，美国陆军接手此项计划，将其称为曼哈顿计划。

10 月，美国物理学家 J. 罗伯特·奥本海默被任命为在新墨西哥州洛斯阿拉莫斯新建的武器研究实验室的科学主任。几个月后，世界上第一个核反应堆在芝加哥大学壁球场成功通过了测试。

1942 年 9 月，玻尔得到丹麦抵抗组织和英国秘密情报机构的帮助，逃出了纳粹占领的哥本哈根。1943 年 1 月，他抵达了洛斯阿拉莫斯。在那里，很多人，尤其是那些年轻的物理学家（比如美国物理学家理查德·费曼）都很尊敬玻尔，将他视作可以倾诉心声的父辈。与海森伯1941 年 9 月的对话使玻尔坚信，在海森伯的领导下，德国正在研发核武器。对于这种武器以及纳粹拥有它可能带来的威胁，玻尔给了大家一个有力且适时的提醒。

洛斯阿拉莫斯的每一个科学家都在与自己的所作所为进行良心上的斗争，但玻尔的亲身经历告诉他们，这件事在道德上是正义的。战后，奥本海默在评价玻尔的作用时说道："他让这项事业有了希望，当时很多人心里都感到不安。"[18]

然而在 1942 年 6 月，当有机会从一个大规模武器项目申请到一大笔军事拨款时，海森伯和铀俱乐部的其他物理学家领袖却退缩了。他们陈述了制造原子弹的巨大技术挑战，只申请了相对适度的资金来支持核反应堆的研究。时任希特勒政府第三帝国军备部部长的阿尔贝特·施佩尔（Albert Speer）对这种"不思进取"感到相当愤怒，但也接受了无法及时制造出原子弹以影响战争进程这一事实。

最终，德国物理学家甚至都没造出一个能用的反应堆。1945 年 5 月，盟军逮捕了海森伯，将他与铀俱乐部的其他物理学家一起关押在英

18　J. Robert Oppenheimer, quoted in Rhodes, p. 524.

国剑桥郡的农场厅监狱，隐藏的监听器记录下了他们听到盟军原子弹轰炸日本广岛的新闻时的反应。

广岛和长崎在 1945 年 8 月被原子弹轰炸堪称一场毁灭性的灾难，但却只是一长串毁灭性灾难中新添加上的一个而已。这场灾难终结了那场旷日持久、极不道德的战争，并且像一个强有力的惊叹号一样深深烙在了当时所有人的良知里，也深深烙在了后人的良知里。但在终结那场战争的努力中，物理学家向世界释放了一种原始的力量，这种力量的威胁在邪恶的战争发起者死去多年后依然存在。这些科学家的努力使世界陷入了更加危险的境地。

奥本海默在 1947 年时曾说："通过一种任由粗俗、幽默、夸张都无法掩盖的朴素直觉，物理学家辨识出了罪恶，并且永生难忘。"[19]

19　J. Robert Oppenheimer, *The Open Mind*, Simon & Shuster, New York, 1955. This quote appears on p. 88.

PART 4

第四章

量子场

18

谢尔特岛

长岛
1947年6月

　　时间缓缓流逝，大家的注意力终于从战争武器移开，重新回到量子理论的问题上。在近 20 年的时间里，理论物理学都一直处于萧条期。1947 年，哥伦比亚大学物理学家伊西多·拉比评价说："过去的 18 年，是本世纪最无产的 18 年。"[1]

　　大部分物理学家都认为，关于量子诠释的辩论结束了。但依然存在大量的问题需要去考虑。狄拉克的突破性进展创造出了电子的相对论性方程，预测了电子自旋的属性和反电子的存在。这的确是个重大突破，但也很快进入了死胡同。量子力学能够成功预测"定态"的属性和行为，在定态下，单个量子粒子（如电子）的完整性得以维系。但量子力学无法解决过渡态（消灭粒子，产生新粒子）的问题。

---

1 Isidor Rabi, quoted in the diary of Karl Darrow, 14 April 1947.
Quoted in Gleick, p. 232.

比如，当一个电子与一个正电子碰撞时，理论上能够预知两个粒子将会"湮灭"，并产生高能（伽马射线）光子，这一点很明显。反过来，具有足够高能量的伽马射线光子能够自发产生一个电子 - 正电子对。如果量子力学无法解释和描述这个问题，还有其他什么理论可以吗？以麦克斯韦电磁场的量子版本为开端，有些物理学家认为解决这些问题需要量子场论。[2]

这些物理学家意识到，场比粒子更具根本性的意义。大家认为，一个真正的量子场描述应该将粒子视作场本身的量子，在相互作用的粒子间传递力。很明显，光子是电磁场的量子，随着带电粒子的相互作用而产生和毁灭。那么，要解释电子的产生和湮灭，就需要一个"电子场"的量子理论。

1929 年，海森伯和泡利发展出一套量子场论。当被应用到电子场时，这种理论就成了量子电动力学（QED）的一种形式。但结果发现，得出的场方程并不能获得精确的解，而不得不依靠一个基于微扰展开的方法。[3]海森伯和泡利接下来遇到了一个关键的问题。按理说展开式中的高阶项对结果产生的修正应该越来越小才对，但实际情况并非如此，他们发现展开式中的有些项产生了无穷大的修正值。[4]这样的结果没有物理意义。

这种无穷大被看作是粒子"自能"的结果。"自能"是由粒子与其本

---

2 根据场论，在时空中的每个点上，场的强度都有具体的大小。场可以是标量（只有大小）、矢量（有大小也有方向）、张量（矢量场的一种推广。在矢量场中各个点处的矢量各不相同）。

3 在微扰展开中，方程由可以严格求解的零级（或零阶相互作用）表达式出发。在此基础上再附加上额外的以幂级数（一阶、二阶，等等）形式出现的（微扰）项，原则上会给出越来越小的对零级的修正结果。最终结果的精确度依赖于计算中包括的微扰项的个数。

4 在这些量子电动力学的早期版本中，一阶项是可解的，能产生物理学上的真实结果。二阶项会迅速增大到无穷大。

身所在的场相互作用产生的，而后者则是把粒子视作没有体积和形状的理想化的点导致的。在这种情况下，没有明显的解决办法。

此外还有更麻烦的问题。无穷大的问题是一个理论或数学问题。1947年，新的实验数据暴露出了一些更实际的问题。进一步的研究表明，基于狄拉克理论所做出的预测最终与实验结果不符。

量子理论再一次陷入了危机。

1945年，纽约洛克菲勒研究所的物理化学家邓肯·麦金尼斯（Duncan MacInnes）琢磨着召开一系列小型且气氛融洽的会议，邀请有名望的科学家和年轻有为的学术新秀参加，解决他们的学科正在面临的问题。他已经对大型会议心生失望和抗拒了。在那样的大型会议上，学者似乎总在自说自话，而不解决任何问题。他写道："这样的活动参加人数过多，与会者大部分时间都在念论文，即便有什么讨论，也是少之又少。"[5]

欧洲在战火中饱受摧残，很多国家依然处于恢复期，欧洲的物理学家也开始慢慢地重拾支离破碎的学术工作。原子弹被视为美国科学和独创性的胜利。（当然，美国得到了众多欧洲流亡物理学家以及英国物理学家的帮助，这些人都为曼哈顿计划做出了贡献。）或许是时候让美国物理学稳居在世界舞台上了——召开一次与索尔维会议水准相当的会议，可以证明美国物理学已经发展成熟。

麦金尼斯从美国科学院得到了资金支持，拟定的会议主题中包

5　Duncan MacInnes, letter to Frank Jewett, 24 October 1945 Quoted in Schweber, p. 158.

括量子力学。泡利（1940 年已转到普林斯顿大学）和美国物理学家约翰·惠勒都受邀对参会人员和会议主题建言献策。在多次交流意见后，第一届由美国科学院资助的会议于 1947 年 6 月 2 日至 4 日召开，地点选在公羊头客栈（Ram's Head Inn），这是一家外墙贴着护墙板的小型旅馆，坐落在纽约长岛东端人烟稀少的谢尔特岛上。

参会的物理学家在到达长岛的格林港时受到了明星般的热情款待。这些声名赫赫的科学家乘坐轿车，在摩托车护卫队的引领下，一路畅行无阻。会议吸引了媒体的关注："23 位全国最知名的理论物理学家，包括制造原子弹的专家，今天聚集在一家乡间客栈，开始为期三天的讨论和研究，他们希望在本次会议期间解决困扰现代物理学的几大难题。"[6]

这些人中包括奥本海默、汉斯·贝特（他曾领导洛斯阿拉莫斯的理论实验室，后来又回到康奈尔大学进行学术研究）、维克托·魏斯科普夫（Victor Weisskopf）、伊西多·拉比、爱德华·泰勒（Edward Teller）、约翰·范·弗莱克（John Van Vleck）、约翰·冯·诺依曼和亨德里克·克喇末。新生代的代表是惠勒、亚伯拉罕·派斯（Abraham Pais）、理查德·费曼、朱利安·施温格，以及奥本海默以前的学生罗伯特·塞伯尔（Robert Serber）和大卫·玻姆。[7]奥本海默的另一个学生威利斯·兰姆（Willis Lamb）也来参加会议了。他现在是哥伦比亚大学辐射实验室微波技术应用方面的专家，他参会是要汇报氢原子光谱研究领域某些令人困惑的新结果。

---

6 *New York Herald Tribune*, 2 June 1947. Quoted in Schweber, pp. 172–3.
7 爱因斯坦也收到了邀请，但因健康问题婉拒了。

此次会议强调非正式讨论，而非基于准备好的论文做正式发言。这些物理学家是客栈仅有的住客，客栈在这个季节提前营业来招待他们。6 月 2 日上午，兰姆宣布会议开幕，他所讲的内容成了稍后讨论的重点。

早在几个月前，兰姆就已经公布了氢原子光谱研究的最新结果。作为一名训练有素的理论物理学家，兰姆意识到，如果要检验自己的某些想法，就必须亲自做实验。他把注意力集中在氢原子两个原子态的行为上。两者虽然主量子数相同，但轨道角动量的量子数却不同。

狄拉克的理论预测这两种状态具有相同的能量（被称作是简并的）。由于两者处于简并态，涉及迁移到这两个状态的微波谱线应该是一条线才对。

但事实并非如此。兰姆与他的研究生罗伯特·雷瑟福（Robert Retherford）发现，实际上存在两条线。氢原子的其中一个状态相对另一个状态，在能量上发生了移位，这个现象很快被称为兰姆移位（Lamb shift）。会聚在谢尔特岛的物理学家此时听到了兰姆最新实验结果的完整细节。随后大家展开讨论，奥本海默和魏斯科普夫最先发言。奥本海默推测，一个纯粹的量子电动力学效应是对这种移位的"最有可能的解释"。[8]

然后，拉比起身报告了实验上的第二个难题。拉比就职于哥伦比亚大学，他报告了由他的学生约翰·内夫（John Nafe）、爱德华·纳尔逊（Edward Nelson）以及同事波利卡普·库施（Polykarp

---

8 Gregory Breit, Notebook 1946. Quoted in Schweber, p. 188.

Kusch）和 H.M. 福利（H.M.Foley）得出的实验结果。他们发现，
电子的 g 因子并非狄拉克的相对论性理论描述的那样精确地等于
2，而是稍大一点儿，大约为 2.00244。

　　的确，偏差非常小，只超过 0.1% 一点。但这样的偏差正好
落在实验误差的限度之外。对于参会的理论物理学家来说，这些
实验结果不仅非常有趣，而且引人深思。看来，量子电动力学的
问题与零或无穷大无关，倒是与氢原子的两个能量状态之间极有
限的偏差以及电子的有限大小的 g 因子有很大关系。

　　与会者共进简餐并讨论到了深夜。大家分成三三两两的小组
讨论，物理学家们的激情被再次点燃了，楼道里充满了他们争论
的回声。施温格评价说："五年来，物理学家们一直压抑着无处表
达，这是他们第一次能够自由地讨论，而没有人凑过来打探，并
且问'这些解密了吗？'。"[9]

　　会议第二天讨论的是理论方面的内容。克喇末做了简短的演
讲，总结了自己在经典电子理论上的最新研究。他概述了在电磁
场中处理电子质量的新方法，并解释说，假设电子的"自能"是
电子质量的额外补充，那么，我们在实验中观察到的质量就包含
这个补充。换句话说，我们观测到的电子质量（"着衣"质量）
是固有质量（"裸"质量）与电子和所在电磁场相互作用产生的
"电磁质量"之和。

9　Julian Schwinger, interview with Robert Crease and Charles Mann,
4 March 1983. Quoted in Crease and Mann, p. 127.

"裸"质量是一个纯理论的量，是电子不受电磁场的影响时所具有的质量。很明显，物理学家必须要处理的质量是观察到的质量。这就意味着方程必须按照观察到的质量重写，也就是说，必须对它们进行"重整化"。

这里还有值得思考的地方。在后续的讨论中，魏斯科普夫和施温格提出，如果根据克喇末的想法来计算兰姆移位，或许实际上可以得到一个有限的结果。

来自纽约的年轻人费曼和施温格都是少年成名的物理学家，也是数学神童。施温格在纽约市立学院读书时，大部分时间都没去上课，而是泡在图书馆，阅读高等数学和物理学书籍。1934年，年仅16岁的施温格写下了自己的第一篇论文（未发表）。他曾向拉比解释过一个与EPR论文相关的数学难题，这令拉比大吃一惊，遂安排他转学到了哥伦比亚大学。施温格于1936年毕业，随后又跟随拉比攻读博士，三年后拿到博士学位。后来，他在加利福尼亚大学与奥本海默共事了两年，之后去了印第安纳州的普渡大学。1946年2月，施温格成为哈佛大学的副教授，一年后即晋升为教授。那年，他才29岁。

如果说施温格安静内向，那么费曼就是活泼外向。他具有一种与生俱来的直觉，能够心算解决复杂的数学问题。这种直觉使他能够将方程的物理诠释"可视化"，从而推算出解法。1938年，费曼从麻省理工学院毕业，不久后就到普林斯顿与惠勒共事。1943年，他被招募到了洛斯阿拉莫斯实验室。在那里，奥本海默经常举办派对，而费曼喝了东道主的传奇伏特加马提尼酒后，趁着酒兴表演小手鼓、模仿撬保险箱的滑稽趣事是大家怎么都聊不完的话题。

1945 年 6 月，费曼借了克劳斯·富克斯（Klaus Fuchs）的车，前往阿尔伯克基的一家医院，他身患严重肺结核的妻子阿琳在那里住院。路上车爆了三次胎，耽误了不少时间，他感到焦急不已，最后终于在妻子离世前赶到了她的身边。

费曼离开洛斯阿拉莫斯后去了康奈尔大学，但一直很难重拾对物理学的热情。后来有一次，他在自助餐厅吃饭，看到一个盘子旋转晃动，看似琐碎的小事儿引起了他的注意。他决定玩一把：

> 我继续推导出了波动方程。然后我想到在相对论中，电子轨道是如何开始移动的，紧接着又想到狄拉克的电动力学方程，之后又想到量子电动力学。在我知道这些之前（我刚知道这些不久），我一直在"把玩"——实际上是在研究——一些旧问题。这些问题一度令我着迷，但在去了洛斯阿拉莫斯后，我就没有再研究了。这些旧问题是我论文中常见的那类问题，是所有那些旧式的奇妙的东西。[10]

费曼和施温格性格上的不同，也体现在他们研究物理学的方式上。施温格很保守，他总是深思熟虑、反复思量、仔细推导。他致力于把问题做对，无论需要多详尽或多难处理的数学方法。相反，费曼是个激进派，更有远见卓识，他处理事情多半靠直觉，深思熟虑则少一些。为了尽快得到满意的解法，他往往会跳过数学这一块。

会议期间，施温格大部分时间都沉默不语。最后两天，奥本海默让费曼介绍他的最新研究，费曼站起来描述他在非相对论性

---

10 Richard Feynman, *Surely You're Joking, Mr. Feynman!*, p. 174.

量子力学上的新方法。"……他声音清澈、语速很快，讲话热情洋溢，时不时地用手比划。"[11]

费曼研究方法的基础可以在经典物理学的一些最简单的观察中找到。在经典理论中，光沿直线传播，因为当光从光源传到目的地时，沿直线传播所需的时间最短。这条定理最初是由皮埃尔·德·费马于 1657 年提出的（费马因"费马大定理"而知名）。但光是如何提前"知道"哪条路径用时最短的呢？

光的波动性为这个谜团提供了解答。光不需要提前知道哪条路径用时最短，因为光从光源到目的地，会走遍**所有的路径**。

让我们想象一个在空间中上下振动传向终点的波。再想象第二个波长一样的波，这个波从同一个光源发出，但终点稍偏于第一个波的终点。很明显，两者在波幅的时空依赖性上会非常相似。然而，如果一点一点地增加两个波终点间的偏差，那么两者的时空依赖性就会越来越"不重合"：在时空中具体的点上，波峰与波峰、波谷与波谷将不再一致。其结果就是相消性干涉，光也失去了相干性（coherence）。

对于那些在距离上（因而也就在时间上）没有显著性差异的光程，光程将会发生相长干涉（constructive interference）并产生最大的相干性。谜团现在解开了。当光在一种单一介质（如空气）中传播时，在距离和时间上没有显著性差异的光程都围绕在从光

---

11 Karl Darrow, diary entry 4 June 1947. Quoted in Schweber, p. 190.

源到终点的直线路径周围，光沿这条路径传播也耗时最短。

这里需要遵循的原则是用时最短，而不是距离最短。如果光从一种介质以一个入射角进入另一种介质（如从空气进入水中），那么从光源到终点距离最短的路径仍然是直线。但在水中，光速较低，而在所有可能的路径中，这个距离最短的路径中光所需要穿过的水的路程并不是最少的。穿过的水越多，需要的时间就越长。我们可以确定，"穿过水路程最短的路径"是与水面垂直、径直到达终点的那一条。但这条路径会非常迂回，增加了光需要在空气中传播的距离，因此也就增加了光穿过空气所需的时间。光真实的传播路径是耗时最短的那一条，这是一种折中——既不是距离最短的（这就是一半浸入水中的树枝看起来偏折的原因）那一条，也不是穿过距离最短的那一条。

费曼把这些相对简单的物理原则升华为了一个非相对论性的量子理论公式，与波动力学和矩阵力学等效。他把量子粒子从一个地方到另一个地方的路径表示为粒子所有可能路径之和[12]，换种说法，即粒子运动的所有可能的"历史记录"之和。在某个具体位置发现这个粒子的概率可以根据所有不同路径的振幅确定。

这里有一个很有启发性的方式来弄懂费曼的方法。设想在一个点光源和一张照相底板之间放置一个屏。如果在屏上扎一个小孔，那么从光源传到底板的光子的振幅实际上就是穿过小孔的路径的振幅。接下来，如果我们再扎一个小孔，我们就需要把穿过两个小孔的路径的振幅相加。重复此过程，三个、四个、五个小

---

12 严格说来，是所有可能路径的积分。

孔，每次都把所有可能的路径的振幅相加。当我们在屏上扎了无限多的小孔时，屏也就不存在了。由此得出结论，必须把从光源到底板的所有可能的路径的振幅都加起来。

这是一种从粒子的角度出发的表述方法——量子粒子波的特征是通过其相位来描述的，无论其源自何处，也无论这些相位以何种方式叠加。实际上，某些叠加会产生很像波的干涉图形的结果。

这就好像是从来没有人提出过哥本哈根诠释一样。

然而，除了给量子力学提供一个有趣的、可视化的新诠释，费曼的方法得不出任何新结果，也没提出可论证的新观点。他曾尝试为狄拉克方程建立一个路径积分的表示，但一直未成功。他的方法只是"把玩"了几个新观点的结果。亚伯拉罕·派斯后来描述了与会者对费曼讲座留下的印象："当时，没人能跟上他的讲话思路。"[13] 可以说，听众们并没有被折服。

然而，费曼却对谢尔特岛会议期间的经历感到惊叹。多年后，他解释说："自那之后，世界上又开了很多会，但我觉得哪一次都不如这次重要……谢尔特岛会议是我第一次与学界的大人物共同参会……和平时期，我还从未参加过这种规格的会议。"[14]

会后，贝特返回纽约，坐上火车前往斯克内克塔迪，去那儿担任通用电气的兼职顾问。和许多同时代的物理学家一样，他也深入思考了兰姆移位的问题，而会议期间的研讨现在又激励他

13 Abraham Pais, J. Robert Oppenheimer: A Life, p. 115.
14 Richard Feynman, interview with Jagdish Mehra, April 1970.
Quoted in Mehra, The Beat of a Different Drum, p. 217.

尝试找到一种算法。坐在火车上，他一直在思考量子电动力学的方程。

量子电动力学现有的理论预测存在无限移位，这是电子与电磁场自身相互作用的结果。贝特此时接受克喇末的建议，利用一种电磁**质量**效应，确定了微扰展开式中的发散项。

他接着想，如果此时从被氢原子束缚的电子的表达式（包括发散的自能项）中减去自由电子的表达式（同样包括发散的自能项）会怎么样呢？从无限中减去无限，听起来似乎得不出有意义的答案，但贝特现在发现，在量子电动力学的非相对论性表达式中，这种减法产生了一个结果，虽然依然是发散的，但发散速度却慢了很多。他发现在完全相对论性的量子电动力学中，这种标准化过程会完全消除发散，得出一个物理上现实的结果。

由于这个过程大大减慢了发散的速度，因此即便是在非相对论性的情况下，贝特也能进行合理的猜测，并给发散设置一个相对论性的极限。这样，他就能得出一个兰姆移位的理论估值。他得出的结果只比兰姆报告中的实验值大 4%。奥本海默猜对了，这种移位确实是纯粹的量子电动力学效应。

贝特非常兴奋，从斯克内克塔迪给康奈尔大学的同事费曼打电话，告诉了他自己的发现。7 月初，贝特回到康奈尔大学，就计算方法做了个讲座，并推测了一些更正式的处理相对论性极限的方法。

讲座过后，费曼来到贝特面前，对他说："我可以做出来，明天带过来给你。"[15]

15　Richard Feynman, *Science*, 153, 1966, pp. 699–708.

19 半可视化的图像

纽约
1949年1月

　　但第二天费曼没能给贝特结果。要想应用他的路径积分方法，费曼仍有些计算上的东西必须学习。不过他学得很快。

　　施温格也学得很快。在这场构建能够重整化的相对论性量子电动力学的竞赛中，这两位来自纽约的物理学家变成了竞争对手。正如贝特说的那样，运用非相对论性的方法几乎就可以解释兰姆移位了，但 g 因子异常却需要完全相对论性的理论。施温格解释说："狄拉克相对论性理论中的电子磁矩，是无法用非相对论性理论准确描述的。从根本上讲，它是一种相对论性的现象……"[1]

　　施温格逻辑性强、保守、严谨，埋头于对微扰展开式的各项的研究中，而费曼直觉性强、精力充沛，钻研起数学就靠灵感和猜测。如果有

---

1 Julian Schwinger, interview with Robert Crease and Charles Mann, 4 May 1983. Quoted in Crease and Mann, p. 132.

需要，他随时准备动用一些古怪的方法。在分析一个情况时，他遇到了一个特别棘手的问题：一个场产生了一个正负电子对，之后湮灭，又产生了一个新的场。这时他想起了惠勒的建议。他决定换一个方式来处理这个问题，这种方式会让粒子像是能够在时间中逆向传播一样。

当美国科学院发起的一系列小型会议的第二场召开时，他还在苦苦研究解法。1948 年 3 月 30 日，第二次会议召开，地点选在波科诺庄园酒店，位于宾夕法尼亚州斯克兰顿市附近的波科诺山上。

在此次会议中，为数不多的物理学家聚在一起，期待施温格提出相对论性量子电动力学的确切解答。这次玻尔和狄拉克都出席了。第二天，施温格的发言的确是大师级的，但无比冗长，用了五个小时。施温格一个接一个地推导数学结果，大家的眼神开始呆滞，大脑逐渐变得迟钝。直到施温格试着与其背后蕴含的物理学建立联系时，听众才恢复了生机，开始提问。从头到尾一直能跟上施温格的思路的，恐怕只有费米和贝特。

轮到费曼发言时，他本来打算主要讨论物理学，因为他得出的数学结果大部分都是通过试错法得来的，他担心有些站不住脚。贝特此时建议他："你最好从数学上解释，而不是物理上，因为施温格每次尝试从物理上解释时，都会陷入困境。"[2]

费曼采纳了贝特的建议，改变了讲座的路数。他讲起了数学，但结果是个灾难。路径积分方法对与会人员来说，是完全陌生的，很快狄拉克就问到一些很尴尬的数学问题，比如正电子在时间中逆向传播是什么含义等。玻尔一点儿都不喜欢费曼的方法，因为粒子轨迹的说法是哥本

---

2 Richard Feynman, interview with Jagdish Mehra, April 1970 and January 1988, and interview with Charles Weiner, 1966. Quoted in Mehra, p. 246.

哈根诠释最为憎恶的。"玻尔以为我不懂不确定性原理，也没有真正把量子力学搞明白。他根本就不理解我在说什么。"[3]

发言结束后，费曼和施温格一起来到走廊里，比对他们的结果。两个人互不理解对方的方程，不过他们相异的方法得出的结果是一致的。

费曼说："所以，我知道了我并没有疯。"[4]

施温格的研究看起来非常确定，但运算结构显得无比烦琐，貌似施温格是唯一一位可以使用这种方法的理论物理学家。波科诺会议结束后回到普林斯顿不久，奥本海默发现，这终究不只是"两匹马的赛场"。日本理论物理学家朝永振一郎也在研究相对论性量子电动力学，用的方法跟施温格相似，但更直截了当。

朝永振一郎是在日本学习的量子物理学，导师是令人敬重的物理学家仁科芳雄。1929 年，他毕业于京都大学，与他同时毕业的还有他的朋友兼同事汤川秀树。毕业后的三年时间里，他一直留在京都，担任无薪俸助教。1931 年，他加入东京物理化学研究所的仁科芳雄小组，成为仁科芳雄小组的理论物理学家，与实验物理学家们紧密合作，研究量子力学问题。

朝永振一郎通过阅读狄拉克、海森伯和泡利的论文，紧跟量子电动力学的发展。1937 年，他前往莱比锡与海森伯共事，研究核物理和量子场论，两年后又回到东京。在莱比锡期间，他写

3 同上，p. 248。
4 'So I knew that I wasn't crazy', Richard Feynman, interview with Robert Crease and Charles Mann, 22 February 1985. Quoted in Crease and Mann, p. 139.

了一篇核物理论文，后来成为他博士论文的重要组成部分。1940年，他被东京文理科大学聘为物理学教授。

1945 年 8 月 15 日日本投降后，物理学不得不向基本的生存问题让步，但朝永振一郎努力维系住了这个年轻的物理学家团队，继续研究量子电动力学。1947 年，受兰姆实验和贝特关于兰姆移位的非相对论性计算的激励，日本物理学家研究起电子质量和电荷的重整化方法。

朝永振一郎的一位同事解释说："这个计算方法相当新颖。有时我们困惑不解，不知如何计算，因为有很多新问题需要解决。最初，我们运用一个相对论性协变量法进行各种方式的计算，但一直没有成功。后来我们决定用类似于传统的微扰理论的方法估算。朝永振一郎教授也计算出了一些基本的内容，给我们提了很多宝贵的建议。计算非常枯燥，令人疲惫。"[5]

1948 年 4 月，朝永振一郎给奥本海默写了一封信，概括了小组的研究结果。奥本海默立即给出席波科诺会议的代表寄去了副本。他写道：

我从波科诺会议回来后，看到朝永振一郎寄来的一封信，我觉得大家应该都会感兴趣，就给大家寄了一份。因为刚听完施温格的精彩报告，我们也许能更好地欣赏这份独立的研究。[6]

---

5 Miyamoto, personal recollections. Quoted in Schweber, p. 270.
6 Robert Oppenheimer, letter to the Pocono Conference delegates, 5 April 1948. Quoted in Schweber, p. 198.

奥本海默给朝永振一郎发电报，敦促他写一份研究总结，他会迅速安排，把总结发表在美国期刊《物理评论》上。论文刊登在 7 月 15 日那一期上。

朝永振一郎及其团队的研究给一位富有创造力的英国年轻物理学家留下了深刻的印象，这位物理学家就是弗里曼·戴森，在康奈尔大学与贝特共事。后来提到此事时他说道：

朝永振一郎用简单、清晰的语言描述了他的（量子电动力学），人人都看得懂，施温格就没能做到。读施温格的论文，一开始就会给你留下艰深复杂的印象。朝永振一郎的架构做得很漂亮，于我而言，这点很重要，它让我觉得，这其实也没有那么难。[7]

朝永振一郎和施温格的方法类似，但费曼的方法则完全不一样。他开创了一套很罕见、吸引人而又直观的图解方法，以描述和追踪微扰修正值。后来人们称之为**费曼图**。

费曼图只有两条轴线，垂直轴线为时间轴，水平轴线为空间轴，有效地把量子交互作用的三维视觉图呈现为一维。费曼用图表把量子粒子（如电子和光子）在时空中的相互作用以可视化的方式展现出来。难怪这得不到玻尔的认可。

比如，在费曼图中，两个电子的相互作用是以电子路径的方式表示的。电子路径为连续的线，方向用箭头表示。随着电子

---

7 Freeman Dyson, interview with Silvan Schweber, 18–19 November 1984. Quoted in Schweber, p. 502.

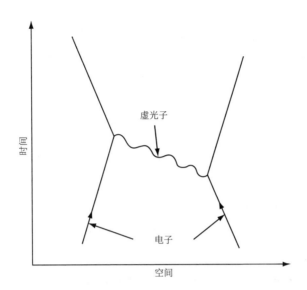

图9 说明两个电子之间相互作用的费曼图。电子之间的排斥电磁力牵涉到在距离最近之处的点上一个虚光子的交换

越来越靠近彼此，它们会"感觉到"一种排斥的电磁力，然后分开。这种力由一个"虚"光子作为电磁场的量子来携带（之所以说"虚"，是因为该光子永远无法看到），用波浪线表示，这道波浪线在电子路径相距最近的地方将其相连。

从逻辑上来看这类图，或许我们能得出结论：一个电子发射出一个虚光子，很快就会被第二个电子吸收。然而，相互作用的对称性表明，原则上我们也能够得出这样的结论：光子由第二个电子发射后，在时间上倒过来传播，然后被第一个电子吸收。因此，这条虚光子的波浪线没有表明方向，因为两个方向都有可能。

费曼图特别有助于把该过程可视化，但费曼主要是想把图作为一种记录工具，记录量子粒子从某种初始状态到某种最终状态时相互作用的不同方式。对于每张图来说，微扰展开式中都有一个包含振幅函数的项，它的模方会给出过程的概率，构成从初始状态到最终状态转变的总概率的一部分。

　　费曼的路径积分法要求，一个量子系统从初始状态到最终状态的所有可能的路径都要考虑进来，无论看起来可能性有多低。对相互作用最有贡献的是从初始状态到最终状态的"直接"跃迁，但所有"间接"路径都代表了相互作用项的修正，也必须要包括在其中。

　　后来在解释费曼图的缘起及其含义时，费曼说道：

　　从某种意义上说，费曼图实际是要优化视觉效果，是一种不完整的模糊图像，夹杂着各种符号。它很难解释，因为它并不清晰……这样说也许很难让人相信，但我不把这些东西看成数学表达式，而是看成一种数学表达式的混合体，以一种不明确的方式包围、环绕着对象。所以我始终把视觉性的东西与我正在研究的内容联系起来……我真正努力在做的是，让它变得鲜活、清晰，它的确还是一个不完善的想法，要以一种半可视化的图像方式呈现出来。明白了吗？[8]

　　但无论这些图最初有多不明确，它们终归是起作用了。求电子 g 因子的值是从电子与来自磁体的光子之间的相互作用入手的。这是最简单、最直接的相互作用，一个电子在这个过程中会从某

---

8 Richard Feynman, interview with Silvan Schweber, 13 November 1983. Quoted in Schweber, p. 465.

个初始时间和位置的初始状态到某个最终时间和位置的最终状态。从费曼图表示相互作用的项中求电子磁矩的值，得出了狄拉克的结果，g 因子的值刚好为 2。

然而，这个过程中还会出现其他的情况。在同样的相互作用内，一个虚光子可以被同一个电子发射和吸收，时间上看成向前或向后都是可以的。这代表了一个电子与它所在电磁场发生了相互作用，发生的概率虽然很小，但不是零。把这一项纳入微扰展开式中，得到的电子 g 因子比 2 稍大。

进一步的修正体现为通过两个虚光子发生的自身相互作用。在更进一步的修正中，一个单独的虚光子产生一个正负电子对，之后彼此湮灭，形成另一个光子，随后这个光子又被吸收。

像上个例证中的这类过程，似乎表明能量守恒定律被再一次抛弃了。但事到如今，有一点已经很明显，虚粒子的产生和湮灭完全在海森伯的能量－时间不确定关系的限制条件之内。产生光子或正负电子对所需要的能量是可以"借来"用的，前提是要在不确定性原理规定的时间范围内"归还"。

越来越复杂和令人费解的相互作用的过程，其发生的概率非常小，尽管如此，它们还是提供了在微扰展开式中具有重要意义的修正。一个自由电子不会简单地以一个点粒子的方式沿提前设定好的经典路径传播，它被一群虚粒子围绕着，这些虚粒子由它所在的电磁场与它自身的相互作用而产生。

这多少有些难以理解。这些相对论性量子电动力学方法的差异很大，却都给出了相似的答案，没人知道为什么。

这时候，戴森出场了。

(a)

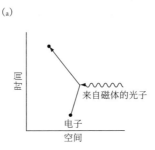

时间

来自磁体的光子

电子

空间

(b)

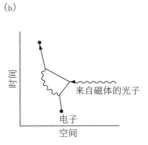

时间

来自磁体的光子

电子

空间

(c)

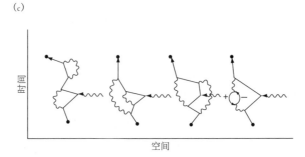

时间

+ —

空间

图10 （a）一个电子与来自磁体的一个光子的相互作用的费曼图。根据狄拉克的理论，只考虑这个相互作用，电子g因子的估算值刚好为2。（b）此过程与（a）中描述的过程相同，但此时包括电子自身的相互作用，描述为一个虚光子的发射和再吸收。把这个过程包括进去，电子g因子的估算值会增加一点儿。（c）进一步的"高阶"过程包括两个虚光子的发射和再吸收。右侧图表明一个正负电子对同时产生和湮灭。根据理查德·P. 费曼的《QED：光和物质的奇妙理论》改编，企鹅出版社，伦敦，1985年，第115–117页

　　戴森在英国剑桥大学读的本科，但战争中断了他的学业。那时，他已作为一名出色的数学家而名声斐然。1943 年，读了两年本科后，他以平民科学家的身份加入皇家空军轰炸机司令部，负责研究轰炸袭击的作战效能，给总司令在科学方面建言献策。空余时间，他继续研究数学和物理学问题。战后，他在伦敦帝国理工学院数学系获得一个教职。在读过物理学家亨利·D. 史密斯（Henry D. Smyth）执笔的曼哈顿计划的官方报告后，他决心要转向物理学。

　　1946 年，他回到剑桥，开始专攻物理学。他的一个朋友，物理学家哈里什－钱德拉（Harish-Chandra）说，理论物理学真是一团糟，他已经决定转向纯数学了。戴森回复道："你说怪不怪，我正是因为同样的原因，才决心转向理论物理学的！"[9]

　　此时，美国显然已经成为他继续物理学研究生学业的应选之地，他被推荐去位于纽约伊萨卡的康奈尔大学读书，师从贝特。1947 年 9 月，在英联邦奖学金的资助下，他来到康奈尔大学。

　　在几个月前，贝特刚刚运用非相对论性量子电动力学完成兰姆移位的计算，现在他给他的这位英国新研究生分配了任务，用完全相对论性量子电动力学来做计算，但计算的是一个零自旋粒子。这比以相对论性量子电动力学计算自旋 1/2 的粒子（比如电子）要简单，而且它还有个优势，那就是计算结果好像不会受到自旋很大的影响。

---

9 Freeman Dyson. This conversation was recalled by Nicholas Kemmer. Quoted in Schweber, p. 491.

这期间，戴森在康奈尔结识了费曼，两人成了朋友。他认为费曼是一个独创性很强的科学家，与贝特相比，他更有吸引力。

汉斯（贝特）用的是旧的、教条的量子力学，迪克（费曼）理解不了。而迪克用的量子力学，是他独有的，别人也理解不了。但计算同一个问题的时候，他们得出的结果一样。迪克能够计算很多东西，但汉斯做不到。我觉得很明显，迪克的理论从根本上一定是正确的。我决定，给汉斯做完计算后，集中精力去理解迪克的想法，并用世界上其他人都能理解的语言解释出来。[10]

戴森认真研究了朝永振一郎和施温格的理论，他的任务也就不再只是全面诠释费曼的方法了。他发现，如果想再取得进步，就必须弄明白朝永振一郎-施温格和费曼版本的量子电动力学之间的关系。

研究生学习的第二年，贝特把戴森安排到普林斯顿的高等研究所，跟着奥本海默做研究。1948 年 6 月，康奈尔大学的夏学期结束后，戴森要去安阿伯市的密歇根大学参加暑期班，在这之前，他还有些闲暇时间。他就同意与费曼结伴先到阿尔伯克基，来一场公路旅行。这样一来，从伊萨卡到安阿伯的路就很绕，但戴森很乐意花四天时间与费曼结伴而行。

旅途中，费曼对他打开心扉，聊起了自己的人生和对未来的恐慌。与所有曾目睹原子弹爆炸的物理学家一样，他也能轻易地

---

10 Dyson, p. 54.

想象到一场核战争的后果。他还谈到了他死去的妻子阿琳，对此，戴森后来写道："他谈到死亡时，有种轻描淡写的感觉，这种感觉只有那种经历过死亡带来的痛苦但灵魂未被摧毁的人才会有。"[11]他们也争论物理学的问题。

到了阿尔伯克基，二人道别。戴森登上灰狗巴士（美国一种长途汽车）驶向安阿伯，这一路多半是在夜里行驶。在安阿伯市，他又结交了新朋友，并参加了施温格的讲座，一场"完美而优雅的奇迹"。他发现施温格性格友善，平易近人，好几天下午，他都在回味施温格讲座的每一步，以及二人谈过的每句话。他用施温格的方法做计算，写了好几百页。五周时间快结束时，他感觉自己对此方法的掌握已经像所有人一样好了（除施温格之外）。暑期班结束后，他乘巴士到达加利福尼亚州的伯克利。

9月2日，他又登上一辆开往东海岸的巴士。几周后，他给父母写信："这次行程的第三天，发生了一件奇妙的事。一连坐了48小时的巴士后，我整个人进入一种半昏迷状态。我开始费劲地思考物理学，尤其是施温格和费曼不相上下的辐射理论。慢慢地，我的思路越来越连贯，在我不知自己身处何地时，我已经解决了一年来一直在我脑海里萦绕的问题，即证明两个理论的等效性。"[12]

在他认为既不是特别难也不是特别巧妙的研究中，戴森想出来一个统一两个理论的方法，把其中他认为最有利的方面结合起来。他的理论的统一性来自一种叫散射矩阵的东西，也叫 S 矩阵，

11　Dyson, p. 59.
12　Freeman Dyson, letter to his parents, 18 September 1948. Quoted in Schweber, p. 505.

最初由惠勒于 1937 年提出，海森伯于 1943 年做了进一步发展。s
矩阵描述了自由粒子彼此靠近、相互作用和产生粒子又随后分离
的过程。s 矩阵中，每个元素都对应一张费曼图。

戴森回到普林斯顿，把自己的想法介绍给奥本海默。但他觉
察到奥本海默认为量子电动力学终会失败，这种态度让他感到失
望也让他颇感不悦。[13]戴森对统一理论法的重要性满怀信心，他决
定坚持自己的立场。奥本海默同意让戴森就这个主题召开一系列
研讨会。最后一次研讨会结束的早上，戴森在信箱中看到奥本海
默留的表示投降的纸条。纸条上简短地写道："不申辩声明。奥本
海默。"[14]

1949 年 1 月，美国物理学会在纽约召开会议，戴森终于迎来
了自己的最终胜利。按照安排，奥本海默作为主席致开幕辞，当
时会场聚集了 2 000 余人。大会开始前半小时，整个大厅里都反
复响着奥本海默的名字，但在致辞中，奥本海默没有讲别的，从
头到尾都在赞扬戴森的研究，称他的研究为当下指明了方向。观
众席中，坐在戴森身旁的费曼大声附和道："博士，你红了。"[15]

这一说法严格来说不够准确。当时，戴森还没有拿到博士
学位。

他的理论带点疯狂的因素，但结果是，这个量子电动力

13　奥本海默可能有很多顾虑。在美苏关系极为紧张的时期，他深
陷冷战期间的核政治旋涡之中。
14　Dyson, p. 74.
15　Freeman Dyson, quoted in Gleick, p. 270.

学理论预测的实验结果，精准到了惊人的地步。这个理论预测的电子 g 因子值为 2.002 319 304 76，不确定性仅为正负 0.000 000 000 52；比较实验值为 2.002 319 304 82，实验不确定性为正负 0.000 000 000 40。[16] 费曼写道："可以这样打比方：要是按照这个精准度来测量洛杉矶到纽约的距离，等于是精确到了头发丝儿的程度。"[17]

对此该如何解释？费曼图描述的虚过程中，产生和湮灭的光子带走了电子的一些质量，在影响电子磁矩的情况下，电荷却未发生改变。

兰姆移位又如何解释呢？在量子电动力学中，要设想原子内的电子所发生的情形，有一种很粗浅的可视化方法，就是设想除了电子绕核的轨道运动和自旋运动外，所有的虚过程都会导致电子在运动中出现轻微"摇摆"。这种摇摆"模糊"了电子在一小片空间区域中的概率，而且当电子占据一个离核很近的轨道时，它的影响是最明显的。氢原子的两个不同的简并轨道在几何形状上的不同，足以导致它们能量上的细微差别。

---

16 实验和理论对这些数字进行了不断的完善。此处引用的这些数字摘自G.D. 科赫兰（G.D. Coughlan）和J.E. 多德（J.E. Dodd）所著《粒子物理学的概念：科学家小传》（*The Ideas of Particle Physics: An Introduction for Scientists*），剑桥大学出版社，1991年，第34页。在 2.002 319 304 362 2 (15)这个值中，括号中的数字是不确定性的最后两位，是国际科技数据委员会（CODATA）任务组2006年建议的数字——参见http://physics.nist.gov。2.002 319 304 361 46(5 6)这个值是2008年D. 汉尼克（D. Hanneke）、S. 福格威尔（S. Fogwell）和G. 加布里埃尔斯（G. Gabrielse）撰写的报告中的数字，出自《物理评论快报》（*Physical Review Letters*），100，2008，120801。
17 Feynman, *QED*, p. 7.

短短几年中，施温格的代数学便让位于费曼图，费曼图成了量子电动力学的首选方法。施温格并不喜欢费曼的方法，因为它非常不正式，并且他认为也缺乏严谨性。施温格的家位于马萨诸塞州剑桥市，理论物理学家默里·盖尔曼在他家住过一段时间，他后来喜欢跟大家说他曾在那里四处搜寻费曼图，却什么都没找到。

但其实，有一间屋子是一直被锁着的。[18]

18 Murray Gell-Mann, interview with James Gleick. Reported in Gleick, p. 277.

20

漂亮的想法

普林斯顿
1954年2月

1929 年，狄拉克到威斯康星大学访问，接受了《威斯康星州报》（*Wisconsin State Journal*）记者的采访。虽然狄拉克一贯含糊其词、惜字如金，但这位记者似乎总能掌控局面。他充分考虑读者的期待，这样报道了两人的交流："……'现在我想再问您一些问题：他们告诉我，您和爱因斯坦是仅有的两位具有真知灼见的大学者，并且能够理解彼此的观点。我不会直接问您这话是否属实，因为我知道您为人谦虚，不置可否。但我想知道——您是否曾经遇到一个连您都无法理解的人呢？'[1]

他答道：'遇到过。'

我又问：'我们的读者以及报社里的人对这太感兴趣了。您介不介意告诉我他的名字呢？'

他答道：'外尔。'"

---

1 *Wisconsin State Journal,* 31 April 1929. Quoted in Kragh, *Dirac*, p. 73.

赫尔曼·外尔是一位德国数学家，他对对称性以及使用抽象的"群"来表示对称变换兴趣甚浓，[2] 也熟知对称性和物理学之间的关系。1915年，他在哥廷根大学的同事阿马莉·艾米·诺特（Amalie Emmy Noether）确立了一条可以视作所有物理学基础的定律。对于任何守恒的物理量，如能量或动量，描述这个量行为的物理学定律在一个或多个连续对称变换下是不变的。守恒定律反映了自然内在的对称性。

人们发现，关于能量的定律在时间的"平移"面前保持不变，也就是说无论昨天、今天还是明天，这些定律都是一样的。因此，能量是守恒的。而关于动量的定律在空间的"平移"下保持不变，也就是说无论是这里还是那里，每个地方的动量都是一样的。关于角动量的定律则是在旋转的对称变换下不变，无论在哪个方向，都保持一致。

外尔在他1928年出版的一本书中，把群论应用到了量子力学上。人们对这本书毁誉参半。数学家喜欢它的严谨和美妙，但在物理学家的眼中，它使原本就非常难懂的量子理论的数学抽象程度变得更高了。泡利称它为"群瘟"。[3]

1931年，匈牙利物理学家尤金·魏格纳出版了一本关于量子力学和原子光谱的小册子，他在书中曾尝试让这个主题更易于理解。薛定谔对魏格纳的努力不屑一顾。他对魏格纳说："这或许是第一个推导出光谱学

---

2 对称变换包括对一个"物体"应用一个或多个不同的运算，一个物理系统或一套方程，目的是发现这个物体某种的不变特性（不变量）。这类运算包括不做任何操作（称为"恒等操作"）、时间或空间中的平移、旋转、镜面反射、反演等。对称变换可以合成在一起并表示为群，每个变换都对应一个群元。群描述了不同变换乘在一起的结果。

3 Wigner, pp. 116–117.

根源的方法，但无疑，过不了五年，就不会有人用此方法推导了。"[4] 不过冯·诺依曼的反应更乐观一些，他说："这些抱残守缺的老顽固。过不了五年，所有学生都会学习群论，把这当成一个理所当然的事儿。"[5]

群论非常抽象，这点令物理学家感到不那么舒服，但是它考虑了对称性，后来它指引着华裔物理学家杨振宁和美国物理学家罗伯特·米尔斯迈向量子场论的下一个突破。

不过在它被提出来的一段时间内，人们并没有把它看作一个突破。

诺特的定律引发了关于对称性的推测。对称性可以由另一个重要物理属性——电荷的守恒进行确定。自 18 世纪末以来，人们就公认电荷是守恒的，在物理或化学反应中，它既不能被创造也不能被消灭。

外尔研究不同类型的对称群的表象理论，这类群称为"李群"，是以 18 世纪挪威数学家索弗斯·李（Sophus Lie）的名字命名的。李群是**连续**对称变换的群，涉及一个或多个参数的逐渐变化，而不是从一种形式到另一种形式的瞬时转换，就像镜面反射呈现的那样。连续的对称变换正是诺特定律的基础。

对称群 U（1）是李群的一个例子，是个一元复变量变换的幺正群。在所谓的复平面上，也就是在一个实轴和一个虚轴形成的二维平面图上，能够较为直接地想象 U（1）的样子。虚轴由实数乘以 i 构成，i 是 -1 的平方根。在此平面图中，运用方程 $z = re^{i\theta}$，

---

4 Erwin Schrödinger, quoted in Wigner, p. 117.
5 John von Neumann, quoted in Wigner, p. 117.

能够精确地定位复数 z，其中 r 是连接原点与 z 点的线长，θ 是这条线与实轴之间形成的角。关于 z 的这个表达式，可以运用欧拉公式改写为 $z=r(\cos\theta+i\sin\theta)$。

当 θ 为零时，z 点落在实轴上，到原点的距离为 +r。旋转 90°后，z 点落在虚轴上，到原点的距离为 +r。再旋转 90°后，z 又回到实轴，但这次到原点的距离为 -r。再旋转 90°，z 再次落到虚轴，此时到原点的距离为 -r。最后旋转 90°，回到起始位置。很显然，随着 θ 角连续变化，复数 z 在复平面上按一个圆形运动。

外尔发现，这种对称属性在某种程度上与电荷守恒相关。在麦克斯韦经典电磁学的方程组中，电场和磁场存在着紧密关系，这使对称性得以保持，并保证电荷守恒。一个静电荷产生一个静电场，但一个移动电荷同时产生一个电场和一个磁场。

外尔又推进了一步。对称性可以是全局的，也可以是局域的。在全局对称中，对象在时空中每一点都发生相同变化时保持不变。[6] 在局域对称中，对象在时空中发生不统一的改变，也就是不同点发生不同变化时保持不变。后来证明，电荷守恒与局域对称变换的不变性有关。要求对称为局域对称，需要电场和磁场的联系精确符合麦克斯韦方程组描述的方式。看待这个问题的另一方式是，局域不变性需要一个在发生变化时能够"反弹"的场，恢复局域对称，并因此使电荷守恒。

量子力学出现之前，外尔一直在思考这些概念，后来给这种

---

6 举个全局对称的实例，制图员绘制地球表面时，在经纬线上应用统一变换。只要变化是统一的，且在全球一致应用，就不会对我们从一个地方航行到另一个地方产生影响。

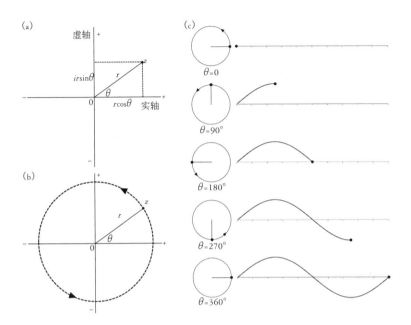

图11 对称群U（1）是一个单复变量幺正变换群。在由实轴和虚轴构成的复平面中，运用方程$z = re^{i\theta}$，我们能够精确定位复数z，其中r是连接原点和z点的线长，θ是这条线与实轴构成的角，见图（a）。在复平面中，以θ角连续变化的复数z的运动是一个圆，见图（b）。在这种连续对称和简单波动之间，存在紧密联系，其中θ是相位角，见图（c）

对称命名为**规范对称**。他一直思考与时空中点和点之间的距离相关的对称性，而且爱因斯坦在广义相对论方面的研究也给他指明了方向。最初，外尔把不变性归因于空间本身，但是爱因斯坦指出，如果这个观点正确的话，那么绕房间旋转的钟表就无法准确走时。

1922年，薛定谔把外尔的"规范因子"确定为相位因子，指出以360°的整数倍变换相位会保持相位不变。当时其意义尚不完全明确，只是为量子数（"整数倍"）的起源提供了一个线索。三年后，薛定谔发现波动力学，相位与电子的波函数具有相关性这一点逐渐明晰起来。

表示 U（1）的另一个方法是使用正弦波相位角的连续变换。180°的变换会使波与原始波发生"反相"；再变换 180°，波又会回到初始相位。这点与上面提到的复平面中复数 z 的转动完全类似。

但保持对称性的机制与量子力学中稍有不同。此时我们正在考虑的相位变化会影响电子作为物质粒子的波函数。如果物质波函数中的相位变化与它所在的电磁场的变化吻合，那么对称性就保持。规范不变性会产生一种力，而力场必须要"反弹"。此时，粒子和场有了紧密关系。外尔真正发现的是波函数的局域相位对称性和电荷守恒之间的关系。

U（1）相位变换的规范对称性是所有关于电子的量子理论（包括量子电动力学）的特点。随着物理学家开始思考构造量子场论，以描述原子核中质子和中子之间的强力，问题就不可避免地产生了：对于这样一个场来说，相关的规范对称性会是什么呢？

要想寻找守恒的属性，首先要解决的就是这个问题。1946年，华裔物理学家杨振宁来到芝加哥大学，跟随导师爱德华·泰勒研究核反应。在读了美国发明家和政治家本杰明·富兰克林的自传后，他取了"富兰克林"（或简作"弗兰克"）作为他的中间名。1948 年，他获得博士学位，又担任了一年恩里科·费米的助手。1949 年，他转到普林斯顿高等研究所。

在电动力学中，电荷守恒赖以为基的是电子波函数相位的规范不变性，这一点让杨振宁印象深刻。在普林斯顿，他开始思考可以用什么方法把规范不变性原理应用到束缚原子核中质子和中子的强力上。在他看来，强核相互作用中的守恒量是**同位旋**。

同位旋，也叫同位素自旋，这一概念来自对质子和中子的观察结果——两者的质量非常相近。1932 年，中子被发现的时候，人们很自然地把中子设想成一种复合粒子，包括一个质子和一个电子，电子附着在质子上。毕竟，人们也知道 β 放射性衰变会让高速电子直接从核中射出，在这一过程中将中子变为质子。这点似乎表明，在 β 衰变中，复合中子有种要甩掉"附着"电子的意思。

海森伯倾向于把中子看成一种基本粒子，然而，在建立原子核中质子−中子相互作用的早期理论的时候，他还是采用了"中子为质子加电子"的想法。这个模型类似于电离产生的分子 H_2^+ 中单个电子对两个质子的化学键联。[7]他假定，正如 H_2^+ 中的两个质子由一个电子联结一样，质子和中子在核中联结的方式就是，通过交换彼此之间的电子，中子转为质子，而质子则转为中子。同样，两个中子之间的相互作用就涉及两个电子的交换，各有各的"取向"，类似于氢分子 H_2 中的化学键。

海森伯渴求这种化学键类比，他进一步明确质子和中子间的电荷交换涉及一个自旋的变化，带有一个方向自旋（自旋向下）的不带电荷的中子会和带有相反方向自旋（自旋向上）的带正电荷的质子发生电荷交换。那么，一个中子转变为一个质子就等同于中子自旋的"翻转"。

---

7 中性氢原子H由一个质子和一个电子构成。因此，电离的氢分子
H_2^+包括两个质子，由一个电子键联。

无可否认，这个模型不易使用，但通过它，海森伯能够把非相对论性量子力学应用到核本身上。1932 年，他发表了一系列论文，来解释核物理学上的诸多观察，比如同位素（具有相同数量的质子但中子数量不同的原子）以及 α 粒子（氦核，包括两个质子和两个中子）的稳定性。

然而，就像核相互作用的理论一样，仅仅四年后，它的缺点就在实验中暴露出来。电子交换模型不允许任何形式的"质子–质子"相互作用，于是海森伯假定质子之间不存在强相互作用。相反，实验证明，质子之间的相互作用力与质子和中子之间的相互作用力不相上下。

即便这个理论存在缺陷，海森伯的电子交换模型至少也呈现了些许真理。虽然放弃了电子交换，但同位旋对称性的概念保留了下来。至于强力，质子和中子相当于一个硬币的两面，或者同一个粒子的两种状态，它们之间唯一的差别就是同位旋。

在探寻能够保持同位旋对称性的量子场论的过程中，杨振宁很快陷入了困境。尽管屡次失败，他也从未放弃，反而对这个问题更加痴迷不已。后来他回忆道："有时候，痴迷最终会变为好事儿。"[8]

1953 年夏，他到位于纽约长岛的布鲁克黑文国家实验室访问，在那儿，他与年轻的美国物理学家罗伯特·米尔斯共用一间办公室。杨振宁的痴迷逐渐吸引了米尔斯，后来两个人合作研究

---

8 Chen Ning Yang, *Selected Papers with Commentary*, W.H. Freeman, New York, 1983. Quoted by Christine Sutton in Farmelo, p. 241.

强相互作用的量子场论。几年后，米尔斯回忆道："也没有其他更直接的动机，我们俩只是自问：'这件事儿发生过一次，为什么不能再发生呢？'"[9]夏末之际，他们研究出了一种解法。然而，这种解法却得出了某种非物理的结果。

U（1）群适合描述电子的量子场论的对称性，因为这涉及单个场中的单个粒子通过单个场量子的单个类型（光子）产生相互作用。在这种相互作用中，电荷并未发生变化，因此光子不需要携带自己的电荷。再者，虽然场会随着距离变远而削弱，但场的范围不受限制。因此，无质量粒子能够轻松地携带着力，高速传播很远的距离。

然而，强相互作用的量子场论必须要解释一个现象，即现在出现了两个粒子，由于相互作用，它们的电荷和同位旋随之变化。而且，核粒子之间的力只在很短的距离内，即在核本身的范围之内起作用。

杨振宁和米尔斯用到了对称群 SU（2），即包含两个复变量的特殊幺正变换群。由此得出的场论令人满意地保持了同位旋对称性，同时引入了一个新的场，类似于量子电动力学中的电磁场，他们将其命名为 B 场。该理论还预言了三个新的场粒子，负责携带核中质子和中子之间的强力，类似于量子电动力学中的光子发挥的作用。

之所以需要三个粒子，是因为相互作用的复杂性越来越大。

---

9 Robert Mills, telephone interview with Robert Crease and Chales Mann, 7 April 1983. Quoted in Crease and Mann, p. 193.

在这三个场粒子中，有两个需要带电荷，以解释"质子–中子"和"中子–质子"相互作用产生的电荷的变化。杨振宁和米尔斯把这两个粒子用 B^+ 和 B^- 表示。第三个粒子是中性的，就像光子，用来解释"质子–质子"和"中子–中子"之间的相互作用，其中并没有电荷的变化。这第三个粒子用 B^0 表示。他们发现，这些场粒子不仅与质子和中子相互作用，而且彼此之间也会相互作用。

这里就带来了问题。重整化方法在量子电动力学中虽然应用得非常成功，却无法应用到杨–米尔斯场论中。更糟糕的是，微扰展开式中的零阶项表明，场粒子应该没有质量，就像光子一样。但这样就自相矛盾了。1935 年，日本物理学家汤川秀树提出，短程力的场粒子应该很重，他认为，受限于短程内的虚粒子应该寿命很短，而根据能量–时间不确定性关系，寿命很短意味着质量很大。[10] 无质量的场粒子解释强力是说不通的。

杨振宁回到了普林斯顿，1954 年 2 月 23 日，在一次研讨会上，他公布了两人的研究结果。奥本海默和泡利坐在听众席中。[11]

事实证明，泡利之前也以同样的逻辑探究过，同样遇到了关于场粒子质量的难题。他后来放弃了这个方法。杨振宁刚在黑板上写下方程，泡利就开口了：

---

10 汤川秀树认为，带强力的场粒子的质量应该约为电子质量的 200 倍。1937 年发现介子（μ子）时，起初人们认为它就是汤川秀树提出的那个粒子。
11 这段时间对奥本海默来说非常难挨。1953 年 12 月，艾森豪威尔政府撤回了他的"Q"安全权限。他被指控为苏联特工，"是比不是的可能性大"。1954 年 4 月，原子能委员会的人事安全委员将召开会议，判决奥本海默究竟有罪还是无罪。

"这个 B 场的质量是多少？"他用期待的眼神等待答案。

"我不知道。"杨振宁答道，底气有点不足。

泡利追问："这个 B 场的**质量**是多少？"

杨振宁答："我们研究过这个问题，非常复杂，现在回答不了。"

泡利咕哝道："这个理由可不充分。"[12]

杨振宁吃了一惊，很尴尬地坐了下来。奥本海默提议让杨振宁继续。杨振宁继续他的讲演，此后泡利没再问问题。

这个问题可不是能轻易忽略的。没有质量，杨－米尔斯场论的场粒子就不符合物理学的预期。如果它们正如理论预言的那样没有质量，那么至今还从未观察到过这样的粒子。广为接受的重整化方法将在这个问题上不起作用。

然而，它依然是个**不错的**理论。

杨振宁曾写道："这个想法很**漂亮**，应该发表出来。但规范粒子的质量究竟是什么呢？我们没有证实的结论，只有令人沮丧的经验，证明这种情况比电磁学要复杂得多。我们倾向于认为，在物理学背景下，带电荷的规范粒子不可能没有质量。"[13]

1954 年 10 月，杨振宁和米尔斯把研究结果发表在《物理评论》上。之后，他们再无任何进展，就把目光转向了别处。

---

12 part of a conversation reported by Yang at the International Symposium on the History of Particle Physics, Batavia, Illinois, 2 May 1985.Quoted by Riordan, p. 198.
13 Chen Ning Yang, *Selected Papers with Commentary*, W.H. Freeman, New York, 1983. Quoted by Christine Sutton in Farmelo, p. 243.

21

比例中的奇异性

罗切斯特
1960年8月

1935 年，日本物理学家汤川秀树提出，原子核中有一种力把质子和中子连在一起，而这种力的载体可能是比电子重约 200 倍的粒子。仅仅两年后，人们发现了介子，似乎满足了这个要求。但这并不是汤川秀树提出的场粒子。人们预测，所有核力的载体都会与物质发生强烈的相互作用。而介子并没有。

1947 年，布里斯托尔大学的物理学家塞西尔·鲍威尔（Cecil Powell）和他的团队在法国比利牛斯山脉的日中峰山顶做宇宙射线实验时，发现了另一种粒子。这个粒子具有稍大的质量，是电子质量的 273 倍，分正负两种。这种粒子就是汤川秀树预言的粒子。[1]

介子被重命名为 μ 介子（mu-meson，后来简写为 μ 子）。而鲍威尔

---

1 1949年，汤川秀树获得诺贝尔奖，成为日本第一位获得诺贝尔奖的物理学家。1950年，鲍威尔获得诺贝尔奖。

等发现的新粒子被称为 π 介子（pion）。随着探测粒子的技术（基于宇宙射线）越来越精密，闸门也真正打开了。人们发现 π 介子之后不久，又发现了正负 K 介子（kaon）和中性的 Λ 粒子。K 介子和 Λ 粒子的行为相当奇怪，而且物理学家因为缺乏更科学的描述符号，就给这些新发现的粒子赋予了一个统称，叫"奇异粒子"。

战后，美国政府财力充沛，欧内斯特·劳伦斯得到了政府的慷慨资助，将战时曾用来分离铀同位素的 184 英寸回旋加速器重新用于和平的目的。1949 年，伯克利辐射实验室的物理学家用回旋加速器发现了中性 π 介子。随着纽约布鲁克黑文国家实验室、加州伯克利实验室以及俄罗斯杜布纳和瑞士日内瓦等地建设起新的同步加速器，不久后很多粒子相继被发现：正、负和中性 Σ 粒子，负、中性 Ξ 粒子，反质子、反中子和泡利期待已久的中微子。[2]

新的粒子层出不穷。在高能级上，很多核子的"共振态"出现了，第一个共振态与从质子中发散出来的越来越多的 π 介子相关。但这些是真实的粒子吗？它们看起来不过就是 π 介子和核子之间"一时的调情"，其寿命不超过万亿分之一秒。虽然这最初被视为核子的激发态，但到了 20 世纪 50 年代后期，人们普遍认为，这些粒子是不能忽略的。人们适时将其收入字典，称之为 Δ 粒子。

粒子不断加速，能量越来越大，而加速粒子撞击产生的"强力"也硬生生地摧毁了狄拉克的"哲学家梦想"。实验家揭示出的不是潜在的"简单性"，而是错综的"复杂性"，一个名副其实的粒子"动物园"。

---

2 起初这些粒子并非如此命名。为避免混淆，我会继续使用现代名称，只在必要时引用曾用名。

所有人都急需一个解释。

一些不同寻常的新事物，随着奇异粒子一同到来。物理学家意识到，他们正在见证两种不同核力的作用。强力与"普通"粒子，如质子和 π 介子的相互作用，产生了奇异粒子。然后，这些奇异粒子在分解前会在探测器中传播，产生特别的"v"形轨迹。它们的寿命相对长些，说明尽管是通过强力产生的，但其衰变模式受到弱得多的核力的支配。实际上，正是这个力支配着放射性 β 衰变。

在普林斯顿，荷兰裔美国物理学家亚伯拉罕·派斯逐渐确定，这种行为无法用已知的量子数，即电荷、自旋和同位旋等来解释。他提出，需要一个新量子数，并将其命名为 N。普通粒子的 $N=0$，这些新奇异粒子的 $N=1$。

他认为，在强力的相互作用中，这个神秘的新量子数 N 是守恒的：新产生的粒子总的 N 必须与发生反应的粒子总的 N 相同。然而，新粒子一旦产生，强力就无法把 N 为奇数的奇异粒子分解回 N 为偶数的普通粒子。派斯假设，貌似只有弱力能够这样做，因为某种意义上来说，弱力并不遵守这个奇偶守恒定律。

似乎一切都有点**"硬凑"**的意味，美国物理学家默里·盖尔曼对此并不信服。在群星闪耀的科学家长名单中，盖尔曼是 20 世纪又一个研究量子物理学问题的大家。1929 年，盖尔曼出生在纽约，15 岁时就考入耶鲁大学，[3] 1951 年在麻省理工学院取得博士学位时才 21 岁。他在普林斯顿的高等研究所短暂工作过，而后转到

---

3 想想吧。你15岁的时候在干吗？

芝加哥，与费米共事。正是在芝加哥，他开始投身到奇异粒子的谜题之中。

盖尔曼设计的方法依旧令人不解，但比派斯的方法综合性更强。盖尔曼提出了**奇异性**的观点，奇异性是奇异粒子的新属性，后来他借用了弗朗西斯·培根的话，这令他名垂青史："但凡绝妙的美，比例中总存在某些奇异之处。"[4]

虽然奇异性的根源尚未知晓，但盖尔曼认为，无论奇异性究竟是什么，它在强力的相互作用中是守恒的，这点与电荷守恒很像。派斯意识到，他一直在寻找的新量子数，盖尔曼已经正确地指出来了。

这不再关乎"偶数"和"奇数"。如果一个奇异粒子在两个普通粒子的强力反应中产生，而这两个粒子的奇异性都为零，那么奇异性守恒就意味着，它不可能是自生的。比如，一个加速的负电荷 π 介子与质子相撞，产生一个中性的 κ 介子（假设奇异性赋值为 +1）和一个 Λ 粒子（奇异性为 -1）。这些粒子必然总是一起产生的，以保证奇异性在总体上守恒，这种现象叫作"缔合产生"。一旦产生，奇异粒子就无法被分解，除非通过弱力的相互作用。

考特尼·赖特（Courtney Wright）是布鲁克黑文国家实验室的粒子物理学家，盖尔曼打电话给他，请教缔合产生的相关问题。如果他是对的，那么奇异粒子就应该总是以特定配对的方式产生，

---

4 Murray Gell-Mann and Edward Rosenbaum, *Scientific American*, July 1957, pp. 72–88.

这种配对优先于其他仅仅基于碰撞能量考虑就能产生的可能组合。

"能有什么差别呢？"赖特想知道，"谁在意啊？"

盖尔曼答道："我在意。请解释一下这个问题。"[5]

赖特解释了相关问题。盖尔曼是对的。

如果对奇异性缺乏基础性的解释，盖尔曼的方法就不会被物理学界普遍认同。1956 年，奥本海默把它称作"暂时的解法"。[6]

奇异粒子的行为让大家对弱核力重新燃起了兴趣。早在 20 世纪 30 年代，费米就提出来一种详细阐述 β 放射性的理论。1933 年圣诞节期间，他跟同事在意大利阿尔卑斯山滑了一天雪后，给他们讲述了自己的新理论。意大利物理学家埃米利奥·塞格雷（Emilio Segrè）记述了此事："……我们当时都挤坐在酒店客房的一张床上，我根本就坐不住，因为滑雪时栽了几个跟头，浑身青肿。费米非常清楚他研究结果的重要性，他说他觉得自己会因这篇论文而名垂青史，这是他有生以来最好的一篇论文。"[7]

费米比较了支配 β 放射性的弱作用力和电磁力。在电磁学理论中，两个电子互相接近，会感受到电磁力，交换一个虚光子，然后彼此偏离。费米推测，同样地，中子受到弱核力的作用会变为质子，与电子和中微子交换"某种东西"（费米还没有准

---

5 quoted in Johnson, p. 122.

6 J. Robert Oppenheimer, *Proceedings of the Sixth Rochester Conference*, Section VIII, p. 1, 1956. Quoted in Johnson, p. 133.

7 Segrè, p. 72.

备好猜测出这到底是什么东西）。[8] 从得出的与电磁学相似的理论中，费米能够推导出发射的 β 电子的能量范围（因此也能推导出速度）。

稍微调整之后，费米的理论到今天一直适用。1949 年，哥伦比亚大学的华裔美国物理学家吴健雄的实验证实了费米对电子能量的预测。

费米推断，在 β 放射现象中，"中子-质子对"和"电子-中微子对"构成的"流"之间的耦合强度，只有电磁学中带电粒子之间的等效的耦合强度的一百亿分之一左右。力或许很弱，却有某种深远的影响。由于弱力，几乎从刚被发现的那一刻起就被视为"基本"核粒子的中子是天生不稳定的。一个自由中子的平均寿命仅有 18 分钟。

20 世纪 40 年代末期，有一点逐渐明朗：支配 μ 子吸收和发射的相互作用具有类似的强度。支配奇异粒子衰变模式的力也属于同样的范围，而且看起来很明显，β 放射性就是一种普遍现象的常见表现，人们称其为**普适费米相互作用**。

但眼下还存在一个问题。电磁学中的一种不可打破的对称性和带电粒子波函数在反射下的行为有关，这种性质被称为**宇称**。如果改变粒子的空间坐标的正负号不改变波函数的正负号的话，就可以说这种粒子具有偶宇称。如果波函数的正负号发生了改变，

---

8 为了准确起见，这里有必要补充一句，人们后来认为 β 放射性衰变中发射的电子应该伴随有一个反中微子。

则粒子具有奇宇称。[9]据物理学家所知，在所有电磁和核的相互作用中，宇称都是守恒的。

除了人们眼中那些令人信服的实验证据之外，宇称守恒的假定从很大程度上说，也是出于物理学家的直觉。自然不变的法则怎么可能会青睐那些人类关于左右、上下、前后的准则呢？毫无疑问，不会有哪种自然的力会显示出这样的"手性"吧？

问题是，有两种带正电荷的奇异粒子，当时被命名为"tau"（希腊文第 19 个字母 τ）和"theta"（希腊文第 8 个字母 θ），无论从哪方面来看，它们都像是同一种粒子，其质量和衰变率也都一样。但正 θ 粒子衰变成两个 π 介子，每一个都具有奇宇称。两个奇宇称的粒子产生一个总的偶宇称，就像 -1 乘以 -1 等于 +1。然而，τ 粒子衰变成三个 π 介子，同样，每一个都具有奇宇称。三个奇宇称的粒子产生一个总的奇宇称，就像 -1 乘以 -1 乘以 -1 等于 -1。

不太乐观的暗示开始出现：如果 τ 和 θ 真的是一种粒子，那么弱相互作用可能就不遵循宇称守恒了。弱力究竟能否有"偏手性"？

杨振宁和他的同事华裔物理学家李政道决定检查实验记录。他们的发现令人大吃一惊。事实证明，对弱力的相互作用来说，并不存在支持宇称守恒的实验证据。1956 年 6 月，他们发表了一篇猜测性的论文，抛出这个问题：在弱相互作用中，宇称是守恒的吗？

---

9 这种对称操作可以看作是一种特殊的镜面反射，不仅左右颠倒，而且前后和上下也都颠倒。

同年年末，吴健雄、埃里克·安布勒（Eric Ambler）及其在美国国家标准局实验室的合作伙伴，进行了一系列严谨的实验，实验结果给出了答案。这些实验测量了从放射性钴-60原子中发射出来的β电子的方向。这些钴-60原子被冷却到接近绝对零度，通过外加磁场，它们的核被排列在一个方向上。β电子发射如果是对称的，就说明没有哪个方向是特殊的，这意味着宇称守恒。不对称的发射则说明宇称并不守恒。

但泡利对宇称守恒深信不疑，他决意下个大赌注。1957年1月，在给魏斯科普夫的信中，他写道："我觉得上帝不是个软弱的左撇子，我准备赌个大的，实验会给出对称性的结果。"[10]

实验结果胜于雄辩。人们发现，上帝的确是个"软弱的左撇子"。在弱力的相互作用下，宇称是不守恒的。在不到两周的时间里，泡利就被证明错了，幸亏他没砸钱来下赌注，不然就会输成穷光蛋了。

τ粒子和θ粒子变成了同一种粒子，即正K介子。[11]

随后，理论物理学家和实验物理学家在弱力的确切性质上，又产生了分歧。其间，盖尔曼于1955年转到了加州理工学院，在那里他与费曼合作研究弱核力理论，逐渐迷上了杨-米尔斯场论。

---

10 Wolfgang Pauli, letter to Victor Weisskopf, 17 January 1957. Quoted in Crease and Mann, p. 209.
11 1957年，杨振宁和李政道因对物理学的这一贡献，被授予诺贝尔物理学奖。

费曼和盖尔曼，以及印度裔美国物理学家乔治·苏达山（George Sudarshan）和美国物理学家罗伯特·马沙克（Robert Marshak）提出，弱力必须具有某种所谓的矢量属性，这点与实验物理学家对实验证据的诠释背道而驰。理论物理学家一时占了上风。1957 年年底，莫里斯·戈德哈伯（Maurice Goldhaber）和他在布鲁克黑文实验室的同事继续做实验，确定中微子是"左撇子"，而反中微子是"右撇子"，证实普适费米相互作用具有普适性，并把弱力确定为一种基本自然力。

费米在 β 放射性方面的论文具有里程碑式的意义，文中他对弱力和电磁力进行了类比。他把电子质量作为计算标准，估算了力的相对强度。1941 年，施温格假定弱力的载体是体积大很多的粒子，他对这个假定做了深入的思考。根据他的估计，如果场粒子真的是质量为质子几百倍的粒子，那么弱力和电磁力的耦合强度或许实际上是相同的。

这是史上第一个暗示弱力和电磁力有可能**统一**的观点。

1957 年 11 月，施温格在《物理纪事》上发表了一篇论文，推测弱力是以三种场粒子为中介的。三个粒子中，有两个（用 w^+ 和 w^- 表示 [12]）是用来解释电荷在弱相互作用中的传播的。而第三个粒子，则用来解释没有电荷发生转移的情况。他认为，这第三个中性粒子就是光子。

此时，β 放射性也是这样。中子会衰变，释放质量较大的 w^-

12　再次说明，为明晰起见，笔者用的是这些粒子目前通用的名字。

粒子，变成质子。寿命短暂的 w⁻ 再衰变成一个高速电子和一个反中微子。

施温格对他的理论做了修改，以便与当时盛行的对弱力本质的诠释保持一致。后来，那种诠释也被证明是不对的，他就彻底放弃了对弱相互作用的研究。不过在这期间，他把这个问题分配给了他指导的一个哈佛大学的研究生，这个研究生就是谢尔顿·格拉肖。

格拉肖出生在美国，父辈是俄裔犹太移民。1950 年，他与同班同学斯蒂芬·温伯格和杰拉尔德·费恩伯格（Gerald Feinberg）一起从布朗克斯科学高中毕业。他与温伯格去了康奈尔大学，于1954 年获得学士学位。毕业后，格拉肖又去了哈佛大学读研究生，他的导师就是施温格。

作为博士研究课题，施温格让格拉肖把 w⁺ 和 w⁻ 作为弱核力载体来研究。两年时间里，他都在专心研究这个问题。他进行了认真的思考。

他发现，w 粒子携带电荷的这个事实意味着不可能把弱力理论从电磁学理论中分离出来。他在博士论文的附录中写道："我们应该考虑周全，只有把这些相互作用一起处理，才能研究出一个广为接受的理论……"[13]

格拉肖想到了杨振宁和米尔斯发展的 SU（2）场论。施温格认为三个场粒子就是两个 w 粒子和一个光子，格拉肖对导师的论

---

13 Sheldon Glashow, Harvard University PhD thesis, 1958, p. 75.
Quoted in Glashow, Nobel Lecture, 8 December 1979.

点深信不疑。他谨慎地研究，确认与 w 粒子相关的相互作用会同时违背宇称和奇异性守恒，而与光子有关的相互作用却不会违背。虽然结果难看得很，但 1958 年 11 月，格拉肖认为自己已经明确得出了弱力和电磁力的统一理论。他甚至还认为这个理论是可重整化的。

然而，过度自信带来的狂喜很快就终结了。他在哥本哈根尼尔斯·玻尔的理论物理研究所工作期间，完成了该理论的一篇论文。1959 年春，他来到伦敦，就该主题做了一个讲座。听众席中，出生于巴基斯坦的理论物理学家阿卜杜勒·萨拉姆和他的合作者约翰·沃德（John Ward）大吃一惊。二人同样受到施温格论文的启发，一直在研究涉及两个带电的场粒子和光子的杨－米尔斯 su（2）场论。但问题是，虽然他们努力尝试，但始终不能让自己的理论可重整化。

格拉肖出了一连串错。这些错误暴露后，他回到哥本哈根做了进一步的思考。

人们很容易把格拉肖的错误看作年轻人缺乏经验的莽撞之举（毕竟当时他才 26 岁，而萨拉姆 33 岁）。然而，他进一步反思之后得到的结果，更加展现出年轻人的不知天高地厚。作为同时涵盖弱相互作用和电磁相互作用的 su（2）理论中的一个场粒子，光子已经承担了太多不该承担的角色。它扮演着弱力载体和电磁力载体的双重角色，此时格拉肖意识到，光子承担的使命过多，以不能令人接受的方式扭曲了这个理论。

解决的方法是，通过结合杨－米尔斯 su（2）规范场和电磁学的 u（1）规范场，将其写作乘积的形式 su（2）× u（1），以扩大对称性。这样一来，虽然不能再得出完全统一的结论，却能获得另一个优势：光子得以解脱，不再担任弱力的载体。然而，这也意味着必须再引入一个场粒子，才能解释中性弱力的相互作用，也就是所谓的"弱中性流"。[14] 实际上，此时格拉肖也有三个弱力粒子，相当于最初由杨振宁和米尔斯提出的三个 B 粒子。格拉肖的这三个粒子分别用 w^+、w^- 和 z^0 表示。[15]

1960 年 3 月，格拉肖在巴黎做讲座，遇到了盖尔曼。盖尔曼在加州理工学院工作，当时正在公休年假中，便在法兰西学院以客座教授的身份做研究。午餐时，格拉肖介绍了他的 SU（2）× U（1）理论，盖尔曼表示赞许。盖尔曼对他说："你的研究很好，但大家听起来会云里雾里的。"[16] 盖尔曼还邀请格拉肖到加州理工学院工作。

1960 年 8 月 25 日至 9 月 1 日，第二届国际高能物理会议即将在纽约州罗切斯特市召开，盖尔曼决定在这次会议上，把格拉肖这篇尚未发表的论文公之于众。[17] 第一届高能物理会议（同样在罗切斯特）于 1950 年召开，旨在弘扬谢尔特岛和波科诺会议独有的传统，与会人员既有实验粒子物理学家，也有理论物理学

14　当这样的弱相互作用包含带电荷的媒介时，它们就称作电荷"流"，因为它们包括从一个粒子到另一个粒子的电荷流动。以此类推，包括中性力粒子交换的弱相互作用，有时被称作中性流。

15　最初，通过与杨－米尔斯的理论类比，格拉肖把中性粒子称作 B，但现在通常用 z^0 表示。

16　Murray Gell-Mann, interview with Robert Crease and Charles Mann, 3 March 1983. Quoted in Crease and Mann, p. 225.

17　格拉肖的论文发表在 1961 年 11 月的《核物理学》（*Nuclear Physics*）上。

家。此时，格拉肖的论文已把施温格晦涩的理论清晰地表达出来，而在会议上，盖尔曼也用更多物理学家能够理解的语言对其做了阐释。但是，与会者反响平平。

事实上，这个理论似乎并没有得到多少支持者。当时还没有人能够解决 w^+、w^- 和 z^0 这三个粒子该如何获得质量的问题。正如杨振宁和米尔斯的发现一样，这个场论预言力的载体应该像光子一样，没有质量。但弱力的载体应该是有质量的粒子，而且"手动"加上质量会使该理论变得非重整化。

接下来是 z^0 的问题。中性力载体的存在应该在实验中以弱中性流的形式表现出来。但在所有的奇异粒子衰变中，都找不到这种流，而奇异粒子衰变已经成为粒子物理学家研究弱相互作用的主要参考标准。

格拉肖的解释似乎从未得到实验物理学家的青睐。他认为 z^0 比带电荷的 w 粒子质量大得多，与 z^0 相关的相互作用完全超出了最大的粒子加速器能力的范围。

理论物理学家陷入了死局。高能物理学家异想天开，引发了一次粒子爆炸，这已经成为理论物理学家的救命稻草。量子场论形势低迷，而且不管怎么说，它都不是唯一备用的理论。

有人宣称，量子场论已死。

22

夸克出场！

20 世纪 60 年代早期，物理学家已经发现了 30 种"基本"粒子，包括反粒子，但不包括 Δ 粒子。如果想区分清楚电子、光子、质子、中子、μ 子、π 介子、K 介子、Λ 粒子、Σ 粒子、Ξ 粒子和 Δ 粒子这一系列令人眼花缭乱的粒子，就必须找到某种严格的分类方法，而非只是将它们分为"普通粒子"和"奇异粒子"。粒子的名字层出不穷。一位年轻的物理学家就这个问题请教费米，费米答道："年轻人，我要是记得住这么多名字，我早成为植物学家了。"[1]

这些粒子，按照它们特有的"量子数"、电荷值、自旋、同位旋和奇异性进行分类，可以分为出两种基本类型。其一是"物质"粒子，属于物质实体的东西；其二是"力"粒子，属于场粒子，负责传递物质粒子

---

1 Quoted as 'physics folklore' in Kragh, *Quantum Generations*, p. 321.

之间的力。

物质粒子是费米子——具有半整数自旋。[2] 费米子包括轻子（电子、μ子、中微子和它们的反粒子），[3] 以及重子（质子、中子、Λ 粒子、Σ 粒子、Ξ 粒子和它们的反粒子）。[4] 力粒子是玻色子——具有整数自旋。[5] 玻色子包括光子和统称为"介子"的粒子（π 介子和 K 介子）。[6] 其中，介子传输强力，并与重子一起，构成一类称为"强子"的粒子。[7]

自旋 1/2 的重子有正（质子和 Σ^+）、中性（中子、Σ^0、Λ^0 和 Ξ^0）和负（Σ^- 和 Ξ^-）电荷之分，奇异性值为 0（质子、中子）、-1（Σ^+、Σ^0、Λ^0 和 Σ^-）和 -2（Ξ^0 和 Ξ^-）。自旋为 0 的介子有正（K^+、π^+）、中性（K^0、π^0、和 $\overline{K}^0$，即 K^0 的反粒子）和负（π^-、K^-）电荷之分，奇异性值为 +1（K^0、K^+）、0（π^+、π^0、π^-）和 -1（K^-、$\overline{K}^0$）。自旋 3/2 的 Δ 粒子，奇异性都为 0，电荷范围为 -1 到 +2（Δ^-、Δ^0、Δ^+ 和 Δ^{2+}）。

重子是根据它们的"重子数"B 来分类的，所有重子的重子数均为 +1，所有反重子的重子数为 -1。同样，所有轻子的"轻子数"l 为 +1，所有反轻子的轻子数为 -1。因此，质子和中子的 B=+1，l=0。电子的 B=0，l=+1。所有力粒子（所有玻色子）的 B=0，l=0。这些特性都很重要，因为物理学家发现，在粒子的相互作用中，重子和轻子数是守恒的。

---

2 费米子以恩里科·费米的名字命名。
3 轻子（leptons，源于希腊语leptos，意为"小"）是一种较轻的费米子，不受强核力的作用。
4 重子（baryons，源于希腊语barys，意为"重"）是一种较重的费米子，质量等于或大于质子的质量。重子受强核力的作用。
5 玻色子以印度物理学家萨特延德拉·纳特·玻色（Satyendra Nath Bose）的名字命名。自旋为零的玻色子也是可能存在的，但这种玻色子与物质场相关，而非力场。
6 注意：虽然最初把μ子叫作介子，但μ子（"重"电子）属于轻子，与π介子和K介子不属于一类，不是介子。迷糊了吗？
7 源自希腊语hadros，意为"厚"或"重"。

很明显，粒子的分类混乱不堪，必须要有一种分类方式，就像德米特里·门捷列夫（Dmitri Mendeleev）的元素周期表一样明晰。问题是：这种分类方式是什么，有没有一种根本性的解释呢？这个问题的回答分两个阶段。1961 年，盖尔曼和以色列物理学家尤瓦尔·尼尔曼（Yuval Ne'eman）各自独立确定了分类方式。

对其解释，则用时长了些。

为了获得根本上的简单明晰性，人们认真地开始了探索。物理学家有一种直觉，他们认为不可能存在这么多基本粒子，而且不管怎样，人们是能够发现"真正"的基本粒子的，其他一切粒子都由这些基本粒子构成，这样就能合理解释粒子的数量了。[8]从某种程度上说，在整个科学史上，物理学家都在采用这种方法，但试图把它应用到在宇宙射线和粒子加速器实验中开始出现的新粒子上，最早是在 1949 年由费米和杨振宁提出来的。

20 世纪 50 年代初，受马克思辩证唯物主义理论的影响，日本物理学家坂田昌一和同事认为质子、中子和 Λ 粒子就是基本的"三重态"，并尝试用它构建其他粒子。盖尔曼尝试了几乎与之相同的方法，但为何把这些粒子而非其他粒子视为基本粒子，原因却从未明确。盖尔曼承认："这混乱得很，我不喜欢，就没

---

8 这不是唯一可用的方法。美国物理学家乔弗利·丘（Geoffrey Chew）曾提出另一种方法，基于 S 矩阵的"自举"的模型，其中每个粒子都由其他粒子构成。在这种"核民主"中，每种粒子都重要，都是基本粒子。

有发表。"[9]

　　这些早期的尝试之所以会失败，是因为理论物理学家急于求成，还没建立起合理的方式，就想得到根本性的解释。有点像还没有确定每个元素在周期表中的位置，就想弄明白各个元素的基本构成一样。

　　盖尔曼认为，全局对称群可以为这种方式提供基本框架。[10] 虽然他智慧过人，又熟悉杨振宁和米尔斯的研究，但在 1959 年时，他还不熟悉群论。他耐着性子听完很多这方面的讲座，但总是觉得相当抽象，而且与物理学中的重要内容并不相干。

　　他知道，他需要一个比 U（1）或 SU（2）还要大的连续对称群，以适用于当时公认的粒子的范围和种类，但他并不确定如何去做。这时候，他正以客座教授的身份在巴黎法兰西学院做研究。午餐时分，他与法国同事喝了不少法国上等葡萄酒，但这并没有立竿见影地给他指出一条明路，这倒也不奇怪。[11]

　　因此，格拉肖 1960 年 3 月的巴黎之行不仅让他获得了盖尔曼对他在统一弱力和电磁力方面的努力的鼓励，还产生了其他的意义。格拉肖使用的施温格的术语，相对来说很费解，盖尔曼把这些术语弄懂后，立马迷上了格拉肖的 SU（2）× U（1）理论。

9　Murray Gell-Mann, interview with Robert Crease and Charles Mann, Caltech, 21 February 1985. Quoted in Crease and Mann, p. 265.

10　注意，这里说的是全局对称群，不是局域对称群。盖尔曼一直在找给粒子分类的方法。他还没有发展基于局域规范对称的杨－米尔斯的强作用力场论。

11　而且饮酒似乎也没怎么促进交流。与盖尔曼一同饮酒的同事都是数学家，这些人几乎分分钟就能解决他的难题，但他们却从未谈及此事。

他开始琢磨如何把对称群扩展到更高的维度上。SU（2）× U（1）法并不是解决之道，因为它提供的（总共有四个场粒子或玻色子：光子、W 和 Z 粒子）扩展不足以达到他的目的。

不管怎么说，这个理论让他产生了深刻的印象，并因此受到启发。现在，他开始尝试更多维度的理论：

我逐渐攻克了三个算符、四个算符、五个算符、六个算符和七个算符，试图发现与我们正在研究的 SU（2）因数和 U（1）因数的乘积不相符的代数。我一路解下来，算到七个维度，却一无所获……那时，我说："够了！"喝完所有葡萄酒后，我再也没有力气去尝试第八个维度了。[12]

格拉肖接受盖尔曼的邀请，来到加州理工学院。从巴黎回去后不久，这两位物理学家开始合作寻找解决方法。但直到一次偶然的机会，与加州理工学院的数学家理查德·布洛克（Richard Block）聊起来，盖尔曼才发现原来李群 SU（3）能为他提供自己一直寻找的结构。此前在巴黎时，他几乎就要发现这一点了，结果却错失良机。

SU（3）最简单或"不可约"的表示就是基本的三重态。实际上，坂田和同事已经试过在 SU（3）对称群的基础上构建模型，把质子、中子和 Λ 粒子用作基本表示。盖尔曼已经走在这条路上，也无意重复坂田走过的路。他跳过了基本表示，直接研究下

---

12 Murray Gell-Mann, Caltech Report CALT-68-1214, pp. 22–23.
Quoted in Crease and Mann, pp. 264–265.

一步。

在数学术语中，su（3）对称群的表示可以根据如下公式合成：$\underline{3} \times \underline{3} \times \underline{3} = \underline{1} + \underline{8} + \underline{8} + \underline{10}$。这描述的是由一个"单态"粒子（一个粒子）、一对"八重态"粒子（八个粒子一组）和一个"十重态"粒子（十个粒子一组）组成的模式。盖尔曼集中精力研究"八重态"。[13]

他发现他可以把自旋 1/2 的重子置于这种"八重态"中，基本上构成一个六边形，每个点由电荷和奇异性的值决定，Σ^0 和 Λ^0 这两个粒子位于图形的中心。[14] 他发现他需要把质子、中子和 Λ 粒子放进这个图形中，而且他肯定觉得，克制想把这些归为基本表示的冲动，是个正确的决定。

当盖尔曼将自旋为 0 的介子拼成"八重态"时，他发现只能在图形中分派七个粒子。有一个粒子，也就是 Λ^0 介子，"不见了"。他大胆推测，一定存在第八个自旋为 0、电荷为 0 和奇异性为 0 的介子。他将其命名为 X 粒子。

盖尔曼在推测十重态的粒子面前望而却步了，毕竟当时已知的只有四种 Δ 粒子，而预测另外六种新粒子的存在，看起来还要跨越很大的一步。无论如何，他在八重态上已经取得了很大的突破。随后，他决定称自己的方法为"八重法"，是对佛教教义中通向涅槃的八个途径即"八正道"的一种戏拟。[15] 1960 年圣诞节期

13　不过，单态表示，也就是一个元素组成的群，也是相关的。20世纪60年代早期发现的 Φ 介子就是一例。

14　在某些表示中，不说"奇异性"，而说"超荷"。简单地说，超荷数就是奇异性加重子数。在重子自旋1/2的情况下，超荷等于奇异性+1。这种模式的中心为零电荷和零超荷。

15　八正道即正见、正思维、正语、正业、正命、正精进、正念和正定。

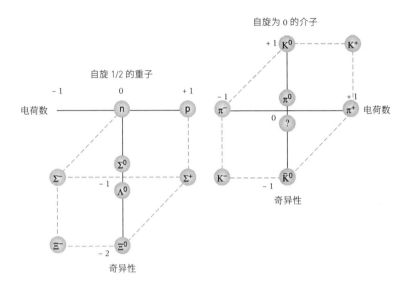

图12 八重法。盖尔曼发现,他能把自旋1/2的重子,包括中子(n)、质子(p)和自旋为0的介子,融进全局对称群SU(3)的两个八重态的表示中。但在这个表示中,自旋为0的介子只存在七个。另外一个粒子,也就是用Λ⁰表示的介子消失了。几个月后,加州大学伯克利分校的路易斯·阿尔瓦雷茨和他的团队发现了这个粒子。他们把这个粒子命名为η粒子。

间,他完成了八重法的研究,1961 年初,就将其发表在加州理工学院的预印刊物上。

他预测完成介子八重态所需的那个粒子,几个月后被美国加州大学伯克利分校的物理学家路易斯·阿尔瓦雷茨(Luis Alvarez)和他的团队发现。这是一个 3π 介子共振态。他们将新粒子命名为 η。

尤瓦尔·尼尔曼在以色列陆军中担任上校,摩西·达扬(Moshe Dayan)准许他离开,到伦敦学习物理学,同时在以色列大使馆担任防务专员。他不大可能以物理学为终身职业。盖尔曼在15 岁的青涩年纪就进入了耶鲁大学，而出生在特拉维夫的尼尔曼，15 岁时则在当时的英属巴勒斯坦托管地区内加入了犹太地下组织"哈加纳"。1948 年的阿以战争中，他曾指挥过一个步兵营。

起初，尼尔曼想在伦敦的国王学院研究相对论，但他还要在肯辛顿的大使馆工作，而城市的交通条件没法让他从大使馆到那里去听课，因此他就转到了帝国理工学院，研究粒子物理学。在帝国理工学院，他在阿卜杜勒·萨拉姆的研究方向上成绩突出。

尼尔曼在晚上和周末做研究工作，并把想法告诉萨拉姆，而萨拉姆则会耐心地指出，这些之前已经被权威物理学家研究过了。对这个理论，萨拉姆的耐心越来越少，但尼尔曼的信心却越来越强。与已知粒子相符合的潜在对称群出现了五个候选项，包括 SU（3）。起初，一种能够产生"大卫之星"（六角星）图案的对称群很有可能符合条件，这让他很是兴奋，但尼尔曼最终锁定了 SU（3）。1961 年，他发表了自己的八重法。

1962 年 6 月，尼尔曼和盖尔曼都参加了罗切斯特会议，但那年的会议并不是在罗切斯特市召开的，而是在日内瓦的欧洲核子研究中心。两个人都想听听关于已发现的新粒子的报告，这些粒子包括三重态自旋 3/2 的 Σ 星粒子（Σ^{*+}、Σ^{*0} 和 Σ^{*-}），[16] 其奇异性值为 -1，以及二重态自旋 3/2 的 Ξ 星粒子（Ξ^{*0} 和 Ξ^{*-}），其奇异性值为 -2，它们分别是自旋 1/2 的 Σ 粒子和 Ξ 重子的镜像。

尼尔曼立刻就发现，这些粒子属于十重态，可以加入到已知的

---

16 这些粒子最初叫作 Y_1^*。

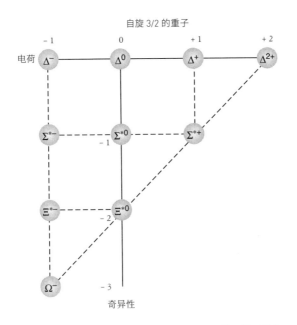

图13 尼尔曼和盖尔曼二人都认为最新发现的Σ*粒子的三重态和自旋3/2Ξι*粒子的二重态都属于SU（3）的十重态表达式。还有一个粒子未找到。盖尔曼领先一步，他将这个身份不明的粒子命名为Ω⁻

四个 Δ 粒子中。转眼间，十重态就有了九个粒子，此时只差一个粒子了，一个尚未发现的粒子。这是个负电荷粒子，奇异性值为 -3。

他举手想要发言，但盖尔曼此时也想到了同样的关联，而且坐的位置更靠前些。所以，站起来预言这个粒子（他将其命名为 Ω⁻ 粒子）存在的是盖尔曼。讨论结束后，布鲁克黑文国家实验室的粒子物理学家尼古拉斯·萨米奥斯（Nicholas Samios）问盖尔曼，在他看来 Ω⁻ 该如何衰变。盖尔曼在一张餐巾纸上画了一张 Ω⁻ 衰变的预测草图。萨米奥斯把那张餐巾纸装进了口袋。

图形找到了。接下来是基础性解释的问题。

基础表示的问题依然存在，SU（3）核心的基本三重态的问题被盖尔曼"礼貌地"跳过了。哥伦比亚大学的罗伯特·塞伯尔开始琢磨如何把三个基本"对象"结合，以创造八重法的两个八重态和十重态。从很多方面说，这就相当于把质子、中子和电子结合起来构建元素周期表。实际上，塞伯尔此时想问的是，虽然人们相信物理学家已知的所有粒子以三种基本粒子为基础，但这些从未被发现的粒子是否根本就不存在。1963 年 3 月，盖尔曼来到哥伦比亚大学做一系列讲座，塞伯尔向他请教了这个问题。

午餐时分，在哥伦比亚教授俱乐部，两人开始了对话。塞伯尔解释说："我认为，你可以采用三个粒子组合成质子和中子，粒子和反粒子可以产生介子。我想说'你不妨考虑一下'。"[17]

盖尔曼已经考虑过，而且也已经否定了这个想法。他问塞伯尔，这个基本三重态对象的电荷是什么样的。这个问题，塞伯尔还没思考过。盖尔曼说："这个想法很疯狂，我当时抓了一张餐巾纸，写下了必要的计算，以说明这样做意味着粒子的电荷必须为分数，像 -1/3、+2/3 这样，唯此，才能加起来形成一个电荷为正或零的质子或中子。"[18]

塞伯尔也觉得这个结果不太像话。没有任何证据能表明，粒子的电荷可以为分数。在两人的讨论中，盖尔曼把塞伯尔设想的

17　Robert Serber, telephone interview with Robert Crease and Richard Mann, 4 June 1983. Quoted in Crease and Mann, p. 281.
18　Murray Gell-Mann, interview with Robert Crease and Richard Mann, 3 March 1983. Quoted in Crease and Mann, p. 281.

粒子说成是"quorks",故意选了一个无意义的单词,在后来的讲座中,他还顺带提到了这个词。塞伯尔把这个单词视为"quirk"(古怪)的衍生词,就如盖尔曼所说,这样的粒子的确是自然的怪异之作。

不过,这次讨论让盖尔曼陷入了沉思。SU(3)对称群要求有一种基本表示,而且已知的粒子能够融进八重态和十重态图形,这使人想起基本粒子的三重态。电荷为分数是个问题,但如果设想"quorks"永远困在或**限制**在较大强子的内部,也许就可以解释为何在实验中从未见过电荷为分数的粒子了。

盖尔曼的想法逐渐成形的过程中,他偶然读到詹姆斯·乔伊斯(James Joyce)所著的《芬尼根的守灵夜》(*Finnegan's Wake*)中的一段文字,给他命名这些神秘的新粒子提供了灵感:

向麦克老人三呼夸克!
他肯定没从这叫声中得到什么。
但他有的肯定也都在这里边。

他说:"就是它了!质子和中子分别由三个夸克构成!"这个单词 quark 与原来那个"quork"发音并不一致,但比较接近。"所以我就选了这个名字。整件事情就是个恶作剧。是对矫饰的科学语言的叛逆回应。"[19]

19 Murray Gell-Mann, interview with Robert Crease and Richard Mann, 3 March 1983. Quoted in Crease and Mann, p. 282.

1964 年 2 月，盖尔曼发表了一篇小论文，对这个问题进行解释。他用 u、d 和 s 代指这三个夸克。虽然在文中他没有详细说明，但这三个字母分别代表"上"（u, up），电荷为 +2/3；"下"（d, down），电荷为 -1/3；以及"奇"（s, strange），电荷同样为 -1/3。重子由这三种夸克的不同组合构成，介子则由夸克和反夸克构成。

比如，质子包括两个上夸克和一个下夸克，即 uud，电荷总数为 +1。中子包括一个上夸克和两个下夸克，电荷总数为 0。奇异性量子数不为 0 的"奇异"粒子，包含（不出所料）奇夸克。根据这种解释，自旋为 1/2 的重子八重态由上夸克、下夸克和奇夸克的不同组合构成，而自旋为 0 的介子则由夸克和反夸克构成。同位旋现在被解释为复合核子中的上夸克和下夸克的数量。β 放射性则涉及中子中的下夸克转换成上夸克，中子转变成质子，并发射出 W⁻ 粒子。

盖尔曼在文中对塞伯尔在讨论时给予他的启发表示了感谢。[20]

这种图示优美简洁，但其实也无外乎是玩弄图形的把戏。由于没有实验做基础，因此对它的接受度小得可怜。况且，还存在一个问题。与自旋 1/2 的费米子一样，夸克也遵循泡利不相容原

20　毕业于加州理工学院的乔治·茨威格（George Zweig）曾是盖尔曼的学生，他基于粒子的基本三重态，与盖尔曼差不多同时得出了完全等效的图示。茨威格此时以博士后的身份在欧洲核子研究中心工作，他把电荷为分数的基本粒子称为"aces"，而且还说明了从"aces"的"treys"（三重态）中构建重子以及从"aces"和"反aces"的"deuces"（双重态）中构建介子的可能性。他的研究发表在欧洲核子研究中心的预印刊物上，但是发现无法发表在同行评审的刊物上。1964年底，茨威格加入加州理工学院，盖尔曼不遗余力地宣传他对于夸克的发现所起到的作用。

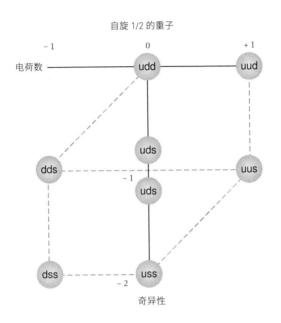

图14　上夸克、下夸克和奇夸克可能出现的不同组合，能够清晰明了地阐释"八重法"，此处图示的是自旋1/2的重子的八重态。Λ°和Σ°都由上夸克、下夸克和奇夸克构成，但各自的同位旋不同

理，后者不允许一个以上的费米子占有相同的量子态。然而，质子注定要包含两个上夸克，这两个上夸克应该拥有相同的状态；中子则要包含两个下夸克。这又如何与不相容原理相容呢？

盖尔曼尽量对夸克的情况不多发表意见，没有改进他的理论。为了避免因粒子的实体或其他方面的问题而陷入哲学辩论，毕竟理论上这种粒子或许永远无法看到，盖尔曼把夸克归为"数学产物"。有人把这点解读为盖尔曼认为夸克不是由"真材实料"

构成的，真材实料指的是真实存在而且结合起来能够产生实际影响的实体。

　　萨米奥斯带着盖尔曼提出的关于 Ω^- 衰变模式的建议，回到布鲁克黑文国家实验室。1963 年 12 月中旬，寻找 Ω^- 粒子的实验已准备就绪。1964 年 1 月 31 日，萨米奥斯和 30 位粒子物理学家组成的团队在一张气泡室照片中发现了一丝踪迹。这些踪迹几乎准确印证了对 Ω^- 的预测。1964 年 2 月 11 日，他们把论文发表在《物理评论》上。就在十天前，盖尔曼关于夸克的论文刚刚发表在欧洲核子研究中心的期刊《物理快报》（*Physics Letters*）上。

　　八重法经证明是正确的，但夸克理论却遭到了嘲弄。盖尔曼在加州理工学院给日内瓦的魏斯科普夫打电话时随口提到自己有一个想法，用电荷为分数的粒子能够解释所有的重子和介子。魏斯科普夫回道："胡说八道吧，默里，打越洋电话就别浪费时间说这样的废话了。"[21]

　　人们很难把理论物理学家说的话当真。他们捣鼓对称性和规范论，搞出无质量的玻色子（实际上必须要有质量）、并不存在的弱中性流，现在又提出电荷为分数的粒子，而这种粒子也许永远都不会现身。这些人到底是要糊弄谁呢？

---

21 Murray Gell-Mann, interview with Robert Crease and Richard Mann, 3 March 1983. Quoted in Crease and Mann, p. 284.

23

上帝粒子

美国马萨诸塞州剑桥市
1967年秋

20 世纪 60 年代早期，杨-米尔斯场论中无质量玻色子的问题出现了一丝可解决的迹象。然而，其解法酝酿的时间相对较长，原因是它起源于不同的学科，而不同学科的物理学家之间很少交流，更甚者，即便有交流，也总有互相贬低的倾向。

量子场论物理学家需要一个能够赋予无质量玻色子以质量的"把戏"。自然本身提供了一条重要线索。虽然许多理论物理学的描述都依赖于美妙对称的确定性，而对称性则与守恒的物理量相关，但也存在一个简单的事实，那就是我们赖以生存的自然界在本性上是更为不对称的，且明显偏向不对称发展。一支铅笔立起来，如果完全平衡，那它就是对称的。但一旦倾倒，就会朝某一方向倒下。可以说，对称性也就自然而然地破坏了。

物理学家曾耗费大量精力寻找自然中的对称性，而现在又要想办法破坏对称性，这看起来有点奇怪。固体物理学如今已取得很大的进步，它作为物理学的一个分支，专门研究晶体的属性和行为。

　　普通的铁磁体是固体的对称性自发破缺的典型示例。把一块条形磁铁加热到足够高的温度，铁原子磁矩的定向排列也就搅乱了。条形磁铁中原子的取向会变得对称，没有特定偏向，磁铁也就失去了磁性。随着磁铁冷却到室温，铁原子无规则热运动程度开始降低，它们的磁矩就会随之再一次对齐，从而逐渐指向特定的方向。[1]对称性是自发地破坏的，随着"北极"和"南极"的重新确立，磁铁不再对称。[2]

　　虽然固体物理学熟悉对称性自发破缺，但量子场论物理学家或粒子物理学家对其却不熟悉。他们视自己为纯粹主义者，只在最基础的层面研究物理世界的理论。他们倾向于认为固体物理学具有可怕的复杂性，同时还充斥着简单化的假设。有一次盖尔曼把这个学科说成是"肮脏态"物理学，多少透露出了他的这种态度。[3]固体物理学家则反唇相讥，在他们看来，粒子物理学家所研究的物理世界究竟如何运转的问题，简直就是天真。

　　但是，身处绝境之地往往能够帮人克服这种社交壁垒，尤其是在自己不熟悉的学科有望提供某种解法的时候。1960年，日裔美籍物理学家南部阳一郎用超导理论（电磁学中规范场内对称性自发破缺的一个例证）进行了类比，由此提出一个机制，或许能够赋予无质量的杨–米尔斯玻色子以质量。英裔物理学家杰弗里·戈德斯通（Jeffrey

---

1 没有施加外部磁场的情况下。
2 这并不意味着所有的对称都消失了。冷却后的条形磁铁仍然保持了一些内禀对称性，但保留这些对称性的对称群属于较大群的一个子集，这个较大群决定了热磁铁的特点。
3 Murray Gell-Mann, quoted in Johnson, p. 323 and Woit, p. 79.

Goldstone）的研究更进了一步。1961 年，他研究了对称性破缺的影响，得出的结论是，对称性破缺的一个结果是产生了更多无质量玻色子。

这没帮上什么忙。戈德斯通试图找到一种方法，能够赋予量子场论的无质量玻色子以质量，在这个过程中，他却发现对称性自发破缺产生了更多无质量粒子。

似乎是个死局了。

阿卜杜勒·萨拉姆也把对称性自发破缺看成一种可能的解决方法。1961 年夏，他与斯蒂芬·温伯格到麦迪逊参加在威斯康星大学召开的会议，在那里遇见了戈德斯通。

戈德斯通把自己的发现告诉了他们。他发现，使对称情况的场论等同于对称性破缺场论的唯一方法是再引入一个无质量玻色子，后来这个玻色子取名为"南部-戈德斯通玻色子"。虽然他已在某些选定的对称情况中推导出了这个结果，但他有种直觉，可以将其证明为通用的结果，并能把它上升到某种原理或定理的高度。这就是后来人们熟知的**戈德斯通定理**。

当然，这些南部-戈德斯通粒子也像杨-米尔斯玻色子一样遭受了白眼儿。无质量的粒子，比如光子，与长程力（如电磁力）相关。短程核力则应该与有质量的粒子相关。理论预测的任何无质量的新粒子都有可能像光子一样，无处不在。当然了，这些另外的粒子还未被观察到过。它们只是不合这种要求。

萨拉姆和温伯格不信这些话。他们把无质量的新粒子称作

"草丛里的蛇"。[4] 那年秋天，两人在伦敦的帝国理工学院合作，想证明它们并不存在。然而，结果恰恰相反。一旦同位旋或奇异性对称破缺，南部-戈德斯通玻色子就会出现。1962年8月，他们与戈德斯通就此合作发表了一篇论文，温伯格很是沮丧：

> 我记得自己曾因这些零质量粒子气馁过，那时我们就此主题合作写了一篇论文……我还在论文中加了一句格言，用以强调"一切都可以从不变的真空状态来解释"的这种假设是没有意义的，这句格言是李尔王反驳女儿科迪莉亚时说的："再说一遍：无中不会生有。"[5]

戈德斯通假定，空空如也的空间，即真空，由一个假设的场填满，这个场破坏了对称性。它像是一种精致的"以太"。温伯格引用《李尔王》中的名言，无非是一种遗憾的反思：试图从真空中召唤出质量是徒劳的。《物理评论》的编辑也没有给这戏剧性的幻想太多放飞的机会，不出所料地删去了论文中的这句格言。

若想取得进展，就必须要找到避开或驳倒戈德斯通定理的方法。

对他们来说，固体物理学家相当令人迷惑。他们已经研究晶体中的对称性破缺很多年了，但并未在局域规范对称的系统中找到任何无质量的新粒子。在约翰·巴丁（John Bardeen）、利昂·库

---

4 Abdus Salam, interview with Robert Crease and Charles Mann, 23 February 1984. Quoted in Crease and Mann, p. 241.
5 Steven Weinberg, Nobel lecture, 8 December 1979, p. 545.

珀（Leon Cooper）和约翰·施里弗（John Schrieffer）于 1957 年开创的超导理论中，无须引入任何新粒子就能解释为何某种材料冷却到某个临界温度之下时电阻会彻底消失。

在科学课上，我们早就学过同性电荷相斥这类知识。然而，超导体中电子也会相互**吸引**，尽管很弱。情况是这样的，当一个电子逐渐接近晶体晶格中带正电荷的离子时，会产生一种引力，这种引力让离子轻微移位，使晶格扭曲。电子继续向前，但扭曲的晶格继续振动。这个振动会在一个区域产生过剩的正电荷，从而吸引第二个电子。

这种相互作用的结果是使一对电子（叫作"库珀对"）合作穿过晶格。两个电子拥有相反的自旋和动量，而晶格的振动引发或促进了它们的运动。电子是费米子，根据泡利的不相容原理，它们通常无法占有相同的量子态。相反，"库珀对"的行为像玻色子：对可以占有一个量子态的电子对的数目没有限制，而且在低温状态下，它们可以发生玻色凝聚，在单个宏观量子态中聚集。[6]这种状态的"库珀对"在穿过晶体时畅行无阻，这就导致了超导。

"巴丁－库珀－施里弗超导理论"不仅优雅，还解释了另外一种令人迷惑的现象，这种现象完全处在量子电动力学的框架内。与电磁场的对称性破缺不同，此处不需要任何新特性和任何新粒子。

固体物理学家菲利普·安德森（Philip Anderson）依循这种逻

---

6 激光是光子玻色凝聚的一个实例。

辑来反对戈德斯通定理。当规范对称性自发破缺时，不一定总是产生南部－戈德斯通玻色子，这一点在许多固体物理学的实验中很明显。所产生的是晶格量子化的集体激发、振动，可以理解为等效于在固体中建立的波动模式的量子粒子。这些没什么特别神秘的。

1963 年，安德森提出，量子场论物理学家一直设法解决的问题或许在某种程度上可以自行解决：

> 那么，如果以超导来类比，现在的路是通的，不必涉及零质量的杨－米尔斯规范玻色子，也不必涉及零质量的南部－戈德斯通玻色子。似乎这两种玻色子可以"彼此抵消"，只剩有限质量的玻色子。[7]

后来证明，这个观点很有先见之明，但同样也被迅速地忽略了。安德森是固体物理学家，因此人们认为，他所说的话量子场论物理学家或粒子物理学家是不会感兴趣的。而且，由于安德森没有拿出正式的证据证明戈德斯通定理无效，那些非常看重他观点的少数理论物理学家也逐渐对他失去了信心。

安德森的论文的确就量子场论应用性的领域问题引发了一个小争议。1964 年，这个问题催生了几篇相关的论文，这些论文仔细研究了自发性破缺的机制，这些机制中的各种无质量玻色子确实会"彼此抵消"，只留下有质量的粒子。这些论文皆是独立发

---

7 Philip Anderson, *Physical Review*, 130 （1963），p.441.

表的，作者包括比利时物理学家罗伯特·布鲁（Robert Brout）和纽约州康奈尔大学的弗朗索瓦·恩格勒（François Englert），英国爱登堡大学的物理学家彼得·希格斯（Peter Higgs），以及伦敦帝国理工学院的杰拉尔德·古拉尔尼克（Gerald Guralnik）、卡尔·哈根（Carl Hagen）和汤姆·基布尔（Tom Kibble）。[8] 人们俗称这种机制为希格斯机制（Higgs mechanism）。

希格斯在 1964 年初发表的论文中承认安德森在玻色子问题上的直觉是基本正确的，不过这恰巧与杨-米尔斯规范理论的情况一样。对称性破缺产生的南部-戈德斯通玻色子，可以通过被"吸收"进杨-米尔斯玻色子的描述中，从该理论中去掉。南部-戈德斯通玻色子不再以无质量的独立粒子存在，而是成为杨-米尔斯玻色子的一个新"自由度"。[9]

杨-米尔斯玻色子获取质量的过程在数学上很复杂，但有几个类比，能够帮我们把这一过程可视化。对称性破缺所需的假设的真空场（现在这种场叫作**希格斯场**）作用在杨-米尔斯场粒子的行为是选择性的。对这些粒子来说，希格斯场的行为类似于糖浆，粒子与场的相互作用阻碍了它们的运动，很快就"停滞"下来，结果是，它们的行为无论从哪一点来看，都像是有质量粒子的运动。

---

8 这三篇论文发表在1964年《物理评论快报》的同一期（13），页码分别是321–323、508–509和585–587。
9 自旋为1的无质量粒子（玻色子）有两个自由度，与横向偏振状态相关（在光子中，与左旋和右旋偏振状态相关）。应用希格斯机制后，自旋为1的玻色子"吸收"南部-戈德斯通玻色子，产生第三个自由度，一个纵向的自由度。结果是，场阻滞了粒子的加速，我们把这种情况视作获取质量。

欧洲核子研究中心的物理学家用另外一种类比，向政客们解释希格斯机制。设想一场鸡尾酒派对，出席派对的是清一色的物理学家，他们安静地喝着鸡尾酒，随意地聊着天。这就相当于有希格斯场的真空。一位赫赫有名的物理学家（无疑是个诺贝尔奖得主）走进屋内，引起了一阵骚动。这就是无质量的杨－米尔斯玻色子。诸位物理学家自然把持不住，朝她走去，希望能与她搭讪。过不了多久，她身边就围绕了一群人，这样一来，她在屋内走动的速度也就慢了下来。[10]这种对杨－米尔斯玻色子加速的阻滞就相当于获取了质量。[11]

这个理论不仅对刚刚起步的电弱理论中的无质量玻色子有影响，同时也影响着所有粒子。人们认为希格斯场是"大爆炸"初期整个宇宙对称性破缺的原因。就像铁原子的结晶会破坏冷却的铁磁体内的对称性一样，随着早期宇宙的冷却，希格斯场的相位角也会"结晶"到一个具体的值。这种结晶过程产生了"假"真空，一种基线能量态，其能量比能量为零的"真"真空高。这种

10 这是伦敦大学学院的物理学家大卫·米勒（David Miller）改编后的版本，在原版故事中，喝鸡尾酒的物理学家是党务工作者，而著名物理学家则是英国前首相玛格丽特·撒切尔。1993年，科技大臣威廉·瓦尔德格雷夫（William Waldegrave）组织了一次竞赛，用浅显的语言解释希格斯机制，米勒提交了这个类比的版本。一共有五个获奖作品，米勒的版本是其中之一。瓦尔德格雷夫确信，欧洲核子研究中心寻找希格斯玻色子的研究值得英国每年出资资助。
11 值得注意的是，在与超导相关的U（1）电磁规范场的对称性破缺中，规范场的无质量光子也可以以完全相同的方式获取质量。由此产生了迈斯纳效应，该效应最初是由瓦尔特·迈斯纳（Walther Meissner）和R.奥克森费尔德（R. Ochsenfeld）发现的。如果在弱磁场或中等强度的磁场中，超导体的温度被降到转变温度之下，场光子就会变得有质量，场的"力线"也不能穿透进超导体的内部。场会被迫在超导体的外部流动。

对称性破缺机制以不同的方式影响了早期宇宙中产生的粒子。电磁力的光子未受影响，依然没有质量。但弱力玻色子以获取质量的方式捕捉到了受困于假真空中的能量。的确，看起来**所有的**有质量粒子都是以这种方式获得质量的。

虽然某些东西（质量）看起来确实是"无"中生有（"无"指的是希格斯场填充的假真空）的，但我们可以说，该理论也带来了相应的后果。世上不存在没有量子粒子的量子场，希格斯场中的粒子叫作**希格斯玻色子**。把鸡尾酒派对的类比发挥一下，希格斯玻色子就像是有关那位名人的絮语传闻，在大家等她到来的时候，有关消息在人群中传来传去。此时，为了听清传闻，物理学家聚在一起，就产生了阻滞（质量），即便名人不在场，依然如此。这种聚在一起的行为就相当于有质量的希格斯玻色子。其他无质量的场粒子与希格斯玻色子相互作用，这样就获取了质量。[12]

希格斯机制没有立即俘获人心。希格斯在发表论文的过程中还遇到了一些困难。1964 年 7 月，起初他把两篇论文中的第二篇投给了欧洲的刊物《物理快报》，但编辑认为不合适，给退稿了。

---

12 鉴于希格斯机制在赋予杨－米尔斯粒子质量方面发挥了巨大的作用，后来还被采纳为所有粒子获取质量的机制，希格斯机制几乎被捧上了神坛，至少在专业物理学家的圈子以外是如此。1993年，在畅销书《上帝粒子：假如宇宙是答案，究竟什么是问题？》（*The God Particle: If the Universe is the Answer*）中，作者诺贝尔奖得主利昂·莱德曼（Leon Lederman）和科学作家迪克·特雷西（Dick Teresi）将希格斯玻色子称为"上帝粒子"（God particle）。希格斯坚持认为莱德曼最初想称它为"该死的粒子"（Goddamn particle），但出版社不允许他这么写（参见2008年6月30日《卫报》）。

几年后，希格斯回忆此事时写道：

> 我内心愤愤不平。我认为我证明的内容对粒子物理学具有重要的意义。1964 年 8 月，我的同事斯夸尔斯（Squires）在欧洲核子研究中心待了一个月，后来他告诉我，那里的理论物理学家都没有意识到我的研究的意义。回顾往事，没什么可惊讶的：1964 年，欧洲粒子理论的江山由 S 矩阵理论物理学家主导着。量子场论已经过时，而我依照（通过援引德布罗意关系式量子化的）线性经典场论，仓促地形成了质量生成机制的描述。[13]

或许有些意外，这个机制在后来那些获益最多的人那里没有立即产生影响。格拉肖亲口承认，此时他似乎完全忘记了早先曾试图发展一套弱力和电磁力的统一理论，这个理论曾预言无质量的 w^+、w^- 和 z^0 粒子无论如何都是要有质量的。希格斯写道："1966 年，整整一年，他都得了健忘症。"[14] 那年格拉肖参加了希格斯在哈佛大学的讲座，主题就是质量生成机制，但这也没能让他把两者联系起来。

最终，还是温伯格将两者联系在一起的，但是他也没有立即看出希格斯机制的相关性。1965 年到 1967 年，温伯格一直在研究 SU（2）× SU（2）场论描述的强相互作用中产生的对称性自发

---

13 Peter Higgs, in Hoddeson, *et al.*, p. 508.
14 Peter Higgs, in Hoddeson, *et al.*, p. 510.

破缺的效应。对称性破缺的结果是核子以及性质与 π 介子接近的南部－戈德斯通玻色子的质量。当时，一切都看似说得通，根本用不着规避戈德斯通定理，他反而积极地欢迎预言中的多余粒子。这一发展"迅速改变了南部－戈德斯通玻色子的角色，它从人人鄙夷的侵入者，摇身一变，成了广受欢迎的宠儿"。[15]

但按照这个推理思路探索了几年后，温伯格发现，它结不出什么果子。就在这时，另一种想法令他精神一振：

1967 年秋的某一天，在开车去麻省理工学院办公室的路上，我突然发现这几年来，我一直把正确的想法用在错误的问题上。[16]

温伯格一直把对称性破缺应用在强力上。现在他意识到，他试图应用到强力上的数学结构，正是解决弱相互作用以及这些相互作用包含的有质量玻色子的问题所需要的。他大声地自言自语道："我的天哪，这就是弱相互作用的答案啊！"[17]

温伯格非常明确地意识到，如果把 w^+、w^- 和 z^0 粒子的质量手动加到格拉肖的弱力和电磁力的 SU（2）× U（1）场论中，那么结果就成为非重整化的了。此时，他想弄明白，能否用希格斯机制，让对称性破缺赋予粒子质量，消去不受欢迎的南部－戈德斯通玻色子，并产生一个符合重整化的理论。

15 Steven Weinberg, Nobel Lecture, 8 December 1979, p. 545.
16 Steven Weinberg, Nobel Lecture, 8 December 1979, p. 548.
17 Steven Weinberg, interview with Robert Crease and Charles Mann,
7 May 1985. Quoted in Crease and Mann, p. 245.

关于弱中性流的问题依然存在，与中性 z^0 粒子相关的相互作用依然没有实验支持。他决定把自己的理论限用于轻子——电子、μ 子和中微子，以完全避开这个问题。此时，他对强子——受强力影响的粒子——慎之又慎，对奇异粒子的衰变，也就是弱相互作用实验探索的主阵地，态度尤为谨慎。

中性流依然在预测之列，但在仅包含轻子的模型中，会涉及与中微子的相互作用。首先，事实证明中微子很难在实验中被发现，而且他或许已经意识到，寻找与这些粒子相关的弱中性流要面对很多实验难题，做出这种预测会遭遇反对意见。

1967 年 11 月，温伯格发表了一篇论文，详述了轻子的"电弱"统一理论。通过对称性自发破缺，这个理论把 SU（2）×U（1）场论降为了普通电磁 U（1）对称，给 w^+、w^- 和 z^0 粒子赋予质量，同时保留无质量光子。他估算了弱力玻色子的质量范围，w 粒子大约为 80GeV（GeV：十亿电子伏特），z^0 粒子为 90GeV，并预测了后来人们熟知的希格斯玻色子的一些属性。他还不能证明他的理论是重整化的，但他对这一点很有自信。

1967 年初，希格斯机制提出的可能性也终于唤醒了萨拉姆，他独立研究出了大致相同的形式体系。相关论文他迟迟没有发表，他在等一个合适的机会，能够把强子纳入这个模型。

大家对这一理论还是没怎么在意。那些在意的多半也持批评态度。质量问题是通过假设的场和假设的玻色子制造的障眼法解决的。这就好像是说，量子场论物理学家还是在根据无人理解的深奥规则，玩弄场和粒子的游戏。物理学家直接不予理睬，继续他们自己的研究。

后来，温伯格援引柏拉图《理想国》中的著名寓言故事，即山洞里的囚徒，做了一番类比。关在山洞里的囚徒对外面的世界一无所知，也没有任何经验，所知的只有投射在洞壁上的影子。他们的世界就是一个粗糙的物体表象的世界，错以为物体"实际上什么都不是，只是图像化的影子而已"。[18]

温伯格写道：

我们就在这样一个山洞中，被禁锢着，能做的实验很有限。更糟的是，我们只能在相对低温的环境下研究物质，而在这个环境中对称性很容易自发破缺，因此自然既不简单，也不统一。我们无法走出这个山洞，但通过长时间努力观察洞壁上的影子，至少能够理解对称性的形状，即便是破缺的，它也是支配所有现象的确切规则，表现了外部世界的美。[19]

18 Plato, *The Republic*, Book VII, 360 BCE.
19 Steven Weinberg, Nobel lecture, 8 December 1979, p. 556.

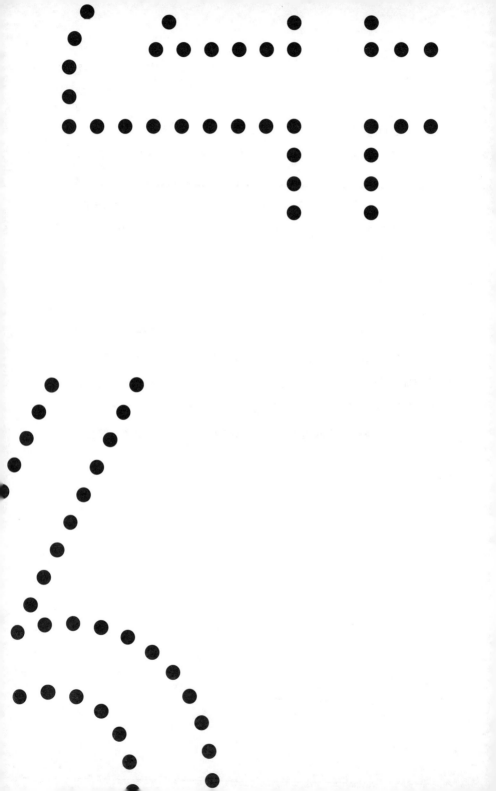

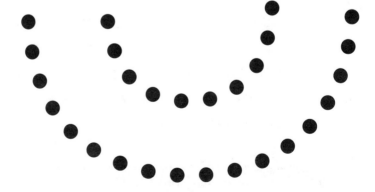

PART 5

第五章

量子粒子

24

深度非弹性散射

斯坦福
1968年8月

　　温伯格借用柏拉图的"洞穴寓言"反映出了 20 世纪 60 年代末量子理
论物理学家们的心情。他们干着费力却不讨好的工作。他们拼命探究洞壁
上的影子，徘徊于黑暗中。他们尽力让自己的研究方法与影子相符，在数
学问题变得极其严峻时，还要对理论进行填补，或是寻找"变通"之道。他
们取得了突破，但很少有人认可他们的成功，而那些突破以现在的眼光来看
也已经是过时的理论。当时对于这一做法究竟能有什么结果，没有人知道。

　　实验粒子物理学家则面临着另一项任务，其使命是让更多的光照进
洞穴，使影子更明显、更清晰，以便更好地揭示影子产生背后的真相。
而在 20 世纪 60 年代，这意味着需要建造越来越大的粒子加速器。

　　1957 年 10 月，美国当局因苏联抢先发射了第一颗人造卫星而深感
受挫，该卫星每 98 分钟绕地球飞行一周。[1] 同年，位于莫斯科以北 120 千

---

1 通过美国国家航空航天局的以下网页可以收听第一颗人造卫星发
出的哔哔声 http://history.nasa.gov/sputnik。

米的杜布纳联合核研究所建造完成了能量高达 10GeV 的质子同步加速器，更是加重了这种挫败感。这台加速器是当时世界上规模最大的粒子加速器，超过了美国布鲁克黑文的 3GeV 同步稳相加速器（Cosmotron），以及伯克利辐射实验室的 6.2GeV 高功率质子回旋加速器（Bevatron）。欧洲核子研究中心紧随其后于 1959 年在日内瓦建造了一台 26GeV 的质子加速器。

20 世纪 60 年代，随着冷战期间军备竞赛进入白热化阶段，美国投入高额经费进行高能物理学研究，美国粒子物理学家因此受益。1960 年交变梯度同步加速器于布鲁克黑文竣工，能量达到 33GeV。这些均为质子加速器，旨在用质子轰击静止靶，包括其他的质子。其基本目的是创造新奇的新粒子，并研究强相互作用和弱相互作用。但是，要想获取实验结果，需要进行漫长且复杂的分析。费曼说，研究质子的相互碰撞"就像将两块怀表相撞至破碎，以此研究它们是怎么组装起来的"。[2]

对高能强子碰撞的强调，是以牺牲细微之处为代价的。1962 年，价值 1.14 亿美元的 20GeV 电子直线加速器在加利福尼亚州斯坦福大学开工建造，许多粒子物理学家表示反对，认为它用处不大，只能做出二流的实验。不过美国理论物理学家詹姆斯·比约肯（James Bjorken）认为高能电子的德布罗意波长远比质子直径要短。[3] 这种电子可以用于研究质子的内部结构，而通过重粒子碰撞无法实现这一目的。尤为重要的是，这些高能电子可以揭示质子内部深处是否有点状成分。

---

2 Richard Feynman, interview with Michael Riordan, 14 and 15 March 1984. Quoted by Riordan, p. 152.
3 根据德布罗意公式，$\lambda = h/p$，电子运动速度越大（相应的，动量 p 也就越大），则波长越短。

1909 年的盖革–马斯登实验神奇地揭示了原子的内部结构，[4] 新的斯坦福直线加速器中被质子散射的电子将要揭示质子的内部结构。

实验物理学家将借此机会检验理论物理学家的某些离经叛道的结论。

斯坦福直线加速器中心占地 400 英亩（约 1.62 平方千米），位于斯坦福大学主校区向西约 5 千米处，坐落在洛斯阿尔托斯山脚，旧金山以南约 60 千米处。[5] 加速器全长 3 千米，是直线形而非环形的，因为如果利用强磁场将电子束弯曲成环形，会导致能量因 X 射线同步辐射释放而大量损失。1967 年，这台加速器的电子束能量首次达到预定的 20GeV。

建造它的目的是使用大型精密电子谱仪来观察从加速器末端不同靶散射开的电子。如果电子和质子相撞，可能会产生三种相互作用。第一种，电子可能会被质子弹开，对质子不造成太大的影响，交换一个虚光子，改变电子的运动速度和方向，但是两个粒子本身保持完整。这种"弹性"散射能产生能量相对较高的电子，且其能量聚集在某一峰处。

第二种，质子与电子相撞可能会交换一个虚光子，让质子进入一种或多种激发能态。散射电子能量则会减弱。在散射能量–产物表上，会出现一系列峰或"共振"，对应着各种质子的激发态。尽管电子和质子在相互作用过程中完好无损，但这种散射

---

4 参阅第3节。
5 加速器坐落在圣安德烈亚斯断层附近。洛杉矶的一次大地震期间，有人建议将其改名为"斯坦福断裂直线加速器中心"。参见 Woit，P23。

是"非弹性"散射，会产生新粒子（如 Δ 粒子和 π 介子）。实质上，碰撞的能量以及交换虚光子的能量都参与了新粒子的产生。

第三种，我们称之为"深度非弹性"散射，电子和交换的虚光子的大部分能量会彻底摧毁质子。一批不同的强子会出现，散射的电子会反弹，其能量会大幅度减弱。

詹姆斯·比约肯感兴趣的是第三种散射。这一年，比约肯年过三十，已获得斯坦福大学博士学位，在哥本哈根的玻尔研究所待过一段时间，近期刚返回加利福尼亚州。斯坦福直线加速器中心还未竣工，他就建立了一种模型来预测电子和质子的碰撞结果，采用的是一种非常深奥的，称为"流代数"的量子理论方法。

在该模型中，电子被看作一个点粒子，点粒子周围是一圈虚粒子，这些虚粒子不断闪现，时有时无。而质子则是一种不同的物质。当时，人们可以用两种不同的方式构想质子的结构。既可以把它想象成一颗质量和电荷均匀分布的实心"球"，如同冰和雪均匀地分布在雪球中；也可以想象成一片空旷的空间，其中包含着离散的带电荷的点状成分。高能电子遇到这种点状成分，散射的数量和角度可能会增加。

比约肯发现，因为对质子结构的认知不同，该理论在深度非弹性碰撞区域有着极为不同的预测结果。他意识到这是可以用实验的方法检验的，而且这个实验在许多方面可以与盖革-马斯登实验相媲美，后者证明了原子的质量集中在带正电荷的原子核内。正如 α 粒子与靶金原子的散射让我们了解了原子的内部结构一样，我们也可以通过观察电子与靶质子散射来了解质子的内部结构。

比约肯推测这种点状成分可能是夸克，并且对可能产生的散射电子的能量谱进行了计算。但是他并没有完全相信夸克的存在。当时，夸克模型在物理学界仍被当成笑话，而且人们更认可其他替代性的理论。很快他便撤回了用实验检验夸克模型的提议。1967 年 9 月，在斯坦福举行的一场会议中，比约肯的观点受到了质疑，他赶紧解释道："我提出这些观点，主要是急于诠释这种相当惊人的点状行为现象。"[6]

当时斯坦福直线加速器中心开始研究液氢靶的小角度深度非弹性散射，而且整个 1967 年 10 月都在研究。研究由一个规模很小的实验小组执行，包括麻省理工学院的物理学家杰罗姆·弗里德曼、亨利·肯德尔（Henry Kendall）以及出生于加拿大的斯坦福直线加速器中心物理学家理查德·泰勒。起初，实验进行得并不顺利。

要继续测试谱仪硬件，就必须重写分析程序。混乱的局面持续了好几个星期才得以解决。我们将散射角度设定为 6°，用初始能量不同、散射后能量降低至 2~3GeV 的电子做实验，获取了一整套数据。[7]

因为整个辐射过程还牵涉到围绕在电子周围的虚粒子，所以

---

6 James Bjorken, *Proceedings of the 1967 International Symposium on Electron and Photon Interactions at High Energy*, Stanford, California, 5-9 September 1967, p. 126. Quoted in Riordan, p. 140.

7 Richard Taylor, invited talk presented at the Discussion Meeting on the Quark Structure of Matter, Royal Society of London, England, 24-25 May, 2000, p. 7.

必须对原始数据进行修正。尽管修正工作工程浩大，需要用到高达一半的实验测量数据，不过利用量子电动力学的方法能很好地处理。

即便散射角度相对较小，如 6° 和 10°，物理学家也能观察到比预期更多的散射电子。他们集中研究一种"结构函数"的行为，这是一种描述初始电子能量和散射电子能量之间差异的函数。这一差异与电子在碰撞中失去的能量以及所交换的虚光子的能量有关。他们发现，随着虚光子能量上升，结构函数呈现出与预期质子共振对应的峰值。然而，随着能量进一步上升，这些峰值逐渐进入平稳状态。之后，随着能量上升至深度非弹性碰撞范围内，峰值又逐渐下降。

比约肯已预料到这一结果，这的确是点状质子成分的特性，于是他做出了进一步的猜想。如果结构函数随着虚光子能量的上升而下降，那么将两者的乘积（称为 F）与光子能量（或频率 ν）和四维动量传递的平方（q^2）之比绘制成一幅曲线图，便会发现一些有趣的行为。[8]

肯德尔将两张橘黄色坐标纸用胶带粘在一起，手绘了这张图。这张图显示，ν/q^2 为 3GeV 左右时，F 升至最高值，随后会保持相当稳定的状态。比约肯称之为"标度不变"。无论电子能量如何，曲线是相同的。数学家认为就得是这样，但是不知道其意味着什么。

虽然不知其意，但肯德尔惊奇地发现实验结果与比约肯的猜

8　四维动量传递是通过初始和最终的电子能量和散射角计算出来的。

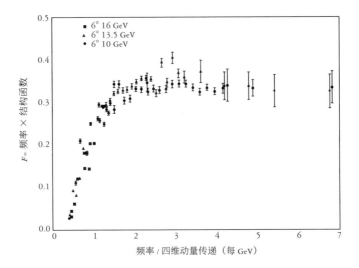

图15　根据比约肯的建议，肯德尔手绘了这张图。无论电子能量为多少（10GeV、13.5GeV、16GeV，散射角为6°），结果曲线的形状都是相同的。比约肯称之为"标度不变"。这表明质子内部存在点状成分。改编自迈克尔·赖尔登（Michael Riordan）《捕获夸克：现代物理学正传》（*The Hunting of the Quark: A True Story of Modern Physics*），纽约，西蒙和舒斯特出版社。1987年，第146页

想几乎一致。几年后，他回忆道："很想知道要是巴尔末能看到以他命名的公式计算得出的结果与测量的氢原子光谱波长有如此惊人的一致性，他会有什么感受。"[9]

当时，人们并不急于将这些实验结果视为质子存在内部结构的证明，更没有急着声明这一结果可以证明夸克的存在。还有其他理论也许能解释散射结果和标度不变现象，而且即使是在加速

9　Henry W. Kendall, Nobel Lecture, 8 December 1990, p. 694.

器中心，麻省理工学院的实验小组内部成员之间都存在意见分歧。尽管如此，肯德尔坚持要将比约肯提议绘制的图加入到一份关于小组实验结果的论文中，提交给将于 1968 年 8 月在维也纳召开的一次会议。

理查德·费曼于 1965 年 12 月因对量子电动力学的发展做出的贡献而荣获诺贝尔奖，分享该年度奖项的还包括朱利安·施温格和朝永振一郎。随后几年，他逐渐适应了诺贝尔奖带来的名誉和地位，却失去了与当时高能物理学的紧密联系。他帮忙解决了量子电动力学领域的一些问题，并且与盖尔曼一起为弱力理论的发展做出了重要贡献，但是他忽视了对强力理论的研究。

后来他决定奋起直追，对此展开研究。1968 年 6 月，费曼构建了一个有关强子理论的框架，他猜想强子中存在点状成分，并将该结构命名为"部分子"（parton），意思是强子的"组成部分"。这种部分子模型并非基于某个具体的量子场论，而只是他的个人猜想。他想知道如果强子是由部分子组成的，会产生什么结果。

他在脑海中构建了一张两个强子碰撞的图像。根据狭义相对论，强子高速运动时，其"看到"的另一个强子的形状并非三维立体状，而是二维平面饼状。如果这些饼面上分布有微小而坚硬的部分子，那么强子之间的碰撞实际上就等于一系列部分子之间碰撞的总和。

费曼的妹妹乔安的住所离加速器中心仅一路之隔，拜访妹妹时，他会趁此机会"偷窥"一下这个设备。加速器中心的咖啡厅附近有棵橡树，他有时会和几个物理学家在树荫下的野餐桌旁边交谈，和他们讲述自己在洛斯·阿拉莫斯实验室的故事，他也会认真地听他们讲述高能物理学的最新进展。

他在 1968 年 8 月听说了加速器中心麻省理工学院的实验小组在研究非弹性散射的消息。第二轮实验即将开始，而物理学家仍然不知道怎样解释上一年的数据。比约肯当时不在，但他新带领的博士后伊曼纽尔·帕斯科思（Emmanuel Paschos）告诉了费曼有关标度不变的信息并询问了他的想法。

费曼看到肯德尔的图后，差点跪倒在地。他把双手伸向空中，惊叹道：“我穷尽一生，一直在寻找这样的实验来检测强力的场论！”[10]

费曼知道图里暗示着一些信息，但他也不确定是些什么。当晚，在汽车旅馆里，他弄明白了。这张图与质子内的点状成分（部分子）的动量分布有关。其实只要将肯德尔绘制的函数在横轴上取倒数（换言之，通过绘制 q^2/v 的函数图像），曲线图就变成概率分布图，每一个点都是电子与携带质子总动量特定部分的部分子发生碰撞的概率。而且还可以更进一步，当除以质子的质量时，量 q^2/v 与部分子携带的质子质量的比例有关。

“我给你们看个东西，”第二天一早费曼就对弗里德曼和肯德尔宣布，“我昨晚在旅馆彻底弄明白了！”[11] 说完他就开始激动地挥舞手臂。

10 Richard Feynman, interview with Paul Tsai, 3 April 1984. Quoted in Riordan, p. 150.
11 Richard Feynman, quoted by Jerome Friedman in an interview with Michael Riordan, 24 October 1985. Quoted in Riordan, p. 151.

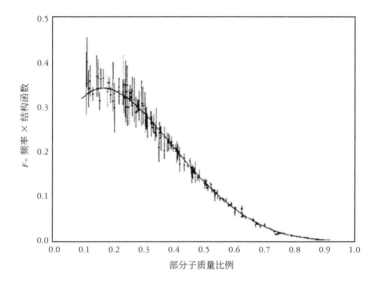

图16 费曼指出，他可以根据被称为部分子的点状成分携带的质子质量比例重新绘制肯德尔的图。结果表示的是，电子与携带质子总动量特定比例的部分子碰撞的概率分布情况。改编自迈克尔·赖尔登《捕获夸克：现代物理学正传》，纽约，西蒙和舒斯特出版社。1987年，第152页

　　比约肯其实已经得出了费曼此刻得出的结论，只不过他用的是一种晦涩的流代数语言。费曼得到机会阅读比约肯的论文后，承认对方首先做出了这个发现。但是，费曼再一次用更简洁、更丰富、更直观的方式描述了实验事实。1968 年 10 月，他回到加速器中心做有关部分子模型的讲座，受到了热烈欢迎。突然间，部分子成了加速器中心的物理学家争相讨论的话题。而且，连诺贝尔奖得主都热情地接受了这一大胆的想法，可以说极大地增强了大家的信心。

部分子就是夸克吗？费曼不知道，也不在乎。加速器中心的理论物理学家们建立了一些模型，认为部分子是被剥离了其虚粒子云的 π 介子和质子。但不久之后，比约肯和帕斯科思就有了一种详细的基于三个夸克的部分子模型。

他们实施了进一步的实验，将散射角设定为 8°、26° 和 34°，这一实验证实了初始的猜想并再现了标度不变行为。到 1970 年，实验人员又用液态氘靶进行了实验。仔细区分影响质子散射的因素后，可以确定中子的等效结构函数，从而以同样的方式探测其内部结构。

这些实验很难实施，而且过程并非一帆风顺。一个描述电子与质子碰撞以及电子与中子碰撞的理论模型表明，深度非弹性散射的程度应取决于部分子成分的电荷的相对强度。如果认为部分子就是夸克，那么中子散射事件与质子散射事件之间的比值应为其夸克成分电荷平方和的比值。

人们认为中子包含一个上夸克和两个下夸克（udd），分数电荷平方和是 6/9 或者说 2/3。质子包含两个上夸克和一个下夸克（uud），分数电荷平方和是 9/9 或者说 1。因此，中子散射事件与质子散射事件之间的比值（N/P）预计会随着 q^2/v 的上升而下降，极限值为 2/3。

早期的实验结果似乎与这个简单模型相一致。但是随着 q^2/v 上升，N/P 的比值下降至远小于 2/3。这些结果虽然排除了各种相互矛盾的理论，但似乎也不利于带分数电荷的夸克的模型。

理论物理学家们大显身手，努力用现有的模型让这些结果合理化。不过，证明夸克存在还是有希望的。预测 N/P 极限值为 2/3 的模型实在是幼稚，该模型认为原子核的动量均匀地分布在三个夸克中。在另一些模型中，赋予核子特征的三个夸克（称为"价夸克"）存在于一片正夸克–反夸克对组成的"海洋"中。

另外，如今人们认为这些夸克（或者更泛地称为部分子）是经过名为胶子（gluon，一种将"组成部分""粘"住的"胶"）的强场粒子的交换而"粘"在一起的，这些短程力粒子必须要有质量。所以，核子的动量或许分布于正夸克–反夸克对和胶子中，并且，在任何情况下都不必均匀地分布在价夸克之间。人们认识到 N/P 的确可以降至 2/3 以下，但是不会降至更低的极限值 1/4 以下。N/P 为 1/4 时，只有一个来自中子的下夸克和一个来自质子的上夸克对散射有贡献。

当实验结果表明该比例的确能降至 1/4 以下时，比约肯和费曼都坚持认为再怎样调整也无法拯救夸克理论了。如果实验结果是正确的，那么部分子就不可能是带分数电荷的夸克。

但是，实验结果错了。研究人员在计算机程序中发现了一个错误，该程序用于纠正因氢和氘靶原子中质子和中子的内部运动而产生的"涂抹作用"。错误排除后，N/P 的比值只能下降到接近极限值 1/4。

早期实验研究已经表明，部分子是自旋 1/2 的费米子。N/P 数据如今强有力地支持了分数电荷的想法。欧洲核子研究中心研究了质子对中微子的深度非弹性散射，其实验结果提供了进一步的佐证。至 1973 年年中，夸克正式"到来"。它们虽然在一定程度上被认为是大自然开的一个奇怪的玩笑，但如今它们已经迈出关键的一步，并逐渐被接受为强子实实在在的组成部分。

仍有一些问题找不到答案。如果 20GeV 电子轰击的是质子和中子内电荷为分数的夸克，导致靶核子被摧毁，那为什么从来都看不到自由的夸克呢？也许更让人担忧的是，质子和中子内的夸克表现得好像它们基本是相互独立的。标度不变现象表明，夸克有可能在中子内自由游荡。

这怎么可能呢？当然，强力必须保证夸克被紧紧地束缚在中子内，但是紧到使它们永远禁锢在内吗？

25

粲和弱中性流

哈佛
1970年2月

对于电子被质子深度非弹性散射的研究结果，斯坦福直线加速器中心给出的解释仍显谨慎。还有许多问题找不到答案，但是对夸克模型的拥护者来说，这次的证据首次表明这些物质的终极成分可能是真正存在的。

谢尔顿·格拉肖是夸克模型的早期拥护者。事实上，基于对自然界简洁有序性本质的诉求，他在 1964 年曾与詹姆斯·比约肯推测有可能存在第四种夸克，他们称之为"粲夸克"。在那时，四种轻子（电子、电中微子、μ 子以及 μ 中微子）似乎与三类夸克（上夸克、下夸克、奇夸克）不相容。无疑需要第四种夸克来解决这一问题。

格拉肖访问哥本哈根的玻尔研究所期间，曾与比约肯合作。对比约肯而言，这是一条不寻常的推理思路。他更习惯于预测粒子性质和行为对实验所产生的影响，而格拉肖的思路对他来说充其量是个猜测成分极大的提议。"大家要记得当时的趋势是怎样的，"他解释道，"在那个时期，搞个模型是件很容易的事。各种模型轮番登场，此起彼伏。"[1] 不管怎么说，他对这个提议的态度矛盾。他没有在论文上签自己的名字"James Daniel Bjorken"，而是用了"B.J. Bjørken"，即他的昵称"BJ"，以及用丹麦语转写的他的瑞典语姓氏。

格拉肖曾经试图建立一个 SU（2）× U（1）的弱力和电磁力的场论，这一尝试因其涉及的 Z^0 玻色子和弱中性流问题失败了。有了比约肯的成果，他实际上已经能找到这个问题的解了，但是他没有在二者之间建立联系。格拉肖似乎已经忘了自己先前的所有努力。"这个于 1961 年明确提出的问题，从原则上讲，1964 年就已经解决了。但是所有人，就连我在内，都没意识到这一点。"[2]

1970 年，他和他的两个哈佛博士后，希腊物理学家约翰·伊利奥普洛斯（John Iliopoulos）和意大利物理学家卢西亚诺·马亚尼（Luciano Maiani），重新开始研究 SU（2）× U（1）理论的问题。格拉肖第一次遇见伊利奥普洛斯是在欧洲核子研究中心，对他为重整化一个弱力场论而付出的努力印象深刻。马亚尼来到哈佛时，对弱相互作用的强度抱有一些奇怪的想法。这三个人意识到他们的兴趣点都在这件事上。在这个阶段，还没有人知道温伯格使用了对称性自发破缺和希格斯机制。

这三位物理学家再一次竭力要搞清楚这个理论。但他们反复碰到同样的问题。如果人为地为场粒子添加质量，就会引发不可控的发散。然后还有弱中性流的问题。该理论预测，原则上中性 K 介子应随 Z^0 玻色子的释放而衰变，这一过程会改变粒子的奇异性并产生两个 μ 子。然而，

1 James Bjorken, interview with Robert Crease and Charles Mann, 10 May 1983. Quoted in Crease and Mann, p. 291.
2 Sheldon Glashow, Nobel Prize lecture, p. 499.

这一衰变模型完全没有实验证据。出于某种原因，这种特别的反应被抑制了。但它是如何被抑制的呢？

格拉肖终于准备根据事实来综合判断了。如此一来，他将在粒子物理学上，播撒下重大革命的种子。

即使是在奇异粒子中，中性 K 介子 K^0，以及其反粒子 $\bar{K}^0$ 都被认为是"怪物"。根据夸克模型，正 K 介子是由上夸克和反奇夸克（$u\bar{s}$）构成的一种复合物，两种夸克的电荷分别为 +2/3 和 +1/3，总计为 +1。其反粒子为负 K 介子，是由奇夸克和反上夸克（$s\bar{u}$）构成的一种复合物，两种夸克的电荷分别为 -1/3 和 -2/3，总计为 -1。

然而对于中性 K 介子，有两种可能性。下夸克／反奇夸克（$d\bar{s}$）和奇夸克／反下夸克（$s\bar{d}$）的结合都会产生零净电荷，而且没有办法区分二者。这两种粒子可以形成一种量子叠加，其波函数会重叠合并。结果是形成两种新的中性 K 介子态，第一种由 K^0 和 $\bar{K}^0$ 波函数相加而成，称为 K_1^0。第二种由波函数相减而成，称为 K_2^0。

这些粒子遇到了某种"身份危机"。虽然 K 介子是通过强相互作用形成为初始的 K^0 和 $\bar{K}^0$ 状态的，但是弱力对其作用时，它们就转换成 K_1^0 了和 K_2^0。

但是这还算不上故事的结局。若宇称在弱相互作用中被破坏，电荷共轭（粒子与其反粒子之间的对称）和宇称的组合仍会保留。[3] 因此，在电荷共轭宇称（CP）对称操作下为偶数的叠加 K_1^0

---

3 比如，将CP对称操作应用于自旋向上的电子会将该电子转变成自旋向下的正电子。

也只会衰变成在这种对称下为偶数的粒子。K_1^0 被发现衰变成两个 π 介子，与该观点相符合。同样，K_2^0 具有奇数电荷共轭对称性，被发现衰变成三个 π 介子。

然而，普林斯顿大学物理学家詹姆斯·克罗宁（James Cronin）和瓦尔·费奇（Val Fitch）在布鲁克黑文国家实验室进行的实验表明，在光束中形成的 K_2^0 有时会衰变成两个 π 介子。虽然这些事件发生概率很小，在观测到的 2.3 万次衰变中只有约 50 次这种衰变，但是从滞留在光束中的任何背景 K_1^0 粒子来看，它们发生的概率比预期要高得多。克罗宁和费奇得出的结论是，CP 对称也会被弱力相互作用破坏。[4]

对此的解释是，K_1^0 和 K_2^0 会轻微"污染彼此"。实验中实际看到的并不是纯的 K_1^0 和 K_2^0，而是 K_L^0 和 K_S^0，前者是被少量 K_1^0 污染的 K_2^0，后者是被少量 K_2^0 污染的 K_1^0。L 和 S 分别代表"长"和"短"，以区分这些中性 K 介子寿命的长短。

1970 年 2 月，格拉肖、伊利奥普洛斯和马亚尼面临的问题主要是怎样解决 SU（2）× U（1）场论中的发散问题。他们尝试了不同的方法。伊利奥普洛斯后来讲述了他们的尴尬处境。"每一天，"他说，"都会有一个人提出一种想法，然后其他两个人向他证明其想法是错的。我们尝试了各种方案，没有奏效的。"[5]

---

4 造成CP破缺的原因仍是热门研究课题。克罗宁和费奇于1980年荣获诺贝尔物理学奖。
5 John Iliopoulos, interview with Robert Crease and Charles Mann, 8 May 1984. Quoted in Crease and Mann, p. 316.

他们备感受挫，开始修补四轻子和三夸克的模型。最初是通过添加轻子，最后他们突然想到可以添加第四种夸克。这种夸克实质上是一种自旋 1/2、电荷 +2/3 的加重的上夸克。此时格拉肖回忆起 1964 年和比约肯合作完成的论文，并提议命名该夸克为粲夸克。许多（尽管不是全部）不可控发散的问题消失了。

他们还意识到，另一个问题可能也随之解决了。粲夸克的引入使弱中性流不再必要。事实证明，中性 K 介子释放 z^0 玻色子并转化成两个电荷相反的 μ 子的概率，几乎等于其释放 z^0 玻色子并变成一个粲粒子（包含一个粲夸克）的概率。两种衰变路径的正负号不同意味着它们实际上相互抵消了。就像汽车大灯照着的兔子一样，中性 K 介子来不及决定向哪个路径跃迁。

这是一个简单明了的方案。K 介子是研究本应呈现弱中性流的弱相互作用的基础，但因涉及粲夸克的其他衰变模式，K 介子几乎从未形成过弱中性流。

但是他们随即意识到，中性 K 介子还可以通过其他方式衰变成两个 μ 子，模拟出中性流，而这与 z^0 无关。随着 w^- 玻色子的释放，k^0_L 介子中的下夸克可能会转变成为上夸克。这是 β 放射性衰变中中子转化成质子的过程的镜像。随着 w^+ 粒子的释放，上夸克则有可能转化成奇夸克。这两个 w 玻色子通过 μ 中微子的交换而结合，产生两个带相反电荷的 μ 子。结果看起来就像是弱中性流。

格拉肖、伊利奥普洛斯和马亚尼此时推论，这一衰变机制在实验中未能被观测到，这个事实本身也是粲夸克存在的依据。有一个等效的机制中包含了一系列类似的转换，从下夸克到粲夸克再到奇夸克，这一机制产生的粒子是相同的，只是没有中间的转化为上夸克的机制。

这一发现让三个物理学家激动不已，他们挤进一辆车，开往麻省理工学院，去美国物理学家弗朗西斯·罗尔（Francis Low）的办公室，罗尔也一直在努力解决这一问题。温伯格随之加入进来，共同讨论格拉肖－伊利奥普洛斯－马亚尼（GIM）机制的价值所在。

随之而来的是巨大的沟通障碍。几乎所有构成统一的弱力和电磁力理论的要素都汇集在罗尔办公室的物理学家们的头脑中。温伯格已经找到了使用希格斯机制将对称性自发破缺应用在 SU（2）× U（1）轻子场论中的方法，从而可以推算出场粒子的质量，而无须再人为添加质量。格拉肖、伊利奥普洛斯和马亚尼找到了一个方案，有希望解决奇异粒子衰变过程中出现的弱中性流问题，他们还说 SU（2）× U（1）理论可以推广到涉及强子的弱相互作用。但是他们仍需要人为地为场粒子设置质量，而且还要对付发散问题。

格拉肖、伊利奥普洛斯和马亚尼对温伯格在 1967 年发表的论文一无所知，温伯格对此也只字未提。他后来承认他对该理论可重整化存有"心理障碍"，他也并不看好粲夸克的提议。格拉肖、伊利奥普洛斯和马亚尼所引入的并不只是一个新粒子，作为庞大的粒子家族中可疑性甚高的一个组成部分；相反，它是一个由各种"粲"介子和重子组成的全新集合体。为了解释奇异粒子衰变中弱中性流的**缺失**而引入如此多的新粒子，似乎让人一下子难以接受。

格拉肖说："当然，并不是每个人都相信预言中的粲强子是存在的。"[6]

1971 年初，荷兰理论物理学家马丁努斯·韦尔特曼（Martinus Veltman）在和他年轻的研究生赫拉德·胡夫特（Gerard 'tHooft）在乌得勒支大学校园里散步的时候，跟胡夫特说："我不在乎它是什么，用什么方法，我们所需要的，至少是一个可重整化的理论，包含大量带电矢量玻色子的理论，它看起来是不是合乎常理都没关系，那些细节之后可以再通过某种模型来修正。不管怎样，所有可能的模型都已经发表出来了。"[7]

"这一点我能做到。"胡夫特说道。

韦尔特曼花了很多年时间寻找重整化杨－米尔斯场论的方法，该理论中包含有质量的粒子。他听到胡夫特的话差点撞到树上。"你说什么？"韦尔特曼问道。

"我能做到。"胡夫特回答道。

"你把证明写下来，然后我们一块讨论。"韦尔特曼说。

在乌得勒支大学，胡夫特一直在寻找合适的博士论文选题，他发现杨－米尔斯理论虽然不是很时髦，却是个富矿。韦尔特曼于 1968 年接受了对杨－米尔斯理论进行重整化的挑战，这成了他关注的焦点。胡夫特进展很快。1970 年，在科西嘉卡尔热斯的一个暑期班上，胡夫特了解到对称性自发破缺理论；到 1971 年初，

6　Sheldon Glashow, Nobel Prize lecture, p. 500.
7　Martinus Veltman, private communication to Andrew Pickering, quoted in Pickering, p. 178.

他就证明了无质量的杨－米尔斯场论可以被重整。

胡夫特对包含有质量粒子的杨－米尔斯理论进行重整化颇有信心，这一点基于他对对称性自发破缺的理解。他的确在短短的时间里就写出了证明过程。

韦尔特曼对对称性破缺机制感到担心，后来他发现这跟这种机制和宇宙学的联系有关。[8] 他们对此进行了反复的辩论，最终韦尔特曼决定接受胡夫特的结果，而忽略他所使用的方法。韦尔特曼带着结果来到欧洲核子研究中心，并用他开发的电脑程序进行检验。他仍然持怀疑态度，但很快就打电话给胡夫特："这个证明离成功不远了，你只是把几个二因子搞错了。"[9]

但胡夫特的结果并没有错。韦尔特曼忽略了胡夫特方程中的一个四因子，该因子能追溯到希格斯玻色子。"所以，他稍后意识到甚至这个四因子也是无误的，"胡夫特解释道，"并且意识到一切都完美地抵消了，那时，他和我一样兴奋。"

这是一个重大的突破。几年后韦尔特曼写道："彻底证明了可重整性，这带来的心理影响是巨大的。"[10] 胡夫特独立重建了温伯格于 1967 年开创的 $su(2) \times u(1)$ 破缺场论，并且展示了如何重整这一理论。事实上，胡夫特所做的恰恰证明了杨－米尔斯规范理论总体上是可重整的。局域规范理论实际上是唯一能够被重整的一类场论。

8　特别是，三年后他意识到希格斯机制跟宇宙常数有关。参见马丁努斯·韦尔特曼，诺贝尔奖讲座，1999年12月8日，第392页。

9　Gerard't Hooft, interview with Robert Crease and Charles Mann, 26 September 1984. Quoted in Crease and Mann, pp. 325–6.

10　Martinus Veltman in Hoddeson, *et al.*, p. 173.

当时，胡夫特年仅 25 岁。起初，格拉肖并不理解胡夫特的论证，关于胡夫特，他曾说："这家伙要么是个彻底的白痴，要么就是物理学界多年来最大的天才。"[11] 温伯格也不相信这一理论，但是当他发现同行理论物理学家本杰明·李（Benjamin Lee）对此很当真之后，他便决定仔细看看胡夫特的成果。很快他就信服了。

现在**所有**需要的成分都找到了。一个有关弱力和电磁力的可重整的、自发破缺的 SU（2）×U（1）场论诞生了。W 和 Z^0 玻色子的质量从希格斯机制中"自然"地产生了。使用 GIM 机制再添加一个夸克便可消除余下的反常。[12]

到 1971 年年底的时候，温伯格认真地重构了电弱理论。现在，K 介子衰变中的弱中性流普遍认为由 GIM 机制排除掉了，但是 μ 中微子与质子的相互作用中应该仍可发现中性流。在这种碰撞中，交换一个虚 W^- 玻色子会将 μ 中微子变成负 μ 子，将质子变成中子——一种带电流。交换一个虚 Z^0 玻色子后，μ 中微子和质子都不变——一种中性流。温伯格现在估计，中性流与带电流的比值应该在 0.14~0.33 之间，其中的下限，他认为在中微子散射实验中可以观察到。实验粒子物理学家面临的挑战是，找出 μ 中微子被质子散射的过程中不产生 μ 子的事件。

11 Sheldon Glashow, as quoted by David Politzer, interview with Robert Crease and Charles Mann, 21 February 1985. Quoted in Crease and Mann, p. 326.
12 胡夫特承认："我在论文的一处脚注中说，剩下的反常现象并不会导致理论不可重整。当然，应该将之解释为，可以通过添加适量的各种费米子（夸克）来恢复可重整性，但我承认，我也认为，这样做也许并无必要。"参见Gerard 't Hooft in Hoddeson, et al., p. 192。

这说起来容易做起来难。μ 中微子不会在气泡室探测器中留下轨迹，因此温伯格寻找的这类无 μ 子事件的唯一迹象将会是探测器中不知从哪儿冒出来的一串强子。然而，μ 中微子从探测器壁上的原子中"凿"出中子时，这些杂散中子也能产生一串强子，这容易让人误以为是无 μ 子事件。更糟糕的是，如果带电流事件产生的 μ 子以大反冲角散射，那么 μ 子很容易被遗漏，导致被误解释为中性流事件。

也许更容易在 μ 中微子和电子的碰撞中发现弱中性流。同样，虚 z^0 玻色子交换后中微子和电子会保持不变，但结果是突然出现了高能电子，在探测器的磁场中做螺旋运动。并且，这也不会产生带电 μ 子。这样的事件中不会到处都是误导性信号，但发生的概率预计是质子散射 μ 中微子的等效事件的 1/2 000。

不过温伯格在一个有利的时机放弃了该挑战。世界上最大的气泡室于 1970 年在法国建成，名为加尔加梅勒（Gargamelle），它与质子同步加速器一起安装在欧洲核子研究中心。[13] 该装置花了六年才竣工，专门为研究有关中微子的碰撞而设计。

一个简单的事实是，如果弱中性流如温伯格所说的那样频繁出现，那么它们的活动迹象应该已经出现在加尔加梅勒气泡室拍摄的照片中了。欧洲核子研究中心的物理学家一直认为低能事件是杂散中子造成的，不予关注。但是因为无法知道未发生改变的

---

13 它以小说《巨人传》中巨人高康大（Gargantua）的母亲的名字命名。《巨人传》著于16世纪，作者是法国文艺复兴作家弗朗索瓦·拉伯雷。

μ 中微子所带走的碰撞能量有多大，所以很有可能其中的一些事件是由中性流造成的。

法国物理学家保罗·缪塞（Paul Musset）与研究中心的同事们花了将近一年的时间在地下扫描室内检查照片。1972 年年初，这些物理学家认为他们发现了一个单一事件：一个电子被一个看不见的 μ 中微子从氟利昂分子中剥离，并在探测器中旋转。此过程未产生带电 μ 子。这一事件不可能是由杂散中子或宇宙射线所致的。

发现这一现象的不只是欧洲核子研究中心的科学家。一支由哈佛大学、宾夕法尼亚大学和威斯康星大学的研究者组成的研究队伍在芝加哥的国家加速器实验室（NAL）[14] 也在寻找弱中性流的踪迹，该实验室拥有世界上最大的质子同步加速器，在 1972 年 3 月达到了它的预定能量 200GeV。由意大利物理学家卡洛·鲁比亚（Carlo Rubbia）率领的一支研究队伍此刻在搜寻 μ 中微子与质子碰撞产生弱中性流的证据。

如果说这是一场比赛，那么比赛过程中不时有喜剧发生。流言在大西洋两岸传来传去。1973 年 8 月，欧洲核子研究中心的研究小组发现了 μ 中微子与质子碰撞中的无 μ 子事件，并估计中性流与带电流的比值为 0.21。在包含反 μ 中微子的碰撞中，这一比值为 0.45。国家加速器实验室小组发现与中微子和反中微子两者碰撞的合并比值都是 0.29。

14　1974年被重命名为费米国家加速器实验室（简称费米实验室，Fermilab）。

鲁比亚的签证在 1973 年 7 月到期，他虽然是哈佛大学教授，但还是被迫回国了。国家加速器实验室的物理学家也开始改变说法。为了确认他们观察到的的确是中性流，他们对探测器进行了调整。中性流迅速消失了，中性流和带电流的比值降至了 0.05。欧洲核子研究中心的物理家听说此事后，十分困惑。他们也弄错了吗？

事实上，从其他中微子碰撞中悄悄混进去的 π 介子被国家加速器实验室的探测器误当成了 μ 子。意识到并纠正了错误之后，中性流又出现了。粒子物理学界的一些人开始拿"交替中性流"的发现打趣。

到 1974 年 4 月，混乱消除了。弱中性流成了经实验证明的事实。

此时，粒子物理学家想知道为什么在奇异粒子的衰变过程中观察不到弱中性流。格拉肖说："我告诉他们，这是粲粒子的缘故。一句话就解除了他们的烦忧。"[15]

15 Sheldon Glashow, interview with Robert Crease and Charles Mann, 29 August 1983. Quoted in Crease and Mann, p. 358.

26

颜色的魔力

普林斯顿/哈佛
1973年4月

　　虽然核子的电子深度非弹性散射暗示着夸克–部分子的存在，但是在20 世纪 70 年代初期，夸克模型还远未获得广泛接受。其障碍有三：

　　夸克应该是自旋 1/2 的费米子，不过这一模型坚持认为强子应该包含两个或两个以上拥有相同量子态的夸克，这违反了泡利不相容原理。例如，人们认为质子是由两个上夸克和一个下夸克组成的，这犹如说在原子的电子轨道上应该包含两个自旋向上的电子和一个自旋向下的电子，这种情况是不可能出现的。电子波函数的对称性不允许出现这种情况，只可能包含两个电子，一个自旋向上，一个自旋向下，没有第三个存在的位置。

　　标度不变现象本身也暗示着质子和中子内的夸克像独立的点粒子一样运动，就像是自由的一样。怎么会这样？如果我们合理地假设，夸克是由强大的短程核力束缚在一起的，那么，它们在核子内应该是紧紧地抱合在一起的吧？很难想象存在一种物理机制，夸克可以通过这种机制被束缚在核子中，又能独立地在其内部自由移动。

最后，无论夸克多么自由或紧密地束缚在核子中，电子深度非弹性散射都能释放出它们。但为什么在这种碰撞的碎片中没有自由的夸克？这种电荷为分数的粒子预计会留下的痕迹完全没有出现，这是一个很大的谜团。

盖尔曼第一篇关于夸克的论文发表后不久，不相容原理方面的问题就显露出来了。物理家奥斯卡·格林伯格（Oscar Greenberg）在马里兰大学休假期间前往普林斯顿高等研究所做研究。他在 1964 年提出夸克可能是仲费米子（parafermion），也就是说夸克除了可根据量子数分为上夸克、下夸克和奇夸克，也可以根据其他"自由度"来分类。结果是，上夸克也有了不同的种类。只要两个上夸克种类不同，它们便能在质子中和谐共存而不占用相同的量子态。

南部阳一郎提出一个类似的方案，认为上夸克分为三种（下夸克和奇夸克也分为三种），每种具有一种区别于电荷的"荷"。让人越来越糊涂的是，他称这种新型的"荷"为"粲"。纽约雪城大学的年轻的韩国研究生韩武荣在 1965 年向他致信，描述了大致相同的想法。他们共同撰写了一篇论文，发表于当年的晚些时候。他们的成果并非对盖尔曼夸克理论的简单扩展。起初南部认为能利用这次机会摆脱分数电荷，代之以 +1、0 和 -1 粲荷。

该文并未引起什么反响。但是在 1969 年，中性 π 介子衰变成两个高能光子的新实验结果与夸克模型不相容。[1] 具体而言，夸克模型预测的

1　与中性K介子一样，中性π介子会演变成量子叠加态。它由包含一个上夸克和一个反上夸克的状态，以及包含一个下夸克和一个反下夸克的状态叠加而成。

衰变率小三分之一。标度不变意味着夸克一定是存在的，中性 π 介子衰变中的反常现象则似在说明它们其实不存在。

显然，物理学家需要做点什么。盖尔曼获得了 1969 年诺贝尔物理学奖，他刚从斯德哥尔摩领奖回来，似乎对此不那么在意。

哈拉尔德·弗里奇出生于民主德国莱比锡南部的茨维考。他和一位同事一起从民主德国出走，乘着装有舷外马达的皮艇逃出保加利亚国境。他们在黑海中行驶了 200 英里后到达土耳其。

他开始在德国慕尼黑的马克斯·普朗克物理和天体物理学研究所攻读理论物理学博士学位。在那里，他的一位教授是海森伯。1970 年夏天，他在前往美国粒子加速器中心的途中，在科罗拉多州的阿斯彭物理中心遇到了盖尔曼。盖尔曼未能按时给瑞典学院提交供在《诺贝尔奖》（*Le Prix Nobel*）上发表的诺贝尔获奖演讲稿，已与家人躲到阿斯彭度假——话说这种事他已经不是第一次了。[2] 他已不止一次错过事情的截止日期了。

阿斯彭物理中心是个平静悠闲的地方，盖尔曼在附近的落基山上远足，放松自我，完全忘掉工作上的压力，心里只想着物理。但费里奇会让沉思中的盖尔曼回到现实中来。费里奇是夸克模型的狂热信徒，听说加速器中心的实验结果会揭示标度不变和点状夸克-部分子，他感到兴奋不已。他发现盖尔曼对自己的"数学"创造所持的态度模棱两可，这让他十分惊讶。

---

2 诺贝尔奖官网直言不讳地声明："盖尔曼教授［于1969年12月11日］发表了诺贝尔奖的获奖演说，但没有提交供本卷收录的手稿。"

看来盖尔曼仍旧没有领会他当初提议的全部意义。作为一个民主德国的学生，费里奇确信夸克是强核力量子场论的核心。这些东西远不只是数学手段，而是真实存在的。

盖尔曼被这位德国青年的热情打动了，同意让费里奇加入他在加州理工学院的小组，每月来一次。后来他们一起投入到由夸克构造的场论研究中。1971 年初，费里奇完成研究生学业，并转入加州理工学院工作。1971 年 2 月 9 日，他来的那一天正好遇到里氏 6.6 级的地震，震中是西尔马市附近的圣费尔南多谷。盖尔曼后来写道："为了纪念那一刻，我把墙上的照片都歪着挂，直到后来 1987 年的地震又把它们给晃正了。"[3]

直线加速器中心测出的中子对质子的深度非弹性散射比值的实验结果依旧指向夸克。1971 年 4 月，科学记者瓦尔特·沙利文（Walter Sullivan）在《纽约时报》上报道了这一发现。他评论道："具体来说，这些发现表明质子和中子内存在点电荷，从很多方面来讲，它类似于长久以来难以捕捉到的夸克。"[4]

盖尔曼为自己和费里奇争取到了资金。1971 年秋，二人一起去了欧洲核子研究中心。正是在这里，约翰·巴丁（巴丁－库珀－施里弗超导理论的开创者）的儿子威廉·巴丁（William Bardeen）告诉了他们中性 π 介子衰变的反常现象。这是对原始夸克模型直接的实验挑战。韩武荣和南部阳一郎的整体带电夸克模型能更好地预测衰变率。

---

3 Murray Gell-Mann, in Hoddeson, *et al.*, p. 629.
4 Walter Sullivan, *New York Times*, 25 April 1971. Quoted in Riordan, p. 179.

　　盖尔曼、费里奇和巴丁开始探索可用的模型。他们想知道，能否用分数电荷夸克模型解释中性 π 介子衰变的结果。在偶然发现韩-南部模型的一个变体之前，他们一直在修补仲费米子模型。

　　他们意识到需要一个新量子数。韩武荣和南部阳一郎利用了"粲"，但现在这个属性已经与格拉肖假设的第四种夸克联系在了一起。于是，盖尔曼决定将这一量子数称为"颜色"。用颜色来解释抽象现象的想法并不新颖——盖尔曼和费曼过去曾用"红色"和"蓝色"指代不同的中微子，并且其他物理家也使用了这一术语。在这个新方案中，夸克可能具有三种颜色：蓝、红、绿。[5]重子由三种颜色不同的夸克构成，如此一来，它们的"色荷"总量为零，结果为"白色"。例如，我们可以认为质子由一个蓝上夸克，一个红上夸克和一个绿下夸克组成（$u_b u_r d_g$）；中子由一个蓝上夸克、一个红下夸克、一个绿下夸克组成（$u_b d_r d_g$）；介子，如 π 介子和 K 介子，可以认为是由色夸克及其反夸克组成的，其总的色荷为零，这些粒子也是"白色"的。

　　这是一种简单明了的方案。不同的夸克颜色提供了额外的自由度，没有违反泡利不相容原理。将各种类型的夸克增加至原来的三倍，意味着如今能准确地预测中性 π 介子的衰变率。应该不会有人能在实验中看到色荷，因为这是夸克的特性，而夸克被"封闭"在白色的强子中。颜色是看不见的，因为自然界要求所有

5　在其原始方案中，盖尔曼、费里奇和巴丁称它们为红、白、蓝（受法国国旗的启发）。然而，他们很快就明白了，用三原色更好，因为它们混合起来会产生白色。为了避免混淆，我从一开始就采用了当前被普遍接受的术语。

可观测的粒子全都是白色的。[6]

"我们渐渐地意识到，颜色变量将帮我们做所有的事情！"盖尔曼解释道，"它修正了统计数据，并且不会带来让人发狂的新粒子。然后我们意识到，它也可以修正力学，因为我们可以在其基础上建立一个 SU（3）规范理论，一个杨-米尔斯理论。"[7]

这是对 SU（3）对称群的另一种应用。盖尔曼从**全局** SU（3）对称推导出了八重法理论，这种对称将一种"味道"——上、下、奇——转变成另一种"味道"，且夸克的颜色保持不变。现在所提出的，是在夸克色荷的基础上来构建 SU（3）**局域**规范理论。

1972 年 9 月，盖尔曼和费里奇精心设计了一个模型，该模型由三种电荷为分数的夸克组成，这些夸克有三种味道和三种颜色，并由八个强"色力"的载体，即"色胶子"束缚在一起。为庆祝国家加速器实验室的启动日，一场高能物理学会议在罗切斯特举行，会上盖尔曼介绍了这个模型。

但是那时候，他已经开始改变主意了。盖尔曼不断被夸克的本体论地位和永久封闭夸克的机制困扰，于是他相对低调地发布了这一理论。他提到该模型的一个变体带有单一胶子的特征。他强调夸克和胶子是"虚的"。他和费里奇写下讲稿时，他们已经难以抑制内心的疑惑。他后来写道："在准备文字版时，我们被刚刚

6 色荷是一种叫法，这里的白色并非日常看到的颜色，更像是一种光的"白色"，准确来说是呈现一种"色中性"，所以说是无色的。——译者注

7 W.A. Bardeen, H. Fritzsch and M. Gell-Mann, *Proceedings of the Topical Meeting on Conformal Invariance in Hadron Physics*, Frascati, May 1972. Quoted in Crease and Mann, p. 328.

提到的疑惑弄得非常焦灼不安，于是我们回到了技术问题上。"[8]

颜色解决了其中一个障碍，但另两个障碍依然存在。

理论物理学家称之为"渐进自由"。标度不变现象显示夸克在核子中表现得就像自由的点粒子一样，在零距离的渐进极限中它们是完全自由的。并且由于某些原因，它们无法被拉出来。当它们之间的距离增大到超出核子边界时，强力将以某种方式使它们保持住这个距离。

这是相当不合常理的。物理学家习惯将各种力场想象为像电磁力或引力一样运作，在这样的场中，作用力的影响随着与力的来源距离的增加而下降。他们所需要的是一个相反的力场，在这种场中，力随着距源头的距离减少而逐渐降低至零，随距离的增大而增加。

在 1972 年年初，普林斯顿 31 岁的美国理论物理学家大卫·格罗斯（David Gross）决定要一次性地消灭量子场论。为此，他要首先证明出现在深度非弹性散射实验中的标度不变需要一个渐进自由的场论，然后再证明渐进自由在量子场论中是不可能的。

他成功地完成了第一项任务，然后他继续研究各种可重整的场论，通过证明它们不是渐进自由的来将它们逐一排除。最后，在 1973 年春天，他发现了一个较难处理的局域规范理论。他后来解释道："这件事的一个漏洞便是规范理论，它无法用同样的办法证明。所以我计划和我的研究生弗兰克·维尔切克（Frank

---

8 Murray Gell-Mann in Hoddeson, *et al.*, p. 631.

Wilczek）一起修补这一漏洞。"**9**

维尔切克在 1972 年秋成为普林斯顿大学数学专业学生，但后来才发现自己真正喜欢的是粒子物理学。他成了格罗斯的第一个研究生。"他宠坏了我，"后来在提到维尔切克时格罗斯常这么说，"让我以为其他教授都和他一样好呢。"**10**

他们着手工作，但是这项论证工作漫长而乏味。对于 21 岁的维尔切克来说，这是博士论文的题目，所以他对来自其他理论物理学家的竞争很警惕。事实上，胡夫特已经得出结论，杨-米尔斯规范理论可以表示这种不合常理的行为。但是他当时仍旧忙于重整化，没有时间跟进这一研究。

到 1973 年 4 月，格罗斯和维尔切克认为自己有了答案。结果正如格罗斯所料，局域规范理论**不可能**是渐进自由的。若想对标度不变进行理论性描述，需要另辟蹊径。

23 岁的哈佛研究生大卫·普利策（David Politzer）也一直在研究同一个问题，对此他们毫不知情。1966 年，普利策在布朗克斯科学高中毕业，后在密歇根大学获得学士学位，然后于 1969 年转入哈佛大学。他的论文导师是理论物理学家西德尼·科尔曼，科尔曼曾在加州理工学院师从盖尔曼。

然而，普利策的发现与他们相当不同。他认为渐进自由在局域规范理论中是**有可能**出现的。科尔曼从哈佛休假了一段时间，并在春季学期转入普林斯顿大学。普利策打电话给他，解释了他

9 David Gross, interview with Robert Crease and Charles Mann, 2 April 1985. Quoted in Crease and Mann, p. 332.
10 David Gross, quoted in Woit, p. 89.

的发现。

"啊哈，"科尔曼回答道，"很有意思，只不过有一个问题，大卫·格罗斯和他的一个学生在做同样的计算，他们的结论完全不同。"。

"我检查过，"普利策辩解道，"我认为我的是对的。"

科尔曼说："那两位也从不犯错。"[11]

恰好那段时间普利策和妻子去缅因州度了个短假，结果那里老是下雨，于是他又利用这段时间检查了一遍计算结果。他确信自己没错之后，一回来就马上告诉了科尔曼，他演算后结果不变。"对，我知道，"科尔曼此时承认道，"大卫和弗兰克发现了他们的错误，而且他们已经给《物理评论快报》投了一篇论文，因为这个发现很重要。"

在收到科尔曼的意见之前，格罗斯和维尔切克就重新检查了自己的结果，发现里面有一个符号出错了。

普利策连忙赶出了一篇小论文，也投了出去。这两篇论文发表在 1973 年 6 月的《物理评论快报》上，印在同一页的正反面。

这是一个极为引人注目的发现。强核力与其他更为人熟知的力不同，它会随夸克之间距离的拉近而减弱，因此在强子中，夸克几乎不会感知彼此的存在。另一个障碍瞬间被消除了。

1973 年 6 月，盖尔曼带着格罗斯－维尔切克和普利策的论文的预印本回到阿斯彭物理中心。和他一同共事的还有弗里奇和海

---

11 David Politzer, interview with Crease and Mann, 21 February 1985. Quoted in Crease and Mann, p. 334.

因里希·勒特维乐（Heinrich Leutwyler），后者是来自伯尔尼大学的瑞士理论物理学家，来加州理工学院进修的。他们一起设计了包括三个自旋 1/2 的色夸克和八个自旋为 1 的色胶子的杨-米尔斯场论。为了解释渐进自由，胶子**需要**携带色荷。这几位理论物理学家也预测到，在深度非弹性散射中应该会出现对标度不变性的微小偏离。

同一年晚些时候，格罗斯、维尔切克和普利策确定了标度不变性偏离是渐进自由的一个标志。不同电子能量的结构函数随着 q^2/ν 值的上升而趋于收敛，但是在这种标度区域内，一些电子能量的曲线会缓缓上升，另一些能量曲线则会缓缓下降。

在斯坦福直线加速器中心，麻省理工学院物理学家迈克尔·赖尔登精确地观测到了这一行为。赖尔登写道："这实在让人大开眼界。格罗斯、维尔切克和普利策不可能知道我们的数据是什么样子的，但他们预测的情形和我们所看到的几乎一样。"[12]

这一新理论要有个名字。1973 年，盖尔曼和费里奇称它为量子强子动力学，但是次年夏天，盖尔曼想到了一个更好的名字。"该理论有许多优点，且暂未发现任何缺点，"他解释道，"接下来的夏天，我在阿斯彭发明了量子色动力学这个名称，简称 QCD，并强烈建议海因茨·帕格斯（Heinz Pagels）和其他人采用这个名字。"[13]

只用 SU（3）× SU（2）× U（1）量子场论就把强力理论和

12 Riordan, p. 236.
13 Murray Gell-Mann in Hoddeson, *et al.*, p. 633.

电弱力的理论统一到一起的综合性理论似乎终于近在眼前了。

那最后一个障碍该怎么办？渐进自由解释了夸克在强子内的相互作用为何十分微弱，但是并未解释夸克为何会被封闭在里面。有人提出，强色力随着夸克的分离而增强，通过"红外奴役"（infrared slavery）机制将夸克封闭在里面，但是这些都无法**证明**。理论学家通常所依赖的数学工具在强力的限制下无法使用。

人们提出了各种形象的模型来解释夸克的封闭现象。在其中一个模型中，他们认为夸克周围的胶子场能在夸克分离时形成狭窄的色荷管道或者叫"弦"。随着夸克被拉开，弦会先绷紧然后拉长，距离越远，就越难继续拉长。

最终，弦会断掉，但是能量足以使真空中自发地出现正－反夸克对。因此，要将一个夸克从强子内部拉出来，就必然会产生一个反夸克，它会立即与前一个夸克配对形成一个介子，而另一个夸克会在强子中取代其位置。

夸克并不是永远被封闭在强子内的，但是一直会有个伴侣。

而在这一切之中，粲夸克又身在何处呢？

27

十一月革命

长岛/斯坦福
1974年11月

量子色动力学在被如此命名前，就已陷入了困境。

粒子物理学家已不再那样关注向静止靶发射高能粒子的实验了。在这类实验中，创造新粒子的能量与粒子束能量的平方根成正比，剩下的碰撞能量就被"浪费"了。物理学家指出，如果从相反方向让两束高能粒子对射，则相交粒子束中两个相撞粒子的净动量为零，所以粒子束的所有能量原则上都可以用来参与引人关注的新物理实验。电子对撞机和正负电子对撞机是这一类设想中最早建成的，意大利的弗拉斯卡蒂、英国的剑桥、美国的马萨诸塞州以及斯坦福直线加速器中心都建有这样的设备。

当正负电子相撞时，它们可能会湮灭，并产生高能虚光子，可以将其想象成一颗微小的电磁"火球"。光子无法保有所有这些能量，因而会喷射出一条包含不同粒子的流。其中包括所有符合能量守恒的正反粒子组合：正负电子对、正反μ子对或正反夸克对。正反夸克对会迅速找到伴侣继而形成强子。

　　只要总质能和自旋守恒，这些不同的光子衰变路径出现的概率就只取决于产生的粒子电荷的平方。强子与 μ 子的比值取决于三夸克电荷平方的和（2/3）除以 μ 子的电荷平方（1）。但我们要记住的是，上夸克、下夸克和奇夸克都分别有三种类型，因此这个比值要再乘以 3。所以量子色动力学预测的强子和 μ 子的比值 R 为 2。

　　对于能量在 1GeV 到 3GeV 之间的碰撞，意大利对撞机 ADONE 似乎证实了 R=2。但是对于能量在 4GeV 到 5GeV 之间的碰撞，剑桥电子加速器中心（CEA）的对撞机得出的 R 值为 4~6。斯坦福对撞机，即"斯坦福正负电子非对称环"（Stanford Positron Electron Asymmetric Rings，缩写为SPEAR），于 1973 年年中投入使用，斯坦福大学的物理学家伯顿·里克特（Burton Richter）及其团队用它来检验这些结果。到 12 月时，里克特已能证明剑桥电子加速器中心的结果是正确的。随着对撞能量的增加，强子与 μ 子的比值上升到远超过 2 的地步，并且上升趋势没有平缓的迹象。[1]

　　这是怎么回事？是不是还有夸克有待发现？或者电子和质子是否有可能本身转化成夸克和反夸克，产生多余的强子，正如里克特相信的那样？

　　1974 年 4 月，格拉肖在一场关于介子谱学的会议上发言，参会的是研究介子特性和行为的专家们。他呼吁他们去寻找粲介子，否则发现这些粒子的就是"局外人"了，即并非此领域专家的实验物理学家。"只有三种可能性，"格拉肖说，"一是找不到粲介子，那样的话我会吃掉自己

---

1 量子色动力学以外的其他理论预测了R的不同的值，从0.36一直到无穷大。

的帽子；二是谱专家找到粲介子，到时候我们一起庆祝；三是局外人发现粲介子，那你们就吃自己的帽子吧。"[2]

伊利奥普洛斯同样看好粲夸克。在 1974 年 7 月于伦敦举行的第 17 届罗切斯特会议上，他发表了一篇令人难忘的演说，支持 SU（3）× SU（2）× U（1）量子场论，他宣称该场论将被证明是"……存在于遥远的过去中的单一统一规范群的破碎残余"。[3]

后来他以一瓶好酒为赌注，打赌下一届罗切斯特会议会以粲粒子的发现为主题。

格拉肖引起了每一个愿意聆听的粒子物理学家的注意。在 1970 年送别马亚尼的晚会（举办于波士顿港的一艘远洋班轮）上，格拉肖、伊利奥普洛斯和马亚尼召集了麻省理工学院的物理学家们和布鲁克黑文小组的负责人丁肇中。他们个个微醺，讨论着粲夸克和诺贝尔奖。丁肇中表面上蔑视理论物理学家漫无边际的猜想，不认可他们的想法，实际上对新想法和有趣的实验有着敏锐的判断。

格拉肖和布鲁克黑文的萨米奥斯更有缘。他曾解释说，从中微子与质子碰撞的碎片中可以获得关于粲夸克的间接证据。他相信虚 w⁺ 粒子交换后会将质子中的下夸克转变成粲夸克，并在

2 Sheldon Glashow, *Proceedings of the Fourth International Conference on Experimental Meson Spectroscopy*, Boston, 26–27 April 1974, p. 392. Quoted in Riordan, p. 295.
3 John Iliopoulos, in J.R. Smith(ed.), *Proceedings of the Seventeenth International Conference on High Energy Physics*, London, 1–10 July 1974, Section III, pp. 97–100. Quoted in Crease and Mann, p. 358.

瞬间产生一个粲重子。而它很快会衰变成大量强子，其中一种是 Λ^0，包含一个上夸克、一个下夸克和一个奇夸克（uds），是粲夸克进一步转变成奇夸克的结果。

这是关键。在产生 Λ 粒子的研究中，粒子总是和其反粒子 $\overline{\Lambda}{}^0$ 一起产生；但在这种碰撞中，粒子可以单独产生。单个 Λ^0 粒子的出现可以从其衰变产物的标志性"v"形痕迹上被注意到，这将是粲夸克存在的证据。

萨米奥斯和同事罗伯特·帕尔默（Robert Palmer）在成千上万张粒子碰撞的照片中寻找这种事件，这些照片是通过布鲁克黑文新建的气泡室探测器在一年中收集起来的。1974 年 5 月底，海伦·拉萨斯（Helen LaSauce）发现了一个候选事件，她原来是总机接线员，后来转职为扫描员。拉萨斯根据照片绘制了草图，在图中，不可见的中微子在气泡室中击中了一个质子，由此产生了一些 π 介子和一个不可见的粒子，这些粒子爆裂形成了 Λ^0 的"v"形图案。

但是一张图像不够，而且这些轨迹的出现可能会有与粲夸克无关的解释。"我们可不想因为一个事件，就说发现了一种新的物质状态，"帕尔默解释道，"所以我们不断回过头去，重新计算。"[4]他们的搜寻持续了整个夏天和早秋。

格拉肖在 1974 年 8 月到访布鲁克黑文实验室，一方面督促大家搜寻粲夸克，另一方面又描述了找到其证据的不同方式。丁

4 Robert Palmer, interview with Robert Crease and Charles Mann, 18 May 1983. Quoted in Crease and Mann, p. 361.

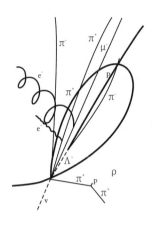

图17 一个有可能产生粲夸克的候选事件。这一事件是1974年5
月在布鲁克黑文的气泡室发现的，通过其衰变生成物的"V"形
轨迹证明了单个Λ⁰粒子的产生。这张图显示了粒子轨迹的重建。
感谢布鲁克黑文国家实验室同意转载

肇中正准备使用 30GeV 交变梯度同步加速器来研究高能质子对
撞，并仔细观察出现在强子混沌中的正负电子对。这些实验很棘
手，要求单独检测到的正负电子的轨迹可以追溯到源头，以确认
这一电子对来源于同一次对撞。格拉肖反对这一做法。他告诉丁
肇中研究团队，粲夸克存在的证据不是通过观察正负电子对得来
的，而是通过寻找奇异粒子（π 介子和 K 介子对）获得的。

经历了几次错误的开始后，丁肇中的实验在 8 月 22 日开始
了。8 月 30 日，他指示团队寻找从能量为 2.5 ~ 4.0GeV 的"母"
粒子中产生的正负电子对。丁肇中向来做事严谨，他在研究团队
中安排了两组人员分析原始实验数据，每组独立进行，而且使用
各自开发的电脑程序。他们只能在开大型集体会议时才能交流。

与实验装置直接相连的微型计算机没有足够的计算能力用于数据分析，因此研究人员必须将其数据发送至布鲁克黑文的主机。9 月 2 日，丁肇中的博士后特伦斯·罗兹（Terence Rhoades）首次注意到分析结果中存在异常。数据显示正负电子对在 3GeV 的能量周围"堆积"。罗兹不太确定该如何解释这一现象。因为害怕分析出现错误，他没有告知丁肇中。两天后，加速器按计划关闭，实验暂停。

有些事情不太对劲。罗兹和他的同事德国物理学家乌尔里希·贝克（Ulrich Becker）一起检查分析程序。他们起了争执，都认为是对方出了错。他们直奔布鲁克黑文计算机中心，赶走其他人，重新检查分析结果。但结果还是一样。峰值仍在 3.1GeV 的能级处，并且范围极其狭窄。

9 月初的前两周，麻省理工学院的助理教授陈敏（Min Chen）和格伦·埃弗哈特（Glen Everhart）一起做了第二次分析。陈敏第一次调查综合结果时，刚开始很担心，但接着又感到十分好奇。数据显示，在 3.1GeV 能级周围，存在强度非常强但范围狭窄的共振。他怀疑计算机程序有问题，但是快速检查后没有发现明显的错误。然后他怀疑这是新的物理现象，这种共振暗示着存在此前未知的粒子。[5]

丁肇中对此很好奇，但又非常谨慎。他也以擅长发现其他物

---

5 有过这种先例。美国物理学家利昂·莱德曼和他的哥伦比亚大学团队在1968年的类似实验中观察到，在约3.1GeV能级附近出现了"肩膀"。但是他们继续去研究更高的能量范围了，并没有返回到这一能级进行深入调查。

理学家所做实验中的错误闻名，他不希望自己成为出错的一方。必须重复实验，并进行各种检查，以确定能够复现 3.1GeV 能级的共振现象。那意味着在 10 月初完成日常维护之后，他们将占用交变梯度同步加速器更多的实验时间。这样做，就意味着要争分夺秒，抢在 1966 年转入斯坦福的美国物理学家迈尔文·施瓦茨（Melvin Schwartz）之前做出成果。

丁肇中强烈地感到，必须保证准确性，不能为了成为率先公布发现的人而急着发表成果。丁肇中要求同事严守秘密，重新确认数据后再发表相关成果。

这是一个有风险的策略，因为其他使用斯坦福正负电子对撞机的物理学家，只需把射线的能量调到大约 1.5GeV（共振能量的一半），就肯定能获得同样的发现。不过，丁肇中知道，斯坦福的物理学家们仍然在探索 4.0 ~ 6.0GeV 的能量范围，测量强子与产生的 μ 子的比值。只要他们继续研究这一能量范围，他就能高枕无忧。

但是丁肇中无法阻止小道消息的传播。10 月 22 日，他又能使用交变梯度同步加速器了，可以重新进行实验了。同一天，施瓦茨前来找他。

"我听说你在 3.1GeV 上发现了一个凸起。"施瓦茨向他祝贺道。

"哦不，并没有，"丁肇中撒了谎，"我不但没有发现凸起，而且数据还很平。"

施瓦茨很恼火。对方要保密，这他可以接受，但是他不喜欢别人对他撒谎。"我跟你打个赌，"他说，"我赌十美元你发现了一个凸起。"

"绝对没有。我接受打赌。"丁肇中回答道，他们握了握手。施瓦茨离开时怒火中烧。丁肇中回到办公室，在布告板上贴了一张便条，上面写道："我欠施瓦茨十美元。"[6]

斯坦福物理学家罗伊·施维特斯（Roy Schwitters）遇到了一个问题，他发现用于分析斯坦福正负电子对撞机实验数据的电脑程序中有个错误。他修正了错误后，经过重新分析的 6 月份实验数据表现出有结构存在的迹象——在 3.1GeV 和 4.2GeV 能级处有小的凸起。特别是两个实验轮次——第 1380 次和第 1383 次，都显示在 3.1GeV 能级处强子产生事件的数量异常多。一般人很容易把这视作虚假的结果而置之不理，但施维特斯找不到拒绝这些结果的理由。10 月 22 日，他请劳伦斯伯克利实验室协作小组负责人戈德哈伯来仔细分析一下。[7]

到 11 月初的时候，丁肇中确信他们发现了一些真实的东西。他的研究团队对实验设置进行了无数次修改，但是在 3.1GeV 处出现的峰值没有变化。此时已经毫无疑问，布鲁克黑文实验室的物理学家发现了一种新粒子。丁肇中称之为 J 粒子，因为真正引人关注的粒子都是以罗马字母命名的（如 w 玻色子和 z 玻色子）。

虽然此时尽快公布研究结果的压力更大了，但是丁肇中知

---

6 Melvin Schwartz, interview with Crease and Mann, 19 February 1985. Quoted in Crease and Mann, p. 375.
7 劳伦斯伯克利实验室原名为伯克利辐射实验室，1959年欧内斯特·劳伦斯去世后，实验室改名以纪念这位科学家。如今，实验室叫作劳伦斯伯克利国家实验室。

道，如果新粒子的确包含粲夸克，那么，它应该也只是一系列新粒子中最先被发现的而已。他现在想获得发现整个粲粒子家族的殊荣。他不顾自己团队内部贝克和陈敏更明智的建议，也不顾其他知道这一秘密的同事的反对，仍然守口如瓶，没有公布这一发现。他以为，在不知道确切观察位置的情况下，斯坦福正负电子对撞机的研究人员是无法找到这种新粒子的。

11月4日，里克特在哈佛做了一系列讲座后，回到斯坦福直线加速器中心。他发现斯坦福正负电子对撞机的研究人员正在热烈地讨论3.1GeV处的凸起。他们力劝他重新配置对撞机，以便更详细地对凸起点进行检验。但是这不是说做就能做的。斯坦福正负电子对撞机已经过升级，准备探索5GeV能级以上的范围，此时再返回到3GeV进行探索会耗费大量时间，而且如果最终鸡飞蛋打劳而无果，那就意味着浪费了时间、精力和金钱。争论持续了一周。

与此同时，戈德哈伯确信第1383次实验显示出了明显的K介子增加的现象。这正是格拉肖向实验物理学家建议要寻找的粲夸克存在的标志。11月8日，里克特在办公室举行了一次会议，讨论目前的情况。戈德哈伯的主张获胜了：斯坦福正负电子对撞机应当调回到3.1GeV的总对撞能量。[8]

第二天早上，重置的对撞机得出第一批结果时，明显有些

---

8 事后证明这是件很幸运的事。因为实际上戈德哈伯对数据的解释出了错。其实没有证据表明K介子产生过量。

不寻常的事发生了。研究人员在 3.1GeV 附近探测，确定了强子出现的狭窄的峰值范围。起初该事件每分钟被记录到一次，已经比通常情况高了 3 倍。到第二天早上，随着对撞机的能级调整到 3.11GeV，记录事件出现的频率越来越高，高于基线近 7 倍。

戈德哈伯坐下来，准备撰写一篇有关该发现的小论文，结果在一小时后被告知，在 3.104GeV 能级处，事件发生频率又上升了 10 倍，现在每秒都能记录到一次强子产生事件。这是史无前例的。他们最终在 3.105GeV 能级处发现了峰值，高于基线 100 倍。人们从冰箱中取出香槟，兴奋地分享着甜饼。随着这一发现的消息传遍斯坦福直线加速器中心，人们纷纷来到正负电子对撞机的控制室。电话也开始不断地响起来。

需要为新粒子取个名字。思索了一阵后，戈德哈伯和里克特决定用希腊字母 ψ（psi）为它命名。物理学家们一致同意在第二天，即 11 月 11 日星期一公布这一发现。

11 月 10 日星期日这天，丁肇中离开纽约去斯坦福直线加速器中心参加一个项目顾问委员会会议。而在布鲁克黑文实验室，斯坦福正负电子对撞机的发现已经开始在丁肇中的研究团队中传开了。他们在旧金山的环球航空公司服务台为丁肇中留了口信，但是当他在凌晨一点回电话时，团队人员以为是个骚扰电话，就没接。

他在入住火烈鸟汽车旅馆（也就是费曼研究出肯德尔图表含义时所住的旅馆）后不久，又接到了一个电话。这一次已然没有悬念了。斯坦福正负电子对撞机的研究人员做出重大发现。丁

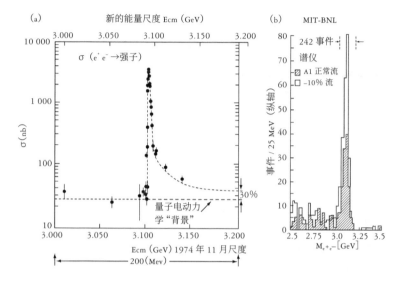

图18 J/ψ粒子，由粲夸克和反粲夸克组成的自旋为1的介子，同时被斯坦福直线加速器中心的里克特研究团队和布鲁克黑文实验室的丁肇中团队发现。（a）斯坦福直线加速器中心进行的正负电子湮灭实验在3.1GeV能级处产生的明显共振；（b）布鲁克黑文实验室进行的高能质子对撞实验产生的相同共振。改编自霍德森等人，《标准模型的崛起：二十世纪六七十年代的粒子物理学》（*The Rise of the Standard Model: Particle Physics in the 1960s and 1970s*），剑桥大学出版社，1997年，第62、64页

肇中立即给斯坦福直线加速器中心的同事打了电话，得知第二天他们要公布这一发现。

丁肇中几乎一夜没睡。他已经别无选择，只能同时发布成果。他让布鲁克黑文的团队整理实验资料文件，准备公布成果。

11月11日上午8点，丁肇中和里克特在斯坦福直线加速器中心见面，他们的谈话内容如下：

"伯特，我有一些物理上的有意思的事儿要告诉你。"丁肇中说道。

里克特回道："山姆，我也有一些物理上的有意思的事儿要告诉你。"[9]

很快，大家意识到两个小组做出了同样的发现。"山姆！这是一回事！结果肯定是对的！"[10]里克特宣布道。

他们发现的是由一个粲夸克和一个反粲夸克组成的自旋为 1 的介子。格拉肖称之为"粲偶素"（charmonium），这是类比电子偶素（positronium）而造的词，电子偶素可以看作氢原子的一个变体，其内部的质子被一个正电子取代。斯坦福正负电子对撞机的研究人员继续在 3.7GeV 能级处搜寻粲偶素的第一个激发态，他们称之为 ψ'（psi-prime）。丁肇中试图找到整个粲粒子家族的博弈并未奏效，还差一点适得其反。

接下来便是确定谁是最先发现者的问题了，这关系到诺贝尔奖到底花落谁家。此时，斯坦福直线加速器中心的发现备受瞩目，丁肇中担心他和布鲁克黑文实验室的发现会被排挤掉。在 1975 年 9 月 5 日的《科学》杂志中，丁肇中引用了实验室的笔记内容，列出了布鲁克黑文实验室发现的精确时间表。他还暗示，是因为布鲁克黑文实验室发现的消息被施瓦茨以及其他人泄露出去，斯坦福正负电子对撞机的研究人员才会倒回去在 3.1GeV 附近进行研究。布鲁克黑文团队继续使用 J 粒子这个名字，而斯坦福正负电

9　Burton Richter, *Adventures in Experimental Physics*, 5, 1976, p. 147. Quoted in Riordan, p. 287.
10　Burton Richter, interview with Robert Crease and Charles Mann, 5 July 1983. Quoted in Crease and Mann, p. 380.

子对撞机团队则用 ψ 粒子这个名字。对他们而言，采用对方的名字就意味着承认对方的优先发现权。

尽管施瓦茨曾向一位斯坦福的同事提过赌了十美元的事儿，但没有证据表明来自布鲁克黑文实验室的小道消息影响了斯坦福直线加速器中心的发现。最终科学界认定这两个实验室各自独立获得了这一发现。里克特和丁肇中共同分享了 1976 年的诺贝尔物理学奖。如今，该粒子仍旧被称为 J/ψ 粒子。

萨米奥斯和帕尔默在 1975 年 8 月的会议上展示了单粲重子现象，但是没有"裸粲粒子"（只包含一个粲夸克或反粲夸克的粒子）的进一步证据。在 1976 年 4 月的会议上，格拉肖催促戈德哈伯加大研究力度。格拉肖曾预测，应该能在 1.95 GeV 处发现中性 D 介子，包括一个粲夸克和一个反上夸克。1976 年 5 月初，戈德哈伯在 1.87GeV 能级处发现了它。

在同年的晚些时候，介子谱学会议召开，组织者罗伊·韦恩斯坦提起了格拉肖的有关吃帽子的说法。粲粒子确实是由"外人"发现的。韦恩斯坦给与会人员分发了微型墨西哥牛仔帽——糖果做成的。

接着，与会的介子谱专家吃下了这些糖果帽子。

28

中间矢量玻色子

日内瓦
1983年1月和6月

　　J/ψ 粒子的发现是理论物理学的一个胜利。它还有助于让基本粒子的结构变得更有序，而基本粒子的结构是即将形成的粒子物理学"标准模型"的基础。

　　如今有了两"代"基本粒子，每一代都由两个轻子、两个夸克以及负责传递它们之间的力的粒子组成。电子、电子中微子、上夸克和下夸克组成第一代基本粒子。μ 子、μ 中微子、奇夸克和粲夸克形成第二代基本粒子，与第一代的区分标志是它们的质量。光子传递电磁力，W 和 Z 粒子传递弱核力，八种色胶子传递色夸克之间的强核力。[1]

　　如果说这种对称令人愉悦，那愉悦也没有持续多久。到了 1977 年春

---

1 胶子是用各种颜色 – 反颜色对组合的叠加来表示的，比如红 – 反蓝对+蓝 – 反红对、蓝 – 反绿对+绿 – 反蓝对。这些组合源于量子色动力学的su（3）对称性。如果只考虑颜色对能够组合成多少种，那么应该有九种而不是八种胶子。

天，有证据表明存在一种质量更大的电子，称为τ子，这一消息造成了轰动。马丁·珀尔（Martin Perl）和同事一直在斯坦福直线加速器中心用正负电子对撞机研究正负电子湮灭实验中反常的电子–μ子对的产生。他们确信湮灭过程也会产生正反τ子对，正反τ子会分别衰变成电子和反μ子，或者μ子和正电子。物理学家并不想听到这样的消息，他们的结果遭到了质疑。但这一结果得到位于汉堡的德国电子同步加速器（DESY）的独立佐证后，人们无法再否定τ子的存在了。

有τ子，就需要有τ中微子，因此不可避免地，人们推测实际上存在三代轻子和夸克。利昂·莱德曼于1977年8月在费米实验室发现了Υ粒子以及其第一和第二激发态，弥补了错失J/ψ粒子的缺憾。[2] 这是一种介子，由后来人们所知的底夸克及反底夸克组成。它的质量为4.2GeV左右，可以将它视作更重的第三代下夸克和奇夸克，电荷为-1/3。人们假定第三代夸克的最后一个成员是质量更大的顶夸克，只要能建造出产生必要碰撞能量的对撞机，就能发现该夸克。[3]

虽然第三代轻子和夸克的出现有些出人意料，但是它们立即被纳入了标准模型中。在1979年8月由费米实验室组织的一次研讨会上，有团队展示了在正负电子湮灭实验中产生夸克和胶子"喷射"的直观证据。这些是在正反夸克形成过程中产生的定向强子喷射，在这一过程中高能

---

2 莱德曼和同事以为在6GeV能级的凸起发现了Υ粒子，于是过早发布了这一结果。后来凸起消失，这种幽灵粒子被戏称为"啊呀–利昂"（oops-Leon）粒子。（希腊字母Υ的发音类似"宇普西龙"，而oops-Leon发音与之类似，又嵌入了Leon的名字。故有此戏谑之称呼。——译者注）随后Υ粒子在能量为9.5GeV时出现。见莱德曼，第321页。
3 有人建议将之命名为"真"（truth）和"美"（beauty），但是最终，听起来更平庸的"顶夸克"和"底夸克"的名字被人们接受。

胶子也会从某个夸克中"解放"出来。这种标志性的"三喷射事件"是人们到当时为止发现夸克和胶子的最有力证据。[4]

顶夸克仍未找到，W 和 Z 粒子（弱力中的中间矢量玻色子）存在的直接证据也没有找到。随着标准模型被普遍接受，格拉肖、温伯格和萨拉姆被授予 1979 年诺贝尔物理学奖。

人们越来越相信标准模型基本上是正确的。然而，仍缺乏有关弱力中 W 和 Z 中间矢量玻色子的直接证据。这些力载体是可重整的自发破缺 $SU(2) \times U(1)$ 弱力和电磁力量子场论推测出来的，并被赋予粒子质量的希格斯场进一步证明。

通过观察弱力衰变和弱中性流，人们已经得到 W 和 Z 粒子存在的间接证据。没有这些粒子，这些观察到的情况也就没有意义。它们**必须**存在。但实验物理学奉行的是眼见为实，为了牢牢地将 $SU(2) \times U(1)$ 电弱理论融入标准模型中，必须首先直接观察到 W 和 Z 粒子。我们可以换一个角度看这个问题：物理学界没有为发现弱中性流而颁发诺贝尔奖，但肯定会为发现中间矢量玻色子而颁发诺贝尔奖。

温伯格在他的诺贝尔奖演讲中解释说，电弱理论预测的 W 和 Z 粒子的质量取决于弱力的"混合角"θ_w。温伯格预测 $w^\pm$ 粒子的质量约等于 $40GeV/\sin\theta_w$。Z^0 的预测质量约等于 $80GeV/\sin\theta_w$。他在演讲的后面提到了 0.23 ± 0.01 的 $\sin^2\theta_w$ 的实验估值，对应约

---

4 三喷射事件最先是由德国电子同步加速器的一支研究团队发现的，并且被欧洲核子研究中心丁肇中领导的国际研究团队证实。

29°的混合角。这一数据表明 $W^\pm$ 粒子的质量为 83GeV，Z^0 的质量为 94GeV。[5] 就质量而言，W 和 Z 粒子的质量与锶原子的原子核质量几乎相同。

欧洲核子研究中心的超级质子同步加速器（SPS）周长为 6.9 千米，在 1976 年开始建造。原计划该加速器能量为 300GeV，但建造后能产生 400GeV 的粒子能量。开始建造的一个月前，它就被费米实验室的质子加速器超过了，后者的能量达 500GeV。

但问题是这些都是加速器，不是对撞机。虽然加速的粒子能量如此之高，但是用它撞击静止靶会浪费大量能量。这种方法只能用于产生和观察能量十分低的粒子。要达到 W 和 Z 粒子的能量，要么需要一台比现有加速器大很多的加速器。要么就需要一台对撞机。

世界上第一台强子对撞机名为交叉储存环（ISR），在欧洲核子研究中心建造，于 1971 年投入使用。[6] 这是一台质子-质子对撞机。然而，其粒子束的最高能量还不足以达到 W 和 Z 粒子的能量。

1976 年 4 月，一个研究小组聚集在欧洲核子研究中心，就下一个重大建设项目进行报告：大型正负电子对撞机（LEP）。这个对撞机将建造在瑞士和法国边界下方长达 27 千米的环形隧道中，

---

5 根据公式 $\cos\theta_w = M_w / M_z$，混合角 θ_w（也称为温伯格角）和 W 及 Z 粒子的质量有关，其中 M_w 是 $W^\pm$ 粒子的质量，M_z 是 Z^0 粒子的质量。混合角的大小随碰撞能量的变化而变化。角度为 29°时，比值为 0.875。
6 在 1965 年 12 月维克托·魏斯科普夫作为研究所总干事的最后一次理事会会议上，建造交叉储存环的提议得到了批准。

位于日内瓦附近。它将使用超级质子同步加速器，将正负电子加速到接近光速，然后将其引入对撞环。最初的设计是每束粒子的能量达到 45GeV，当两个粒子束结合在一起时，对撞能量将达到 90GeV，正好能达到 W 和 Z 粒子的能量级。

但是有一个问题。这是一项长期工程。预计该大型正负电子对撞机直到 1989 年才能投入使用。欧洲核子研究中心的物理学家可没有耐心等待。"当时寻找 W 和 Z 粒子的压力非常大，"研究中心的物理学家皮埃尔·达里乌拉（Pierre Darriulat）回忆道，"大型正负电子对撞机项目的设计、研发和建设时间太长，让我们大多数人，甚至最有耐心的人都感到烦躁。要是能瞥见一眼这些新玻色子就再好不过了。"[7]

人们提议建造多种质子–质子对撞机，但这些建议都被欧洲核子研究中心的管理层否决了，因为他们担心这会耽误大型正负电子对撞机项目。

研究所的物理学家需要想出办法来，将现有设备（如超级质子同步加速器）的能力使用到极限，以达到最重要的能量范围。通过正反质子对撞可以实现这一点。然而，制造反质子的机制要让高能质子与静止靶碰撞，会产生能量范围很大的粒子。储存环只能接受能量范围较小，在设计参数范围内的粒子。这样的结果会产生低强度或低亮度的加速反质子束（亮度指粒子束中可以产生的碰撞数的量度）。

要让反质子束为质子–反质子对撞实验提供足够的亮度，就

---

7 Pierre Darriulat, in Cashmore, *et al.*, p. 57.

需要将反质子能量聚集到所需粒子束能量的附近。

　　幸运的是，欧洲核子研究中心的物理学家西蒙·范德梅尔（Simon van der Meer）已经想到了实现这一点的方法。范德梅尔是加速器理论家，主要关注理论原理在粒子加速器和对撞机的设计和操作中的实际应用。他在 1968 年用交叉储存环进行了一些实验，并于四年后发表了一篇内部报告。间隔如此之久，原因很简单：他研究的物理十分晦涩难懂。他在报告中写道："这一想法在当时看起来太不着边际了，似乎不适合发表。"[8]

　　要想大体了解他的想法，我们可以回顾一下詹姆斯·克拉克·麦克斯韦在 1867 年提出的关于热力学第二定律的思想实验。室温气体包含数十亿个原子，它们游弋在空间中，速度不一，不仅相互碰撞，还撞击着容器壁。它们的平均速度是气体能量和温度的度量。

　　麦克斯韦认为，假设我们在容器内部加上一个小隔板，隔板上有一个遮住的小孔。此时，容器被分成了两个隔间，分别是 A 和 B。我们再进一步假设，一位实验人员有着敏锐的感知能力（我们称之为"麦克斯韦妖"），当 A 中有一个原子高速朝隔板的小孔移动的时候，他能够瞬时感知到。他打开遮小孔的挡板，原子便穿过小孔移动至 B。同样，他也能感知到 B 中有一颗原子低速朝小孔移动。打开挡板，原子便穿过小孔移至 A。

　　一段时间后，所有高速原子都进入了 B，而所有低速原子都

---

8 Simon van der Meer, quoted in Brian Southworth and Gordon Fraser, *CERN Courier*, November 1983.

进入了 A。无须消耗任何功，"麦克斯韦妖"就能让 B 内的气体温度升高，A 内的气体温度降低。这明显违反了热力学第二定律，因为该定律认为孤立系统中气体的熵不会自动减少。

这种违反看似成立，实则不成立。小妖在"感知"气体中的原子速度时，一定也消耗了能量，因此导致某个较大的系统中熵的增加。我们可以说，依据热力学第二定律，如果将小妖和测量仪器包括在内，那么整个系统的熵的确会增加。

范德梅尔需要做某种十分类似的事情。如果能够"感知"到反质子的能量与期望的粒子束的能量相差很大，并以某种方式将它们"推向"期望的粒子束的能量，那么会导致反质子能量集中在一起，并且粒子束的亮度也会增加。他在 1968 年做的实验表明可以做到这一点。

他将其称作"随机冷却"（stochastic cooling）。在粒子束某处放置的电极检测到的反质子，其能量偏离期望的粒子束能量，然后信号便被发送到粒子束储存环的另一端，该信号的大小与偏离的程度成正比。该信号被放大并应用在一个"推动器"上，这个"推动器"将电场应用在粒子束的同一位置，让散射开的粒子回转到粒子束轨道中心。将这个过程重复上千万次后，粒子束逐渐达到期望的粒子束能量。

"Stochastic"这一词的意思就是"随机"，而"冷却"针对的不是粒子束温度，而是它所包含粒子的随机移动和能量范围。

范德梅尔在 1974 年借助交叉储存环进行了一些有关随机冷却的测试。结果并不明显，但足以表明该原理行之有效。两年后，他对一个小储存环做了改造，并进行了初始冷却实验（Initial

Cooling Experiment），实验结果于 1977 年和 1978 年得出，十分鼓舞人心。使用随机冷却技术，似乎可以创造亮度足够的反质子束，在超级质子同步加速器中进行质子–反质子对撞实验。这样就不需要新的对撞机了。

270GeV 质子–反质子粒子束的能量在超级质子同步加速器中结合，可以产生 540GeV 的对撞能量，远远超过发现 W 和 Z 粒子所需的能量。

卡洛·鲁比亚于 1976 年就开始在欧洲核子研究中心支持质子–反质子对撞实验。初始冷却实验在 1978 年获得成功后，鲁比亚得到许可，组建了一支物理学家协作团队来设计精密的检测设备，以证明 W 和 Z 粒子的存在。因为这一设备会建在超级质子同步加速器庞大的地下区域内，所以这个协作团队被称为"地下区域 1"（缩写为 UA1）。这个团队最终吸纳了约 130 名物理学家。

这仍然是一个碰运气的项目，有可能会中断大型正负电子对撞机的工程。对欧洲核子研究中心的研究委员会来说，做出这项决定实属不易，但委员会决定赌一把。自二战结束以来，美国一直主宰着高能物理学，在战后欧洲物理学的缓慢恢复进程中，美国充分利用了自己的领先优势。美国的粒子物理学家获得了一连串重大发现。虽然欧洲核子研究中心的物理学家也参与了弱中性流的探索，但到当时为止还没有发现新的粒子。此外，鲁比亚以难以共事闻名，[9] 如果他的提议没有获得欧洲核子研究中心的批准，

---

9 对于鲁比亚，马丁努斯·韦尔特曼写道："他担任欧洲核子研究中心主任的时候，每三周换一次秘书。这比二战期间潜艇或驱逐舰上水手的平均生存时间都短……"参见 Veltman，p74。

他可能会带着提议去其他地方。达里乌拉解释说："如果研究中心没有同意卡洛·鲁比亚的想法，那么他很有可能将它兜售给费米实验室。" [10]

做出这个决定六个月后，第二支独立的协作团队 UA2 便在达里乌拉的带领下成立了。这个协作团队规模较小，只有 50 名物理学家，旨在与 UA1 进行良性竞争。UA2 的探测设备不太精密（比如，它无法检测 μ 子），但仍能独立佐证 UA1 的结果。

首先在欧洲核子研究中心的质子同步加速器中将质子加速到 26GeV，从静止的铜靶中产生反质子。[11] 随后将反质子引入专门建造的反质子聚集器（AA）中，每隔几秒钟便产生一批具有 3.4GeV 能级的反质子。反质子在聚集器中积累一天左右之后，利用随机冷却技术聚拢反质子能量，然后将其重新注入质子同步加速器中，加速到 26GeV。

接下来将反质子传送至超级质子同步加速器的环中，在里面它们会和质子反向运动。然后将质子和反质子加速至 270GeV，每一批次持续时间为几纳秒（一纳秒等于十亿分之一秒）。一批批的质子和反质子会在环的六个点上发生撞击，UA1 和 UA2 的探测设备装在其中的两个点上。

1980 年 7 月，反质子首次被注入反质子聚集器中。1981 年 7 月，超级质子同步加速器首次将反质子加速到 270GeV，记录下了

---

10 Pierre Darriulat, in Cashmore *et al.*, p. 57.
11 欧洲核子研究中心的物理学家估计，要产生两个反质子，需要要让一百万个质子击中目标靶，这一估计后来被证明高了一倍。

最初对撞的数据。因为寻找 w 和 z 粒子的实验要和其他常规实验交替进行，按照设计，UA1 和 UA2 探测设备可以从环中移出，让超级质子同步加速器切换回有固定靶的加速器模式。

1982 年春，第一次全功率的质子－反质子对撞实验获得了启动的机会。但是 UA1 的探测设备因压缩空气受到污染而无法运行，唯一的解决办法是拆开后清洁娇贵的零件，但这项工作要花费几个月的时间。

结果，两次独立的质子－反质子碰撞实验被合并成一次，于 1982 年 10 月启动。UA1 和 UA2 开始记录数据，但不是每一次对撞都要记录。据预测，产生 w 和 z 粒子的对撞十分罕见，因此，两个探测设备被设置为只对符合预编程标准的对撞做出反应。对撞机在两个月的周期内每秒产生几千次对撞，但产生 w^- 和 z^- 粒子的事件应该不会有多少。

人们对探测设备进行了编程，以识别有关高能电子或正电子与粒子束方向呈大角度的发射事件。携带的能量高达 w 粒子一半质量的电子是 w^- 衰变的迹象。与此类似，高能正电子是 w^+ 粒子衰变的信号。测出的能量不均衡（参与对撞的粒子能量与对撞产生的能量之间存在差异）则表明伴随产生了反中微子和中微子，但是这无法被直接探测出来。

初步结果于 1983 年 1 月初在罗马举行的质子－反质子对撞物理研讨会上公布。鲁比亚异常紧张地宣布了结果。从观察到的数十亿次对撞中，UA1 识别出了 6 个 w^- 粒子衰变的候选事件，而 UA2 识别出了 4 个。虽然尚不确定，但鲁比亚相信："这些不仅看起来像 w 粒子，闻起来也像，所以肯定是 w 粒子。"[12] "他的演讲引人入胜，"莱德曼写道，"他善于演讲，逻辑清晰又充满热情。"[13]

1 月 20 日，欧洲核子研究中心的物理学家纷纷涌向礼堂，参加 UA1 的代表鲁比亚和 UA2 的代表 L.D. 莱拉主持的两场研讨会。1 月 25 日召开了记者招待会。UA2 团队倾向于保留意见，但过不了多久就会给出判断。w 粒子已经被发现，其能量接近估值 80GeV。UA1 团队的结果于 1983 年 2 月 24 日在《物理快报》上发表。不到一个月后，UA2 团队的结果发表于同一期刊上。

人们一直都知道，z^0 会比较难发现。1983 年 4 月质子-反质子对撞实验重新开始时，欧洲核子研究中心的物理学家把对撞机开足了马力。好在 z^0 衰变迹象相对容易辨认——只需发现正负电子对或 μ 子-反 μ 子对携带从未见过的能量即可证明。

UA1 发现的 z^0 的质量为 95GeV，这一结果于 1983 年 6 月 1 日公布，并于 7 月 7 日发表在《物理快报》上。这一结果是通过对五个事件的观察得出的，其中四个事件产生了正负电子对，一个产生了 μ 子对。此时，UA2 团队也积累了一些候选事件，但他们希望再进行一轮实验，获得结果后再公开。UA2 团队最终报告了八个产生正负电子对的事件，结果发表在 1983 年 9 月 5 日的《物理快报》上。

---

12 Carlo Rubbia, quoted in Brian Southworth and Gordon Fraser, *CERN Courier*, November 1983.
13 Lederman, p. 357.

到 1983 年底，UA1 和 UA2 团队共记录了约 100 个 $W^{\pm}$ 事件和 10 多个 Z^0 事件，两种粒子的质量分别为 81GeV 和 93GeV。

这一过程无比漫长，可以说自 1954 年杨振宁和米尔斯对 SU（2）强力量子场论的研究就开始了。[14] 这一理论预测的无质量玻色子曾让泡利有些不爽。1957 年，施温格曾推测弱核力是由三个场粒子传递的，随后他的学生格拉肖研究了杨–米尔斯 SU（2）场论。

此后基于这一说法开展了很多研究。无质量玻色子通过对称性自发破缺和希格斯机制获得了质量。由此产生的理论被证明是可重整的。现在他们找到了中间矢量玻色子，而且正好是在预测的位置上。

鲁比亚和范德梅尔共同获得了 1984 年诺贝尔物理学奖。

---

14 事实上，奥斯卡·克莱因在1938年就提出，弱力可能是由"带电光子"传递的。

29 标准模型

日内瓦
2003年9月

粒子物理学的性质发生了变化。许多粒子物理学家将 20 世纪六七十年代视为黄金年代。那时候，建造新型加速器或对撞机预示着一趟振奋人心的旅程的开始，这趟旅程通向尚未探索过的陌生领域，这一领域充满了理论物理学家顶多是隐约推测存在的粒子。发现的新粒子即使不令人疑惑，也令人感到新奇。它们携带着我们暂时还无法理解的东西。

但是，时至今日，粒子物理学家的任务似乎仅仅是去验证众所周知必然存在的粒子确实是存在的，制造新的加速器或对撞机的目的只是验证物理学家早就信以为真的想法的真实性。如今，粒子物理学之旅变成了对越来越熟知的领域的探索。虽然仍然存在惊喜，存在许多物理学家尚无法理解的东西，但是实验物理学家所能触及的范围内的问题，很大程度上已经有了答案。

随着 W 和 Z 粒子的成功发现，欧洲核子研究中心的物理学家开始继续前行，寻找顶夸克。他们失败了，得出的结论是，顶夸克的质量肯定高于 41GeV，几乎是它第三代粒子伙伴——底夸克的十倍。[1] 到了 20 世纪 90 年代初，欧洲核子研究中心与费米实验室的太伏质子加速器 (Tevatron) 展开了竞争。太伏质子加速器是一台质子–反质子对撞机，对撞能量能达到 1.8TeV（接近 2 万亿电子伏特）。二者的竞争结果将顶夸克的质量下限提高到 77GeV，然后又升至 91GeV，接近 Z^0 的质量。欧洲核子研究中心的物理学家在将质子–反质子对撞机的对撞能量提高到 620GeV 之后，就再也无法提高了。于是他们退出了竞赛。

最终，费米实验室于 1995 年 3 月 2 日宣布发现了顶夸克，这项成就是由两个相互竞争的团队完成的，每个团队各包括约 400 名物理学家。[2] 顶夸克的质量高达 175GeV，相当于一个铼核的质量，比底夸克的质量高了将近 40 倍。它是物理学家通过其衰变产物发现的。高能质子和反质子碰撞会产生一个正反顶夸克对，其中的每个粒子会衰变成一个底夸克和一个 W 粒子。两个 W 粒子中，一个会衰变成一个 μ 子和一个反 μ 中微子，另一个会衰变成一个上夸克和一个下夸克。对撞的最终结果是一个 μ 子，一个反 μ 中微子以及四股夸克喷射流。

除了希格斯玻色子，还有一种粒子未被发现，即 τ 中微子。五年后，2000 年 7 月，费米实验室宣布发现了 τ 中微子。

发现了顶夸克和 τ 中微子后，标准模型基本上就完备了。物理学家面临着前所未有的情况，现在所有实验数据都与量子场论的预测一致，而量子场论是标准模型的基础。

量子物理学的发展自开始就受到令人困惑、无法解释的实验结果的

---

1 Z^0 粒子衰变的观测结果表明，没有迹象显示能产生正反顶夸克对，这表明顶夸克的质量必定高于 Z^0 粒子质量的一半。
2 报告相关成果的论文的前几页几乎就是一长串的名字。

驱动。普朗克一生中最艰苦的工作就是为他根据实验结果推测出的辐射公式寻找理论基础。泡利曾站在哥本哈根的街头，解释说他痛苦的根源是反常塞曼效应。到了 20 世纪五六十年代，"基本"粒子的数量和类型激增，量子场论物理学家陷入了窘境。几乎每个阶段，实验都走在了理论的前面，理论物理学家总是忙不迭地为实验结果提供解释。

但现在一切都变了，不再有令人困惑、无法解释的实验结果，理论取得了胜利。然而，我们同样清楚，我们离物理学的终点还很远，这一点让我们痛苦不已。

标准模型包含了规范群 SU（3）× SU（2）× U（1）中的三种杨－米尔斯量子场论。它描述了三代物质粒子通过三种力产生的相互作用，这三种力由一些场粒子或"力载体"传递。

我们日常最熟悉的物质由原子构成。原子由质子和中子组成的原子核，以及周围幽灵般的电子波粒子组成。质子和中子由上下夸克构成。这些夸克、电子和电子中微子都是自旋 1/2 的费米子，它们一起构成标准模型中的第一代物质粒子。我们在周围物质世界中所能体验到的一切，有这些粒子就足够描述了。

每种夸克的味道（上、下等）都有三种不同的颜色——红、绿和蓝。夸克被强色力束缚在质子和中子内部，随着夸克分离开，色力会增强。结果是，夸克被永久"禁锢"在内，在没有伴侣的情况下无法独自出现。色力由有色的自旋为 1 的胶子传递，这种胶子能和夸克及其自身发生相互作用。

上下夸克和反夸克结对形成自旋为 0 的介子。带正电的介子 π^+ 由一个上夸克和一个反下夸克（u$\bar{\text{d}}$）构成，带负电的介子 π^-

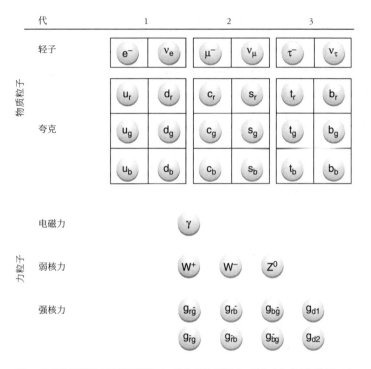

图19 粒子物理学的标准模型描述了三代物质粒子通过三种力产生的相互作用,这三种力由一些场粒子或"力载体"传递

由一个下夸克和一个反上夸克(dū)构成,电中性的介子 π^0 由正反下夸克和正反上夸克叠加而成。这些是质量相对较低的粒子(因此它们在 20 世纪四五十年代就被发现了),可以被认为是伪南部–戈德斯通玻色子。它们负责传递质子与中子之间的作用,并将它们束缚在原子核中。

还有两代物质粒子,遵循第一代粒子建立的模式,只是粒子质量不同。第二代粒子包括奇夸克、粲夸克、μ 子和 μ 中微子。第三代包括顶夸克、底夸克、τ 子和 τ 中微子。

只有这三代粒子。人们使用欧洲核子研究中心的大型正负电子对撞机仔细研究 z^0 的衰变后，证明中微子的类型不超过三种。如果有第四种或第五种中微子，那么 z^0 粒子还会有其他的衰变路径，而这会影响它的实测寿命。这些测量结果虽然不能排除由极重的中微子构成的一代彻底不同的物质粒子存在的可能性，[3] 但是没有任何证据表明存在这样的粒子。因此，人们认为只存在三种中微子，并由此推断，只存在三代粒子。[4]

强核力会对夸克的颜色产生影响，由自旋为 1 的 w 粒子和 z 粒子传递的弱核力会对夸克的味道产生影响。β 放射性衰变是一种较为常见的弱力表现形式，在衰变过程中，中子内的下夸克会转化成上夸克，中子会转化成质子，并释放一个 w^- 粒子。然后 w^- 粒子会衰变成一个电子和一个反中微子。

弱力相互作用制造的混合可以让上夸克和奇夸克之间、下夸克和粲夸克之间互相转化。这种混合的特征表现为另外一个角，称为卡比博角，名字取自意大利物理学家尼古拉·卡比博（Nicola Cabibbo），该角测量值约为 13°。进一步混合之后，上夸克和底夸克之间、下夸克和顶夸克之间、粲夸克和底夸克之间、奇夸克和顶夸克之间可以相互转化。这是卡比博混合的一种推

---

3 这一代中微子的质量必须高于 z^0 质量的一半。
4 中微子种类的数量被确定为 2.985 ± 0.008。参见 Cashmore, et al，p81。

广，称为 CKM 混合，是以卡比博和日本物理学家小林诚（Makoto Kobayashi）以及益川敏英（Toshihide Maskawa）名字的首字母命名的。CKM"矩阵"的特点是有三个角。第一代和第三代夸克之间的实测角约为 0.2°，第二代和第三代夸克之间的实测角约为 2.4°。第四个"角"反映了夸克间耦合的相对相位，并且与弱力衰变过程中的 CP 破缺存在联系。

最后，带电粒子所表现出的电磁力，由无质量的自旋为 1 的规范玻色子——光子携带。光子是由普朗克于 1900 年首次发现的，五年后在爱因斯坦的"奇迹之年"中大放异彩。

这种形式体系之下潜伏着神秘的希格斯场，它弥漫在真空中，充满整个宇宙。无质量粒子与希格斯场（或希格斯"凝聚"）之间的相互作用会赋予粒子质量，其获得的质量大小反映了粒子和场之间的耦合程度。希格斯场中的粒子是自旋为 0 的希格斯玻色子，其在标准模型中的地位异常之高，被称为"上帝粒子"，它赋予一切粒子质量。[5]

胡夫特在 1995 年写道："虽然希格斯粒子本身从未被检测到，但是我们感到它的**场**无处不在。如果希格斯粒子不存在，那我们的模型就会具有过多的对称性，以至于所有粒子都看起来一个样，几乎没有**差异性**。"[6]

标准模型是理论物理学和实验物理学的一场胜利。胡夫特将

5　但应该注意的是，与希格斯场的相互作用并不是我们所谓的质量的唯一来源。事实上，质子和中子99%的质量来源于将其夸克结合在一起的胶子场的能量，而质子和中子占每个原子质量的99%。
6　't Hooft, p. 115.

这一理论做了如下总结：

这是对所有已知粒子以及它们之间所有已知力的数学描述，让我们得以解释这些粒子的所有行为……据我们所知，任何一种物理现象都能视为标准模型的结果，但其基本公式并不复杂。我们也承认标准模型并不是绝对完美的……不过其达到的完美程度仍然十分令人赞叹。[7]

开尔文1900年在英国科学促进会发表的（有可能是臆造的）讲话充满了胜利主义的意味，但标准模型并不代表我们可以重归这样的状态。虽然这一模型取得了显而易见的巨大成功，但是自20世纪70年代末诞生以来，它的缺陷就极为明显。

标准模型必须容纳数量相当惊人的"基本"粒子。夸克的6种味道和3种颜色结合会产生18种不同的夸克，加上轻子——如电子、μ子、τ子，以及它们的中微子，我们一共有24种费米子。再加上上述所有粒子的反粒子，就有了48种。此外我们还要加上场量子：光子、w^+、w^-、z^0粒子和8种不同类型的胶子，总数达到了60种。以上所有粒子都可以说已经被"观测到"了。但目前尚未被观测到的希格斯玻色子[8]也需要加上，那么粒子种类就达到了61种。这怎么看也不像一种基本理论。

这61种粒子在一个框架内相互联系，这一框架需要20个参数，而这些参数无法从理论中推导得出，必须通过测量获得。正

---

7 't Hooft, p. 114.
8 希格斯玻色子已经于2013年被大型强子对撞机发现。——译者注

如莱德曼在 1993 年所说：

要想理解宇宙的形成，我们必须先确定 20 个左右的参数。具体都是哪些参数呢？我们需要 12 个参数来确定夸克和轻子的质量，需要 3 个参数来确定力的大小……还需要一些参数说明力与力之间的关系。然后还需要一个参数说明 CP 破缺是怎样产生的，余下的参数用来说明希格斯粒子的质量以及其他需要用到的情况。[9]

粒子的质量更是麻烦。关于夸克，我们必须区分"裸"夸克和"附着"有胶子的夸克的质量，因为胶子的能量对夸克的质量会产生影响。裸上夸克的质量已经确定在 1.5MeV 到 3.3MeV 之间，裸下夸克的质量则在 3.5MeV 到 6.0MeV 之间。[10] 用质子（uud）的实测质量（939MeV）与这些数字做比较，我们就明白胶子的结合能贡献的质量有多大了。

粲夸克的"运行"质量为 1 270MeV，奇夸克的为 104MeV。[11] 顶夸克的"运行"质量为 171 200MeV，而底夸克的则为 4 200MeV。这些数值看起来很随机，没有任何规律和原理可言。轻子的质量

---

9 Lederman, p. 363.
10 这些夸克质量数据引自C. 阿姆思勒（C. Amsler）等，《物理快报B》（*Physics Letters B*）667，2008年，第1页。
11 "运行"质量表明，在不同的能量大小内测量，质量会有所不同。

同样难以捉摸。**12**

混合角能够决定弱力和电磁力对夸克和轻子作用强度的大小，但也必须通过实验来确定。质量和混合角是夸克及轻子与希格斯场相互作用的结果。我们无法通过基本原理来用理论预测这些值，可能反映了这样一个简单的事实：希格斯场的属性和对称性破缺机制的精确性质，在标准模型中没有得到恰当的解释。

标准模型尚未将强力、弱力和电磁力很好地统一起来。并且这一模型并没有试图纳入第四种自然界的已知力：引力。这种力很弱，因此在基本粒子的相互作用中不会产生效应。但这种力总是吸引性的，与粒子质量成正比并且可以累积。如果尺度逐级放大，从夸克到核子，核子到原子，原子到分子，分子到固体物质，物质到行星，引力就变得无法抗拒。

引力场表明，应该存在相应的引力量子场论，以及一个力的载体——引力子。要解释引力的性质，引力子必须是自旋为 2 的玻色子。用熟悉的方法（迄今为止人们尝试过并且可信的方法）解释引力量子场论会导致结果无法重整。

总之就是行不通。

关于引力，目前既没有令人不安或无法解释的实验结果供人们探究，也没有可用实验验证的理论预测。迄今为止，还没有关

---

12 虽然普遍认为中微子是没有质量的，但是最近对来自太阳的中微子流的观测结果表明，中微子会在不同的类型之间转换，比如，一个电子中微子会变成μ中微子或τ中微子。只有中微子具有极小质量的状况下才会出现这种情况。这些都能包括在标准模型内，但代价是要引入更多的参数。

于标准模型下一步该如何发展的指导意见。换而言之，还没有关于是否应该放弃标准模型，采用一种完全不同的方法的指导意见。

虽然无法预测希格斯玻色子的质量，但是欧洲核子研究中心和费米实验室的物理学家能预测其质量的上限和下限。20 世纪 80 年代末，在得克萨斯州沃克西哈奇建造新设备超导超级对撞机（SSC）的提案得到批准。该设备的周长为 87 千米，能产生 40TeV 的碰撞能量，有可能让实验物理学家测量到希格斯玻色子。美国总统里根批准这一项目后，便督促白宫官员"全力支持"。[13] 该项目在 1991 年开始施工，由罗伊·施维特斯负责。

随着建设的进展，项目预算激增，从 1987 年的 44 亿美元增至 1993 年的 120 亿美元。虽然比尔·克林顿总统大力支持，但该项目最终还是被国会取消了。当时隧道已经掘了近 23 千米长，花费了近 20 亿美元。

两年后，一个规模适中的项目得到了批准——在欧洲核子研究中心建造大型强子对撞机（LHC），借用大型正负电子对撞机 27 千米的隧道。鲁比亚说欧洲核子研究中心需要"用超导磁体铺满正负电子对撞机的隧道"。[14] 大型强子对撞机预计最终会产生 14TeV 的对撞能量，虽然不到超导超级对撞机能量的一半，但是理论上仍能每几个小时产生一个希格斯玻色子。

2003 年 9 月 16 日星期二上午，数位享誉国际的顶尖物理

13　Ronald Reagan, quoted in Lederman, p. 380.
14　Carlo Rubbia, quoted in Lederman, p. 381.

学家聚集在欧洲核子研究中心的大礼堂，庆祝发现弱中性流
（1973）以及 w 和 z 粒子（1983）这两个周年纪念日。马亚尼做
了简短的欢迎致辞后，欧洲核子研究中心主任温伯格站起身，讲
述了创建标准模型的曲折经历。他总结道：

那些日子非常美好。在 20 世纪六七十年代，实验物理学家和理论
物理学家对对方的观点都颇感兴趣，通过相互交流，取得了伟大的发现。
自那之后，我们在基本粒子物理学领域就再未有过如此美好的日子了。
但是我希望在几年后，能够重回往昔的美好时光，而我们将在这个实验
室开始新一轮的实验。[15]

15　Steven Weinberg, in Cashmore, *et al.*, p. 20.

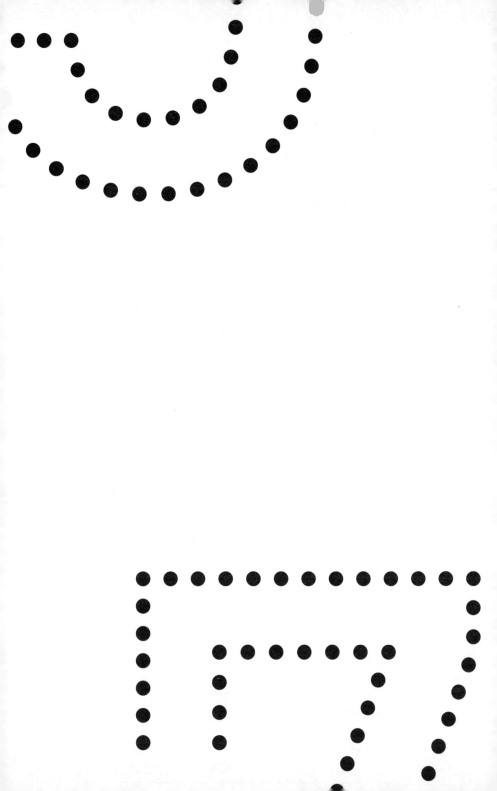

PART 6

第六章

量子实在

30

隐变量

普林斯顿
1951年春

1950 年 12 月 4 日，大卫·玻姆被捕，被指控蔑视法庭。

玻姆于 1942 年 11 月加入共产党，是伯克利实验室奥本海默手下一个团结紧密、思想激进的年轻物理学家小组的一员。史蒂夫·纳尔逊（Steve Nelson）是旧金山湾区共产党组织的关键人物，美国联邦调查局（FBI）在他家里非法安装了窃听器，1943 年 3 月，FBI 在窃听时抓到证据，指控小组成员约瑟夫·温伯格泄露原子弹的秘密，但法院并不接受这一证据。众议院非美活动调查委员会（HUAC）试图通过合法途径揭发温伯格的背叛行为，于 1949 年 5 月传唤玻姆做证。

爱因斯坦建议玻姆拒绝此事，告诉他"可能得去牢里坐一坐"，[1] 意思是如果他保持沉默，就可能会被罚坐一段时间牢。他决定做证，但在

---

1 Albert Einstein, quoted by Bohm in an interview with Maurice Wilkins, late 1980s. Quoted in Peat, p. 92.

这次听证会及 6 月的众议院非美活动调查委员会听证会上，他拒绝透露任何人的名字。普林斯顿大学对玻姆表示支持，称他是"彻头彻尾的美国人"。[2]

然而，接下来的 12 个月里，事件不断发酵，美国境内的反苏情绪逐渐白热化。惠特克·钱伯斯（Whitaker Chambers）曾是苏联特工，也是《时代》杂志的编辑，她在之前的证词中揭发了两个人的名字，而这两个人都是杜鲁门政府的高官，分别是国务院的阿尔杰·希斯（Alger Hiss）和财政部的哈里·德克斯特·怀特（Harry Dexter White）。1948 年 8 月，怀特已死于心脏病发作。1950 年 1 月，希斯被判犯有两项伪证罪，合并获判五年有期徒刑。随着"红色恐怖"的流言越来越广，1950 年 2 月，共和党参议员约瑟夫·麦卡锡（Joseph McCarthy）找准机会，发动了反共运动，之后变成了政治迫害。

1949 年 9 月，众议院非美活动调查委员会推断温伯格和玻姆都是共产党团体的成员，向苏联泄露过原子弹的秘密。玻姆被捕后虽获保释，但此时普林斯顿大学管理层却收回了对他的支持。审讯期间，玻姆被学校停职。

1951 年 5 月 31 日，玻姆受审，最后被无罪释放（几年后，温伯格同样被无罪释放）。但 6 月份合约到期时，普林斯顿大学未再跟玻姆续约。约翰·惠勒，那个费尽心力把他弄到普林斯顿大学的人，后来言简意赅地道出了大多数人的想法："当时苏联政府压迫自己的人民，对世界和平构成威胁，而玻姆却决定维护那些坚持社会主义意识形态的人，我

2　Princeton University press release, 27 May 1949. Quoted in Peat, p. 95.

觉得我很难接受。"[3] 爱因斯坦想在普林斯顿高等研究所给玻姆安排一个职位，但奥本海默担心会影响到自己研究所主任的位子，否决了这项提议。

玻姆的生活变得一团糟，很难再集中精力研究物理学。他刚刚写完一本书，书名很简单，就叫《量子理论》(*Quantum Theory*)，眼下正在看校样。但他承认："很难把精力都用在检验这些数学公式上。"[4]

这本书于 1951 年出版，好评如潮。在量子力学诠释的问题上，玻姆一直紧紧追随哥本哈根学派的正统说法，只是相比玻尔，他更愿意站在泡利这边。爱因斯坦很喜欢这本书，说这是他读过的有关哥本哈根诠释的书中，说得最清楚的一本。当然，这并不代表爱因斯坦接受玻姆所写的观点。爱因斯坦后来邀请玻姆会面，找机会表达他的不同看法。

1935 年，爱因斯坦、波多尔斯基和罗森就曾断言，量子理论并不完备。关于量子理论究竟能否"完成"这一问题，他们没有给出答案，但宣称在原则上这是可以做到的。完成量子理论及恢复"因果论"和"决定论"最简单的方法就是提出某种形式的**隐变量**。

爱因斯坦在 1927 年 5 月就已经"玩儿"过这种方法。其实这种方法就是综合了波和粒子经典描述的量子理论的一种变体，薛定谔波动力学中的波函数扮演的角色是"导场"，引导物理上的实点粒子。

其中，波函数负责解释所有波动效应，比如衍射和干涉，但

---

3 Wheeler, p. 216.
4 David Bohm, letter to Miriam Yevick, 7 January 1952. Quoted in Peat, p. 105.

粒子保持完整不变，即它们是局域的物理实体。根据哥本哈根诠释的要求，量子理论的基础是波**或**粒子，而爱因斯坦的隐变量版本却是波**和**粒子。

爱因斯坦尝试系统地阐述它，不过几周后就失去了热情。导场能够产生幽灵般的、非局域的影响。在当年 10 月第五届索尔维会议的第二天，德布罗意向与会者展示了他的"双解法"，此时爱因斯坦已经放弃了这个方法。在德布罗意的演讲过程中，爱因斯坦一直默不作声。[5]

那次经历或许让爱因斯坦觉得，他最初的看法——把经典的波动概念和粒子概念以更直接的方法融合起来就可能"完成"量子理论——是错误的。后来他说，要对整个理论框架进行更加彻底的修改之后，才有可能出现完备的理论。其中一种可能性就是难以捉摸的大统一场论，而爱因斯坦在人生的最后几十年把大部分精力都用在了寻找大统一场论上。

在《量子理论》一书中，玻姆似乎认为玻尔对 EPR 悖论的回应已经解决了这个问题，其结论支持哥本哈根诠释。他写道："实际上，EPR 论证已经证明是不合理的，而且是以对物质本性的假设为基础的，毫无疑问，这一点从一开始就违背了量子理论。"[6] 虽然他是这么写的，但这个结论显然没能让他称心如意。

玻姆对 EPR 论证的描述把思想实验推到了一个不同的应用

5 见第13节。
6 Bohm, *Quantum Theory*, p. 611.

领域。他考虑了双原子分子处于某个量子态下的情况，在这个量子态中，电子总的自旋角动量为零。举一个简单的例子，氢分子H_2，两个自旋配对的电子处在能量最低的电子态（电子基态）上。

假设该分子在一个总角动量保持不变的过程中分裂，产生了两个同等的原子碎片，那么氢分子就分裂成了两个氢原子。两个原子分离，但在单个原子内部，电子自旋的方向保持相反——一个向上，一个向下。

因此，原子的自旋是**相互关联**的。在任意实验室框架下测出其中一个原子（比如原子 A）的自旋，我们就能够精确地预测出同一框架下原子 B 的自旋方向。或许我们会急不可待地得出结论：两个原子的自旋是由原始分子的量子态属性以及分子分裂的方式决定的。两个原子彼此分离后，两者的自旋方向虽然未知但肯定是相反的，而测量不过是告诉我们具体的自旋方向。

但量子理论不会以这种方式来处理这种情况。相反，直到测量的那一刻之前，两个原子都是用同一个波函数描述的，它们处于纠缠态。比如，如果选择测量原子 A 在实验室坐标系的 Z 轴上的自旋分量，我们会观察到波函数坍缩成一个态，在这个态中原子 A 的自旋方向（假如）是顺着 +Z 方向的，那就意味着原子 B 的自旋方向**必然**是顺着 -Z 方向的。

但是，如果我们选择的是测量原子 A 的 X 轴或 Y 轴分量的自旋方向，又会怎样呢？无论测量哪个分量，物理学都要求原子的自旋必须始终相互关联，因此原子 B 的结果总是与原子 A 的结果相反。如果我们接受爱因斯坦、波多尔斯基和罗森提出的关于物理实在的定义，那就必须得出这样的结论：原子 B **所有**的自旋分量都是实在的组成部分，因为人们似乎能够在完全不干扰 B 的情况下，精确预测它的分量。

然而，波函数明确表明只有一个自旋分量与磁自旋量子数 m_s 相关。这是因为与笛卡儿坐标（x，y，z）中自旋方向的三个分量对应的算符不对易（这些分量是互补的可观察量）。因此，要么是波函数不完备，要么是爱因斯坦、波多尔斯基和罗森对物理实在的定义不适用。

哥本哈根诠释认为，只有对原子 A 进行测量，原子 B 的自旋分量才会"存在"。B 的结果取决于我们**选择**以何种方式设置仪器来测量 A，无论此时 B 与 A 相距多远。

这是对 EPR 原始论证的再现。它使得量子纠缠的本质完全透明化，也意味着非局域的、幽灵般的超距作用的存在。测量一个原子的自旋方向要比测量它的位置或动量容易得多。这就使得玻姆版本的思想实验有了在实验室进行的可能，而不是只在头脑之中进行。

玻姆接受了爱因斯坦的邀请。1951 年春的一天，二人在普林斯顿会面。玻姆刚开始写书的时候，关于量子理论诠释的疑惑就慢慢潜入脑海，到此时已经变成了一个非常清晰的问题。爱因斯坦解释了到底是什么造成了他个人的疑虑，用的语言很可能比他们三人的原始论文更明晰，玻姆随之承认，他有必要改变自己的立场。

玻姆后来写道："这次会面对我的研究方向影响很大，因为我当时对究竟能否找到量子理论的决定论扩展版产生了浓厚的兴趣。"[7] 或许玻姆自己都没意识到，他会如此致力于研究因果论和决定论的概念。而这些概念同样也存在于马克思思想的核心之处。马克思辩证唯物主义认为，社会变革是由相互矛盾的各种社会力量所**导致**的，不能归为偶然。与之相反，哥本哈根诠释似乎把一切都交给了抛掷的骰子。

　　与爱因斯坦的交流让玻姆深受鼓舞，此时他开始深刻反思诠释的问题。哥本哈根学派断然否定单个量子系统能够被客观描述，这一点争议很大。他写道：

　　通常对量子理论的诠释是自洽的，但它包含一个不能通过实验验证的假设，即单个系统最完备的、可能的说明是通过波函数表述的，而波函数只决定了实际测量过程中可能产生的结果。要想研究这个假设的真实性，唯一的方法就是从目前的"隐变量"角度尝试找到量子理论的某种其他诠释……这样一种诠释存在的可能性，证明我们没必要放弃对精确到量子层面的单个系统进行明确、理智、客观的描述。[8]

　　玻姆不是在特意寻求一个新理论，也不是回到简单的经典物

7　巴兹尔·希利（Basil Hiley）是玻姆的长期合作伙伴之一，根据他的记录，玻姆提及与爱因斯坦的会面时是这么说的："我写完《量子理论》之后，有种强烈的感觉，觉得某个地方犯了大错。量子理论中没有给单一现实的概念留出适当的位置。与爱因斯坦的交流让我明确并强化了我的观点，鼓舞着我重新审视一遍。"引自巴兹尔·希利与笔者于2009年6月1日的私人通信。

8　David Bohm, *Physical Review*, 85, 1952, p. 169.

理学。而是说，他承认量子理论是建立在一系列假设的基础之上的，其中关乎量子理论"完备性"的最重要的假设，无法通过实验来验证。哥本哈根诠释是建立在这种完备性假设的基础上的，并且玻姆不像哥本哈根学派要求的那样接受其表面意义，而是想探索某种可能性，这种可能性允许存在其他描述，因此**原则上**也允许存在其他诠释。

由于人们似乎只能够探测到完整的粒子，而只有探测到许多这样的粒子，才会形成衍射或干涉的模式，所以粒子是实体并且有确定运动轨迹的说法很有吸引力。有没有哪种方式能让粒子的运动预先确定下来呢？

有可能。如果将薛定谔的波函数重新解释为对客观真实的波动场的描述，那么这个场就可以引导客观真实粒子的运动。玻姆此时把薛定谔的波动方程修改了一下，使其看起来贴近经典物理学中基本力学方程的形式，其实就是牛顿第二运动定律的表述，因此也与粒子的诠释更加紧密相关。玻姆只不过是假定场的波函数能够写成包含实在振幅和相位函数的形式。对波函数的特殊形式做出的假设本身并不代表彻底背离传统的量子理论。但是，现在玻姆假定的是，存在一种真实的粒子，粒子在空间中传播时存在真实的轨迹，粒子的运动嵌在场中，通过一种强加的"引导条件"与相位函数绑定或由其引导。

因此，每个场中的每个粒子都具有精确的位置**和**动量，且沿着相位函数为它们确定的运动轨迹运行。这样一来，运动方程不仅取决于经典势能，也取决于所谓的**量子势**（quantum potential）。

量子势本质上是非经典的，也是引入量子效应的唯一因素，没有它的话，该理论就完全变成了经典描述。去掉量子势，或把它减为零，玻姆的方程就变回了牛顿力学的经典方程。

与其本质相一致的是，量子势具有某些独特的属性。在经典势消失的空间区域中，它能对粒子产生作用。这与经典势形成了鲜明对比，后者（比如牛顿引力场）的作用往往随着距离的增大而逐渐减弱。因此在没有经典势的空间区域中，运动的粒子依然会受到量子势的影响，而且经典物理学珍视的某些概念——比如物体在不受（经典）力的情况下会做直线运动——必须要摈弃。

粒子在运动过程中，位置和轨迹始终是"确定的"，因此原则上没有必要求助于概率。大量的粒子都可以用同一个波函数描述时，上述推论依然适用。原则上讲，没有什么能阻止人们追踪每个粒子的轨迹。但实际上，我们不可能总是获得关于所有粒子最初情况的完备描述，正如在玻尔兹曼的统计力学中，我们必然要求助于经典概率。

这与量子概率的概念形成鲜明对比。在传统量子理论中，波函数实际上是计算概率的工具，概率是对制备好的相同系统的集合进行重复测量所得结果的相对频率。只有进行了测量，才能确定这些结果。在玻姆的理论中，粒子的运动是预先确定的，之所以要计算概率，是因为人们不知道集合中所有粒子的初始情况。这些概率涉及的是单个粒子的单个状态，是其位置和轨迹，而不是测量结果。因此，测量并不神秘：测量仅仅告诉人们粒子的实际状态或位置，以及粒子通过仪器时的实际轨迹，而这些自始至终都是确定的。

正如玻恩最初描述的那样，概率始终与波函数的振幅相关，但这并不意味着波函数只具有统计意义。相反，我们假定的是，波函数具有很强的物理意义——它确定了量子势的形态。

这是一种隐变量理论。隐变量不是导场——量子波函数的属性和行为体现了这一点。它实际上指的是隐藏的粒子**位置**。玻姆的理论重新引入了经典的因果律概念——在经典概念中，粒子的运动轨迹是由导波场决定的。但是只要对测量仪器做某些改变就能改变波场，并且粒子必须瞬时做出反应。隐变量是"非局域的"。从这个意义上说，它至少与玻尔坚持的测量仪器的首要性不冲突。玻姆写道："在这一点上，我们与玻尔是一致的，他一直强调测量仪器的基础性作用，强调它是观察系统不可分割的一部分。"[9]

玻姆的理论重拾因果律和决定论，无须再援引波函数坍缩的概念。但它并没有消除非局域作用和"幽灵般的"超距作用，因此看起来与狭义相对论不相容。

事实上，玻姆重新发现并扩展了德布罗意"双解法"的理论。[10] 他就隐变量理论以及隐变量理论在氢原子上的应用写了两篇

---

9 David Bohm, *Physical Review*, 85, 1952, pp. 187–188.
10 出于此，玻姆对这个理论的发展常被人称为德布罗意–玻姆理论。纳森·罗森也曾在1945年尝试过极为类似的方法，但并未深入。参见雅默（Jammer）所著《量子力学的哲学》（*The Philosophy of Quantum Mechanics*）第285页。注意，这是非局域的隐变量理论，原则上可以做出不同于传统量子理论的预测。而之后对量子理论的非局域隐变量的诠释做出的预测则与传统量子理论的预测没有差别。

论文，1951 年 7 月投给《物理评论》。他的转变显得十分迅速。毕竟，他在四个月前出版的那本书里，还是明显支持哥本哈根学派的。

他把预印本寄给了德布罗意、玻尔、泡利和爱因斯坦。从德布罗意那里，他第一次知道了双解法的所有内容，也知道了德布罗意在 1927 年第五届索尔维会议后不久放弃它的原因。泡利则就该理论对多粒子系统的影响给了他一些反对意见，但玻姆自信能够解决这些问题。

1951 年 10 月，因为在美国和英国都无法寻得教职，玻姆离开普林斯顿，流亡到巴西的圣保罗大学。爱因斯坦和奥本海默都帮玻姆写了推荐信，同时他还得到物理系主任亚伯拉罕·德·莫赖斯（Abrahão de Moraes）的支持。然而，他乘坐的飞机准备起飞时，突然接到广播通知，要求飞行员返回航站楼，因为机上一名乘客的护照被发现不符合要求。玻姆很是担心，怕再次被捕，但后来发现被带下飞机的是另外一个人。

1952 年 1 月，玻姆的两篇论文都发表了。他在巴西流亡期间，观察大家有何反应。费曼持支持态度。但奥本海默说玻姆的研究是"青少年的叛逆"，这也代表了大多数人的看法，他力劝大家："如果我们反驳不了他，就必须一致做到不理睬他。"[11]

不出所料，爱因斯坦也不喜欢玻姆的方法。他给玻恩的信中

---

[11] 玻姆于1992年离开人世，但他那符合因果论的量子理论活了下来。比如，巴兹尔·希利运用克利福德的代数方法来容纳相对论效应，扩展了玻姆的理论框架。

这样写道:

你有没有注意,玻姆认为他可以从决定论的角度诠释量子理论(顺便提一句,25 年前德布罗意也这样想过)。这个方法对我来说太廉价了。[12]

---

12 Albert Einstein, letter to Max Born, 1952. Quoted in John S. Bell, *Proceedings of the Symposium on Frontier Problems in High Energy Physics*, Pisa, June 1976, pp. 33–45. This paper is reproduced in Bell, pp. 81–92. The quote appears on p. 91.

31

波特尔曼的袜子

波士顿
1964年9月

玻姆无法适应流亡的生活，他越来越焦躁不安，于 1955 年转到海法的以色列理工学院。[1] 他在那儿结识了 22 岁的本科生亚基尔·阿哈罗诺夫（Yakir Aharonov），亚基尔特立独行，在学校里是个知名人物。两人合作，进一步阐述玻姆对 EPR 思想实验的改进版，并于 1957 年 5 月投稿发表。

玻姆还出版了一本书，主要介绍他的决定论研究，书名为《现代物理学中的因果性和偶然性》（*Causality and Chance in Modern Physics*）。德布罗意为他写了序。1957 年夏，玻姆又换了工作，在英格兰的布里斯托尔大学谋得一个副研究员的职位。之后他又离开布里斯托尔，在伦敦大学伯克贝克学院谋得教授的职位，并在那儿度过了余生。

尽管不少人赞同玻姆的研究，但他鲜有追随者。虽然玻姆的决定论

---

1 美国当局撤销了玻姆的护照。为了去以色列，他得先加入巴西国籍。

性理论做出了非相对论性量子力学的所有预言，但物理学界的大部分人都没有驻足停留。1949 年量子电动力学大获成功。物理学家转而寻找核力的量子理论。1954 年，杨振宁和米尔斯发表了"漂亮的想法"。1963 年，盖尔曼和茨威格引入三重态的概念，其构成是电荷为分数的介子和重子——称为夸克或艾斯（aces）。[2]

回过头去翻检古老的哲学难题的灰烬，似乎收获不了什么。另外，1935 年玻尔不是已经纠正人们对哥本哈根诠释的误解了吗？难道冯·诺依曼没有证明隐变量理论在原则上不可行吗？

但是，人们对量子理论的解释以及量子理论对物理实在的本质的解释即将迎来惊人的转变。出生于贝尔法斯特的约翰·贝尔是欧洲核子研究中心的物理学家，他带着极大的兴趣阅读了玻姆 1952 年的论文。玻尔在测量的量子对象和经典测量仪器之间主观地画了一条界线，在贝尔看来，波函数坍缩和这条界线，往好里说是个计谋，往坏里说就是欺诈。几年后他写道："以明显具有近似特征的论点为基础创建的理论，不管这种近似有多合适，都必然是不长久的。"[3]

1952 年，他就隐变量理论构思了一些想法，这些想法成了他 12 年后一篇论文的基础，当时他没在欧洲核子研究中心，而是趁休假去了斯坦福直线加速器中心。[4] 在这期间，贝尔对冯·诺依曼证明隐变量理论不可行的意义产生了很多保留意见。他在论文中指出，冯·诺依曼的论证

2 代指扑克牌中的A，茨威格推测该粒子共有四种，跟扑克牌一样有四种花色，所以给它们起名为aces。——译者注
3 John Bell, *Proceedings of the International School of Physics 'Enrico Fermi', Course IL: Foundations of Quantum Mechanics*, Academic Press, New York, 1971, pp. 171–181. Reproduced in Bell, pp. 29–39. This quote appears on p. 29.
4 阴差阳错，这篇论文直到1966年才发表在《现代物理评论》上。

完全取决于一个关键性假设，尽管它站得住脚，但在实际应用中，两个互补的物理量需要同时被测量。然而，这种测量需要的测量仪器是完全不相容的（就算能用单个仪器测量，配置参数也不相容），这就意味着这种测量不可能同时进行。他的结论是，这种论证实际上没有意义。

这就意味着，隐变量理论的所有不同版本（包括局域的和非局域的），再一次成了"众矢之的"。但是随着贝尔的进一步探究，他有了新的发现，这个新发现立即透露出既简单又深刻的特点。在《量子理论》中，玻姆断言："没有哪个机械决定论的隐变量理论能够通向量子理论的**所有**结果。"[5]

贝尔此时意识到这个断言对极了。他发现，在传统量子理论和以局域隐变量为基础的变体之间进行的选择，终究不再只是哲学倾向的问题。这是关乎对错的问题。

在 1957 年的论文中，玻姆和阿哈罗诺夫把 EPR 思想实验向前推进，使其变得几乎可以实际操作了。实际上，这篇论文正是为了宣告：能够测量相距遥远的量子粒子之间的非局域关联的实验，已经做出来了。[6]

1964 年，离开斯坦福直线加速器中心之后，贝尔到位于麦迪逊的威斯康星大学待了一段时间，从那儿又去了波士顿附近的布兰迪斯大学。正是在这期间，他突然顿悟了。他的想法将彻底改变量子层面的实在本质的相关问题。他推导出了著名的**贝尔不等**

---

5 Bohm, *Quantum Theory*, p. 623.
6 下一节我们会验证这些断言。

式："从这个方程在我脑海中出现到写出论文，大概只用了一个周末的时间。但在之前的几周里，我无时无刻不在思考这些问题。而在之前的几年里，它也不断地萦绕在我的脑海中。"[7]

贝尔的推导是以玻姆和阿哈罗诺夫详细阐述的 EPR 思想实验为基础的。氢分子分裂之后，两个氢原子朝相反方向远离。[8] 氢原子 A 向左，B 向右。贝尔此时想象左右两侧各放置了一块磁铁，利用这两块磁铁，可以通过斯特恩-盖拉赫效应确定每个原子的自旋方向。

两个原子从磁铁两极之间穿过后，要么向上转向，即朝着北极的方向（自旋向上），要么向下转向，即朝着南极的方向（自旋向下）。鉴于原子 A 和 B 之间形成的关联，如果两块磁铁的磁场是同向的，就会发生相反的结果。如果人们发现 A 为自旋向上，就会发现 B 为自旋向下，反之亦然。

接着贝尔把目光转向了局域隐变量理论的一个极简单的例子，这个例子不仅要恢复因果律和决定论，摈弃波函数坍缩（正如玻姆 1952 年所做的），还要摈弃幽灵般的超距作用。任何这样的理论都有**局域实在性**（locally real）的特点。上述例子中，氢原子就被假设为具有某种变量或某些变量，能够预先确定随后自旋测量的结果。氢分子分裂的刹那，这些变量不一定是固定的，不过假

7　John Bell, in Davies and Brown, p. 57.
8　无论是玻姆和阿哈罗诺夫还是贝尔，对分子的种类都没有做出明确的说明，只是说分子的总自旋为零。虽然如此，我还会继续以氢分子为例进行说明。

设它们固定，有利于我们理解在这个简单的例子中必然会发生什么。

接着设想一下，每个原子内部都隐藏着一个小巧的亚原子表盘，表盘上有一个指针。假设指针能够指向表盘上的任意方向，在分裂的那一刻，每个分裂后的原子内部的指针方向是随机确定的，这样一来，指针就会指向360°表盘的任意方向。然而，无论A的指针方向是怎样（随机）确定的，B的指针方向必须与它刚好相反（呈180°），反之亦然。我们假设分裂过程的物理特性要求这样（我们可以把它想成是"指针共线定律"）。[9]

两个原子分别朝向各自磁铁的磁极而去。为简明起见，我们假定指针指向表盘上半部分的任意角度就能确定是自旋"向上"的，原子朝磁铁的北极向上转向。同样，如果指针指向表盘下半部分的任意角度，就能探测出原子是自旋"向下"的，朝磁铁的南极向下转向。

这是一种局域隐变量理论。无论这些指针到底是什么，也不管它们生效的原理是什么，它们都预先确定了自旋测量的结果，不需要神秘的长距离超光速作用。这也是一种相对符合常识的理论：氢分子一经分离，就预先确定了实验结果。测量只是告诉人们这些结果是什么。

如果两个磁场共线，两个北极朝向同一个方向，会发生什么呢？假如A的指针在表盘上半部分的任意地方，结果就是自旋向上，我们用"+"表示。而B的指针**必然**朝向表盘下半部分，预先确定了结果为自旋向下，用"-"表示。获得这个组合结果的概

---

9 实际上是角动量守恒定律。

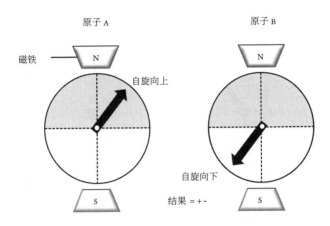

图20 这是一个局域隐变量的简单例子，我们假设分裂后每个原子都包含一个亚原子表盘。表盘上的指针预先确定了原子内部电子的自旋方向。分裂过程的物理特性确定每个原子的指针必须朝向相反的方向。指针朝向表盘的上半部分，表明探测到的自旋为向上。指针朝向表盘的下半部分，则表明探测到的自旋为向下。两个指针所指方向如图所示，结果为"+-"

率，用 P_{+-} 表示，其实就是 A 的指针方向在表盘上半部分的概率。很明显，概率是 50%，即表盘上半部分占整个表盘的比例。同理，概率 P_{-+} 也是 50%。

此时映入贝尔脑海的问题是，如果**转动**其中一块磁铁，会发生什么呢？图 21 展示了把探测 B 自旋的磁铁分别旋转 45°、90°和 180°所产生的影响。改变这块磁铁的方向就改变了表盘上半部分的方向。概率 P_{+-} 此时取决于两个原子表盘的"上"半部分的**重叠**部分。随着两个磁轴形成的角度越来越大，重叠面积越来越小，当两块磁铁以完全相反的方向对齐（180°）时，P_{+-} 也随之减小到零。随着 P_{+-} 逐渐变小，测量到两个原子自旋为"向上"的

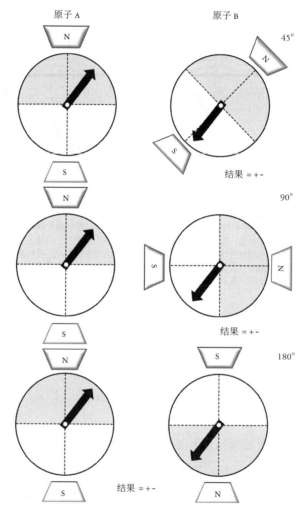

原子 A   原子 B

45°

结果 = + -

90°

结果 = + -

180°

结果 = + -

图21 转动第二块磁铁，也就相当于转动表盘的"上"半部分。测量到结果为"+-"的概率逐渐变小，因为对于特定的指针指向，概率大小取决于A表盘的上半部分（阴影部分）和B表盘的上半部分重叠的面积。随着转动角度增大（45°、90°和180°），重叠面积变小。当转到180°时，已经完全没有重叠的部分了。探测到结果为"+-"的概率变为零。最终，结果变为"++"——探测到两个原子都为自旋向上

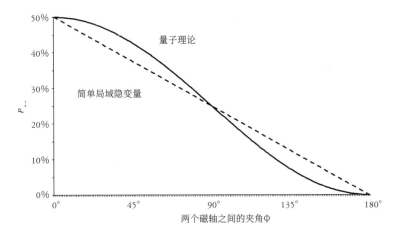

图22 1964年，贝尔运用简单的局域隐变量理论预测的P_{+-}的结果只在角度为0°、90°和180°（对应的P_{+-}分别为50%、25%和0%）时与量子理论一致。其他角度做出的预测则存在差异，角度在40°和140°时，差异最大

概率逐渐增大。我们把这个概率用 P_{+-} 表示。

传统的量子理论对 P_{+-} 的预测为 $1/2\cos^2 (\phi/2)$，其中 ϕ 是两个磁轴形成的夹角。[10] 可以证明，贝尔所用的简单隐变量理论预测的 P_{+-} 的结果，只有当角度为 0°、90°和180°时（对应的 P_{+-} 分别为 50%、25% 和 0%），才会与量子理论一致。其他角度的预测则存在差异，当角度约为 40°时，差异最大，局域隐变量理论预测 P_{+-}=38.9%，而量子理论预测 P_{+-}=44.2%。

或许我们不必对这个结果太过伤心。毕竟它是一个相当粗略

---

10 此处不再展示推导过程。有兴趣的读者可以查阅约翰·贝尔的论文，*Journal de Physique Colloque C2*. suppl. au numero 3. Tome 42, 1981, pp. 41–61.

的局域隐变量理论。当然，稍加创新，我们应该就能创建一个更为细致的局域隐变量理论，这样一种理论用来解释**所有**量子理论的预测也是有可能的吧？

答案是不可能，我们做不到。贝尔得出了这样的结论。

在距离他最初的发现大约 17 年后，贝尔通过一个名为"波特尔曼博士"（Dr Bertlmann）的人物给出了相同的结果。波特尔曼是个真实存在的人（穿衣品味可能很独特），贝尔借助这个人来强调以他的名字命名的不等式的简单性。他用下面的话开始了他的讨论：

大街上有位哲学家，没上过一节量子力学课，了解了 EPR 关联后很不以为然。因为在日常生活中，他可以举出很多类似关联的例子。人们最常提到的就是"波特尔曼的袜子"。波特尔曼博士喜欢穿两只不同颜色的袜子。在哪天哪只脚穿哪个颜色的袜子是完全不可预知的。但是，一旦你看见第一只袜子是粉色的，那你马上就能确定第二只袜子不是粉色的。根据第一只袜子以及对波特尔曼的观察经验，能够迅速得知第二只袜子的情况。此处不关品味什么事儿，但除此之外也没什么神秘可言。难道这跟 EPR 不是一回事儿吗？[11]

接下来我们再仔细观察一下这些"赫赫有名"的袜子的物理

11 John Bell, *Journal de Physique Colloque C2*. suppl. au numero 3. Tome 42, 1981, pp. 41–61. Reproduced in Bell, pp. 139–158. This quote appears on p. 139.

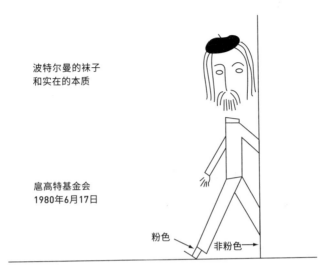

波特尔曼的袜子
和实在的本质

扈高特基金会
1980年6月17日

粉色

非粉色

图23　波特尔曼的袜子和实在的本质。经允许，摘自*Journal de Physique*（*Paris*），*Colloque C2*，（suppl. au numero 3），42（1981）C2 41–61. www. journaldephysique.org

特性和行为。我们想对这些袜子在三种不同温度的水中经过长时间的用力洗涤后的情况做个假设。先让波特尔曼左脚的袜子（袜子 A）接受三种不同的测试。分别是：温度为 a，洗涤一个小时；温度为 b，洗涤一个小时；温度为 c，洗涤一个小时。具体的温度是多少先不定下来。

我们要测量的是经过三种不同温度的水的长时间洗涤后，有多少袜子完好无损（从我们的角度，称之为"+"结果），有多少袜子破损了（"-"结果）。[12] 借由理论物理学的些许知识，我们知

12　这个推导基于贝尔1981年最先提出的例子。

道在这场测验中，无须使用真袜子、真洗衣机，就能够发现完好的袜子和破损的袜子数量之间的简单关系。

我们把温度为 a 时完好（+）但在温度为 b 时破损（-）的袜子数表示为 $n(a_+, b_-)$。可以把这个数写为两个子集的和。在其中一个子集中，温度为 a 时袜子完好，温度为 b 时破损，温度为 c 时完好，我们把这种情况写作 $n(a_+, b_-, c_+)$。在第二个子集中，温度为 a 时完好，b 时破损，c 时破损，这种情况写作 $n(a_+, b_-, c_-)$。简单地说，上面两个子集中的任何一只袜子都可以计入集合 $n(a_+, b_-)$ 之中。同样，$n(b_+, c_-)$ 是 $n(a_+, b_+, c_-)$ 与 $n(a_-, b_+, c_-)$ 之和。把这两个结果加起来，得出：

$$n(a_+, b_-) + n(b_+, c_-) = n(a_+, b_-, c_+) + n(a_+, b_-, c_-) + n(a_+, b_+, c_-) + n(a_-, b_+, c_-)$$

但 $n(a_+, b_-, c_-)$ 与 $n(a_+, b_+, c_-)$ 两个子集之和只是 $n(a_+, c_-)$。由此我们得出：$n(a_+, b_-)$ 与 $n(b_+, c_-)$ 之和必然大于或等于 $n(a_+, c_-)$。[13]

一切都令人满意，可以坐下放松会儿了，但紧接着，我们就发现了逻辑中的错误。当然，如果温度为 b 时袜子已经破损，就没办法测试温度为 c 时的情况了。同样，如果温度为 a 或 b 时完好，那么也就没有必要再确定温度为 c 时袜子是否崭新依旧了。

嗯……

---

13 之所以说大于或等于，是因为"余下"的两个子集 $n(a_+, b_-, c_-)$ 和 $n(a_-, b_+, c_-)$ 可能同时为零，也可能不都为零。

但是，我们接着就想起波特尔曼的袜子总是**成对出现的**：我们断定，一对袜子中，除了颜色不同之外，每只袜子的物理特征和行为都是完全相同的。对左脚袜子（袜子 A）的测试能够预言出相同测试中右脚袜子（袜子 B）的测试结果，即便对 B 的实际测试方式不一样。我们必须进一步假设，**无论对 A 选择什么样的测试，都不会影响对 B 所做的其他任何测试的结果**。不过，这似乎是理所当然的，几乎不用想就知道。

下面准备三组袜子，每组袜子对数相同，做三组实验。第一组实验，每对袜子中 A 的洗涤温度为 a，B 的洗涤温度为 b。A 完好、B 破损的袜子对数表示为 $N_+(a, b)$。这个数字必然等于纯粹猜测的当 a 时完好、b 时破损的单个袜子数。换句话说，尽管在温度 b 时洗涤的是 B，但我们断定如果对 A 也进行同样的操作，所得的结果是相同的。因此，$N_+(a, b)$ 必然等于 $n(a_+, b_-)$。

在第二组实验中，每对袜子中 A 的洗涤温度为 b，B 的洗涤温度为 c。同样的思路，可以推断 $N_+(b, c)$ 等于 $n(b_+, c_-)$。最后一组实验，袜子 A 在温度 a 时洗涤，B 在 c 时洗涤，同样得出 $N_+(a, c)$ 必然等于 $n(a_+, c_-)$。

现在一切都清楚了。我们可以利用上面得出的结果，得出结论：$N_+(a, b)$ 与 $N_+(b, c)$ 之和必然大于或等于 $N_+(a, c)$。

此时我们可以用这个结果概括任何集合的成对袜子了。每个数除以袜子的总对数（每组实验中都是相同的），可以确定相对频率，也就可以得出每个组合的结果。可以把这些相对频率看作得出这些结果的概率，用在今后的实验中。我们定会得出这样的结论：概率 $P_+(a, b)$ 与 $P_+(b, c)$ **之和必然大于或等于**概率 $P_+(a, c)$。

这是贝尔不等式的一种形式。

这个结果怎么说都跟量子物理学、哥本哈根诠释或隐变量没有关系。它是由一个简单的事实得出来的：任何在温度组合 (a, c) 中产生"上－下"（+-）结果的袜子对，原则上在 (a, b) 或 (b, c) 的温度组合中也都能产生"上－下"的结果。

下面我们再理一遍刚才的论述，把袜子替换为氢原子，成对的袜子替换为成对的关联原子，洗衣机替换为磁铁，温度替换为磁铁的方向，就再一次得出了贝尔不等式。

所以，了不起在哪儿呢？了不起的地方就在于，传统的量子理论对概率的预测是由 $P_{+-}(a, b) = 1/2\cos^2(\phi/2)$ 之类的关系得出来的，其中 a 和 b 表示磁铁的方向，角度 $\phi = (b-a)$。而现在，我们完全可以随意选择磁铁的三个方向了。假如设定 $a = 0°$，$b = 135°$，$c = 270°$，我们会发现贝尔不等式要求 $1/2\cos^2(67.5°) + 1/2\cos^2(67.5°)$ 必然大于或等于 $1/2\cos^2(135°)$。

这样看起来是合理的。但经过数学计算，我们发现这表明 0.146（14.6% 的组合概率）必然大于或等于 0.25（25% 的概率）。

结论不可避免，量子理论预测的结果违背了贝尔不等式。

在通向贝尔不等式的推理过程中，我们做的最重要的假设是确定原子自旋方向的隐变量是局域实在的。我们假设在不以任何方式扰动原子 B 的前提下对原子 A 进行测量是可能的。那么这个结果就完全与局域隐变量理论本身的性质没有关系了。贝尔得出结论，我们有可能找到一种测量配置，对这个配置来说**量子理论与任何局域隐变量理论以及局域实在性不相容**。这就是贝尔定理。

"如果［隐变量］扩展是局域的，那它就与量子力学不相容，如果与量子力学相容；那它就不是局域的。定理如是说。"[14]

在 1964 年的论文中，他的结语是这样写的：

在一个理论中，通过给量子力学添加参数以确定单个测量的结果，并不会改变统计预测，那就必然存在一个机制，由此，无论相距多远，测量仪器的设置都能影响其他仪器的读数。进一步说，信号是瞬时传递的，如此一来，这样一个理论就无法成立（不能与狭义相对论一致）。[15]

当然，除非如爱因斯坦、波多尔斯基和罗森于 1935 年断言的那样，量子理论是不完备的，且实在是局域的。在这种情况下，贝尔不等式提供了一个直接的检验。假如之前描述的实验确实能够在实验室中操作，那么根据结果，我们就能确定哪一个理论是正确的：要么是量子理论，要么是基于局域隐变量的扩展理论。

14　John Bell, *Epistemological Letters*, November 1975, pp. 2–6. This paper is reproduced in Bell, pp. 63–66. This quote appears on p. 65.
15　John Bell, *Physics*, 1, 1964, pp. 195–200. This paper is reproduced in Bell, pp. 14–21. The quote appears on p. 20.

32

阿斯派克特实验

巴黎
1982年9月

　　玻姆和阿哈罗诺夫 1957 年的论文以及贝尔 1964 年的论文向物理学家抛出了一个极具诱惑力的问题。关联量子粒子对的实验实际操作的可能性越来越大。根据贝尔定理，应该能够进行某些实验，这些实验要么能够证明量子层面的实在本质上是非局域的、幽灵般的，要么能够证明从某种程度上说量子理论是明显不完备的。无论是哪种情况，之前因被人们视为毫无意义的哲学思辨而无人理会的东西，此时都变成了直接的实验验证。

　　关联粒子不一定非得是原子。1946 年，普林斯顿大学的约翰·惠勒提出要研究正负电子湮灭产生的光子对。要测量的不是自旋方向，而是光子偏振的方向。[1] 事实上，这样的实验吴健雄和欧文·萨克诺夫（Irving

---

1 实际上，光偏振源自光子的自旋属性。光子是自旋量子数为1的玻色子。原则上，这会产生三种不同的磁自旋量子数，因此产生三种可能的自旋方向。然而，其中一个粒子，对应的磁自旋量子数为0，以光速进行传播，根据相对论性量子力学，这是被禁止的。其余两个粒子磁自旋量子数为+1和-1，分别对应左旋圆偏振光和右旋圆偏振光。

Shaknov）在 1949 年已经做过，并且确定这样产生的光子是关联的，因此也是"纠缠"的。玻姆和阿哈罗诺夫认为，这些实验证明了量子理论预测的偏振相关性，但却没有提供基于贝尔不等式的直接验证。

但是，其他来源的纠缠光子实际上在实验室中更容易产生。事实证明，从电子处于激发态的钙原子中快速连续地发射出的光子是关联量子粒子最吸引人的来源之一。1966 年，加州大学伯克利分校的卡尔·克歇尔（Carl Kocher）和尤金·康明斯（Eugene Commins）曾用过这个来源，但他们并不是专门为了验证贝尔不等式做实验的。

第一个此类直接验证是由加州大学伯克利分校的斯图尔特·弗里德曼（Stuart Freedman）和约翰·克劳泽（John Clauser）于 1972 年完成的。他们的实验是克歇尔-康明斯实验设计的扩展版本。这些实验得出了量子理论预测的违背贝尔不等式的结果，但由于需要外推一些数据并做进一步的假设，因此留下了不尽如人意的"漏洞"。可以说，违背局域隐变量的情况仍未被证实。

与此同时，粒子物理学界继续深入研究原子核。他们正在揭示实在的本质，而对于量子理论最终如何诠释实在的本质，他们普遍不是很关心。1968 年的深度非弹性散射实验、1973 年的弱中性流的观测，以及 1974 年的十一月革命，合力把夸克和中间矢量玻色子牢牢地贴在了粒子的版图上。到了 20 世纪 70 年代末，标准模型被认为是包含了除引力外所有自然界中的力的理论。

尽管取得了这些成就，几个来自不同国家的物理学家还是继续集中精力研究量子理论的基本原理和哲学问题。尽管当时公布了纠缠光子对的进一步实验结果，但专门用来检测贝尔不等式推广形式的首次综合性实验，是在 20 世纪 80 年代早期由阿兰·阿斯派克特（Alain Aspect）及其同事菲利普·格兰杰尔（Philippe Grangier）、杰拉尔·罗杰（Gérard Roger）、吉恩·达利巴尔（Jean Dalibard）做出的，他们都来自位于奥赛的巴黎大学理论和应用光学研究所（Institute for Theoretical and Applied Optics at the University of Paris）。

20 世纪 70 年代初，法国物理学家阿兰·阿斯派克特在喀麦隆做了三年志愿者，其间他研究了量子理论的哲学问题和 EPR 思想实验。贝尔的论文深刻地影响了他。他认为，那时候做出的实验验证还达不到理想的程度，于是他下决心克服困难，完善仪器，为贝尔不等式提供终极检验。

更确切地说，他想构建一套仪器，能让他在纠缠粒子产生之后去往各自检测器的"途中"，改变测量和检测装置的方向。玻姆和阿哈罗诺夫曾在 1957 年提出这是可行的，贝尔也在 1964 年的论文中重申了这种检测的重要性。

阿斯派克特将这个课题定为他的"教职论文"。他说服巴黎理论和应用光学研究所的年轻教授克里斯蒂安·安贝尔（Christian Imbert）作为自己论文的指导老师，接着，他着手筹集资金，在研究所的地下室搭建设备。

安贝尔建议阿斯派克特找贝尔聊聊。1945 年，阿斯派克特到欧洲核子研究中心讨论他打算做的实验。他解释自己的计划时非常紧张，贝尔一言不发地听着。

贝尔最后开口问道："你获得终身教职了吗？"他担心为回答量子层面实在本质的深奥问题而设计的实验，无法给阿斯派克特学术生涯的发展打下坚实的基础。

阿斯派克特回答说，他只是个研究生，还没有拿到博士学位，但在研究所的职位是终身的。

贝尔回道："那你一定是个很有胆量的研究生……"[2]

贝尔认为阿斯派克特打算做的实验对于之前的研究是个很大的进步，并给了阿斯派克特不少鼓励。

阿斯派克特的实验细节刊登在 1976 年 10 月的《物理评论》上。他将激发态的钙原子作为纠缠光子源。在钙原子最低能量的电子"基"态中，最外围的原子轨道是球形的，上面有两个成对自旋的电子。如果其中一个电子吸收的光子的波长正好合适，那么该电子就会被提升到更高能量、形似哑铃的轨道上。[3] 在这个过程中，被吸收的光子赋予了原子中的电子一个角动量量子，表现为激发态电子的轨道角动量。[4]

现在假设第二个电子（基态轨道中"留下"的那个）也能被激发进同一个哑铃状轨道上，但电子自旋保持对齐。换句话说，我们创造了一个双激发态，其中电子自旋保持配对。双激发态进行快速的级联发射，在电子回到基态轨道时，连续产生两个光子。在这个过程中，为保持角动量守恒，发射出的两个光子的圆偏振态必然相反。两个光子刚好以爱因斯坦、波多尔斯基和罗森以及后来的玻姆和贝尔所设想的方式纠缠。

---

2 John Bell and Alain Aspect, quoted in Aczel, p. 186.
3 上述原子轨道分别为4s和4p。
4 这个额外的角动量不能出现在电子自旋中，因为电子的自旋是固定的，s=1/2。

事实上，两个发射出来的光子的波长都在可见光区。一个是绿色，一个是蓝色。

阿斯派克特和他的同事需要用两台高功率激光器产生激发态的钙原子，这些钙原子形成于原子"束"中，而原子束是由高温炉中出来的气体钙通过一个微孔进入真空室产生的。随后，对进入样品室的原子做准直处理，就产生了符合要求的原子束。在与激光束相交的点上，原子的密度低，这样就保证钙原子在吸收以及发射光子之前，彼此不会发生碰撞，也不会与室壁碰撞。

物理学家会监视从原子束源发射出来的相反方向的光，用滤光片分离出左边的绿色光子（我们将其称为光子 A）和右边的蓝色光子（光子 B）。接着，光子进入包含两个检偏器和四根光电倍增管的设备中，以增强被探测光子的信号，而电子设备用来探测和记录来自光电倍增管的同步信号。

检偏器允许平行于入射面的偏振光通过（垂直偏振），并反射与这个面垂直的偏振光（水平偏振）。[5] 探测这些线偏振态比探测圆偏振态要简单得多，而且从一个状态变成另一个状态并不影响光子 A 和 B 关联的基础。关联是这样的：如果两个检偏器的光轴在同一个方向上对齐，那么，若 A 在垂直偏振态下被探测到，B 也必然能在垂直偏振态下被探测到。[6]

---

5 宝丽来偏光太阳镜的原理是，过滤掉发散的光中随机的偏振光，而只剩下线偏振光。

6 这与我们测量纠缠原子的自旋方向时的情况稍有不同，自旋方向是上－下关联的。实际上左旋、右旋圆偏振光是针对光子朝各自探测器的运动定义的。如果处于左旋圆偏振态的光子A向左运动，那么光子B就必然处于右旋圆偏振态向右运动。但在右手的探测器看来右旋（顺时针）转动是左旋（逆时针）转动。这导致光子最终将被检测为都是垂直偏振的或者都是水平偏振的。

每个检偏器都安放在平台上，能够绕其光轴旋转。由此，两个检偏器相距约 13 米放置好，就可以做不同的相对方向上的实验了。电子仪器将会寻找并探测在 200 亿分之一的时间窗口内同步到达的光子 A 和 B。因此，光子之间任何形式的"幽灵般"的信号，打个比方，把 A 的命运"通知"给 B，都需要在这个短暂的时间窗口之内，在两个相距 13 米的探测器之间传播。事实上，以光速传播的信号要走完这段距离，需要约两倍这样长的时间。

真正把这些实验付诸实践又等了五年时间。1981 年 8 月，阿斯派克特、格兰杰尔和罗杰把首批确定的结果发表在了《物理评论快报》上。

三位物理学家用两个检偏器朝四个不同的方向做了四组测量。这让他们验证了贝尔不等式的这种推广形式。[7] 对选择的检偏器方向的具体组合方式，贝尔不等式的这种推广形式要求数值小于或等于 2。量子理论预测的值是 2.828。[8] 物理学家得到的结果是 2.697±0.015，是量子理论预测的最大可能值的 83%，违背了贝尔不等式。

量子理论预测的 2.828 假定实验仪器效果"完美"，但真正的实验仪器是不完美的，并非所有的光子都能被探测到。检偏器偶

---

7 这种推广形式是1969年由约翰·克劳泽、迈克尔·霍恩（Michael Horne）、艾布纳·西蒙尼（Abner Shimony）和理查德·霍尔特（Richard Holt）研究得出的。其中涉及把检偏器的排列推广到第四种，但并不取决于纠缠粒子之间"完美"相关的假设。因此对于实验仪器"不完美"的情况也是有效的。
8 实际上，量子理论预言的是2的平方根乘以2。

尔会"漏",几个垂直偏振的光子会被反射,而几个水平偏振的光子会通过。所有这些仪器的缺陷使得关联的测量范围减小到量子理论的预测值以下。如果我们把纠缠看作相距很远的粒子之间的量子干涉,那么现实世界中实验仪器的实际限制就会缩小可观测的量子干涉范围。物理学家将其称为量子纠缠总范围"可见度"的降低。

把仪器的缺陷考虑在内后,物理学家得出的量子理论预测修正值为 2.70±0.05,与实验结果非常吻合。而且也超过了贝尔不等式的限制。

物理学家们由此得出结论:

……我们的结果,非常符合量子力学的预测,达到了很高的统计准确性,强有力地证明了所有实在的局域理论都是不对的;而且,我们没有观察到测量仪器之间的距离对关联有什么影响。[9]

这些结果似乎证明光子之间有着某种神秘的联结,在测量发生的那一刻之前,它们共享一个波函数。而在测量的那一刻,波函数坍缩,光子变成"局域"的偏振态,偏振态在某种程度上是关联的,不能简单地用任何局域隐变量理论来解释。测量光子 A 的偏振确实会影响 B 的测量结果,反之亦然,由于光子相距甚远,因此两者之间的任何交流必须要快过光速。看起来,自然从

---

9 Alain Aspect, Philippe Grangier and Gérard Roger, *Physical Review Letters*, 47, 1981, p. 463.

本质上是非局域的、"幽灵般"的。

阿斯派克特的实验并没有快刀斩乱麻地终结问题，相反，它极大地扰乱了人心，并激起了更多的猜测和争论。局域隐变量理论的顽固支持者直指事实：阿斯派克特最初的实验中，检偏器在钙原子发射关联光子**之前**就安装就位了。设置仪器的方式是否有可能预先就对光子产生了影响？尽管听起来很荒谬，但也不是不可能。人们把这一点称为"局域性漏洞"。

不过，阿斯派克特从一开始就打算要面对这个挑战。仅在一年之后，他与同事吉恩·达利巴尔和杰拉尔·罗杰就堵上了这个漏洞。几位物理学家改进了实验设备，把能够变换光子路径的仪器加了进去，引导每个光子朝向两个不同方向的检偏器。这样光子就不会提前"知道"它们会走哪条路，以及最终会通过哪个检偏器了。这样做，相当于**在光子飞行时**改变两个检偏器的相对方向。

物理学家得到的结果为 2.404±0.080，再一次明显违背了贝尔不等式的推广形式。他们把仪器的不足之处考虑在内，得到的量子理论预测的修正结果为 2.448，再一次与实验结果完美符合。[10] 1982 年 9 月，他们把实验结果投给了《物理评论快报》，论文于 12 月刊登了出来。

之后，再精密的实验也没有改变阿斯派克特实验的基本结

---

10 这一点依然有争议，因为光子路径的改变并不完全是随机的。1988年12月，因斯布鲁克大学的安东·蔡林格及其同事宣布他们的实验得出最终结论，这个局域性漏洞被完全堵上了。

量子通史

论。随后，在被称为 I 类和 II 类"参量下转换"中，人们得到了效率更高的纠缠光子源。通过让强光子源（比如激光）中发射的光子穿过某种晶体材料，这种技术能够将这些光子转换成波长较长的光子对。这类光子的偏振态是纠缠的，而且由于它们是以固定的空间方向产生的，不会出现朝"错误"方向发射的情况，所以不会"漏掉"光子对。

阿斯派克特和他的同事用钙原子源，每秒能够对大约 40 组探测到的同步信号进行测量，每一组同步信号都对应探测到了关联的光子对。根据记录，利用 II 类参量下转换，每秒能够产生的同步信号可以高达 360 800 组。1998 年，有报告称采用这个方法所做的实验得到的推广形式的贝尔不等式结果为 2.6979±0.0034。

贝尔维尤（Bellevue）和贝尔内（Bernex）是瑞士的两个小村庄，距离日内瓦大约 11 千米，两个村庄里都安装有观察站。1998 年 8 月，日内瓦大学的一个研究小组报告称，他们利用这两个观察站中探测到的纠缠光子得到的实验结果，明显与推广形式的贝尔不等式不符。[11] 从这些实验中可以估测出，任何幽灵般的超距作用，从一个探测器到另一个探测器，其速度都至少要达到光速的 20 000 倍。在更近一些的实验中，科学家在加那利群岛的拉帕尔马（La Palma）和特纳利夫（Tenerife）岛上测量了纠缠光子，两个小岛相距 144 千米。[12]

11　实际上，这些光子在能量和时间上处于纠缠状态，印证了EPR原始设想的位置–动量纠缠。
12　2009年5月，又有报道证实，有纠缠光子通过沿轨道运行的卫星反弹回到地面的接收站。

另一个漏洞称为"效率漏洞"，于 2001 年被堵上了。上述所有实验中，探测到的光子对的数量都远远小于产生的光子对的数量。为什么这会是个漏洞呢？因为，如果产生的光子对中仅有一小部分被探测到，那么就需要把探测到的光子对看成是对总光子对属性和行为的统计抽样（称为"适当"抽样）。

再加上一些创造性，就可以构思出一个局域隐变量理论，这个理论由于"数据剔除"，预测出了与量子理论相同的测量结果。尽管这种理论的要求看似是自然的"大阴谋"，但物理学家下定决心弥补这个效率漏洞。

2001 年 2 月，位于科罗拉多州博尔德市的美国国家标准技术研究院的物理学家与密歇根大学物理系合作，发表了带正电荷的铍离子的纠缠态的实验结果。他们验证推广形式的贝尔不等式时得到的结果是 2.25±0.03。

在这些实验中，不需要"适当"抽样的假设，因为**所有**纠缠的离子对都被探测到了，最后的测量结果也由此而来。面对这些实验证据要挽救局域隐变量理论，我们的确需要借助一个非常大的"阴谋"，这样一个"阴谋"要以某种方式同时利用局域漏洞和效率漏洞，还要将二者关联起来。

这让人想起爱因斯坦的另一句名言："上帝是狡黠的，但他没有恶意。"[13]

为了避免人们对贝尔定理和贝尔不等式的正确性仍存在疑

13　为纪念爱因斯坦，普林斯顿大学把这句话的德语原文"Raffiniert ist der Herr Gott. Aber Boshaft ist Er Nicht" 刻在了费恩大厅一间屋子里的壁炉上方。

惑，2000 年，因斯布鲁克大学的安东·蔡林格和他的团队创造了三**光子**纠缠。这些三光子纠缠态就是著名的格林伯格－霍恩－蔡林格（GHZ）态，是以物理学家丹尼尔·格林伯格（Daniel Greenberger）、迈克尔·霍恩和蔡林格名字的首字母命名的。

因斯布鲁克大学的物理学家对光子的多个线性和圆形偏振态的组合做了测量。GHZ 态具有这样的属性：局域隐变量理论预测的偏振组合与量子理论预测的组合恰好相反。实验结果证实了量子理论的预测，再一次否定了所有的局域实在理论。

因此，似乎通过选择如何测量一个量子粒子的状态，就能确定另一个粒子的"实在"，无论在测量期间两个粒子相距有多远。1935 年，爱因斯坦、波多尔斯基和罗森确信没有必要援引"幽灵般的"超距作用，同时还确定量子理论是不完备的，不过他们并没有明确量子理论如何才能"完备"。

这些实验验证结果证明 EPR 论证的基础是不存在的。虽然"幽灵般的"的本质依然是论辩的主题，但事实很简单，任何把物理实在描述为局域性的尝试都注定要失败。

量子层面的实在确实是非局域的。

玻姆已在 1952 年证明，隐变量理论的支持者提倡的实在并不一定是局域实在。不过很明显，这些实验抛给实在论者一堆问题要解释。我们似乎别无选择，只能彻底改变对实在的看法，并放弃天生但天真的假想。阿斯派克特赞同地说：

当然，我们知道这一点，因为量子力学看起来是一个优秀的理论，而且量子力学与天真的物理实在图景是不相容的。然而通过这些研究，我们证明了在这类非同寻常的情况下，量子力学很奏效。这一点也必然使我们确信，确实得改变旧的世界图景了。[14]

但这些实验并不意味着故事的终结。1985 年，贝尔评论阿斯派克特的实验时说道：

你的实验非常重要，或许标志着我们应该就此停下脚步好好想一想了，但我真的希望这不是结束。我认为对量子力学的探索绝不能停，事实上无论我们觉得值与不值，它都会继续下去，因为许多人已经彻底着迷于它了，并且寝食难安，它是不会停下的。[15]

事后的发展证明，贝尔是对的。越来越多的物理学家清醒地意识到，某些证据可能会彻底摧垮人们试图在量子层面理解实在所做出的努力，因此他们转而研究关乎基础量子理论的问题。验证这个理论的方式，是当年玻尔和爱因斯坦论战时无论如何都想象不到的，而哥本哈根学派的正统地位正是由这次论战奠定的。

---

14 Alain Aspect, in Davies and Brown, p. 43.
15 John Bell, in Davies and Brown, p. 52.

33

量子擦除

巴尔的摩
1999年1月

1983 年，欧洲核子研究中心的物理学家报告称发现了 W 和 Z 玻色子，在发现顶夸克的道路上向前迈了一大步。对于找到标准模型剩余的所有的第三代物质粒子以及在它们之间传递力的粒子，很少有人持怀疑态度。发现它们只是时间问题。

但物理学界关于量子理论基础的疑问越来越多。这关乎量子理论的根本意义，也就是创建标准模型的基础。阿斯派克特及其同事已经证明量子实在是非局域性的，但这意味着什么呢？有没有可能更加深入地探索量子理论诠释的本质，或者洞察互补性本身的意义？

1965 年，理查德·费曼首次出版其经典的《物理学讲义》，书中介绍了著名的双缝干涉实验的一个假想变形，其中用的不是光，而是电子。他在双缝后面加入一个光源，观察电子在去往探测器的途中穿过了哪个狭缝。这跟爱因斯坦与玻尔论战时最初用的一个思想实验刚好类似。[1]

在费曼的版本中，被电子散射的闪光出现在哪个狭缝，就说明它穿过了哪条狭缝。费曼进而得出结论：试图判断路径信息这一行为本身必然会阻碍我们观察干涉效应。而且，就像玻尔在面对爱因斯坦的早期质疑时为量子理论所做的辩护一样，他将测量仪器的"笨拙"性与不确定性原理共同视为阻碍人们同时观察到粒子性（路径）和波动性（干涉）行为的机制。费曼写道：

> 如果仪器能够确定电子穿过了哪条狭缝，那它的影响就不可能细微到基本上不扰动干涉条纹的程度。至今尚无人找到（甚至思考过）绕过不确定性原理的方法。所以我们必须假设它描述了自然的一个基本特征……如果可以发现"击败"不确定性原理的方法，那么量子力学就会给出不一致的结果，就必然会被视为无效的自然理论而遭抛弃。[2]

尽管最初玻尔用测量仪器的"笨拙"性来捍卫量子理论，不过最终在面对 EPR 的"晴天霹雳"时，他被迫放弃了这个方法。他必须这么做，原因很简单：这样的辩护需要对最初测量的相互作用提出一个几近经典物理学的实在论概念，这个概念要与 EPR 的"合理"定义完全一致。

玻尔别无选择，只能否定这个定义的有效性，因此他转而以一种更加微妙（也更加模糊）的论述来进行捍卫，称量子粒子的互补性的波粒

---

1 参见第13节。

2 Richard P. Feynman, Robert B. Leighton and Matthew Sands, *The Feynman Lectures on Physics*. Volume III. Addison-Wesley, Reading, Massachusetts, 1965, p. 1–9.

二象性从根本上排除了同时观察波动行为和粒子行为的可能。他断言，这种不相容源于人类自身能力的局限性，无法用经典尺度的测量仪器获取更深入的量子世界的知识。

从玻尔立场的转变，我们可以推断出，使得我们无法以费曼提出的方法观察电子的是**互补性**，而不是被他与不确定性原理关联起来的"笨拙"性。这表明，就像费曼推测的那样，就算我们可以找到"击败"不确定性原理的方法，所有这类实验的结果仍然会与量子理论的预测保持一致。

波和粒子的基本二象性（互补性）可以确保这一点。费曼把这种二象性描述为量子理论的核心秘密。

用费曼描述的方法"击败"不确定性原理（严格地说，是"击败"笨拙的限制）的希望似乎是非常渺茫的，甚至完全没有希望。在单个量子相互作用的层面，似乎我们总是被基本的宇称打败，这种宇称存在于测量行为与测量对象本身必需的初始相互作用之间的尺度和能量上。要想实现费曼认为不可能进行的测量，我们需要以一种不影响量子系统的方法去探索量子系统，我们可以把这些影响形容为经典力学中的"踢"，也就是经典意义上一种不可控的动量转移。

1982 年，马克斯·普朗克量子光学研究所（位于慕尼黑附近）的理论物理学家马朗·斯库利和新墨西哥大学现代光学研究所的理论物理学家凯·德吕尔认为他们找到了一种方法。

他们构想了一个思想实验。在这个实验中，从两个不同的原子发出的光子会发生干涉。在这里，原子充当了光源的角色，这跟杨氏经典双缝实验中以双缝为波源是差不多的，在那个经典实验中，波通过双缝扩展开来，接着发生交叠和干涉。下面我们把这两个原子称为 A 和 B。

在这个思想实验中，每个原子都由激光脉冲激发，使一个电子被激发到高能轨道。如果两个原子都发射出一个光子，直接回到基态，那么两个光子就无法区分，我们无从得知两个光子分别来自哪个原子。换句话说，我们无法获知光子的路径信息，因此我们预期光子应该产生一种干涉图形。斯库利和德吕尔证明，这的确是量子理论所预测的：方程中的项呈现出干涉效应的特征。

现在假设有另外一种方法，利用这种方法，可以使被激发的原子发生衰变，可能是通过一个中间电子轨道，其能量低于由激光脉冲产生的初始激发轨道，但高于基态轨道。在实验设计中，我们只探测从最初激发态跃迁到中间态所获得的光子。乍一看，这跟上面提到的情况没什么不同，因此我们可能会忍不住就此得出结论：干涉图形始终存在。干涉的观察结果会是带有波描述特征的行为。

但现在，我们似乎也能获得带有粒子描述特征的路径信息了。通过观察原子在发射出光子**之后**到底是在基态还是中间态，原则上我们就能辨别出探测的光子来自哪个原子。比如，如果我们发现原子 A 在中间态，原子 B 在基态，就能立刻知道光子来自A，也就能知道从 A 到探测器的路径（称为路径 A）。

这就给了我们路径信息，等效于在费曼版本的双缝实验中，发现电子通过了哪条缝。而且这么做不会对发射出来的光子产生任何干扰，看起来我们真的能够同时测量光子的波动性和粒子性。

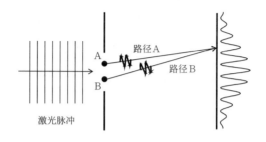

图24 斯库利和德吕尔把杨氏经典双缝实验中的两条狭缝换成了两个原子，A和B。激光脉冲激发两个原子，每个原子中的一个电子被激发到高能轨道的概率相等。被激发的原子随后发出光子，发射出来的光子会被探测到。由于两个原子吸收和发出光子的概率相同，两个原子发射出来的光子会产生干涉图形，具有波动行为的特点。然而，如果光子是因为原子转变到中间态发出的，就有可能发现哪个原子被留在了中间态，也就知道光子是哪个原子发射出来的了。这就给出了粒子特征的路径信息

　　但根据哥本哈根诠释，我们是做不到这一点的。因此，如果我们不能援引"笨拙"的说辞，那在这个实验中让我们无法同时观察到粒子性和波动性的因素是什么呢？或许我们想知道，玻尔会如何应对这样一个诘难呢？大约十年后，斯库利和他的同事，马克斯·普朗克量子光学研究所的贝特霍尔德-格奥尔格·恩格勒（Berthold-Georg Englert）以及慕尼黑大学的赫伯特·瓦尔特（Herbert Walther）针对一个不同（但完全等效）的思想实验做出了如下评论：

　　……这些思考的结果，应该不会让玻尔感到痛苦，因为一旦能分辨出光子穿过了哪条路径，波动（干涉）现象也就消失了。量子力学包含一种内在的保障性机制，保证在对量子系统测量时，相干性的消失总能

追溯到测量仪器和被测系统之间的相关性上。[3]

　　物理学家所说的这种保障性机制，是从量子理论视角来思考整个系统时出现的。虽然光子向探测器传播不受"笨拙"测量的影响，但发出光子的原子的量子态的秘密已经暴露，两者已经不可避免地纠缠在了一起。正是这种纠缠破坏了干涉。

　　把原子的最终量子态引入方程，导致波干涉的项就消失了。[4]仅用数学原理就能证明，我们不可能两者兼得。如果我们能够发现路径信息，哪怕只是在原则上能够发现，干涉项也会消失，我们也就不可能观察到干涉效应。如果我们无法发现光子来自哪个原子，那么干涉项就会保留下来，我们也显然无法再获知路径信息。

　　如果强迫光子透露它走了哪条路径或者穿过了哪条狭缝，那么根据量子理论，即使我们使用一点儿也不"笨拙"的测量机制，我们也无法观察到干涉效应。假如波粒二象性是量子理论核心的终极奥秘，那么互补性就是它运行的机制，而不是不确定性原理。

　　并且，我们或许是第一次可以通过一个基础来理解互补性到底是如何**生效**的。

　　但现在还有一种思路。我们创建一个实验，从中可以获取路径信息，但我们**选择不察看**，会怎么样呢？选择不察看，是否

3 Marlan Scully, Berthold-Georg Englert and Herbert Walther, *Nature*, 351, 1991, p. 111.
4 将两个原子最终量子态的"交叠积分"与干涉项相乘，如果积分为零，干涉项就会消失。参见斯库利、德吕尔，《物理学评论A》25，1982，第2 209页。

就可以认为干涉图形被保留了呢？如果我们等到光子穿过仪器并被探测到**之后**，再选择是否察看光子走了哪条路径，又会怎么样呢？等到光子被探测到**之后**，再决定是否察看，是否就真的能决定干涉图形存在与否呢？

这几个问题的答案相当复杂。根据斯库利和德吕尔对这个假设的量子"擦除"实验的最初分析，如果选择不察看，干涉图形的确会重新出现，但其机制却很微妙。

在电子占据中间电子轨道的情况下，我们发现，只要在原子发射一个光子之后察看原子的状态，就有可能获知路径信息。但现在不察看每个原子的最终态，而是用另一束激光脉冲照射原子，激光脉冲能够把中间态的任何原子都激发到另一种高能态。原子迅速衰变回基态，并发射出另一个光子，为了与继续干涉（或不干涉）的光子区别开来，我们把这个光子称为 φ 光子。这样一来，我们就失去了测量原子最终态的所有机会，也就从量子系统中擦除了路径信息。

干涉图形（还）没有重新出现。

要察看干涉图形，就必须仔细审视 φ 光子。假设我们把这些光子限制在两个椭圆形的光腔内，原子 A 位于其中之一的一个焦点上，原子 B 位于另一个光腔的一个焦点上。腔体的材料能够让激光和干涉光子穿过时不受阻碍。在两个光腔的第二个焦点处用某种材料把它们连接起来，这种材料能够探测 φ 光子，这个探测器通过一个机械快门隔绝开来。

那么，会发生什么呢？假设第一束激光脉冲同时激发了原子 A 和原子 B。其中一个原子衰变到中间态，发射出一个随后被探测到的光子。第二个原子直接衰变到基态。下面用第二束激光脉冲把两个原子都激发，擦除它们最终态的信息，这将在其中一个光腔内产生一个光子。我们无法知道 φ 光子是哪个原子发射的，也就无法知道 φ 光子在哪个光腔内了。

对于这种情况，正确的量子理论描述是：两个光腔内各有一个"分波"，也就是说在每个光腔内找到 φ 光子的概率是五五开。

等到干涉光子被探测到后，打开机械快门，光腔壁把 φ 光子分波反射到探测器。此时，两个分波结合。如果两个分波在我们放置探测器的地方发生了相长干涉，就能记录单个 φ 光子的探测结果。另外一种情况是两个分波发生了相消干涉，就不会探测到 φ 光子。能否探测到 φ 光子的概率又是五五开。

当然，打开快门后，我们就无法弄清 φ 光子在哪一个光腔内了，也就无法弄清路径信息。干涉图形的确恢复了，但要弄明白它，必须把干涉光子的探测和 φ 光子的成功探测（或失败探测）关联起来。

假设我们能够以某种方式给探测干涉光子时记录的每一个点进行编码。如果一个光子与 φ 光子的成功探测有关联，它产生的点，我们以红色编码；如果一个光子与 φ 光子的失败探测有关联，它产生的点，我们以蓝色编码。如果我们通过不同颜色的滤光片观察记录到的图形，就能分别看到红点形成的干涉图形以及蓝点形成的干涉图形（两者是错开的）。

如果我们把红点形成的图形称为干涉条纹，那么蓝点形成的就称为"反条纹"，条纹峰与反条纹谷一致。如果不通过滤光片察看图形，那么就区分不出红色和蓝色，也就根本看不到任何干涉

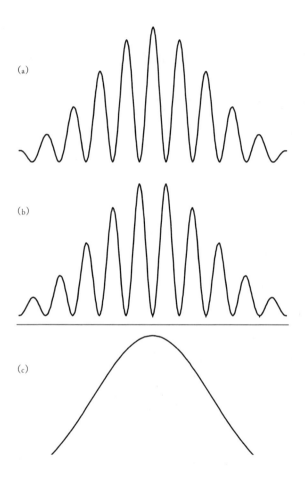

图25　把与φ光子的成功探测有关联的光子以红色编码，我们恢复了一个干涉图形，如（a）所示。把与φ光子的失败探测有关联的光子以蓝色编码，产生的干涉图形如（b）所示。如果不分辨红色光子和蓝色光子，我们得到的干涉条纹和反条纹之和，看起来就像一个散射图形，如（c）所示

图形（实际上，我们得到的是一个散射图形，类似于与探测路径相关的图形）。

这些想法非常迷人，看起来量子理论再一次给出了所有答案。但这些思想实验能否变成真正的实验呢？斯库利知道这对于实验者来说挑战非常大，所以他加大了赌注："要在实验中实现量子擦除，从诸多方面来说都困难重重（不过斯库利说，谁演示出来一次，就请谁吃比萨）。"[5]

虽然实验很棘手，但几年后还是做出来了。人们认为，斯库利和德吕尔描述的思想实验难度实在太大。但是，因斯布鲁克大学的托马斯·赫尔佐格（Thomas Herzog）、保罗·克怀特（Paul Kwiat）、哈拉尔德·温福尔特（Harald Wienfurter）和安东·蔡林格以人们较为熟悉的纠缠光子对源进行了完全可以视为量子擦除的实验。他们在一篇论文中报告了实验结果，于 1995 年 7 月投给了《物理评论快报》。

事实上，这几个物理学家用 I 类参量下转换产生了两对垂直偏振的光子。其中一对产生于激光第一次穿过晶体材料时，两个光子的波长分别位于光谱的红光区和近红外区的地方。我们称其为路径 A。反射的激光第二次穿过晶体，产生了另一对光子，具有同样的波长，我们称其为路径 B。第一次通过时产生的光子对也被反射回晶体，最终导致直接产生（第一次通过）的光子对和反射激光束产生（第二次通过）的光子对再也无法区分。

5 Philip Yam, *Scientific American*, January 1996, p. 30.

实验结果是检测出"条纹"状干涉,"条纹"由红光子和近红外光子以不同路径穿过仪器时的探测率形成的函数呈现。实际上,光子对的两个源(第一次通过和第二次通过)的作用就像是经典干涉实验中的两条狭缝。

这样安排实验,只要不试图辨认光子选择哪条路径,以及由此确定它们的源(第一次通过或二次通过,类似于确定它们穿过了哪条"狭缝"),就能观察到干涉。

然而,路径信息是能够轻易获取的,比如,将第一次通过的近红外光子的偏振从垂直改为水平,并在探测器前放置一个检偏器。光子偏振的性质会揭示它是哪类光子——是第一次通过的还是第二次通过的,由此也会揭示它选择了哪条路径——是路径 A 还是路径 B。近红外光子的路径信息获得之后,就相当于知道了红光子的路径信息。最终结果是,对红光子和近红外光子探测率的干涉都消失了。

把检偏器的角度旋转到 45°角,就能轻易擦除路径信息,杜绝弄清近红外光子的偏振方向的可能性,因此也就不能确定它们走了哪条路径。这样的安排足以恢复对近红外光子的探测率的干涉,以及对同时探测到红光子和近红外光子时的探测率的干涉,但无法恢复对红光子的探测率的干涉。

物理学家把第一次通过的红光子的偏振从垂直旋转到水平,加入检偏器,以辨别红光子到底是第一次通过的还是二次通过的。这样也有机会重新获得近红外光子的路径信息。干涉适时地消失了。

但现在,物理学家可以重复同一个把戏。把检偏器再旋转

45°，路径信息被擦除了。然而，这次不管是在红光子的探测率上还是近红外光子的探测率上，干涉都没有恢复。当检偏器的方向为 +45°或 -45°时，近红外光子的探测与红光子的探测产生**关联**，类似于初始思想实验中红点或蓝点的关联，干涉**才会**重新出现。符合探测会形成条纹（+45°时）和反条纹（-45°时），而符合探测率能显示干涉的存在。

物理学家由此得出结论：

使用互相排斥的实验设备意味着完整的路径信息和干涉的发生之间存在互补性。结论是，我们的实验结果证实了玻尔的观点，整个实验设备决定了可能产生的实验预测。[6]

没有相关记载说明赫尔佐格、克怀特、温福尔特和蔡林格到底有没有吃到他们的免费比萨。

事实上，因斯布鲁克的物理学家并没有完全复现出原始思想实验的每一个部分。最重要的是，他们没有演示可以在测量后，再在观察路径信息和观察干涉现象间做出选择这一点。此类延迟选择量子擦除的实验是由斯库利以及马里兰大学（位于巴尔的摩市）的科学家金伦浒（Yoon-Ho Kim）、于荣（Rong Yu）、谢尔盖·库利克（Sergei Kulik）和史砚华（Yanhua Shih）实现的。1999

---

6 Thomas Herzog, Paul G. Kwiat, Harald Weinfurter and Anton Zeilinger, *Physical Review Letters*, 75, 1995, p. 3037.

年 1 月，他们把描述实验结果的论文投给了《物理评论快报》，并于 2000 年发表。他们的实验结果证实了量子世界的奇异本质。**实验结束后**，通过选择是否查看路径信息，的确能够展现或消除干涉图形。

2002 年，实验又往前推进了，物理学家采用真实的双缝装置，进行了量子擦除和延时选择量子擦除的实验。2004 年，物理学家报告了 K 介子的量子擦除实验。

当然，互补性和量子非局域性之间存在直接关联。具有波动特征的干涉效应就是非局域性的直接表现。这些效应出现在量子纠缠的数学结构中——在我们说的这种情况下，影响干涉的态与记录路径信息的态产生了纠缠。根本不可能设计出某种仪器来揭示不产生这类纠缠的路径信息。除非迫使系统揭示一种或另一种行为，否则这些状态无法摆脱纠缠。它们不可能在摆脱纠缠的情况下同时显示出两类行为。

这与我们能不能构想一台可以避免"笨拙"的测量仪器没有关系。能够同时揭示波动行为和粒子行为的仪器，是不可能的。这就是互补性的实质。

34

实验室的猫

石溪/代尔夫特
2000年7月

　　验证贝尔不等式的实验和探索互补性本质的实验，仅仅证明了量子世界的行为是多么违反常理。现在，许许多多的实验证据搞得实在论者特别不舒服。不过，令人更不舒服的还在后头。

　　玻尔坚持认为，量子粒子的微观世界和经典测量仪器的宏观世界之间存在明显的界线。在冯·诺依曼的坍缩公设中，正是在微观和宏观的分界处，我们有望发现难以捕捉的波函数坍缩。但玻尔从未明确说明，这个界线应该画在哪儿。薛定谔受爱因斯坦的影响，用他的猫悖论把模糊的界线变成了一个归谬游戏。

　　多年后，关于测量的量子物体和经典感知对象之间的这个"模糊不定的界线"，约翰·贝尔写下了这样的话：

　　　　到底是什么使一些物理系统有资格担任"测量者"的角色？难道数千年来，世界上的波函数一直在等待，等到单细胞生物出现后才会跃迁吗？或者它还得多等些时日，等某个更具资格的系统出现……比如带博士学位的？[1]

玻尔认为，答案就在测量行为的不可逆性之中，后来，约翰·惠勒更明确地表述了"放大的不可逆行为"。我们只有在有能力把光子吸收这种基本的量子事件放大的时候，才能获知量子世界的信息，把它们变成可感知的信号，比如刻度指针的偏转，或在感光胶片上能够看见的一个点。

1970年，物理学家迪特尔·泽赫（Dieter Zeh）发现，波函数与测量仪器及其环境之间的相互作用，能够导致其组分不可逆转地快速退耦或"退相位"。[2] 退相位后来被称为"退相干"，在发生退相干时，叠加态中的所有干涉项都会被破坏，因此我们就不能观察放大到宏观物体层面的干涉了。薛定谔的猫至少不用在既死又活的状态中纠结了，因为在被放大到宏观维度的很久之前，退相干就已经把叠加态破坏了。

退相干是一种量子"摩擦"。波函数并不是瞬时坍缩（或退相干）的，而是经过有限且很短的一段时间。很明显，对于穿行真空的单个光子、电子和原子而言，退相干时间很长。但当涉及大量粒子时，如在光子、电子和原子与宏观测量仪器的相互作用中，退相干时间则相当短。实际上可以认为，坍缩从本质上是即时性的。

但正如一句俗话所说，天底下没有免费的午餐。虽然人凭直觉会被它吸引，但退相干无法解释为何波函数只退相干为被认为是测量结果的

---

1 John Bell, *Physics World*, 3, 1990, p. 34.
2 我们可以这样理解"退相位"：退相位意味着被测量波函数的所有组分的峰和谷（相位）之间不再对齐了。注意：退相干的概念早于泽赫的重要贡献。

组分，而不会退相干为棘手又尴尬的叠加态组分。同样，退相干也不能用来预测具体的测量结果。退相干使预测的基础从包含"彼"和"此"的叠加态变为不同的组合"彼"或"此"，但我们面对的量子概率是一样的。贝尔曾抱怨说：

> 以某种方式消除相干性的想法意味着用"或"代替"和"，这种想法在"测量问题"的解决者当中是非常常见的。这个问题一直困扰着我。[3]

当然，自薛定谔发表猫悖论详细内容以来的 75 年中，从未有人声称见过处于叠加态的猫。退相干理论认为，这类叠加态被抑制在一种"量子审察"之中。但这又引出了另一个问题。

如果猫的确因为太大而无法保持量子叠加，那是否有可能发现其他能够保持量子叠加的宏观物体呢？是否可能实现类似于薛定谔的猫的实验呢？

诸如此类的考虑直接指向了宏观量子态的概念及其叠加、纠缠和干涉的可能性。先来介绍一些定义，以助大家理解。

20 世纪 80 年代初，英国物理学家安东尼·莱格特尝试确定"宏观实在论"的意义。我们可以将其理解为一个宏观物体（如猫）可以具有至少两种不同的状态（死／活）。要具有宏观实在性，必须能够通过测量来确定，在某个具体的时间，这个物体处于其中一种状态。显然，测量一定不能对状态本身造成影响。

---

3 John Bell, *Physics World*, 3, 1990, p. 36.

莱格特以研究对象的一个或多个"广延"物理属性的差异为基础定义了"独特性",诸如它的总电荷、磁矩、位置、动量等。他称其为**广延性差异**。

但只有广延性差异不足以定义独特性。前几节中提到的关于测量关联粒子的实验,如果粒子在测量时相距甚远,可以认为是"宏观的"。显然,此类实验反映的并不是类似薛定谔的猫的情况。因此,有必要引入另一个系数,莱格特称之为"非连通性"。

非连通性在定量意义上是不够明确的,但可以看作是对系统的量子纠缠度的度量。如果每个系统中仅包含一个粒子,正如最初的 EPR 思想实验那样,那么相应的非连通性就很小。但是,如果每个系统包含多个粒子(尘土颗粒、水滴、高尔夫球或猫),那么相应的非连通性就很大。人们预计,广延性差异很大的复杂系统具有系统成分个数的数量级的非连通性。

有了这些定义,就能寻找同时具有高广延性差异和非连通性的系统了,还能发现哪种实在性会获胜:是宏观态叠加的量子实在性,还是宏观实在主义?

1999 年,维也纳大学的安东·蔡林格和他的团队朝这个方向迈进了重要一步。他们精心设计,重做了经典的杨氏实验,报告了一束巴克敏斯特富勒烯(buckminsterfullerene)分子的衍射和干涉情况。每个这种分子包含 60 个碳原子,呈足球状结构。[4]后来又

---

4 关于巴克敏斯特富勒烯的发现和后续情况,可参见吉姆·巴戈特的《完美的对称:富勒烯的意外发现》。

用包含 70 个碳原子的富勒烯分子重复做了这些实验。根据莱格特的计算，这些实验中的广延性差异大约为 100 万，非连通性超过 1 000。[5]

分子在表现出波动性行为的时候，它们的质量会怎样，这些迷人的实验引出了与之相关的所有问题。但仍需要我们朝着日常物体的宏观世界再迈进相应的一小步。要想在这条路上再进一步，我们就需要回到超导体的属性上。

电子属于费米子，遵循泡利不相容原理。然而，一旦把它们看作单个的实体，两个自旋和动量相反的电子就没有净自旋了，而且在合适的条件下，它们会共同形成一个玻色子。像其他玻色子（如光子）一样，这些电子对会"凝聚"成一个量子态。当大量的电子对在超导体中如此凝聚时，就出现了宏观量子态，延伸到很远的距离。我们可以把宏观量子态看作具有宏观尺寸属性的状态，比如导电性，它的行为是由量子力学控制的，而非经典力学。[6]

我们在第 23 节中已经说过，这种凝聚态在能量上比正常的超导体材料的导电带低，而且电子对不会遇到什么阻力。电子对中两个电子之间的距离是非常大的，而且在金属晶格内，有很多电子对重叠。同样，这些电子对的波函数也重叠，并且它们的波峰和波谷排列开来就像激光束中的光波。结果是数量惊人的电子

---

5 实际上，C_{60} 的非连通性为 60（碳原子数）×18（6个质子+6个中子+6个电子）=1 080。

6 宏观量子态的另一个实例是超流体氦。因为氦由数量为偶数的费米子构成，所以其行为像玻色子。在很低的温度下，它也会发生"玻色凝聚"。在温度低到-270℃时，液氦的黏性几乎全都消失了，会像薄膜一样在烧杯壁上"爬行"。

（约 10^{20} 个）穿过金属晶格，每个电子都有单独的波函数，并且这些波函数的步调是一致的。

设想一下，把外磁场作用于超导环，然后冷却到超导温度。电流通过环表面，迫使磁场在环体的外面分布。[7]总磁场就是外磁场加上环体外面分布的电流产生的磁场。如果把外磁场移开，电流继续在超导环中流动（因为电子感觉不到阻力），就会"束缚"一定的磁通量。

根据超导的量子理论，被束缚的磁通量是量子化的：只有所谓超导磁通量子的整数倍才被允许。[8]因此，这些不同的通量态就表示一个宏观尺寸的物体的量子态。这样的超导环通常直径为一厘米左右。实验确定了这些状态的存在。

在厚度均匀的超导环内，磁通量子态之间不发生相互作用。只有通过先升温再改变作用的外磁场，最后再一次冷却到超导温度，才能改变环的量子态。并且，如果环中包含一个约瑟夫森结（Josephson junction），通量态才有可能混合。约瑟夫森结本质上就是环的一小部分区域，其中插入了一个绝缘体，但这个绝缘体足够狭窄，能够允许电子对发生量子隧道效应，从一边来到另一边。[9]

这样一来，各种各样的量子干涉效应就有了可能，人们通常

---

7 这就是迈斯纳效应。见第23节。

8 磁通量子用 $h/2e$ 表示，其中 h 是普朗克常数，e 是电子带的电量。

9 在量子隧道效应中，量子粒子的波函数能够通过狭窄的能量势垒，使得它的一小部分振幅出现在另一边。虽然人们通常把这种现象称为量子隧道效应，但它其实是一种波现象，可以以经典波（如声波）的形式显示出来。当我们用波振幅来度量找到关联粒子的概率时，量子隧道效应是不可思议的，因为它意味着一个电子（举个例子）能够以有限的概率穿过从经典意义上说不可能穿过的势垒。

把这种环叫作超导量子干涉仪（简写为 SQUID），于 1964 年发明。干涉仪的灵敏度高得令人难以置信，在很多医学应用中用来测量磁场强度。即便磁通量发生最微小的变化，变化幅度大体上相当于在地球引力场中把单个电子提高一毫米所需的能量，标准的干涉仪都能在一秒钟内将其探测出来。更灵敏的仪器则可以逼近不确定性原理所规定的极限。

有趣的是，这种灵敏性是约瑟夫森结的特征，而不是环的特征。这意味着，一个宏观的变量（如电子绕环运动时所测的磁通量）能够被微观的能量控制，控制方式与环本身的实物大小没有关系。然后问题就变成了：是否有可能让这类仪器的不同宏观态叠加起来，例如将以相反方向绕环流动的大量电子的态叠加起来。

这类宏观态之间的干涉如何呈现呢？很明显，这不会像观察可见的干涉条纹那样简单，而是有点像尝试去设想活猫和死猫的宏观态之间发生了干涉。

我们先来思考一下超导环中产生的宏观量子态，其中电子绕环逆时针和顺时针流动。这些态处在单独的、不同的势能"井"中。每个井底代表每个态的最低能量配置。从一个井穿到另一个井（也就是说，逆转电子绕环流动的方向），我们必须先给环升温来增加环的能量，再改变外磁场，然后将环冷却回超导温度。

现在假设插入一个约瑟夫森结。结的作用是能够让逆时针态和顺时针态在叠加中结合。事实上，如果两个态的能量相等或近似，两个态会混合形成一个能量较低的逆时针 + 顺时针的组合，以及一个能量较高的逆时针 − 顺时针的组合。波谱学家把这种作用称为"避免交叉"。没有交叉，两个混合了以初始态为特征的新的态会在这个能量区域内形成。[10]

这些混合态之间劈裂的数量由所谓的隧穿劈裂给出，隧穿劈裂具有约瑟夫森结的特征。量子态之间的这类劈裂在原子和分子光谱学中相对比较常见，但大量电子在宏观尺寸的金属环中移动的量子态，考虑到它在其中的影响，或许就很新奇了。

在实验上展示不同宏观态叠加的可能性（薛定谔的猫的状态的实验室版本），就转变成了这样一个问题：在逆时针态和顺时针态能量相等或近似的区域中，发生了什么？

实际上，实验需要在结上外加一个偏置，偏置的形式是贯穿环的外加磁通量。因为偏置是变化的，所以要用微波辐射探察状态之间劈裂的大小，也就是状态之间干涉的程度。和偏置自身差不多一个数量级的劈裂，意味着逆时针态和顺时针态保持为不同的宏观态，而且两者没有发生干涉。如果劈裂的数量级与偏置和隧穿劈裂平方和的平方根差不多，就意味着宏观量子态发生了叠加。

2000 年，两组研究人员公布了两类实验的结果。其中一个小组由纽约州立大学石溪分校的乔纳森·弗里德曼（Jonathan Friedman）、维贾伊·帕特尔（Vijay Patel）、W. 陈（W. Chen）、S.K. 托尔皮戈（S.K. Tolpygo）和 J.E. 卢肯斯（J.E. Lukens）组成，他们所用的 SQUID 环直径为 140 微米。[11] 2000 年 4 月，他们把论

---

10 这种混合与K介子K^0和$\overline{K}^0$产生K_1^0和K_2^0的混合类型相同。
11 一微米等于一百万分之一米。

文投给《自然》杂志，文中报告的结果确认了宏观叠加态的形成：

> SQUID 的量子动力学取决于穿过环的通量，后者是一个集体坐标，表征的是约 10 亿个"库珀对"的联合运动。[12]

论文于同年 7 月发表。同一个月，一个由代尔夫特微电子和亚微米技术研究所和麻省理工学院的科学家联合组成的小组，向美国期刊《科学》投了一篇与之类似的论文。两个小组的方法稍有不同。石溪小组用的 SQUID 环包含一个约瑟夫森结，测量的是激发能级的逆时针态和顺时针态。而代尔夫特／麻省理工学院小组用的是直径为 5 微米的 SQUID 环，包含三个约瑟夫森结，测量的是宏观量子态的基态能级的叠加态之间的劈裂。

但结果非常接近。代尔夫特／麻省理工学院小组称他们的结果表明：

> ……宏观态发生了对称的（逆时针 + 顺时针）和反对称的（逆时针－顺时针）量子叠加。这两种经典的态都有 0.5 微安的持续电流，与数百万"库珀对"的质心运动对应。[13]

此处大家可以稍停一下，思考片刻。想像这样一个量子叠

---

12 Jonathan R. Friedman, Vijay Patel, W. Chen, S.K. Tolpygo and J.E. Lukens, *Nature*, 406, 2000, p. 45.
13 Caspar H. van der Wal, A.C.J. ter Haar, F.K. Wilhelm, R.N. Schouten, C.J.P.M. Harmans, T.P. Orlando, Seth Lloyd and J.E. Moonij, *Science*, 290, 2000, p. 773.

加态：这个叠加态是两种宏观态的对称化组合，在第一个宏观态中，有 10 亿个电子对沿环逆时针运动，在另一个宏观态中，有 10 亿个电子对沿环顺时针运动，那这些电子**到底**在沿哪个方向运动呢？

莱格特估计，在这些实验中，广延性差异和非连通性的数量级均为 100 亿。[14]

当然，数百万甚至数十亿个电子对也无法代表猫那么大的物体。但问题不在这儿。微观世界和宏观世界之间，分界线应该画在哪儿？对于这个问题，量子理论的哥本哈根诠释始终保持沉默。虽然实验证明的关联光子对、电子对、原子对或离子对之间的非局域行为令人困惑不安，但它们把量子的怪诞性牢牢地留在了量子领域。包含数十亿个粒子的量子叠加开始把量子的怪诞性带到人类肉眼可见的领域。

几年后，莱格特写了关于这些实验的文章，他发现没有理由认为它们反映了对宏观量子叠加大小的基本限制，从原则上说，宏观量子叠加可以在实验室中进行：

……可以说，在对数尺度上，我们在从原子层面到日常世界层面的道路上已经走了 40% 左右……似乎没有明显的先验性理由不允许拓展 SQUID 实验的尺度，即将现有实验中使用的环的大小从几微米拓展到更

14　莱格特后来感觉这个数字估计得有点过高了，建议改到100万到1 000万之间。摘自莱格特与作者于2009年8月4日的私人通信。

大的尺寸，比如 1 厘米。[15]

在《自然》杂志近期的一篇综述文章中，利兹大学的弗拉特科·费德拉（Vlatko Vedral）写道：

关于纠缠，还有很多有待回答的问题。我在本文中已经指出，从理论上说，纠缠可以存在于任意大型高温系统中。但在实践中确实如此吗？还有一个问题，无质量物体的纠缠与有质量物体的纠缠相比，两者究竟有没有根本性的区别呢？再者，宏观纠缠是否也发生在生命系统中，若是会发生，这些系统也会用到宏观纠缠吗？[16]

这个研究领域依然充满了活力。2008 年 5 月，马库斯·阿斯佩尔迈耶（Markus Aspelmeyer）和蔡林格简要评论了正在维也纳进行的研究，该研究旨在实现更重、更大的系统中的量子干涉效应，其主要目标是展示纳米（十亿分之一米）层面的微小病毒或细菌的干涉。[17]

相比于实在的本质以及尺度从量子领域转变到经典领域的问题，这种探寻宏观量子现象的研究的意义更大。代表了相反状态的量子态，比如自旋向上和自旋向下、垂直和水平、顺时针和逆

---

15 A.J. Leggett, *Journal of Physics: Condensed Matter*, 14, 2002, p. R447.
16 Vedral, *Nature*, 453, 2008, p. 1007.
17 参见马库斯·阿斯佩尔迈耶和安东·蔡林格，《物理世界》，2008年7月。

时针，从原则上也能代表量子二进制或量子比特形式的信息。宏观量子比特构建的计算机，运用这些量子比特之间的量子纠缠，能够实现比经典计算机快得多的运算。[18]

除了基于 SQUID 的量子计算机，还有其他可能：基于纠缠束缚离子的计算机，涉及四光子 GHZ 态的所谓量子比特"团簇"计算机，量子"点"计算机，以及其他种种。

爱因斯坦和薛定谔发展的思想实验，虽然现在已显得蹩脚，但当时他们本想用纠缠和幽灵般的超距作用摧毁哥本哈根学派打下的量子诠释的基础。当时很难想象，他们的论证会成为整个新量子技术的基础。

面对证明量子非局域性和宏观量子叠加态实验结果的冲击，那些实在论者毫不动摇，似乎依然能找到些许安慰。虽然现在他们不得不承认，物理实在或许的确是非局域的，但这并不一定表明，量子粒子直到被测量的那一刻，才具有确定的属性。

真是这样的吗？

18　这就意味着，从原则上说，量子计算机可以用来破解大多数计算机传输信息所使用的加密系统，这些加密系统是以大质数的因数分解为基础的。但是，不用担心，运用基于量子纠缠的加密系统也能保证互联网安全！

35

挥之不去的幻象

维也纳
2006年12月

　　爱因斯坦、波多尔斯基和罗森在 1935 年的论文中，给物理实在下了一个他们认为"合理的"定义。其核心是一个完全常识性的假设：量子粒子具有其特有的属性，而且这些属性是独立于测量行为的。如果一个电子具有向上的自旋方向，那么它与斯特恩–盖拉赫磁铁相互作用的性质就是由向上的自旋方向决定的，而它之后穿过仪器的路径也揭示了这个属性。同样，如果一个光子是垂直偏振的，那么它穿过检偏器的路径就能告诉我们这一点。

　　人们不得不接受，在量子力学中，简单化的局域实在论必须让位于某种"幽灵般的"东西。验证贝尔定理的实验表明，一个电子的自旋方向或一个光子的偏振状态一定会受到另一个粒子的变化的影响，无论它们相距多远。我们不知道这种非局域性影响是如何传播的，甚至不知道使用"传播"这个词是否恰当。但现在有大量的证据表明，无论它是怎样作用的，这种非局域性影响都不可能以超过光速的速度传播有意义的信息。从这个意义上说，至少量子理论和狭义相对论是可以共存的，纵使这两大悠久而令人尊敬的理论不能和平相处，但也只是互相抱怨抱怨，不愿迁就彼此罢了。

面对频繁出现并始终违背贝尔不等式的实验结果，人们放弃了有关局域性的假设，以求保留实在论的某些表象。但实在论——假设粒子具有的属性与人们没观察时一致——也是一种假设。这是几百年以来哲学家一直质疑的一种假设。哲学家总是在问一些难以回答的荒谬问题，比如：森林里有一棵树倒了，假设周围没有人听到，那会发出声音吗？

贝尔并不相信量子理论的哥本哈根诠释，而且跟爱因斯坦一样，认为量子理论尚不完备。莱格特也持怀疑态度。1976 年，他暂离英格兰苏塞克斯大学，到位于加纳的库马西科技大学做短暂的教学交流。他在学校图书馆中看不到最新的研究论文，就自己埋头研究一个几年前就关注的问题。他从玻姆那儿得到灵感，检验了一个常见的非局域隐变量理论的预测。

回到英格兰后，莱格特写了一篇论文阐述自己的想法，但并未抽出时间整理发表。他把论文手稿放进抽屉后就完全抛诸脑后了。过了大约30 年，纠缠光子（用以验证贝尔不等式）的可靠来源出现后，他才决定从抽屉里拿出手稿，并掸掉上面的灰尘。

在这期间，莱格特在伊利诺伊大学香槟分校晋升为教授。2003 年，因在超导体和超流性方面的研究，他与阿列克谢·阿布里科索夫（Alexei Abrikosov）和维塔利·金兹堡（Vitaly Ginzburg）共同获得诺贝尔物理学奖。他在非局域隐变量理论方面的论文于 2003 年 10 月发表在期刊《物理学基础》上。

来年 5 月，在明尼苏达州召开的一个科学会议上，莱格特向德国物理学家马库斯·阿斯佩尔迈耶介绍了自己的研究结果。阿斯佩尔迈耶当时在安东·蔡林格的团队做研究，这个团队所属的机构是维也纳大学和量子光学与量子信息研究所。在论文中，莱格特推导出了一套新的不等式，不仅能用来验证局域性，还可以验证实在论。莱格特的不等式与广泛通用的非局域隐变量理论相关。同样也是一个直接验证。如果量子理论与之不符，它就会成为证明量子理论不完备的直接证据。如果与之相符，那么我们长期以来所持有的关于量子层面实在本质的假设就无法再修订了，只能抛弃。

实验看起来没那么难。

莱格特是这样看问题的。在级联发射（阿斯派克特在实验中曾用过）过程中，我们会假设光子的属性由某组可能相当复杂的隐变量控制。这些隐变量都具有唯一值，用以确定光子的状态以及随后与对应测量仪器的相互作用。我们进一步假设，在光子发射时，变量符合某种统计分布，而且这种分布的形式只取决于发射过程的物理特性，不受测量仪器设置的影响。

关联光子的测量结果取决于检偏器的设置和隐变量的值。到目前为止，一切似曾相识。

局域隐变量理论还有两个假设。其一，假设远处光子 B 的测量结果任何情况下都不会影响光子 A 的测量结果（正如 EPR 假设的那样），反之亦然。其二，假设无论对测量 B 的检偏器如何**设置**，都不会影响对 A 的测量，反之亦然。

其中总会有一个假设因实验结果违背了贝尔不等式而被认定为不合理。尤其是，关于填补"局域性漏洞"的实验表明，尽管在光子朝检偏器传播的途中，随机改变了检偏器的设置，但量子理论预测的关联仍然会保留。由于改变检偏器的设置明显也会改变之后的测量结果，因此这类结果无法使我们确定哪个假设是不合理的。

莱格特决定放宽设置的限制。换句话说，他允许测量仪器的设置影响光子的行为以及随后的测量结果。他很清楚，对许多物理学家来说，允许远处检偏器的设置影响测量结果，是非常违反常理的：

但是在物理学中，我们通常要有某种确切的理由，才能接受环境的特定部分会与实验结果存在关联。现在［远处的］偏振器……只不过是（举个例子）一块方解石晶体，以我们物理学研究的经验来看，未曾有结果表明，远处方解石晶体的方向对实验结果的影响，会大于实验者口袋中钥匙的位置或墙上钟表显示的时间对实验结果的影响。[1]

但实验证据摆在眼前，就得有所舍弃。莱格特选择放宽设置的限制，允许检偏器设置的某些非局域作用影响远处粒子的测量结果。从这点来说，他与玻尔对 EPR 质疑的反应是一致的：[2]

……存在这样一种情况，在测量过程的最后关键阶段，不考虑所研究系统的机械扰动问题。但即便是在这个阶段，实际上也存在影响特定条件的问题，而这些条件会决定未来系统行为的可能预测类型。[3]

1 A.J. Leggett, *Foundations of Physics*, 33, 2003, pp. 1474-5.
2 参见第16节。
3 Niels Bohr, *Physical Review*. 48, 1935, 696-702. Reproduced in Wheeler and Zurek, p. 145. This quote appears on p. 148.

　　通过保留结果限制，莱格特界定了一类非局域隐变量理论，其中单个粒子在测量行为之前，具有确定的属性。真正被测量的，当然取决于粒子面对的测量设置，而且改变这些设置，必然影响远处粒子的行为。但保持这个限制意味着，对光子 A 的测量不会影响到同时或随后对光子 B 的测量，反之亦然。莱格特把这类宽泛的理论称为"隐秘的"非局域隐变量理论。[4]

　　莱格特继续证明，放宽设置限制本身不足以复现量子理论的所有结果。正如贝尔 1964 年做的那样，莱格特此时推导出了这类隐变量理论所遵循的不等式，但量子理论预测的某些测量设置组合却与之相悖。于是，那个相当简单的问题就成了关键：量子粒子在**测量行为之前**，究竟是否具有人们赋予它们的属性呢？也就是说，验证量子粒子在被测量**之前**是否具有"真实"属性的机会摆在了人们面前。

　　莱格特的研究所需的实验，与之前验证贝尔不等式的实验截然不同。不过，还是存在一些微妙之处和挑战。截至此时，所有进行的实验都已经在单个基矢（如垂直 / 水平）上测量了光子的偏振态，所用的检偏器的方向是在同一平面上变化的。验证莱格特不等式需要在两个基矢（线性偏振和椭圆偏振）和两个平面

4　莱格特不仅努力地保留结果限制，还要确保部分偏振光子遵循马吕斯定律（Malus' law），也就是说，它们与检偏器相互作用的方式与量子理论的预测一致（出自2009年8月4日莱格特与笔者的私人通信）。注意，玻姆的非局域隐变量理论不属此类。改变检偏器的设置和测量结果都会对量子势的形成造成影响，因此也会瞬时影响远处粒子的行为。在这种情况下，并没有放宽结果限制。

（如 xz 平面和 yz 平面）上进行测量。也正是因为这一点，之前验证贝尔不等式的结果不能用来确定莱格特不等式是否有效。

　　允许测量仪器设置产生非局域作用之后，不出所料，莱格特研究的通用非局域隐变量理论的预测，与量子理论的预测非常接近。这有可能识别出一种模式。同时施加结果限制和设置限制（局域实在），会导致量子理论预测和局域隐变量预测之间产生相当大的差异。解除设置限制（非局域实在）可以减少差异，但并没有消除差异。放宽结果限制则完全消除了差异：用实验是无法区分量子理论和这类非局域隐变量诠释的量子理论。

　　要区别量子理论和莱格特研究的隐秘非局域隐变量理论，需要最高质量的纠缠光子和最高的"可见性"。这些验证使得之前的实验看起来就像是在公园里漫步。

　　阿斯佩尔迈耶回到维也纳，在莱格特的帮助下，与局域理论物理学家合作，用可在实验室中实际操作的实验，重新推导莱格特不等式。阿斯佩尔迈耶的学生西蒙·格罗布莱切尔（Simon Gröblacher）用了一个周末就把这些实验做出来了。他们把实验结果拿给蔡林格看，蔡林格同意重复这一实验。

　　2006 年 12 月，两组物理学家把合作结果投给英国期刊《自然》，论文于 2007 年 4 月刊登出来。

　　对于这些实验中用到的设置，莱格特不等式要求实验的相关值限制在小于或等于 $4-(4/\pi)|\sin(\phi/2)|$ 得出的值，其中 ϕ 为 xz 和 yz 平面中两个检偏器的角度差。量子理论预测的这个值为 $|2(\cos\phi+1)|$。当 $\phi=18.8°$ 时，两种预测的差异最大。角度为 18.8° 时，莱格特研究的通用隐秘非局域隐变量理论预测的值为

3.792，而量子理论预测的值为 3.893，差值小于 3%。

尽管如此，结果再一次是明确的。当 φ 在 4°到 36°之间时，观测到的结果与莱格特不等式不符，20°左右时，不符程度最高。角度为 20°时，实验得出的相关值为 3.8521±0.0227，莱格特不等式得出的值为 3.779，量子理论预测的值为 3.879。与莱格特不等式的不符程度超过了三个标准差。

这几位维也纳物理学家确定，相同设置产生的结果，能够同时用来验证贝尔不等式的推广形式。对于同样的角度差 φ，他们得出的相关值为 2.178±0.0199，与贝尔不等式的限定值 2 相比，不符程度达到了九个标准差。

在论文结语中，几位物理学家这样写道：

我们认为，实验结果强有力地支持了一个观点：今后对量子理论进行扩展，若要与实验结果一致，就必须摈弃某些实在论描述的特征。[5]

进一步的报告紧跟着论文就发表了。维也纳小组与由日内瓦几所大学和新加坡国立大学的研究人员组成的小组确定，在限制较小的条件下，实验结果确实与莱格特不等式不符，扩大了不成立的非局域隐变量理论的范围。

20 世纪 60 年代，蔡林格还在维也纳求学时，并没有研究过量子理论，所以对量子理论的矛盾和困难后知后觉。他解释说：

5 Simon Gröblacher, Tomasz Paterek, Rainer Kaltenbaek, Caslav Brukner, Marek Zukowski, Markus Aspelmeyer and Anton Zeilinger, *Nature*, 446, 2007, p. 875.

"量子力学非常基础，或许比我们认识到的还要基础。但完全放弃
实在论显然是不对的。回到爱因斯坦，放弃关于月球的实在论，
是很荒谬的。但在量子层面，我们的确要放弃实在论。"[6]

这话是什么意思？

如果森林中一棵树倒了，周围没有人听见，我们可以假设它
产生了一定的波动干扰，对周围的空气产生了压缩和膨胀作用。
可以假设这些干扰中，有一些具有典型的音频特征。也可以猜测，
如果将一个测量工具（一个人或一台录音机）放在树的周围，测
量结果**就是**听到或录到一段音频信号。我们甚至可以称这个信号
为声音。

但我们通常用"声音"这个词表达两种意思。有时候，我们
称音频范围内的波状扰动为声波，即便我们实际上可能听不到。
从这个意义上说，"声音"是用来描述一种物理现象的——波状扰
动，具有振幅和频率。声音也是人类的一种**体验**，是人类的感觉
器官（具体来说是鼓膜）发出的物理信号的结果，这种信号在人
脑中被处理，产生一种感知的形式。

从很大程度上说，我们可以用解读力学测量仪器的方式来解
读人类感觉器官的活动。人类的听觉器官只是把一系列物理现象
转换为另一系列物理现象，最终刺激大脑皮层中负责感知声音的
部分。也就是在这儿，差异出现了。在这之前，一切都可以用物
理现象来解释，但人类把大脑中的电信号转化为头脑中的感知和

6　Anton Zeilinger, quoted in *SEED*, May/June 2008, p. 57.

经验的过程，到目前为止，仍是神秘莫测的。

长久以来，哲学家一直在说，声音、颜色、味道、气味和触觉都是仅存在于人类头脑中的**第二性质**。我们的常识性假设认为第二性质真正反映或代表了实在，但这是没有依据的。就像柏拉图讲的洞穴里的囚徒，只能看到物体粗略的影子，错把影子当作物体本身，我们可能就生活在这样的世界中。

如果我们把声音解释为人类的体验，而不仅仅是物理现象，那么当树周围没人时，它倒下就意味着不会有任何声音了。

这就是验证莱格特不等式的结果给我们的启发。现在我们必须接受，我们赋予量子粒子的属性，如自旋向上、垂直偏振、"彼"和"此"等，只有与测量仪器相关联时才有意义。人们再也不能假设测量的属性就一定反映或代表了粒子本身具有的属性。正如海森伯之前的观点：[7]

……我们必须记住，我们观察到的不是自然本身，而是我们的提问方式揭示的自然。[8]

这并不意味着量子粒子是非实在的，而是说，我们赋予量子粒子的不过是**经验**实在罢了。这种实在取决于人类的研究方法，并且会受到远处粒子测量结果的影响。

虽然人们会说到电子的自旋、位置、轨道角动量等，但这些

---

7 见第12节。
8 Heisenberg, *Physics and Philosophy*, p. 46.

是人们基于经验赋予电子的经验属性。只有当电子与专门用来揭示某种属性的仪器相互作用时，那种属性才会变得"实在"。这些概念帮助人们关联和描述观察结果，但除了作为联系研究对象与测量仪器的工具之外，这些概念并没有其他的意义。

在测量之前，量子粒子（如电子和光子）的属性明显被产生它们的物理过程所约束，但在某种意义上说，它们也是"未确定的"。它们的属性是平平无奇的：初始是自旋向上或自旋向下，垂直或水平，但只有测量行为发生时才变得确定。它们与测量仪器相互作用的性质以某种方式"确定"了这些属性，这种方式或许我们永远都没希望弄清楚。

爱因斯坦曾承认："现实不过是幻象，只不过这幻象挥之不去。"[9]

就像之前的贝尔一样，莱格特也是受到人们对哥本哈根诠释的普遍怀疑的启发，发展出一个定理，最终引向决定性的实验验证。虽然他接受了实验结果意味着实在论已站不住脚的说法，但他仍然认为量子理论是不完备的。

他抗辩道："我属于持有这种观点的少数派。而且，我不会把生命都押在上面。"[10]

---

9 或者，你更喜欢菲利普·狄克（Philip K. Dick）的说法："现实不会远离，即使你不再信它。"
10 Anthony Leggett, quoted in *SEED*, May/June 2008, p. 58.

PART 7

第七章

量子宇宙学

36

宇宙波函数

普林斯顿
1966年7月

1915 年，爱因斯坦在柏林普鲁士科学院做了一系列讲座解释广义相对论，12 月 25 日，最后一场讲座成功地达到了高潮。然而，在短短数月内，他就告知科学院他的新引力理论需要修改：

由于原子内部的电子运动，原子会辐射出引力能和电磁能，尽管能量小到几乎可以忽略不计。由于自然中不应该发生类似这样的事，因此量子理论似乎不仅会修改麦克斯韦的电动力学，还会修改新的引力理论。[1]

1930 年，玻尔的门生利昂·罗森菲尔德开始尝试构建量子引力理论。

---

1 Albert Einstein, *Preussische Akademie der Wissenschaften (Berlin) Sitzungsberichte*, 1916, p. 688. Quoted in Gorelik and Frenkel, p. 86.

他提出了一些在未来许多年都困扰量子场论的争议问题。后来，苏联物理学家马特维·布朗斯坦（Matvei Bronstein）用一个立方体呈现了这种挑战，这个立方体的各面可以用三个基本物理常数来区分。这些物理常数分别是光速 c，普朗克常数除以 2π（约化普朗克常数 $\hbar$），以及牛顿引力常数 G。[2] 从"上–左–后"角到位于"上–右–后"角的牛顿引力理论需要引入 G；引入有限的光速 c，我们就有了"上–右–前"角的广义相对论；要想得到"下–右–前"角的广义相对论的量子理论版本，需要再引入 $\hbar$。

单看这个立方体，至少有两个方向通向广义相对论的量子理论版本。其中一个方向寻求将广义相对论"量子化"，但这一步在爱因斯坦看来很"幼稚"，不值一提。另一个方向是从相对论性量子场论出发的，使它符合广义相对论的广义协变性的要求。[3] 当然，还有第三个方向（不在立方体呈现之列），那就是从头开始。[4]

无论选哪个方向，一开始都会遇到一堆深刻的问题。广义相对论描述的是四维时空中大型物体的运动，如行星、恒星、太阳系、银河系乃至整个宇宙。在广义相对论中，这些运动都是用一套复杂的数学方程，即著名的爱因斯坦引力场方程描述的。它们之所以复杂，是因为其中所考虑的重力扭曲了周围时空的几何结构，而周围的几何结构控制着有质量物体的运动。

---

2 这就是著名的布朗斯坦立方体。严格来说，把物理理论拉回左上角（可以称之为"伽利略物理学"）需要假设 $\hbar=0$，$G=0$，以及 $c=\infty$，因此最好以 $\hbar$、G 和 $1/c$ 组的形式考虑这些常数。
3 广义协变性是指广义相对论描述的物理定律在任意坐标系的变换中都保持不变。
4 这就是告诉我们，要想到达那儿，就不要从这儿出发。

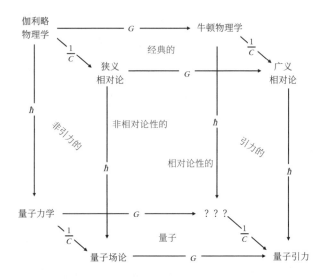

图26 布朗斯坦立方体的现代诠释。立方体的每一面均代表了理论物理学的一个领域,从一个领域到另一个领域涉及物理常数c、$\hbar$和G的引入。图中的???表示量子化但非相对论性的牛顿物理学版本。改编自罗杰·彭罗斯(Roger Penrose)的《大、小与人的思想》(*The Large, the Small and the Human Mind*),剑桥大学出版社,1997,第91页

　　但时空本身就完全包含在广义相对论之内——它是该理论的一个基本动力学变量。广义相对论本身构建了一个框架,在这个框架中,质量在运动,事件在发生。从这个意义上说,广义相对论"不依赖背景"——它不用预先假设一个背景框架的存在,就可以将大质量物体的运动记录下来。但量子理论刚好相反,它恰恰假设存在背景框架。它"依赖背景",需要一个经典的时空"容器",量子粒子的波函数在其中会演变。

　　然后我们就遇到了不确定性原理,它改变了我们对"空"间的真正意义的理解。空间一点都不"空",它充满了虚粒子,一会儿出现,一会

儿又消失。[5] 广义相对论认为时空是确定的，不受制于量子理论典型的概率定律。在广义相对论中，我们可以确定地说时空在"此"或在"彼"，这样弯曲或那样弯曲，以这个曲率或那个曲率弯曲。

构建量子引力理论的早期尝试并不成熟，且结果令人沮丧。20 世纪 50 年代早期，人们对这方面的兴趣又开始上涨。

1952 年 5 月，普林斯顿大学的约翰·惠勒从书架上拿下一摞笔记本，标上"相对论 I"的字样。他欣喜地发现学校允许自己教授相对论的课程，他还想着深入研究一下这个课题，写一本相关的书。惠勒说："那年秋天，有 15 个研究生选了我的课。那是普林斯顿大学第一次开设相对论课程——我们一同克服困难，研究这个课题，进一步斟酌主宰相对论几十年的数学形式体系，寻求真正的、实际的物理学。"[6]

事实上，爱因斯坦最初在 1915 年发展他的场方程时，就觉得它太过复杂，无法求解。然而，刚过了一年，德国物理学家卡尔·史瓦西（Karl Schwarzschild）就找到了一种解法，还是他在德军中服役，被派驻到俄国前线时发现的。史瓦西的解法预测，巨大的物体在自身引力的作用下，会坍缩成一个所谓的"**奇点**"。这样的奇点会扭曲它周围的时空，以至于任何东西都逃不过它的"事

---

5 1948年，荷兰物理学家亨德里克·卡什米尔（Hendrik Casimir）发现了卡什米尔效应，利用这种效应，我们可以在实验室里展示空间中这些虚粒子的产生和消灭的作用。两块间距很小的金属片会越来越近，因为两者之间的虚光子的压力不再与外部虚光子的压力保持平衡。

6 Wheeler, p. 228.

件视界", 即使是光也无法逃逸。起初, 这个想法让惠勒很困扰, 但他慢慢地接受了。他把它称为**黑洞**。

广义相对论的早期预言是众所周知的。广义相对论解释了绕太阳旋转的水星轨道的摆动, 而这种摆动是牛顿的引力论解释不了的。爱因斯坦还预言, 遥远恒星的光经过太阳时, 路径会因时空弯曲而弯曲。1919 年的日全食观测结果证实了光线弯曲现象, 也使爱因斯坦成了 20 世纪的一个文化偶像。

惠勒教了几年广义相对论后, 开始思考量子效应的潜在含义。为了将量子引力理论建立在几何基本概念的基础上, 他阐明了**量子几何动力学**理论, 类似于量子电动力学或量子电磁力学。在跟他的美国学生查尔斯·米斯纳 (Charles Misner) 探讨的过程中, 惠勒把量子不确定性的逻辑原理应用于时空本身, 用不确定性和量子涨落的混沌视角取代了平直时空或轻微弯曲的时空的视角。

不确定性原理允许怪异的存在, 而且在量子领域, 时空的拓扑结构变得扭曲和变形, 满是不规则的凸起、团块和隧道——"虫洞"把时空的一部分与另一部分连接起来。惠勒把这称为量子"泡沫"或时空"泡沫"。

没有发展成熟的量子引力理论, 这些就只是一些"想法", 是对在极微小距离 (10^{-33} 厘米——称作普朗克长度) 和极微小时间间隔 (10^{-43} 秒——称作普朗克时间) [7] 内时空可能是什么样子的

---

7 普朗克长度和普朗克时间可以根据基本常数 G、$\hbar$ 和 c 计算得出。普朗克长度由 $\sqrt{G\hbar/c^3}$ 得出, 普朗克时间由 $\sqrt{G\hbar/c^5}$ (普朗克长度除以 c) 得出。

一种猜测。事实上，在这样的尺度上，距离和时间间隔的概念已经失去了意义。没有比普朗克长度更小的长度，也没有比普朗克时间更短的时间。

在惠勒的指导下，米斯纳开始研究经典广义相对论的方方面面，写了一篇长论文，发表在 1957 年的《物理纪事》上，并打算把这篇论文作为在普林斯顿大学的博士论文提交上去。后来他发现，他研究的主要观点在 1925 年就已经有人发表过了。他秉承大无畏的态度，将精力转向了量子引力。同一年的晚些时候，他在《现代物理评论》上发表了一篇论文，给出了广义相对论的费曼量子化的详细解法。

就是在这篇论文中，米斯纳提出了研究量子引力的三条线索，很像登顶珠穆朗玛峰的三条路线。要将广义相对论量子化，首先可以把它重构成在量子力学中常见的一种形式（这就是所谓的"约束哈密顿形式"）。这种形式重塑相当于一块敲门砖。第二步是应用量子化技术。从 20 世纪 40 年代到 50 年代早期，普林斯顿高等研究所的德国理论物理学家彼得·伯格曼（Peter Bergman）和剑桥大学的狄拉克已经以规范对称为基础研究过量子化技术。这就是后来著名的正则量子化，而这条研究线索则被称为量子引力的正则方法。[8]

还有一种量子化技术是应用费曼的路径积分或对历史求和，这种技术米斯纳曾在他的论文中概述过。第三条线索是设计引力

8 包括构建确定经典变量（位置、动量）的方程，后来它们被对应的量子力学算符取代了。

场的量子场论，这种理论运用虚构的"平直空间"，满足广义相对论中的广义协变性要求。一旦构建出来，人们认为产生的场方程就可以用微扰技术求解，其方法与解量子电动力学方程的方法很像，比如可能用费曼图。这种方法叫作协变方法。

虽然说起来都是追求同一个目标，但正则方法和协变方法看起来截然不同。由于正则方法是以广义相对论为基础的，所以它重视时空的几何结构以及在此几何结构中物体运动的（量子）动力学，这点并不意外。协变方法强调的则是量子场和作为力载体的引力子。虽然一些理论物理学家认可多条研究路线的好处，但这些方法在概念上存在很大的分歧，也没有共同的基础，已经露出了不祥之兆。

用正则方法做研究，已经产生了一些令人迷惑的结果。广义相对论要求时间和空间被同等对待，而且不存在绝对的时空坐标系——所有坐标系都是任意的。在广义相对论中，"此"和"彼"或者"现在"和"当时"是没有意义的。广义相对论处理的是时空**间隔**。

时间上的差异以"ct"的形式纳入该理论，ct 是指时间间隔乘以光速，其单位与距离间隔相同。一旦纳入，从原则上说，在四维时空里，时间维度就变得无法与三个空间维度相区分了。[9]

然而，狄拉克发现，在他重构的广义相对论的约束哈密顿形

---

9 实际上，时空间隔是由 $\sqrt{d^2-(ct)^2}$ 得出的，其中 d 是空间坐标差（此处简化为一维），t 是时间差，c 是光速。这就意味着有些间隔可以是虚数（间隔乘以 i，i 即 -1 的平方根），而且这是时间间隔的一个典型特征。比如说，你当前的位置和五分钟之后的同一位置之间的时空间隔大约为 $90i\times10^6$ 千米。

式中，动力学只受四个维度中三个维度的制约。他说："这个结果让我怀疑，四维要求在物理学中到底有多基础。"[10] 这三个维度叫作三维空间，存有质量之间所有几何关系的信息，而且无论从哪一点来说，看起来都像三个空间维度。时空被拆散了，虽然在重构的方程中，时间并没有确切地消失，但它变得越来越神秘而难以捉摸。[11] 事实上，时间已经成为实物之间几何关系改变所产生的结果。

1961 年，米斯纳与美国物理学家理查德·阿诺维特（Richard Arnowitt）和斯坦利·德瑟（Stanley Deser）在狄拉克和伯格曼先前研究的基础上，发表论文描述了一种极大地简化后的广义相对论的约束哈密顿形式。在 ADM（阿诺维特、德瑟和米斯纳三人名字的首字母）形式中，时空被看作一系列纯空间的"超曲面"，这些"超曲面"可以单独弯曲，通过彼此之间的关系一个个地连接起来，表示系统在时间中的逐步发展。

这一阶段是研究量子引力理论的重要发展阶段。

爱因斯坦引力场方程的诸多可能成功的解法，描述了一个时空本身正在膨胀的宇宙。起初爱因斯坦拒绝宇宙膨胀的想法，给他的方程随意引入了一个"宇宙常数"，好让方程得到静态的解。但事实上，1929 年美国天文学家埃德温·哈勃根据观察结果提

---

10 Paul Dirac, quoted in Barbour, p. 2.
11 当然，几个世纪以来，时间的本质一直是哲学家激烈争论的主题。关于狭义相对论和广义相对论对人们理解时间的影响的深刻问题，自这两大理论问世以来，人们就一直议论纷纷。

出，宇宙的确在膨胀。他发现，距离我们越远的星系，远离的速度越快，类似于气球上的点，随着气球膨胀，所有的点都会离彼此越来越远。

如果宇宙正在膨胀，那么就意味着宇宙存在时间上的某个起点，那个极小、极热的点开启了"大爆炸"。之后的膨胀和冷却形成了宇宙今天的样子。

根据推测，大爆炸后的某个时刻，强烈的辐射留下了可探测到的信号。这种辐射遍布在宇宙的各个角落。随着宇宙的膨胀，它冷却到了只比绝对零度高上几度或几十度的温度。这种辐射的形式应该是微波辐射。1946 年，当时正在麻省理工学院研究雷达的物理学家罗伯特·迪克（Robert Dicke）确定了这种背景辐射的温度上限，指出它不超过绝对零度以上 20 度。

几年后，乔治·伽莫夫（George Gamow）、拉尔夫·阿尔法（Ralph Alpher）和罗伯特·赫尔曼（Robert Herman）预测的温度为绝对零度以上 5 度。1965 年，当时迪克与普林斯顿大学的物理学家吉姆·皮伯斯（Jim Peebles）、大卫·威尔金森（David Wilkinson）和彼得·罗尔（Peter Roll）正在建造仪器，尝试检测到这种微波背景辐射，却发现已经有人抢先发现了它。附近贝尔实验室（位于新泽西州霍姆德尔市）的阿诺·彭齐亚斯（Arno Penzias）和罗伯特·威尔逊（Robert Wilson），在此前的一年中用实验室长 20 英尺（约 6 米）、高灵敏度的形似号角的天线探测到，有一种微波辐射不断发出恼人的咝咝声。这种辐射均匀地来自天空的各个方向。他们以为这是某种干扰，但是想尽办法都去不掉。他们不知道这究竟是什么。

后来，有人建议彭齐亚斯读一下皮伯斯关于微波背景辐射的论义预印本，他和威尔逊才把天线捕获的噪声跟微波背景辐射联系起来。他们发现的辐射跟普林斯顿的物理学家预测的非常接近，辐射温度大约为绝对零度以上 3 度。1965 年 5 月，彭齐亚斯和威尔逊以及普林斯顿团队的相关论文都发表在了《天体物理杂志快报》（*Astrophysical Journal Letters*）上，宣布发现了背景辐射。

由此，大爆炸变成了一个被证实的假说。这就意味着宇宙起源于大约 120 亿或 130 亿年前。[12] 现在这一点已经不存在异议了。虽然宇宙是最为宏观的对象，但万物——空间、时间、力、辐射、物质——在产生的最初时刻却非常小，这点无可争议。宇宙的起源是个量子现象，由量子定律控制（无论好坏）。要理解这些最初时刻，需要量子宇宙学，在量子宇宙学中，量子引力理论会是基本的构成单元。

美国理论物理学家布莱斯·德维特（Bryce DeWitt）在哈佛大学就读，1950 年获得博士学位，导师是施温格。他之所以选择去哈佛而不是去加州理工学院，是因为热爱划船。在普林斯顿高等研究所工作期间，他遇到了未来的妻子塞西尔·莫雷特（Cecille Morette）。在国外几个研究所做了些研究之后，他于 1952 年在妻子的陪伴下回到美国，先是去了劳伦斯利弗莫尔国家实验室，后来又于 1956 年去了北卡罗来纳大学教堂山分校。

1965 年某天，惠勒发现他必须得在北卡罗来纳州的罗利达勒

12　根据最近的微波背景辐射的观察结果，宇宙起源应为137亿年前，上下浮动几亿年。

姆机场短暂停留一会儿，于是就给德维特打电话，想在那里约见一面。德维特到的时候，惠勒正在等候转机。两人讨论了关于重构广义相对论的最新研究，德维特喃喃地提到薛定谔在 1925 年对氢原子所做的相对论研究。令德维特吃惊的是，惠勒马上变得兴奋起来，声称量子引力方程已经找到了。

随后，德维特又去普林斯顿高等研究所待了一小段时间，在那里与惠勒深入探讨，发展出量子引力的首个正式理论。他写了一系列论文，于 1966 年 7 月投给《物理评论》，并最终于 1967 年 8 月发表。[13] 其中第一篇论文描述了应用于简单的模型宇宙的正则方法，是以俄罗斯数学家亚历山大·弗里德曼（Alexander Friedmann）推导的爱因斯坦引力场方程的解法为基础的。在弗里德曼的宇宙中，时空是均质的，朝各个方向均匀膨胀。德维特在他的模型宇宙中填满了没有相互作用且处于静止状态的物质粒子。

跟狄拉克观察到的一样，德维特此时注意到在他的宇宙量子波动方程中，时间消失了。他发现波函数（德维特称之为"宇宙波函数"）仅取决于作为结果的三维空间的几何结构。这是个稳态宇宙的波函数，其总能量为零。他写道："……因此人们可以总结：在量子引力动力学中，什么都没有发生，量子理论永远只能得出一个静止世界的画面。"[14] 他的解法是把许多不同的波函数整合进一个"波包"态，去探寻三维空间中的经典轨迹。

13　之所以推迟发表，部分原因是没钱交版面费。
14　Bryce DeWitt, *Physical Review*, 160, 1967, p. 1119.

德维特的结果意味着时间是"现象学的"。它表明人们对时间的体验不是源于名为"时间"的实在所固有的基本要素,人们体验到的是宇宙变化着的几何结构以及宇宙中的质量体,我们会在脑海中将其合成并解读为时间的各个演变瞬间。

德维特不知道该如何解读宇宙波函数,为了减少风险,引述了历史上的先例。薛定谔在研究氢原子中电子的波函数时,也遇到过类似的困难,在当时的情况下,波函数和(尤其是)玻恩的概率诠释都被归入了量子理论的哥本哈根诠释。但是,现在德维特认为,在量子引力理论中,哥本哈根诠释没什么用处:

> 哥本哈根的观点是依照假设的经典层面的先验存在而定的,所有观察的问题最终都会以这个经典层面为参照。然而在我们这里,整个宇宙都是观察的对象;不存在经典的视角,因此诠释的问题也必然要从头开始考虑。[15]

如果假设万物都存在于宇宙内部,那么就不可能存在宇宙之外的经典"测量仪器",导致宇宙波函数坍缩并变得"实在"。

德维特心里还有一个更彻底的诠释,这种诠释由美国物理学家休·埃弗雷特三世(Hugh Everett III)于 1957 年提出,被他写成了普林斯顿大学的博士论文,导师是惠勒。在埃弗雷特的"相对态"构造中,创建一个完备的理论,所需要的仅仅是纯粹的薛定谔波动力学。在任何时间、任何情况下,波函数都遵循确定的、

---

15 Bryce DeWitt, *Physical Review*, 160, 1967, p. 1131.

时间对称的运动方程。不存在间断性，波函数也不会坍缩，这个过程在其理论中没有任何特别之处。

然而，在埃弗雷特的构造中，对实在的明显恢复，很大程度上伴随着形而上的折中。如果不存在坍缩，叠加中的每个项都被看作实在的，这就意味着**所有**实验结果都能由此实现。不过当然，单个观察者只会遇到一个结果：电子在"此"或"彼"，自旋向上或自旋向下。埃弗雷特写道：

> 这样，随后的每一次观察（或相互作用）中，观察者的态都"分叉"成几个不同的态。每个分叉代表不同的测量结果和**对应的**叠加本征态。在任何既定顺序的观察之后，所有分叉同时存在于叠加之中。[16]

测量行为导致世界分裂成几个独立的世界，在不同的世界中又出现不同的结果。再回到薛定谔的猫悖论，我们发现现在困难解决了。那只猫不是在同一个世界中同时活着和死去，而是在一个世界中活着，在另一个世界中死去。

后来，德维特支持埃弗雷特的构造说，认为它是量子理论的"多世界"诠释。德维特在 1967 年有关正则量子引力的论文中写道：

> 埃弗雷特的世界观非常自然，在量子引力理论中适用，人们在其中可以自然地谈及"宇宙波函数"。可以说，埃弗雷特的观点不仅自然，还

---

16 Hugh Everett III, *Reviews of Modern Physics*. 29, 1957, p. 454.

必不可少。[17]

因为他的方程是结合爱因斯坦的引力场方程和薛定谔的波动力学推导出来的，因此德维特将其称为爱因斯坦－薛定谔方程。但其他人都称之为惠勒－德维特方程。

当然了，这个方程的有效性和适用性都很有限，而且似乎暂时没有什么解法。它离成熟而完备的量子引力理论还很远，但的确有助于突出与广义相对论的量子化相关的重大问题。

它也正式开启了构建量子宇宙学的尝试。

17　Bryce DeWitt, *Physical Review*, 160, 1967, p. 1141.

37

霍金辐射

牛津
1974年2月

虽然惠勒–德维特方程在量子引力理论的探索中是个里程碑式的存在，但它很快就被证明不尽如人意。德维特开始称之为"那个该死的方程"[1]。

协变方法的进展也没有好多少。20 世纪 70 年代早期，胡夫特和韦尔特曼研究了量子引力场论的可重整性。他们先把精力放在了杨–米尔斯场论的可重整性上，当作热身训练。1971 年初，韦尔特曼告诉胡夫特他们至少要有一个可重整化的场论具有大量带电荷的矢量玻色子。胡夫特跟他说"我能做出来"。随后二人虽然取得了成功（获得了 1999 年的诺贝尔物理学奖），但理论物理学家得出的结论是，协变量子引力有很多令人困扰的不可重整化的发散性。

量子引力的探寻暂时搁浅了。新一代宇宙学家转而探索广义相对论预测的多个奇异物体。引力虽然可能是自然力中最弱的力，但终归是无

---

1 Barbour, p. 247.

法抵抗的。引力把宇宙空间中飘浮的气云聚在一起并压缩。压缩的云如果具有足够大的质量，就能够在其核心中引发核反应。恒星就此形成。燃烧核燃料释放的辐射压力阻止了进一步的压缩，恒星就进入了相对稳定的时期。

然而，燃料一旦耗尽，引力的作用就会变得显著。但凡质量大于太阳质量 1.4 倍的恒星，[2] 其引力最终都会变得压倒一切，直到把物质挤压进黑洞里。

黑洞是一种极具魅力的理论产物，因为它们把物理学推向了极限，也因为它们虽然奇异，但很可能在我们的宇宙中扮演着重要角色。20 世纪 60 年代末，剑桥大学年轻的物理学家斯蒂芬·霍金与数学家罗杰·彭罗斯（当时在伦敦的伯克贝克学院）合作，写了一系列黑洞物理学方面的论文。

他们断言，根据广义相对论的预测，在黑洞的中心有一个奇点，那片区域具有无穷大的密度和时空弯曲，物理定律在那儿不再适用。当然，在奇点区域发生的事情完全被黑洞的事件视界隐藏了起来，根本观察不到。彭罗斯把这个事实提升到了一种定律的高度，称之为"宇宙监督假说"。

霍金与加拿大物理学家沃纳·伊斯雷尔（Werner Israel）、澳大利亚物理学家布兰登·卡特（Brandon Carter）和英国物理学家大卫·罗宾逊（David Robinson）一起证明黑洞也是宇宙中最简单的物体之一。黑洞的性质和行为仅取决于自身的质量、角动量和电荷，这个猜想被称为"无毛"

---

2 这就是著名的"钱德拉塞卡极限"，得名于印度物理学家苏布拉马尼扬·钱德拉塞卡（Subrahmanyan Chandrasekhar）。

定理。[3] 黑洞内部物质的所有其他信息一概消失了。

1970 年 11 月的某个夜晚，霍金突然灵光一现，明白事件视界的性质意味着它永远不会收缩——黑洞面积永远不会减小。他后来写道：

> 如果形成事件视界（黑洞的边界）的光线永远无法靠近彼此，那么事件视界的范围很可能会保持不变或随时间变大，但绝不会缩小——原因是，缩小意味着至少边界处的某些光线必然会彼此靠近。[4]

第二天一大早，他兴奋地给彭罗斯打电话说这件事。彭罗斯赞成他的说法。此外，黑洞中还有一个人们熟知的物理属性也绝不会减少：熵。热力学第二定律指出，在自发的变化中，熵永远增加。

那么，黑洞面积和它的熵会不会有什么联系呢？

1963 年，霍金来到剑桥后不久，就开始出现肌萎缩性脊髓侧索硬化症（ALS，俗称"渐冻症"）的症状，这是一种运动神经元疾病，他开始失去对神经肌肉的控制能力。医生给他的最初预后诊断并不乐观，认为他只剩五年的活头，再攻读博士学位似乎没什么意义。

后来医生发现他得的是一种罕见的 ALS，虽然这种病最终仍会导致他虚弱无力，无法控制自己的身体，但是这个过程会很缓慢。1965 年，他与简·怀尔德结婚，在妻子的帮助下，他重拾对

---

3 此处的"毛"是指除质量、角动量和电荷之外的所有其他信息，这些信息在黑洞的事件视界之内都会消失不见。
4 Hawking, p. 100.

物理学的使命感和热忱。之后，他获得博士学位，先是做研究员，后来成为剑桥大学冈维尔与凯斯学院的教授。

病情虽然恶化得慢一些，但仍无法阻挡。1965 年，他还能拄着手杖走路；1970 年，他就需要助行架了；到 1972 年时，他必须得依靠轮椅了。霍金和妻子时常要和当地政府的不作为之风抗争，因为很多公共基础设施都没有考虑到残疾人的需要，他们偶尔会赢得小小的但也很重要的胜利。

雅各布·贝肯斯坦（Jacob Bekenstein）是惠勒的学生，他在普林斯顿大学的博士论文中，将黑洞面积不会缩小的特性与它的熵关联起来。这似乎解决了热力学第二定律背景下黑洞状态的问题。如果黑洞吸收了高熵的物质，比如一定量的气体，那么黑洞外的宇宙的熵就会减少。

因此，黑洞的熵必定增加，以确保与该过程相关的熵的总体变化为零或为正数。但是，根据无毛定理，所有信息都消失在黑洞里了。我们似乎无从得知黑洞的熵是怎样的，因此也就无从得知黑洞是否遵循或违背了热力学第二定律。

1970 年，霍金称在这样的变化中，黑洞**面积**会增加。如果面积与黑洞的熵直接相关，正如贝肯斯坦此时提出的那样，那么热力学第二定律就保住了。

但霍金并不高兴。这个方案虽然很简洁，但也带来了一些问题，而贝肯斯坦又尚未解决，使得这个想法越来越不可信。一来，具有熵的物体也必然有温度。再者，有温度的物体必然释放辐射。对于一个完美的"黑"体来说，这种辐射正是普朗克 1900 年研究过的辐射光谱。但是性质和行为只取决于自身质量、角动量和电荷的黑洞又如何具有温度并**释放**辐射呢?

1972 年 8 月,为期一个月的黑洞物理学暑期研修班在法国阿尔卑斯山麓的莱苏什(Les Houches)开办,在那儿,霍金与贝肯斯坦进行了正面交锋。暑期班期间,霍金与布兰登·卡特和耶鲁大学物理学家吉姆·巴丁(Jim Bardeen)合作,推导出四条全新的支配黑洞物理学的定律。它们看起来与热力学定律非常相像。美国物理学家基普·索恩(Kip Thorne)写道:"实际上,事实证明,如果把'视界'替换为'熵','视界表面引力'替换为'温度',那么每条黑洞定律都会与一条热力学定律相一致。"[5]

贝肯斯坦比以往任何时候都确信自己走的是研究的正途,但遇到关于温度和黑洞辐射问题的质疑时,他给出了一连串详细但无法令人信服的解释。

其他的黑洞物理学家一致确信这完全是个巧合。霍金、卡特和巴丁后来合写了一篇论文,指出贝肯斯坦论点中明显致命的缺陷。霍金写道:"我必须承认,写这篇论文,部分原因是与贝肯斯坦斗气使然,我觉得他误用了我关于事件视界面积增加的发现。"[6]

虽然看起来明显很荒谬,黑洞辐射观点却一直是某些早期探讨的主题。1971 年 6 月,索恩在莫斯科拜访了苏联物理学家雅科夫·泽尔多维奇(Yakov Zeldovich)。一个大清早,泽尔多维奇给索恩打电话,让他来自己的公寓,并跟他谈了自己的想法,认为旋

5 Thorne, p. 427.
6 Hawking, p. 104.

转的黑洞必然会辐射。索恩说："这是我听过的最疯狂的想法之一。你怎么会提出这样疯狂的断言？大家都知道辐射会流入黑洞，但无论什么都无法从黑洞中出来，即便是辐射。"[7]

泽尔多维奇辩称，旋转的金属球会释放出电磁辐射，同理，旋转的黑洞也会以波的形式释放出引力能量。索恩并不知道旋转的金属球会有这样的行为，问他如何解释。泽尔多维奇说："当电磁的**真空涨落**触及金属球时，它就会辐射。同样，当引力的真空涨落擦过黑洞的事件视界时，它也会辐射。"[8]

他论点的基础是量子电动力学。真空涨落会产生虚波，这些波在事件视界边上经过时速度会增加，从黑洞的旋转中获取能量。这种能量转移会把虚波转化为实波，以辐射的形式呈现。

黑洞在辐射时，旋转速度会随之降低。黑洞的转动能耗尽之后，黑洞最终会停止旋转。届时它也就会停止辐射了。

索恩并不相信他的说法，于是两人打了个赌。如果之后的理论发展成果证明泽尔多维奇是对的，旋转的黑洞会辐射，那么索恩就要给他买一瓶白马苏格兰威士忌。

泽尔多维奇发表了他的观点，但是很快就被人们遗忘了。在莱苏什暑期班期间，人们也并没有把这个观点拿出来讨论。

一年后，也就是 1973 年 8 月，霍金和妻子简到华沙参加会议，庆祝尼古拉·哥白尼诞辰五百周年。9 月份，两人来到莫

---

7 Thorne, p. 429.
8 Yakov Zeldovich, quoted by Thorne, pp. 429–430.

斯科，去见泽尔多维奇和他的研究生阿列克谢·斯塔罗宾斯基（Alexei Starobinsky），索恩给他们当翻译和向导。

此时，霍金在斯塔罗宾斯基那儿了解到了泽尔多维奇的疯狂想法。几位苏联物理学家已经将旋转的黑洞会辐射证明到自己满意的程度。霍金后来写道：“他们让我相信，根据量子力学的不确定性原理（可以解释真空涨落），旋转的黑洞会产生并发射粒子。”[9]但他对泽尔多维奇和斯塔罗宾斯基的证明方法持怀疑态度。回到剑桥后，他又思考了很多，决定在理论上设计一个更好的处理方式。

与此同时，惠勒的另一个学生，加拿大物理学家威廉·昂鲁（William Unruh）和索恩的学生唐·佩奇（Don Page）对泽尔多维奇的断言做出了独立但尚未确定的证明。似乎索恩就要交出那瓶威士忌了。

所有这些都和大型引力体的微观物理中的量子效应有关，而大型引力体的性质是由描述宏观物体的广义相对论所描述的。显然，霍金需要的是一个成熟完备的量子引力理论。在没有这样一个理论的情况下，就必须尝试其他近似的方法。霍金决定对黑洞本身保留基本经典的广义相对论性描述，并将量子场论应用于事件视界附近的弯曲时空。

他发现将量子场论应用于弯曲时空和平直时空上时会出现一些奇特的差异。但就在霍金意识到自己的发现到底是什么时，这些差异也就显得不那么重要了。泽尔多维奇的确是对的：旋转的黑洞确实会辐射。对于这个结论，虽然霍金认为自己使用的基于

---

9 Hawking, p. 104.

数学的证明方法更好些，但这已经算不上什么新发现了。真正新鲜的是，当黑洞停止旋转时，辐射并没有停止。

霍金解释说："我不想让粒子跑出来……没料到会这样，我只是被这个发现绊了一跤。我很遗憾，因为它破坏了我的框架，我竭尽全力想去除这样的结果。我真是特别生气。"[10]

"经过计算，我发现……即便是不旋转的黑洞，很明显也会以稳定的速度产生并释放粒子。一开始我还以为，释放粒子表明我之前用的一个近似值是无效的。我担心，如果贝肯斯坦发现了这点，他会把它用作进一步的论点，以支持他自己关于黑洞熵的观点。"

霍金发现的这个现象，就是后来人们熟知的霍金辐射，但他当时还没能给出解释。1973 年 11 月，他在牛津的一次非正式研讨会上展示了部分结果。然后，他继续计算这种辐射的光谱，吃惊地发现它的光谱与黑体的光谱一致。20 世纪最成功的两大理论，其预测是怪异的，其本身也是永无休止的辩论主题，此时以这种方式结合起来，预测出的行为与 19 世纪的物理学丝毫无差。

这种辐射从何而来？

它来自虚的"粒子–反粒子对"，是在黑洞事件视界附近的弯曲时空中产生的。这些粒子的产生没有超出海森伯能量–时间不确定性关系的约束范围，净能量为零。这就意味着粒子对中，一个具有正能量，另一个具有负能量。在正常情况下，粒子对会快速湮灭。但是，如果负能量粒子在湮灭前被吸入黑洞，它就能获得能量，成为一个实粒子。还可以从另外一个角度看这个问题，

10　Dennis Overbye, *Omni*, February 1979, quoted in Larsen, p. 40.

就是把负能量粒子想象成具有负质量。负质量粒子掉入黑洞，会获得质量，成为一个实粒子。

之前的粒子对中产生的正能量粒子可能会逃逸，无论从哪一点来看，它都像是从黑洞中被释放出来的。

这样释放出来的粒子或反粒子可能包含所有类型。随着负能量粒子穿过事件视界进入黑洞，黑洞会失去质量，面积减小。这是明显的熵的减少，但释放的辐射的熵会大于它，因此并不违背热力学第二定律。随着面积减小，黑洞的"温度"随之升高，释放的速度也随之增加。黑洞会"蒸发"，最终在一场爆炸中完全消失。虽然以天文标准来说，这样的爆炸规模并不大，但据霍金估计，仍然相当于一百万个百万吨级的氢弹爆炸。

如果一个黑洞的质量接近太阳的质量，那么其"蒸发"过程所用的时间会比宇宙目前的年龄还要长，但对于宇宙大爆炸时期形成的比这小很多的黑洞，宇宙的年龄已经足够其蒸发掉了。

1973 年的整个圣诞节期间，霍金都在忙于计算。来年 1 月，他向《自然》投了一篇短论文。他写道：

……我、巴丁和卡特曾认为，表面引力和温度之间的热力学上的相似性只是一种类比。但是，目前的结果似乎表明它们之间的关系并非仅限于此。[11]

1974 年 2 月，第二次量子引力大会在牛津大学附近的卢瑟

---

11 Stephen Hawking, *Nature*, 248, 1974, p. 31.

福－阿普尔顿实验室召开，会上霍金正式公布了自己的研究结果（论文于 3 月在《自然》上发表）。虽然他的推导很完整，但物理学界其他人士依然持怀疑态度。霍金展示论文时，大会主席、伦敦国王学院的英国物理学家约翰·泰勒（John Taylor）称这是无稽之谈。令人不解的是，泽尔多维奇也不愿接受他的观点。虽然是他把霍金引上这条路的，但他接受不了黑洞在停止旋转后仍在辐射的观点。

事实证明，物理学界还需要好几年时间才能接受这一观点。霍金把量子场论和广义相对论融合起来的做法固然新奇，却不是随意为之。其他人开始研究如何应用同样的方法，而他们的研究结果确证了霍金的发现。在这期间，霍金学会了不再谨小慎微。他彻底明白了一点，贝肯斯坦的直觉总是很准，因此在没有进一步证据的情况下，他宣布自己与卡特和巴丁共同研究提出的黑洞物理学四大定律就是热力学定律。他跟索恩说："相对于严谨，我更愿意选择正确。"[12]

泽尔多维奇也认输了。1975 年 9 月，索恩交出了那瓶白马苏格兰威士忌。

虽然霍金的发现依然没有成熟完备的量子引力理论做基础，但他在弯曲时空中成功应用了量子场论并收获了新发现，这重新点燃了人们对黑洞的兴趣。在充满挫败感的大海上，那是一盏希

---

12 Stephen Hawking, quoted in Thorne, p. 441.

望之灯。几年后，这盏明灯将会指引着霍金重振基于广义相对论的费曼量子化的协变方法，而这次是在四维空间中。

1974 年，霍金被评选为皇家学会会士，他的成就得到了认可。霍金时年 32 岁，是皇家学会历史上最年轻的会士之一。然而，他的身体状况持续恶化。他说话越来越模糊不清，几乎没人听得懂。即使是做日常的身体活动，也要花费很大的力气。简急需得到帮助，就劝他让几个研究生也参与照顾他。

1974 年 5 月，霍金应邀去皇家学会参加入会仪式。他只能坐在轮椅上，被一级台阶一级台阶地抬上楼。他也没法登上讲台在学会名册上签名，工作人员就把名册拿到他面前，他签名的时候非常吃力。

天文学家卡尔·萨根（Carl Sagan）当时正在同一幢楼里参加探寻外星生命的会议。茶歇时，他被这场仪式吸引了过来，他站在门口，见证了霍金的签名过程。萨根写道："前排一个年轻人，坐在轮椅上，慢慢地在名册上签下自己的名字，而名册的第一页，是艾萨克·牛顿的签名。他签完最后一笔的那一刻，全场掌声雷动。自那时起，斯蒂芬·霍金就成了传奇人物。"[13]

---

13 Carl Sagan, in Hawking, p. x.

38

第一次超弦革命

阿斯彭
1984年8月

　　20 世纪 70 年代中期标准模型的成功，不可避免地引出了 SU（3）×
SU（2）× U（1）对称属性的问题。为什么是这个特殊组合？是否存在更
高的对称群能够合理地统一强力和电弱力呢？人们已经尝试过几个不同
的方法，但在 1974 年，谢尔顿·格拉肖确定自己有了解法。他与哈佛博
士后研究员霍华德·杰奥尔吉（Howard Georgi）基于 SU（5）对称群发
展了一种所谓的大统一理论。他们称之为"世界的规范群"。[1]

　　该理论使希格斯粒子的数量激增，还允许夸克和轻子之间相互转化。
这就意味着，质子内部的夸克原则上可以转化为轻子。杰奥尔吉说："那
时我意识到，这使得质子，也就是原子的基本构成粒子，变得不稳定。

---

1 Howard Georgi and Sheldon Glashow, *Physical Review Letters*, 32, 1974, p. 438.

那一刻我感觉很失望，就上床去睡了。"[2]

　　无可否认，质子衰变需要的时间比宇宙的年龄要长，不过这仍然是个可以通过实验验证的预言。20 世纪 80 年代初期，实验结果清楚地表明：质子比杰奥尔吉和格拉肖的 SU（5）量子场论认为的要稳定。[3]

　　20 世纪 70 年代初期，苏联的理论界涌现出另一个方法，而欧洲核子研究中心的物理学家朱利叶斯·韦斯（Julius Wess）和布鲁诺·朱米诺（Bruno Zumino）于 1973 年也独立发现了这个方法。这个方法被称为超对称。其特点是粒子的超多重态，这是史上第一次把物质粒子（费米子）和在它们之间传递力的玻色子关联起来。这种方法也让粒子数量激增。对于每一个费米子，该理论都预测了一个对应的玻色子。这就意味着，对于标准模型中的每一个粒子，该理论都要求有一个有质量的、自旋差 1/2 的超对称伙伴粒子。电子的伙伴叫作超电子（selectron，超对称电子 supersymmetric-electron 的简写），夸克的伙伴粒子是超夸克（squark）。光子、W 粒子和 Z 粒子的超对称伙伴分别是光微子、W 微子和 Z 微子。这些粒子的能量可能在 TeV 尺度上，但至今并未被找到。

　　在超对称中，一个作用在靶费米子或玻色子上的"超规范"粒子会将靶粒子的自旋改变 1/2。这类改变影响了靶粒子的时空属性，这样一来，靶粒子会出现轻微位移。[4] 有些力，如电磁力，就做不到这一点。这些力会改变粒子运动的方向、动量和能量，但不会在时空中以这样的方

2　Howard Georgi, interview with Robert Crease and Charles Mann, 29 January 1985. Quoted in Crease and Mann, p. 400.

3　这些实验包括在屏蔽宇宙射线（不受其影响）的大量质子中寻找单个质子的衰变事件。正如卡洛·鲁比亚解释的那样："……基本上就是把六个研究生放到几英里深的地下，让他们花五年的时间观察一大池水。"引自沃伊特，第104页。

4　实际上，超对称变换相当于空间中无穷小变换的平方根。

式让粒子位移。这种位移相当于引力的规范变换特征。因此，超规范理论也是一种引力理论。人们把这类理论统称为超引力，超规范粒子叫作引力微子，自旋 3/2，是引力子的超伙伴。

超对称变换有很多种类，具有一种以上变换的理论被称作推广的超对称理论。这些理论是根据它们具有的超对称"制造者"的数量分类的。具有 32 个"制造者"的理论被称为 N=8 的超对称，会自动产生引力子。同样，这些理论也都是超引力理论。[5]

N=8 的超引力理论一度非常火。1980 年 4 月，斯蒂芬·霍金就任剑桥大学的卢卡斯数学教授，牛顿和狄拉克都曾获此殊荣。在就职演讲中，霍金称物理学的完结指日可待。他认为有一半的可能性能够证明，N=8 的超引力理论将成为所有物理力的终极统一理论。

但是，还有另外一种方法。它一直潜伏着，几乎没人理会，也没人注意。然而，它很快就会使所有这些努力都黯然失色，一跃成为万物理论最热门的候选者。

1968 年，欧洲核子研究中心的意大利博士后物理学家加布里埃尔·韦内齐亚诺（Gabriele Veneziano）正在为高能强力粒子碰撞的实验数据苦苦思索，突然发现了一个关联。两个粒子以特定角度相撞后分离的概率（叫作散射振幅）似乎符合 18 世纪瑞士数学家莱昂哈德·欧拉推导出的公式。这就是欧拉 β 函数，也叫欧拉第一类积分（integral of the first kind）。

---

5 具有32个以上"制造者"的理论是可能存在的，但其预言的无质量粒子的自旋大于2，这被认为在自然界中是不存在的。

为什么实验数据符合 β 函数，韦内齐亚诺对此毫无头绪，也解释不了这背后的物理机制。但是，确定数据之间巧妙（可能是经验主义的）的数学关系，通常是之后揭示规律的重要的第一步。

所以要去证明。

叶史瓦大学的年轻教授莱昂纳德·苏士侃（Leonard Susskind）从一个热情的同事那儿听说了韦内齐亚诺的发现，描述散射振幅的数学关系的简洁性令他震惊。他后来解释道："我研究了它很长时间，不停摆弄着，开始意识到它描述了两个小圈组成的弦靠近、结合、轻微振动，然后飞走时发生的事情。这是一个可以解决的物理学问题。你可以准确地算出不同事情发生的概率，正好符合韦内齐亚诺的研究结果。简直太让人兴奋了。"[6]

哥本哈根玻尔理论物理研究所的丹麦物理学家霍尔格·尼尔森（Holger Nielsen）和芝加哥的南部阳一郎也各自独立得出了类似的发现。他们没有把基本粒子视为点粒子，而是把它们想象成弦——一维的微小能量细丝。在这样一个理论中，不同的粒子不会转换为不同的弦，而是会转换为同一个弦类型中不同的**振动模式**。粒子的质量就是弦振动的能量，而电荷和自旋会以更加微妙的形式展现出来。这是个激动人心的想法。

苏士侃写了一篇论文初稿，概述了弦的量子理论，投给了《物理评论快报》，但随即就被拒稿了。苏士侃心情相当低落，回到家后紧张又不安。他吃了一片镇静药，睡了一会儿，醒后找了

6 Leonard Susskind, *The Landscape: A Talk with Leonard Susskind*, www.edge.org., April 2003.

几个朋友，当晚喝了几杯。镇静药和酒精在体内一掺和，他便昏睡了过去。

他试着让《物理评论快报》的编辑重新考虑一下，但失败了。1969 年 7 月，苏士侃把论文又投给《物理评论 D 刊》。1970 年，论文得以发表，但没有什么好评。苏士侃偶遇盖尔曼的经历体现了物理学界对把粒子看成弦的典型反应。当时盖尔曼正在佛罗里达州的科勒尔盖布尔斯（Coral Gables）参加一场关于基础高能相互作用的国际会议，做完讲座后，盖尔曼径直回到入住的汽车旅馆。他在电梯里遇到了苏士侃。

"你在研究什么？"盖尔曼问道。

"我在研究一个理论，强子就像橡皮筋，类似于一维弦的东西。"苏士侃答道。

盖尔曼只是笑了笑。[7]

不过坦白讲，最初形式的弦理论似乎看不出未来的远大前途。其一，它只是一个玻色子弦的理论，没法适应自旋为半整数的"粒子"（弦的振动模式）。对于一个准备应用于强核力的理论来说，这是一块很大的绊脚石。而且，它还是一个二十六维时空中的理论，而不是人们熟悉的四维。更糟糕的是，它预言存在超光速粒子，这种假想的粒子传播速度大于光速，对因果律造成了无法言说的冲击。

但在几个月内，早期弦论的一个问题就得到了解决。1971 年

---

7 Leonard Susskind, *The Landscape: A Talk with Leonard Susskind*, www.edge.org., April 2003.

春，美国芝加哥国家加速器实验室的法国物理学家皮埃尔·雷蒙德（Pierre Ramond）解决了如何在玻色子和费米子之间实现转换的问题，而这构成了之后被称为超对称的理论的基础。这就意味着发现了费米子的弦（更准确地说是超对称弦或**超弦**）的振动模式。

几年之内，其他几个问题也都解决了。超弦振动需要的维度从二十六维减少到十维：九个空间维度和一个时间维度。比起日常世界的四维来说，尽管依然多很多，但至少是朝正确方向迈进了一步。而且，超光速粒子也不见了。

在普林斯顿，美国理论物理学家约翰·施瓦茨（John Schwarz）带着极大的兴趣见证了早期弦论的发展。之前韦内齐亚诺的研究工作所产生的意义也深深地震撼了他。1969 年，他着手与大卫·格罗斯合作研究弦论。普林斯顿大学的两位法国理论物理学家安德烈·内沃（Andre Neveu）和约尔·谢尔克（Joel Scherk）也加入了研究队伍。依照美国标准，他们已经获得了相当于博士的学位，但尚未获得法国体系标准的博士学位。他们二人被分配给施瓦茨，做他的研究生，但当施瓦茨建议他俩学习量子力学的课程时，二人表示不需要。施瓦茨就把他俩赶走了。

过了一段时间，他俩把推导出的弦散射结果拿给施瓦茨看。很快施瓦茨就明白，他俩是真的不需要再上量子力学的研究生课程了。

1972 年，包括施瓦茨在内的物理学家都确定，超弦在十个时空维度上就能振动。施瓦茨在超弦方面的研究还不足以让他在普林斯顿大学获得终身职位，而格罗斯却晋升了。大约就在这个时候，他下决心彻底摧毁量子场论，证明并不存在渐进自由的可重整化理论。[8]

20 世纪 70 年代初期，是美国物理学术圈找工作职位的困难时期。几个月后，加州理工学院给施瓦茨提供了一个研究助理的职位。

1973 年夏，人们见证了渐进自由的研究和量子色动力学的诞生，后者很快就成为强力理论。似乎没有必要再进一步研究弦了。但施瓦茨和谢尔克并不准备放手。1974 年 1 月，谢尔克来到加州理工学院，他们决定继续合作研究：

我想我们是被数学的美震撼了，弦论的结构让我们无法自拔。我不知道我们之前是否明确说过，它的结构那么漂亮，那么紧凑，当时就感觉它一定是个好东西。关于弦论，我们面临的其中一个问题是它预言的一个粒子中。有一个粒子自旋为 2，但没有质量。而描述强核力的错误，其中一点就出在这儿，因为根本没有这样的粒子。但是根据量子引力的预测，的确该有这样的性质。[9]

如果说提供强力理论描述的问题已经解决了，那么提供量子引力理论的问题还没有解决。超弦理论不仅有望囊括当时标准模型中的所有粒子，还预测存在一个具有引力子属性的粒子。超弦

8 见第26节。
9 John Schwarz, interview with Sara Lippincott, 21 and 26 July, 2000, Oral History Project, California Institute of Technology Archives, 2002, p. 26.

理论并不是一个强力理论。它有望成为一个**万物**理论。

这是一个启示。超弦有两种形式：开弦和闭弦。开弦两端是松开的，可以理解为两端各代表带电粒子及其反粒子，弦振动代表在它们之间携带力的粒子。因此，开弦既能预测物质粒子，也可以预测它们的力。但弦论也**需要**闭弦，当一个粒子和反粒子湮灭，弦的两端连接，就构成了闭弦。

但如果存在闭弦，那也就存在引力子和引力。超弦理论并不强制把量子理论和广义相对论融合，它想表达的是，所有自然力都只是开弦和闭弦的不同振动模式。在超弦理论中，这些力都是自动统一的。

它提供了一种很诱人的可能性。当时已知的所有"基本"粒子，包括它们的质量、电荷、自旋以及它们之间的力，还有所有不能从基本原理中推导出来的标准模型参数，都可以归入只有两个基本常数的单一理论中。这两个常数确定弦的张力和弦与弦之间的耦合。

没有人对此感兴趣。

其间，霍金宣布黑洞能够辐射，超对称和超引力的势头开始上升。施瓦茨没有间断跟内沃和谢尔克的合作，就超对称杨-米尔斯场论发表了一系列论文。他还与伦敦大学玛丽女王学院的英国物理学家迈克尔·格林（Michael Green）合作。当时超弦理论涌现出几个不同的类型，分别叫作 I 型、IIA 型和 IIB 型，他们一起解决了几个与之相关的难题。

他们的研究虽然依旧没什么关注度，但也争取到了几个支持者。其中就包括盖尔曼和普林斯顿大学的数学物理学家爱德华·威滕（Edward Witten）。

20 世纪 80 年代初期，威滕就享有奇才之名了。他在布兰迪斯大学学过历史和语言学，1971 年毕业。毕业后又到威斯康星大学继续学习经济学，在乔治·麦戈文（George McGovern）的总统竞选中出过力。1972 年，尼克松以压倒性的优势击败了麦戈文，之后威滕就放弃了政治，转而去普林斯顿学习数学。很快他又转向了物理学，成了格罗斯的研究生，1976 年他获得博士学位。四年后，他成为普林斯顿大学的终身教授。

此时，施瓦茨和格林即将到访普林斯顿大学，与威滕探讨他们的研究进展。施瓦茨后来回忆道："与他探讨时，有一个问题逐渐变得明晰，我们必须去思考的真正重要的问题之一是被称作反常的东西。之前我们已经有所了解，但我觉得在与爱德华探讨的过程中，这个问题到底有多重要变得更加清晰了。"[10]

做了某些量子修正后，这些"规范反常"与超弦理论的数学一致性产生了关联。如果修正破坏了特定的规范性，那么超弦理论就再也做不出数学上一致的预测了。超弦理论的不同版本具有不同的规范属性。IIA 型超弦理论是镜像对称的，而且物理学家可以自信地说该理论不会出现反常。不过，看看镜子，我们居住的这个世界可不是镜像对称的。

1984 年，威滕和西班牙物理学家路易斯·阿尔瓦雷茨－高墨

---

10 John Schwarz, interview with Sara Lippincott, 21 and 26 July, 2000, Oral History Project, California Institute of Technology Archives, 2002, p. 39.

（Luis Alvarez-Gaumé）指出，由于引力的规范场，可能存在别的反常，而且在低能近似的 IIB 型理论中，这些反常抵消掉了。这看起来很令人振奋，但 IIB 型理论与标准模型要求的杨-米尔斯场不相容。

所有的希望就都落到了 I 型超弦理论上。1984 年夏，格林和施瓦茨回到阿斯彭，更加深入地思考这个问题。

I 型超弦理论原则上与无限数量的不同对称群相容。格林和施瓦茨必须要找到一个规范反常在其中会抵消的对称群。问题是：是哪一个呢？

从弦相互作用中推导出一堆费曼图并加以研究后，他们找到了一个线索。其中几张费曼图为一些看起来相似的反常给出了公式。施瓦茨怀疑这些结果可能是针对某个具体的对称群而抵消的。他们对此进行了探讨，探讨结束时，格林说："是 SO（32）。"[11]

果真如此。在低能近似中，杨-米尔斯和引力的反常都在基于 SO（32）对称群的 I 型超弦理论中抵消了，而 SO（32）是 32 维空间中的旋转群。

在格林和施瓦茨还没把发现公之于众的时候，施瓦茨被安排在阿斯彭中心组织的歌舞表演中扮演盖尔曼的角色。十年前同样的表演也上演过，当时盖尔曼从观众中跳出来，宣布他已经找到了万物理论，说话间他就被几个白衣人拖走了。

施瓦茨此时接过这个角色，但剧情有些许改变。他冲上舞台

11　John Schwarz, interview with Sara Lippincott, 21 and 26 July, 2000, Oral History Project, California Institute of Technology Archives, 2002, p. 41.

宣布："我搞懂了对万物的研究。在规范群 SO（32）的弦论中，反常抵消了！一切都如此一致！它是个有限的量子引力理论！它解释了所有的力！"[12] 而观众，并没有意识到这是他们的发现的首次公开亮相，施瓦茨被拖走的时候，全场大笑。

格林和施瓦茨回到加州理工学院，开始写下研究结果。威滕从阿斯彭听到了传言，于是打电话询问详情。他们通过联邦快递给他寄了一份手稿。

后面的事情就突飞猛进了。

1984 年 9 月，格林和施瓦茨把论文投给了《物理快报》。后来威滕也在当月把自己的第一篇关于超弦的论文投给了同一家期刊。在普林斯顿大学，大卫·格罗斯、杰弗里·哈维（Jeffrey Harvey）、埃米尔·马提尼克（Emil Martinec）和瑞恩·罗姆（Ryan Rohm）发现了另一个版本的超弦理论，叫作杂合超弦理论（或混合超弦理论），其中反常抵消了。1984 年 11 月，他们把论文提交给了《物理评论快报》。

第一次超弦革命开始了。

在十维时空中，弦的振动依然存在难题。从某种程度上说，在我们熟悉的左右、前后、上下维度上添加空间维度的想法，德国数学家西奥多·卡鲁扎（Theodor Kaluza）在 1919 年就曾有过。他给爱因斯坦寄了一份论文初稿，证明如何在单个理论框架下统

---

12 John Schwarz, interview with Sara Lippincott, 21 and 26 July, 2000, Oral History Project, California Institute of Technology Archives, 2002, p. 43.

一当时已知的两种力——电磁力和引力，而该理论框架需要四个空间维度。1926年，奥斯卡·克莱因提出，多出来的那个空间维度可以卷起来，半径等于普朗克长度，由于卷得又小又紧，它永远无法测知。由此得出的框架就是著名的卡鲁扎－克莱因理论。

但为何停在一个隐藏的维度上呢？如果可以存在这样一个维度，为什么不能有两个、三个或九个呢？超弦理论的关键在于它要求不多不少刚好有九个空间维度，弦在其中振动。有必要假定六个多出来的空间被卷成小小的一束，我们无法体察到它们。超弦理论虽然对额外的维度的形状有所要求，但对它们的大小没什么要求。

1985年，普林斯顿大学的物理学家菲利普·坎德拉斯（Philip Candelas）、盖理·霍罗威茨（Gary Horowitz）、安德鲁·施特罗明格（Andrew Strominger）以及威滕发表了一篇论文，称六个额外维度的拓扑结构已经在数学的一个抽象问题的解中找到了，那是欧金尼奥·卡拉比（Eugenio Calabi）在1957年和丘成桐在1978年研究出来的。根据这一理论，我们熟悉的三维空间中的每一点都存在六维的卡拉比－丘流形（Calabi-Yau shape），但由于它们太小，实验仪器无法探测出来。

卡拉比－丘流形中的每个"洞"都会产生一组低能的弦振动。因此，一个卡拉比－丘流形会产生三组振动模式，对应标准模型中的三代粒子。

但这条路并不是一帆风顺的。虽然理论要求额外的维度都卷进卡拉比－丘流形中，但仍可能存在成千上万种这样的流形能够满足这一要求。每种可能都有自己的一套自由常数，确定其大小和形状。每种可能都会产生不同版本的粒子物理学。

　　问题还不止这些。低能振动模式对应无质量粒子，然而标准模型中的三代粒子都有质量。此外，该理论预测的振动模式的数量超过了粒子的数量。

　　虽然人们热情高涨，但很明显，超弦理论很快就会失去独一无二的特性，也就无法做出独一无二的预测。在它兑现早期宣扬的**万物理论**承诺之前，还有一些路要走。

39 时空量子

圣巴巴拉
1986年2月

超弦理论给了物理学界很多承诺，并在 20 世纪 80 年代中期势头高涨，越来越多的理论物理学家开始倾力研究它的结构。由于这是一种弦量子场论，粒子物理学界的大多数人支持的量子引力的协变方法似乎就要胜出了。

但是那些以广义相对论为基础的物理学家对超弦理论依然存在（至少）一个异议，一个很重要的异议。为了让弦振动，超弦理论不得不给它们假设一个振动所在的背景时空。该理论是依存于背景的，而且把它从这种依存中脱离出来，似乎也不是件易事。许多超弦理论家甚至不承认这是个问题。

量子引力的正则方法搁浅在了惠勒-德维特方程上。1983 年，即将熄灭的余火又被点燃，点燃它的是霍金和芝加哥恩里科·费米研究所的美国物理学家詹姆斯·哈特尔（James Hartle）。他们从惠勒-德维特方程的一个具体算法中推导出了宇宙波函数，还运用费曼的路径积分法探索大爆炸宇宙学的方方面面。

他们的解法基于"无边界"的假设，将其应用到简单模型宇宙的有限时空中。[1]时空没有边界意味着宇宙没有开始，而"开始"这个词就是我们日常理解的意义。1981 年，在梵蒂冈召开的会议上，教皇约翰·保罗二世（John Paul II）建议宇宙学家把他们的推测限制在"创世"后的时刻，霍金没有勇气解释其实他的无边界假设意味着不存在"创世"的时刻。他说："我可不想让自己的命运跟伽利略一样，我觉得我跟他非常像，我出生的那一天正好是他逝世三百周年！"[2]

人们发现基态波函数符合宇宙膨胀的说法，还发现激发态先膨胀后坍缩，但也有有限的可能性隧穿至描述宇宙连续膨胀的状态。但事实证明，这个方法又是一个死胡同，人们的热情很快消散了。正则方法的前途越来越暗淡。

正当超弦理论家绞尽脑汁研究十维中的弦振动、卷曲的卡拉比–丘空间以及独特性的普遍消失时，一系列的发现也被揭开了，而这些发现即将复兴正则方法。作为量子引力理论，正则方法即将成为超弦的真正对手。而且这个对手完全不依赖于任何假设的时空背景。

它就是后来人们熟知的圈量子引力理论。

1982 年 8 月，马里兰大学的阿米特巴·森（Amitabha Sen）向《物理快报》投了一篇论文，论文中他提出从三维"自旋系统"的角度，重新诠释广义相对论。这个系统基于"旋量"，也叫"自

---

1 要想了解时空没有边界是什么意思，先想想你会如何回答这个问题："北极的北边是什么？"
2 Hawking, p. 116.

旋向量”，是由法国数学家埃利·卡当于 1913 年首先提出的概念。1927 年 5 月，泡利第一次把旋量以自旋矩阵的方式应用在量子理论中。后来，狄拉克的相对论性波动方程把正负电子的旋量都去掉了。

在森的研究中，旋量没有物理意义。它们只是数学工具，能让他在包含复杂向量的空间中重新修改广义相对论，让广义相对论容纳几何信息的能力更强。他找到一个全新的方法来表达广义相对论的 ADM 约束哈密顿形式。

这套形式简单**很多**。

几年后，纽约雪城大学的印度物理学家阿贝·阿希提卡（Abhay Ashtekar）拾起了森的研究。阿希提卡之前在芝加哥大学学习引力物理学和广义相对论，1974 年获得博士学位。他发现森对旋量的运用可能会成为完整改写广义相对论的约束哈密顿形式的基础，并导向形式上简单很多的惠勒－德维特方程。通过把时空度规改为自旋连接的空间，旋量在其中传播，该理论开始变得与规范场论非常相像。他后来写道："现在，人们可以把之前在量子化规范理论中非常成功的技术引入广义相对论了。"[3]

李·斯莫林（Lee Smolin）最近刚被聘为耶鲁大学的助理教授，听说了阿希提卡的研究，就邀他到耶鲁大学就此课题做个研讨会。斯莫林的专业是物理学和哲学，1979 年获得哈佛大学的博士学位。在进入耶鲁大学工作之前，他先后在普林斯顿高等研究所、

3 Abhay Ashtekar, arXiv:gr-qc/0410054v2, 19 October 2004, p. 8.
Available on http://arXiv.org/

圣巴巴拉的理论物理研究所和芝加哥的恩里科·费米研究所担任博士后职位。他已经读过森的论文，权衡过其重要性，但没有跟进研究。现在他从阿希提卡那儿直接了解到了这些观点的前景。

1985 年 12 月，阿希提卡向《物理评论快报》提交了一篇论文，概述了他的方法并提出了"从经典力学和量子引力两个角度同时解决一些问题的新方法"。[4] 次年 1 月，他回到圣巴巴拉，在加利福尼亚大学国家科学基金会理论物理研究所的量子引力研讨会中担任协调员，为期六个月。

恰逢冬季，从东海岸搬到西海岸过冬，很多人都认为是明智之举。斯莫林虽然刚刚在耶鲁大学谋得了教职，他仍然说服了系领导准许他参加圣巴巴拉的研讨会。回来的时候，他招募了两个同事，哈佛大学的保罗·伦特恩（Paul Renteln）和马里兰大学的西奥多·雅各布森（Theodore Jacobson），协助他推进森和阿希提卡开创的研究。

仅一个月后，也就是 1986 年 2 月，斯莫林和雅各布森就有了突破。他们坐在一间小教室里，研究森和阿希提卡重构的简化版惠勒－德维特方程，在黑板上潦草地写着可能的解法。神奇的事情发生了：

突然之间，我们发现第二个或第三个推测，也就是我们已经写在面前黑板上的解法，准确地解出了那些方程。我们计算了一个项，以便评估我们的结果有多大的误差，但根本就没有误差项。一开始我们以为自

---

4 Abhay Ashtekar, *Physical Review Letters*, 57, 1986, p. 2244.

己错了，结果却发现写在黑板上的表达式完全正确：这是所有量子引力方程准确的解。[5]

那一刻铭刻在了斯莫林的脑海中。他记得那天天气晴朗，雅各布森穿了一件 T 恤。"……还有，圣巴巴拉的天气总是很晴朗，特德总是爱穿 T 恤。"

他们找到的解法的基础是"威尔逊圈"（Wilson loops），"威尔逊圈"得名于美国理论家肯尼思·威尔逊（Kenneth Wilson）。威尔逊圈在 20 世纪 70 年代被引入量子理论，目的是找到量子色动力学精确可解（非微扰的）的公式。这些可以看成是力的封闭圈。我们通常会把条形磁铁周围的磁场想象为在磁铁两极之间画出的"力线"。实验室里，我们在磁铁上方放一张纸，把铁屑撒在纸上，就能看出"力线"。如果没有带电粒子，场的激发态就成了封闭圈。

在一种非连续性的时空中，威尔逊构造出了量子化的力圈。这种时空由尺度极小的晶格组成，粒子仅存在于晶格的节点（交叉点）上，而场线只沿晶格的边缘分布。实际上，根据威尔逊的分析，时空**就是**晶格：晶格节点和边缘之间不存在时空。

斯莫林和雅各布森去掉了晶格，只把圈作为理论的基本"可观察量"。他们发现，如果它们不交叉或不具有严重的扭结，那么这些无限数量的量子化的圈中，任何一个都可以当作惠勒-德维特方程的解。此处不需要背景时空框架。这个理论不是存在于

5 Smolin, *Three Roads to Quantum Gravity*, p. 40.

空间和时间中的圈的理论，相反，圈与圈之间的关系**确定**了空间。斯莫林写道：

> ……甚至在一开始我们就知道我们已经掌握了量子引力理论，它能做之前的理论做不到的事——它在普朗克尺度给了我们一个准确的物理学描述，其中空间不过是由一套离散的基本物体之间的关系构成的。[6]

摆在面前的只剩一个障碍了。

为了获得成为一个完全独立于背景的理论的资格，斯莫林和雅各布森求出来的解必须要能证明是另一组方程的解，这组方程叫作"微分同胚约束"。就是这组方程，能够证明这些解符合广义相对论中广义协变的要求，它们也将证明这些解完全独立于任何坐标系。在广义相对论中，所有坐标系必须等效。

这看起来很简单，但证明起来却非常难。回到耶鲁大学后，斯莫林和同事努力研究微分同胚约束，却一无所获。该理论不仅依存于圈本身，还依存于绕圈流动的场，这使问题相当棘手。

他们毫无进展。后来，1987年10月，年轻的意大利理论家卡洛·罗韦利来到耶鲁。一年前，他刚在帕多瓦大学拿到博士学位。他与斯莫林相识于圣巴巴拉研讨会的最后一天，罗韦利后来写信问他是否能来耶鲁，就量子引力与斯莫林合作研究一段时间。他一来，斯莫林就告诉他什么都做不了，因为他们已经被完全困住了。

---

6 Smolin, *Three Roads to Quantum Gravity*, p. 128.

尴尬的沉默。然后斯莫林提议不如去玩帆船。罗韦利很开心，他很热衷于帆船项目。

结果第二天，斯莫林连罗韦利的影子都没见到。第三天，罗韦利出现在斯莫林办公室的门口，说："我找到了所有问题的答案。"[7]

他把圈本身用作"基"态，再一次重构了这个理论。这就摆脱了对场的依赖，只剩下了圈。结果得出了一个满足微分同胚约束而且完全独立于背景的理论。[8]

在这个量子引力构造中，圈是空间量子。正如罗韦利后来所写的：

圈**就是**空间，因为它们是引力场的量子激发态，引力场就是物理空间。因此，设想圈在空间中轻微位移也就没有意义了。只有一个圈与其他圈的相对位置才有意义，而且一个圈相对于周围空间的位置仅取决于与它相互作用的圈。因此，空间状态是由相互作用的圈网来描述的。网本身没有位置，只有网之上才有位置；没有空间上的圈，只有圈上的圈。[9]

空间是圈与圈相交和连接的结果，它们"编织"在一起，构

---

7 Carlo Rovelli, quoted in Smolin, *Three Roads to Quantum Gravity*, p. 129.
8 完成第二次突破后，斯莫林失望地发现，他们找到的圈的表现形式早在1980年就被乌拉圭物理学家鲁道夫·甘比尼（Rodolfo Gambini）和他的搭档安东尼·特里亚斯（Antoni Trias）应用到了量子色动力学（但不是量子引力）上。
9 Carlo Rovelli, *Physics World*, November 2003, p. 2.

成了宇宙的结构。自然这场演出不再仅仅是演员在舞台上尽情地展现自我，而是与舞台及舞台设计，还有整出戏的布景息息相关。

罗韦利在雪城大学就圈量子引力开了首次研讨会。阿希提卡非常赞赏。1987 年 12 月，关于引力和宇宙的国际会议在印度果阿召开，圈量子引力首次向世人公开。

随着对该理论的研究逐渐深入，斯莫林和罗韦利意识到他们偶然发现了一个早已熟知的结构。他们发现了圈网络和**自旋网络**（罗杰·彭罗斯于 1971 年建立发展的数学结构）之间的相似处。最简单的自旋网络可以用一张图来表示粒子和场的状态以及它们之间的相互作用。

在彭罗斯最初的构想中，网络的每个点或"节点"代表一个事件，比如两个粒子发生碰撞，或者单个粒子分裂成两个或多个粒子。把一个事件和另一个事件连接起来的每条线都用自旋数标注，也就是该粒子角动量的测量值（以 $h/2$ 为单位），玻色子的自旋数是偶数，费米子的是奇数。然后，粒子与粒子相互作用，总角动量守恒。彭罗斯发展自旋网络的动机是要找到一种方法，去除时空背景，只涉及粒子事件之间的关系。

起初，斯莫林对使用自旋网络感到紧张不安。1994 年，他去拜访彭罗斯，直接从发明者那儿学习如何应用它们。他带着学会的内容回去找正在意大利维罗那的罗韦利。1994 年夏，两人合作解决了如何把自旋网络应用在圈量子引力理论中的问题。他们发现每个由圈的特定组合形成的自旋网络都呈现了一种几何量子态。对于每个量子态来说，节点都是体积元素，由体积的量子数来表述，而它们之间的连接是面积元素，由面积的量子数来表述。

解开面积的数学"算符"的方程，他们就能确定面积的"本征态"，也就能推出单个量子的大小。他们发现面积都由整数个基本量子构成，大小约为普朗克长度的平方。同样，解开了体积"算符"的方程，他们也能推出单个量子体积的大小。他们发现体积都由整数个基本量子构成，等于普朗克长度的立方。

结果都小到难以想象。单个质子中大约能填充进 10^{65} 个量子体积。[10] 在这样大小的维度内，时空不再连续。世间不存在比一个量子的面积还小的面积，也不存在比一个量子的体积还小的体积。

当然，由于空间和时间存在着相互连接性，而时间被视为圈与圈之间连接的重新排列或自旋网络的逐步发展，所以时间必须同样量子化，其量子大小由普朗克时间确定。一段时间以来，人们认为普朗克尺度多少应该代表了一个极限，超过这个极限，再问关于空间和时间本质的问题就不合理也不可能了。现在，圈量子引力理论又丰富了这个理由。

自旋网络的大小不存在限制。正如斯莫林所说的："如果我们能画一幅宇宙量子态的详图——包括由于星系、黑洞和其他一切的引力作用而发生弯曲和扭曲的空间几何结构——它会是一个庞大的自旋网络，其复杂性难以想象，大约有 10^{184} 个节点。"[11]

画这样一幅图真是路漫漫其修远兮。人们把圈量子引力理论看作量子引力理论强有力的候选者。此时，它尚未像超弦那样被

10　等于10的65次方，或1后跟65个零。
11　Lee Smolin, *Scientific American*, January 2004, p. 72.

视为万物理论的候选者。虽然那时超弦理论鲜能引起人们的兴趣，但这个理论要求有一个具有引力子应有属性的粒子，这一点让粒子物理学家非常喜欢，他们喜欢粒子。然而，在圈量子引力理论中，引力子似乎已经消失得无影无踪了。

　　而且圈量子引力理论是有关时空的理论。标准模型中的常见粒子尚未被引入其中。

40

危机？什么危机？

杜伦
1994年夏

20 世纪 70 年代末期，标准模型的地位达到巅峰，之后就止步不前了。欧洲核子研究中心和费米实验室的物理学家依然找不到希格斯玻色子。大统一理论来了，又走了。超对称看起来很有前途，但标准模型中的每个粒子的超对称伙伴都激增了，但没有实验证据证明这样的粒子存在。有一段时间，霍金断言 N=8 的超引力就是物理学家真正要找的圣杯。但结果并不是。

其间，超弦理论经历了暴红的尴尬。除了基于对称群 SO（32）的 I 型弦理论，以及 IIA 型、IIB 型和杂化弦论之外，第五个版本也横空出世。它是杂化弦论的变体，同样基于 SO（32）。理论激增，兴趣却随之衰减。

之后威滕做了一个大胆的猜想。20 世纪 90 年代早中期，弦论和量子场论之间涌现了一些有趣的对偶性。[1] 1995 年 3 月，在南加利福尼亚大

---

1 比如S对偶性，或强弱对偶性，使得某一类理论中具有耦合常数 *g* 的状态映射到它的对偶理论中耦合为1/*g* 的状态。这意味着微扰理论中的技术（通常只能应用在量子场论中低能和弱耦合的系统），现在可以应用于弦论的高能、强耦合的系统。

学召开的超弦理论会议上，威滕推测五种弦论之间的对偶性关系意味着能够将它们归入一个包罗万象的结构中。他称其为 M 理论，但对于"M"的含义或重要性，他并没有具体说明。

威滕无法提出 M 理论的公式，只是推测它一定存在。如果 M 理论的确存在，它会要求在我们常见的时空维度中，再加七个空间维度。由于第七个维度比其他几个都小很多，因此它在弦论的早期版本中被忽视了。M 理论的进一步发现是，它不仅仅是个单维弦论，它适合更高维度的物体，称为膜。二维膜叫 2 膜，三维膜叫 3 膜，以此类推。

M 理论猜想引发了第二次超弦革命。超弦再次"热"了起来，各大著名学术机构对超弦理论家的需求暴增。随着 20 世纪进入尾声，超弦理论很快成了一个产业。

这期间，圈量子引力理论也取得了很大进展，但这是一个属于相对论物理学家的领域，不属于粒子物理学家，因此也就没那么流行。

圈量子引力理论的数学基础更加坚实。理论物理学家开始理解在质量存在的情况下，自旋网络中的变化如何反映时空曲率。由牛顿首先提出的定律，预测有质量的物体会相互吸引。引力子出现在该理论的低能近似中，表现为自旋网络的集体激发，非常像声子（声波的量子粒子）在构成固体的原子晶格或离子晶格中的集体激发。

1996 年，物理学家用该理论推导出黑洞熵的贝肯斯坦–霍金方程，这个成就与超弦理论几乎是同时出现的。人们还发现该理论做出了"邪恶"的预测：光速或许终究不是绝对的，而是取决于光子的频率。这意味着该理论实际上是可以接受检验的。它的效量很小，但积累了几十亿光年后，这个差值或许可以测量出来。伽马射线光子的爆发是遥远过去的宇宙爆炸的标志，物理学家认为对其进行的观测可以提供一个能带来丰厚成果的检测背景。[2]

超弦理论或许已经占据了半壁江山，但还有其他的竞争理论，例如拓扑斯理论、扭量理论（twistor theory）、人工色理论（technicolour）、拓扑量子场论等。进步多少是有的，但基础性问题依然不得其解。

然而，还有一个问题亟待解决。量子引力理论首先要在**诠释**的基本层面统一广义相对论和量子理论。

这可不是什么好消息。

布莱斯·德维特在研究惠勒－德维特方程的初期就发现了诠释的问题。他尝试过把埃弗雷特的"多世界"诠释作为解决量子测量问题的方法，避开引入外部观察者（宇宙之外的观察者）的需要，以便做出"测量"，并使宇宙波函数坍缩。为了消除量子领域和经典领域之间的鸿沟，量子理论需要一个特殊的参照系，在这个参照系中，经典结果能够通过量子测量获得。但广义相对论去掉了所有这类特殊的参照系。

这是一种奇怪的并置。就好像为探索量子层面物理实在的本质而设计的实验，逐渐巩固了玻尔的互补性和哥本哈根诠释至高无上的地位，同时也加深了量子测量的问题一样，随着这一趋势的发展，量子宇宙学家也得出结论，原始的哥本哈根诠释不可能是对的。

但多世界理论也不对。1957 年，埃弗雷特第一次公布他的理论，在他的笔下，观察者的状态"分叉"成不同的状态，就像树

2 2008年6月11日，NASA发射了费米伽马射线望远镜，人们认为它的灵敏度符合测量这些微小差异的要求。

的分叉一样。然而，埃弗雷特最初诠释的变体假定我们熟悉的世界只是许许多多（或许有无限个）**平行**世界中的一个。因此，不是世界因量子事件分裂为独立的分叉，而是叠加态的不同项在许许多多已经存在的平行世界之间分开了。

可以设想，在其中这样一个世界中，你的一个版本记录下了测量电子自旋的结果，你观察的结果为自旋向上。而在另一个世界中，另一个版本的你记录下的结果为自旋向下。德维特称其为"严重精神分裂症"。[3]

平行世界或许会相互作用并融合。的确，有人认为，每次进行干涉实验，我们都会获得多世界合并的间接证据。惠勒起初是支持自己学生的，但后来开始反对，认为他的理论带了太多"形而上学的包袱"。许多物理学家认为该理论在假设上很"廉价"，理论中的宇宙倒很"丰盛"，因此拒绝接受它。盖尔曼因此抱怨：

> 一位精通量子力学的杰出物理学家，从一些关于埃弗雷特诠释的评论中推断，凡是认可该理论的人都会想玩儿俄罗斯轮盘赌，并且下高注，因为在某个"同样真实"的世界中，玩家会赢得赌注，变得很有钱。[4]

显而易见，需要另外一种诠释。

1984 年，美国物理学家罗伯特·格里菲斯（Robert Griffiths）

---

3 Bryce DeWitt, quoted in Davies and Brown, p. 36.
4 Gell-Mann, p. 138.

开启了一个研究项目，旨在以"一致性历史"的概念为基础构建一个全新的量子理论诠释。格里菲斯所用的"历史"一词跟我们平时用的多半是一个意思，指近期发生的一系列相关事件的总和。

从这方面说，格里菲斯的"历史"类似于费曼的"历史"，只是费曼的方法关注的是与量子粒子从一个地方到另一个地方的运动相关的特定动力学，而格里菲斯的方法更多地与逻辑框架和量子理论诠释相关。费曼的"历史"是指量子粒子从"此"到"彼"所选择的不同路径，而格里菲斯的"历史"是指对一连串事件的不同描述，这些事件是单独的、不同的，但从发生过程内部来看是一致的。

在该诠释中，不存在"准确"的历史，也没有合适的方式观察量子事件，但是存在很多可能出现的"一致性历史"——它们都是同等有效的。选择应用哪个历史取决于我们想要做的实验类型。

如果把某些可能出现的历史看作"粒子历史"（路径信息），把另一些看作"波动历史"（产生干涉效应），那么一致历史诠释就是对玻尔以概率语言写就的不确定性原理的重述。事实上，格里菲斯也曾声称，一致性历史诠释就是"哥本哈根学派是对的"。[5]他写道：

> ……没有哪种一致性（历史）是描述系统的唯一"正确"选择，

5　Robert Griffiths, *Physical Review A*, 57, 1998, p. 1604.

也没有哪种唯一的仪器设置能够用来验证不同历史获得的预言。[6]

1991 年，盖尔曼和哈特尔扩展了格里菲斯的一致性条件，引入了退相干的概念和原理。一致性历史诠释现在多用来指"退相干历史"。盖尔曼后来说到这一诠释的野心：

我们认为埃弗雷特的研究很有用，也很重要，但也认为没什么可再研究的了。在有些地方，他对词语的选择以及后来别人评论他的研究工作时对词语的选择造成了困惑。比如他的诠释经常被形容为"多世界"，但我们认为他其实是指"宇宙的多个可供选择的历史"。再有，多世界被描述为"全部同等实在的"，但我们认为，应该说"该理论对多个历史一视同仁，除了它们不同的概率之外"——才更清楚些。[7]

那样似乎能解决问题。这一理论中没必要引入外部观察者：波粒二象性和其他令人好奇的量子现象仅仅是不同但一致的历史的表现，在我们仅有的一个宇宙中的量子领域内演变。而量子领域及其所有叠加态，通过退相干机制平稳地演变进入人们熟悉的经典领域。[8]

但事情还远未结束。霍金的学生、英国物理学家费伊·多克（Fay Dowker）感觉这件事没那么简单，开始与同事艾德里安·肯

6 Robert Griffiths, *Physical Review A*, 57, 1998, p. 1604.
7 Gell-Mann, p. 138.
8 关于退相干能解释缺少经典叠加，却无法解决测量问题的担心，这里我们暂时放在一边。见第34节。

特（Adrian Kent）合作研究。1994 年，在杜伦大学召开的量子引力大会上，多克公布了两人的发现。她的讲座给听众席中的斯莫林留下了深刻印象，正如他六年后所说的，那是他科学生涯中最激动人心的经历之一：

在我们观察的"经典"世界中，粒子具有确定的位置。多克和肯特的研究结果表明，一定存在无限多的其他世界，而经典世界或许就是该理论的一个解描述的一致性世界中的一个。而且，到此刻为止，无限多的一致性世界都是经典性的，只要五分钟时间，就跟我们的世界完全不同了。更令人困扰的是，此时存在的经典世界在过去某个时间点是任意混合叠加的。多克认为，如果一致性历史诠释是正确的，那么我们就无法通过化石推断出恐龙曾于数亿年前在这个星球上游荡了。[9]

因某种自然规律而出现的"正确"的历史"家族"是不存在的。该理论把所有可能的历史都看作同等合理的，因此我们对历史的选择取决于我们询问的是哪种问题。这使得我们明显依赖于背景，在这种背景中，让该理论合理的能力取决于提出"对的"问题的能力。

如果我们想要一个恐龙曾在地球上漫步的历史，那我们必须问一个适合这种历史的问题。当然，这与人们想证明电子是波的观察行为是一样的，要证明电子是波，就必须专门去做揭示电子衍射或干涉的实验。

---

9 Smolin, *Three Roads to Quantum Gravity*, p. 44.

埃弗雷特最初的诠释提出的多世界或多宇宙在退相干历史解释中只是被替换成了全部同等"实在"的多历史。斯莫林认为："因此，传统的量子宇宙学看起来是能让我们给出答案而非提出问题的理论。"[10]

在过去的一百年里，人类取得了巨大进步，但依然没有明确的、统一的量子理论能容纳所有已知的基本粒子以及所有粒子之间的已知的力。标准模型中的 20 个参数依然必须由实验来确定。人们依然不确知粒子是如何获取质量的。虽然我们必须承认量子层面的物理实在远比我们能想象到的奇异得多，但我们依然不确定该如何解释它。二三十年过去了，依然没什么改观。

危机。

或许我们之前就遇到过这种危机。

1934 年罗伯特·奥本海默在写给兄弟弗朗克的信中苦涩地抱怨理论物理学的现状：

你肯定知道吧，理论物理学糟得不成样子了——鬼魅般的中微子、哥本哈根坚定的信念、与所有证据相悖、宇宙射线竟是质子、玻恩的完全无法量子化的场论、与正电子相关的各种困难，还有对任何事物都完全不可能做出严格的计算，等等。[11]

10　Smolin, *Three Roads to Quantum Gravity*, p. 45.

11　J. Robert Oppenheimer, letter to Frank Oppenheimer, 4 June 1934. Quoted in Kragh, *Dirac: A Scientific Biography*, p. 165–166.

就在 13 年后，伊西多·拉比宣称刚过去的 18 年是 20 世纪研究领域成就最低的一段时期。

物理学跟所有其他学科一样，危机总是接踵而至。或许在黑暗中迷迷糊糊、跌跌撞撞好久之后才能迎来充满灵性和启示的光明。或许有人会说，危机是自然的，也是择优的一种状态。因为好像只有危机才会赋予人类极不寻常的思想，把我们对世界的理解推向下一个阶段。只有危机才能促使海森伯在深夜漫无目的地游荡在菲尔德公园，思索自然是否像它看起来那样荒谬。只有在绝望的时刻，人们才能找到灵感。

但这次危机很不一样。

超弦理论的问题在于，虽然它在现代物理理论中居于主导地位，但至今都没有做出过一个能在实验室或粒子加速器中证实或证伪的预测。这种情况还是头一回出现。20 世纪 80 年代末，理查德·费曼已经表达了他的担忧：

我讨厌他们什么都不去计算。我讨厌他们不检查自己的想法。我讨厌他们对与实验结果不符的内容编造一种解释——编一句"嗯，这仍然有可能是对的"。[12]

马丁努斯·韦尔特曼在 2003 年出版的《神奇的粒子世界》[13]

12　Richard Feynman, in PCW Davies and Julian Brown, eds., *Superstrings: A Theory of Everything*, Cambridge University Press, 1988, p. 194.
13　中译本出版于2006年。——译者注

一书中甚至不愿接受超对称和超弦理论：

> 事实是，这本书是关于物理学的，也就是说探讨的理论观点必须得有实验结果支持。但超对称和弦论都不满足这一标准。它们只是由理论思维虚构而成的。引用泡利的一句话：它们甚至连错都算不上。本书中没有它们的位置。[14]

如果这只是几个理论物理学家在不流行的物理学领域坚持不懈地做研究，就像 20 世纪五六十年代的杨振宁、米尔斯、格拉肖、萨拉姆和温伯格坚持不懈地研究量子场论一样，那么人们或许会同意这没有实质性的坏处。但超弦理论非常流行，已经成了现代理论物理学的主导，尤其是在美国。2006 年，数学家彼得·沃伊特以泡利尖刻的话作为新书的书名，在书中批评了超弦理论：

> 人们必须要认识到超弦理论的失败，从中汲取教训，才有希望继续前行。如果粒子理论界的领军人物拒绝面对现实，仍然教导年轻理论物理学家研究失败的课题，那么新想法找到肥沃土壤并成长起来的可能性就没有了。[15]

2006 年，斯莫林借着他的书《物理学的困惑》，也加入了声

---

14 Veltman, p. 308.
15 Woit, p. 259.

讨的大军。

2009 年 7 月，温伯格在欧洲核子研究中心就量子场论多舛的命运做了讲座。他是这样说的：

我不想打击弦理论家，但确实存在这样一种可能性：世界或许并不是弦理论所呈现的样子，而是更像我们通常所知的样子，也就是标准模型和广义相对论所描述的样子。[16]

---

16 Steven Weinberg, quoted by Peter Woit, www.math.columbia.edu/woit/wordpress/, July 2009.

结语　慰藉人心的量子?

日内瓦
2010年3月

日内瓦欧洲核子研究中心的大型强子对撞机项目负责人林恩·埃文斯(Lyn Evans)说:"这是个了不起的时刻,现在我们可以期待一个新纪元,一个理解宇宙起源和演化的新纪元了。"[1]

遗憾的是埃文斯的快乐相当短暂。当地时间 2008 年 9 月 10 日上午 10:28,大型强子对撞机启动。物理学家们挤进小小的控制室,一束光出现在监视器上,众人欢呼,因为它表示高速质子开始在操作温度为 -271°C(仅高于绝对零度 2°C)的状态下绕着 27 千米的圆环加速。虽然没有什么壮观的图景(不过据估计约有 10 亿人在电视上观看了直播),但它代表了一众物理学家、设计师、工程师和建筑工人 20 年来不懈努力的最高潮。

当天下午 3 点左右,另一束质子逆时针发射进圆环。很快麻烦就出

---

1 *CERN bulletin* 37–38/2008.

现了。仅 9 天后，两个超导磁体之间的电子总线连接就短路了。电弧灼烧，在磁体容纳氦的容器上穿了个洞。氦气泄漏到大型强子对撞机隧道的 3 区到 4 区，在随后发生的爆炸中，53 个磁体被破坏，质子管被爆炸的烟灰污染。大型强子对撞机计划于冬季关闭，在此之前修复是没有希望了，重新启动暂定在 2009 年春天。但问题不止于此。2009 年 2 月，在沙莫尼（Chamonix）的会议上，欧洲核子研究中心管理层决定开展进一步的建设工作。于是重启日期再度延后。

2009 年 9 月初，也就是首次启用约一年后，大型强子对撞机 8 个区中的最后一个区开始冷却过程。截至 10 月底，8 个区都回到操作温度，计划在 11 月重启。虽然冬季几个月的电费开支会增加，但大型强子对撞机在 2009 年至 2010 年冬季始终运行，这主要是为了让欧洲核子研究中心的物理学家能领先于对手——费米实验室的太伏质子加速器，毕竟对手已经紧紧追了上来。

2010 年的前几个月，两个环内的质子加速到了 3.5TeV，接下来就是撞击了。3 月 30 日，人类进行了首轮 7TeV 的质子对撞，这是地球上最高能的粒子撞击，标志着大型强子对撞机研究项目的开始。4 月初，就有报告称发现了有关 W 玻色子的候选事件；5 月份报告了 Z 玻色子事件。对撞实验会在这样高的撞击能量下持续 18 到 24 个月，人们在此期间会收集数据。研究人员首先要找的是标准模型中已知的粒子，之后进行新物理学的探索，预计在 2010 年公布第一批初步科学报告。随后是一年的关闭期，再之后会将质子能量加速到大型强子对撞机的目标撞击能量 14TeV。

人们对这个项目寄予厚望。对政客、官员、科学管理者来说，目前已经耗费了 35 亿英镑的经费，多少取得一些实验结果（任何结果），无疑能让人觉得这笔钱花得值。

然而，大型强子对撞机最大的价值在于，它有望能为物理学的未来做些什么。

物理学当前的危机正是缺乏实验数据的直接结果。如果理论要继续关注真正重要的事，关注在现实世界中明显发生的事的话，那么，理论就必须要有实验学科的支撑。没有实验，理论就有后退到形而上学的危险，后退到相对来说毫无根据的猜测上，比如一个针尖上能容纳多少个天使，抑或超弦振动需要多少个看不见（也无法看见）的空间维度。

科学不是哲学。没有实验的支撑，科学或许就会不可避免地变得更具猜测性，更具形而上学的特征。这种形而上学的趋向并不总是一眼就能看出来的。有时，物理学使用的深奥的数学语言会将这一点变得模糊。

现代理论物理学充斥着浓重、费解、复杂的数学结构，外行是看不懂的。往里窥探的门外人或许会被迷惑，认为这些高级的数学必然带来严谨、绝对的意义以及对与错之间的清晰界线。

但事实并非如此。没错，是存在严谨，存在于深奥语言规则之内的对与错，但你有望得到的答案，始终取决于你要问的问题以及提问的方式。虽然从内部来说，结构是严谨的，但它们仍然会被不恰当地应用。科学史上满是失败的理论，它们在数学上无疑都是严谨的，写在纸上的那一刻看起来如此完美。

人们把大型强子对撞机称为"大爆炸"机器，它能够再造出宇宙诞生后就再未重现过的条件。为了让希格斯玻色子显形，不仅得让质子以高能对撞，还得让组成它们的夸克正面碰撞。从理论上说，大型强子对撞机创造的条件每隔几小时就能产生一个希格斯玻色子。希格斯玻色子的质量很难从理论上确定，但大型强子对撞机的 ATLAS[2] 和紧凑 μ 子线圈（CMS）实验的目的就在于找出泄露内情的衰变特征（比如探索正反底夸克对，以及两个高能光子、Z 粒子、W 粒子和 τ 粒子的组合）。

　　探测不是件简单的事儿。拿 ATLAS 来说，它大约有半个巴黎圣母院那么大，重量跟埃菲尔铁塔差不多。CMS 探测器长 21 米，直径 15 米，重量约相当于 30 架大型喷气式客机。ATLAS 和 CMS 合作的实验每次就要招募 3 000 位科学家和工程师。

　　如果希格斯玻色子的质量在 150~400GeV 之间，那么很快就能发现它，它的质量也能被精确测量到百分之一的量级。它的发现一定会引起轰动。[3] 希格斯玻色子将正式进入标准模型的词典，从"应该存在"变成"存在"，无疑瑞典科学院也会因希格斯机制而颁发诺贝尔奖。

2　ATLAS是超环面仪器（A Toroidal LHC Apparatus）的简写。除了ATLAS和CMS，大型强子对撞机还有四个探测设备。ALICE（A Large Ion Collider Experiment，大型离子对撞实验）的目的是找出夸克–胶子等离子体。LHCb（LHC-beauty，大型强子对撞机底夸克实验）的目的是研究底夸克衰变中的电荷宇称对称性破缺（CP破缺）现象。LHCf（LHC-forward，大型强子对撞机前向实验）用来检验为探测宇宙射线而设计的仪器。最后是TOTEM（Total Elastic and diffractive cross-section Measurement，全截面弹性散射探测器），它是用来对质子进行高精度测量的。
3　欧洲核子研究中心大型正负电子对撞机运行的最后几天，科学家无意中观察到了希格斯玻色子，质量为115GeV。然而，人们认为这些证据还不足以让大型正负电子对撞机项目继续下去，以免它威胁到大型强子对撞机的开发。经过长时间的艰难讨论后，大家决定终止大型正负电子对撞机计划。

　　大家还希望大型强子对撞机能够找到证据表明标准模型中的粒子是否存在超对称伙伴。它或许还能揭示一些关于暗物质和暗能量的奥秘,人们认为它们造成了可观测宇宙中质量的"缺失",但它们在宏观尺度中的结构和行为仍有待研究。

　　但人们真正希望的,是大型强子对撞机可以揭示某些意想不到的事情,某些不完全符合物理学家已然知晓的量子世界的事情。即便是不乐观的结果也可能会让人振臂欢呼,为因标准模型带来的舒适而长期麻木的理论物理学家吹响战斗的号角。

　　霍金说:"我觉得我们找不到希格斯粒子会更令人兴奋。那会证明某些东西错了,我们需要重新思考。"[4]

　　"我赌了100块我们找不到希格斯粒子。"

　　霍金的自信源于他的信念,他认为虚黑洞被创造出来后,希格斯玻色子存在的证据将会变得无法发现。但是希格斯本人不相信霍金的判断。

　　希格斯说:"说出来有点无礼,但我非常怀疑他的计算。"[5]

---

4 Stephen Hawking, quoted in an article by Mark Henderson, *The Times*, 9 September 2008.

5 Peter Higgs, quoted by Ian Sample in Sample, p. 211.

参考文献

Aczel, Amir D., *Entanglement*. John Wiley & Sons, London, 2003.

Bacciagaluppi, Guido and Valentini, Antony, *Quantum Theory at the Crossroads: Reconsidering the 1927 Solvay Conference*. Cambridge University Press, 2009.

Baggott, Jim, *Beyond Measure: Modern Physics, Philosophy and the Meaning of Quantum Theory*. Oxford University Press, 2003.

Baggott, Jim, *A Beginner's Guide to Reality*. Penguin, London, 2005.

Baggott, Jim, *Atomic: The First War of Physics and the Secret History of the Atom Bomb 1939–49*. Icon Books, London, 2009.

Barbour, Julian, *The End of Time*. Weidenfeld & Nicholson, London, 1999.

Barrow, John D., *Theories of Everything*. Vintage, London, 1991.

Bell, J.S., *Speakable and Unspeakable in Quantum Mechanics*. Cambridge University Press, 1987.

Beller, Mara, *Quantum Dialogue*. University of Chicago Press, 1999.

Bernstein, Jeremy, *Quantum Profiles*. Princeton University Press, 1991.

Bird, Kai and Sherwin, Martin J., *American Prometheus: the Triumph and Tragedy of J. Robert Oppenheimer*. Atlantic Books, London, 2008.

Bohm, David, *Quantum Theory*. Prentice-Hall, Englewood Cliffs, NJ., 1951.

Bohm, David, *Causality and Chance in Modern Physics*. Routledge, London, 1957.

Bohm, David, *Wholeness and the Implicate Order*. Routledge, London, 1980.

Bohm, D. and Hiley, B.J., *The Undivided Universe*. Routledge, London, 1993.

Born, Max, *Physics in My Generation*(2nd edn). Springer, New York, 1969.

Brown, Andrew, *The Neutron and the Bomb: A Biography of Sir James Chadwick*. Oxford University Press, 1997.

Cashmore, Roger, Maiani, Luciano and Revol, Jean-Pierre(eds.), *Prestigious Discoveries at CERN*. Springer, Berlin, 2004.

Cassidy, David C., *Uncertainty: The Life and Science of Werner Heisenberg*. W.H. Freeman, New York, 1992.

Crease, Robert P., *A Brief Guide to the Great Equations: The Hunt for Cosmic Beauty in Numbers*. Robinson, London, 2009.

Crease, Robert P. and Mann, Charles C., *The Second Creation: Makers of the Revolution in Twentieth-century Physics*. Rutgers University Press, 1986.

Cushing, James T., *Quantum Mechanics: Historical Contingency and the Copenhagen Hegemony*. University of Chicago Press, 1994.

Cushing, James T., *Philosophical Concepts in Physics*. Cambridge University Press, 1998.

Davies, P.C.W. and Brown, J.R.(eds), *The Ghost in the Atom*. Cambridge University Press, 1986.

de Broglie, Louis, 'Recherches sur la Theorie des Quanta', PhD Thesis, Faculty of Science, Paris University, 1924. English translation by A.F. Kracklauer.

Deutsch, David, *The Fabric of Reality*. Penguin, London, 1997.

DeWitt, Bryce. S. and Graham, Neill(eds), *The Many Worlds Interpretation of Quantum Mechanics*. Pergamon, Oxford, 1975.

Dirac, P. A. M., *The Principles of Quantum Mechanics*(4th edn). Clarendon Press, Oxford, 1958.

Dodd, J. E., *The Ideas of Particle Physics*. Cambridge University Press, 1984.

Dorries, Matthias(ed.), *Michael Frayn's Copenhagen in Debate*. University of California, 2005.

Dyson, Freeman, *Disturbing the Universe*. Basic Books, New York, 1979.

d'Espagnat, Bernard, *The Conceptual Foundations of Quantum Mechanics*(2nd edn). Addison-Wesley, New York, 1989.

d'Espagnat, Bernard, *Reality and the Physicist*. Cambridge University Press, 1989.

Enz, Charles P., *No Time to be Brief: a Scientific Biography of Wolfgang Pauli*. Oxford University Press, 2002.

Farmelo, Graham(ed.), *It Must be Beautiful: Great Equations of Modern Science*. Granta Books, London, 2002.

Farmelo, Graham, *The Strangest Man: The Hidden Life of Paul Dirac, Quantum Genius*. Faber and Faber, London, 2009.

Feynman, Richard, *The Character of Physical Law*. MIT Press, Cambridge, MA, 1967.

Feynman, Richard P., *'Surely You're Joking, Mr. Feynman!' Adventures of a Curious Character*. Unwin, London, 1985.

Feynman, Richard P., *QED: The Strange Theory of Light and Matter*. Penguin, London, 1985.

Feynman, Richard P., *Six Easy Pieces*. Perseus, Cambridge, MA, 1998.

Feynman, Richard P., *Six Not-so-easy Pieces*. Allen Lane, London, 1998.

Feynman, Richard P., Leighton, Robert B., and Sands, Matthew, *The Feynman Lectures on Physics*, Vol. III. Addison-Wesley, Reading, MA, 1965.

Fine, Arthur, *The Shaky Game: Einstein, Realism and the Quantum Theory*(2nd edn). University of Chicago Press, 1996.

French, A.P. and Kennedy, P.J.(eds), *Niels Bohr: A Centenary Volume*. Harvard University Press, Cambridge, MA, 1985.

Frisch, Otto, *What Little I Remember*. Cambridge University Press, 1979.

Gamow, George, *Mr. Tompkins in Paperback*. Cambridge University Press, 1965.

Gamow, George, *Thirty Years that Shook Physics*. Dover Publications, New York, 1966.

Gell-Mann, Murray and Ne'eman, Yuval, *The Eightfold Way*. W.A. Benjamin, New York, 1964.

Gell-Mann, Murray, *The Quark and the Jaguar*. Little, Brown & Co., London, 1994.

Gleick, James, *Genius: Richard Feynman and Modern Physics*. Little, Brown & Co., London, 1992.

Goodchild, Peter, *J. Robert Oppenheimer: 'Shatterer of Worlds'*. BBC, London, 1980.

Goodchild, Peter, *Edward Teller: The Real Dr Strangelove*. Weidenfeld & Nicholson, London, 2004.

Gorelik, Gennady E. and Frenkel, Viktor Ya., *Matvei Petrovich Bronstein and Soviet Theoretical Physics in the Thirties*. Birkhauser Verlag, Basel, 1994.

Greene, Brian, *The Elegant Universe: Superstrings, Hidden Dimensions and the Quest for the Ultimate Theory*. Vintage Books, London, 2000.

Greene, Brian. *The Fabric of the Cosmos: Space, Time and the Texture of Reality*. Allen Lane, London, 2004.

Gregory, Bruce, *Inventing Reality: Physics as Language*. John Wiley & Sons, New York, 1988.

Gribbin, John, *Schrödinger's Kittens*. Penguin, London, 1995.

Gribbin, John, *Q is for Quantum: Particle Physics from A to Z*. Weidenfeld & Nicholson, London, 1998.

Halpern, Paul, *Collider: The Search for the World's Smallest Particles*. John Wiley & Son, Inc., New Jersey, 2009.

Hecht, Eugene and Zajac, Alfred, *Optics*. Addison-Wesley, Reading, MA, 1974.

Heilbron, J.L., *The Dilemmas of an Upright Man: Max Planck and the Fortunes of German Science*. Harvard University Press, 1996.

Heisenberg, Elisabeth, *Inner Exile: Recollections of a Life with Werner Heisenberg*. Birkhauser, Boston, 1984.

Heisenberg, Werner, *The Physical Principles of the Quantum Theory*. University of Chicago Press, 1930. Republished in 1949 by Dover Publications, New York.

Heisenberg, Werner, *Physics and Beyond: Memories of a Life in Science*. George Allen & Unwin, London, 1971.

Heisenberg, Werner, *Encounters with Einstein*. Princeton University Press, 1983.

Heisenberg, Werner, *Physics and Philosophy: The Revolution in Modern Science*. Penguin, London, 1989(first published 1958).

Hermann, Armin, *The Genesis of Quantum Theory(1899–1913)*. MIT Press, Cambridge, MA, 1971.

Hiley, B.J. and Peat, F.D.(eds), *Quantum Implications*. Routledge & Kegan Paul, London, 1987.

Hoddeson, Lillian, Brown, Laurie, Riordan, Michael and Dresden, Max, *The Rise of the Standard Model: Particle Physics in the 1960s and 1970s*. Cambridge University Press, 1997.

Hoffmann, Banesh, *Albert Einstein*. Paladin, St. Albans, 1975.

Holland, Peter R., *The Quantum Theory of Motion*. Cambridge University Press, 1993.

Irving, David, *The Virus House: Germany's Atomic Research and Allied Counter-measures*. Focal Point, 2002(first published in 1968).

Isaacson, Walter, *Einstein: His Life and Universe*. Simon & Shuster, New York, 2007.

Isham, Chris J., *Lectures on Quantum Theory*. Imperial College Press, 1995.

Jammer, Max, *The Philosophy of Quantum Mechanics*. John Wiley & Sons, New York, 1974.

Jammer, Max, *Einstein and Religion: Physics and Theology*. Princeton University Press, 2002.

Johnson, George, *Strange Beauty: Murray Gell-Mann and the Revolution in Twentieth-Century Physics*. Vintage, London, 2001.

Kilmister, C.W.(ed.), *Schrödinger: Centenary Celebration of a Polymath*. Cambridge University Press, 1987.

Klein, Martin J., *Paul Ehrenfest: The Making of a Theoretical Physicist*, Vol. 1(3rd edn). North-Holland, Amsterdam, 1985.

Kragh, Helge S., *Dirac: A Scientific Biography*. Cambridge University Press, 1990.

Kragh, Helge, *Quantum Generations: A History of Physics in the Twentieth Century*, Princeton University Press, 1999.

Kuhn, Thomas S., *Black-body Theory and the Quantum Discontinuity 1894–1912*. University of Chicago Press, 1978.

Kumar, Manjit, *Quantum: Einstein, Bohr and the Great Debate About the Nature of Reality*. Icon Books, London, 2008.

Larsen, Kristine, *Stephen Hawking: A Biography*. Greenwood Press, Westport, Connecticut, 2005.

Lederman, Leon(with Dick Teresi), *The God Particle: If the Universe is the Answer, What is the Question?* Bantam Press, London, 1993.

Lindley, David, *Where Does the Weirdness Go?* Basic Books, New York, 1996.

Liss, Tony M. and Tipton, Paul L., 'The Discovery of the Top Quark', *Scientific American*, September 1997.

Mehra, Jagdish, *The Beat of a Different Drum: The Life and Science of Richard Feynman*. Oxford University Press, 1994.

Mehra, Jagdish, *Einstein, Physics and Reality*. World Scientific, London, 1999.

Mehra, Jagdish and Rechenberg, Helmut, *The Historical Development of Quantum Theory Volume 1, Part 1: The Quantum Theory of Planck, Einstein, Bohr and Sommerfeld: Its Foundation and the Rise of Its Difficulties, 1900–1925*. Springer-Verlag, New York, 1982.

Mehra, Jagdish and Rechenberg, Helmut, *The Historical Development of Quantum Theory Volume 1, Part 2: The Quantum Theory of Planck, Einstein, Bohr and Sommerfeld: Its Foundation and the Rise of Its Difficulties, 1900–1925*. Springer-Verlag, New York, 1982.

Mehra, Jagdish and Rechenberg, Helmut, *The Historical Development of Quantum Theory Volume 2: The Discovery of Quantum Mechanics*. Springer-Verlag, New York, 1982.

Mehra, Jagdish and Rechenberg, Helmut, *The Historical Development of Quantum Theory Volume 3: The Formulation of Matrix Mechanics and its Modifications 1925–1926*. Springer-Verlag, New York, 1982.

Moore, Walter, *Schrödinger: Life and Thought*. Cambridge University Press, 1989.

Murdoch, Dugald, *Niels Bohr's Philosophy of Physics*. Cambridge University Press, 1987.

Neumann, John von, *Mathematical Foundations of Quantum Mechanics*. Princeton University Press, 1955.

Omnès, Roland, *The Interpretation of Quantum Mechanics*. Princeton University Press, 1994.

Omnès, Roland, *Understanding Quantum Mechanics*. Princeton University Press, 1999.

Omnès, Roland, *Quantum Philosophy*. Princeton University Press, 1999.

Oppenheimer, J. Robert, *The Open Mind*. Simon & Shuster, New York, 1955.

Oppenheimer, J. Robert, *Atom and Void*. Princeton University Press, 1989.

Pais, Abraham, *Subtle is the Lord: The Science and the Life of Albert Einstein*. Oxford University Press, 1982.

Pais, Abraham, *Inward Bound: Of Matter and Forces in the Physical World*. Oxford University Press, 1986.

Pais, Abraham, *Niels Bohr's Times, in Physics, Philosophy and Polity*. Clarendon Press, Oxford, 1991.

Pais, Abraham *J. Robert Oppenheimer: A Life*. Oxford University Press, 2006.

Peat, F. David, *Infinite Potential: The Life and Times of David Bohm*. Addison-Wesley, Reading, MA, 1997.

Penrose, Roger, *The Emperor's New Mind*. Vintage, London, 1990.

Penrose, Roger, *Shadows of the Mind*. Vintage, London, 1995.

Penrose, Roger, *The Large, the Small and the Human Mind*. Cambridge University Press, 1997.

Pickering, Andrew, *Constructing Quarks: A Sociological History of Particle Physics*. University of Chicago Press, 1984.

Polkinghorne, J.C., *The Quantum World*. Penguin, London, 1984.

Popper, Karl R., *Quantum Theory and the Schism in Physics*. Unwin Hyman, London, 1982.

Rae, Alastair, *Quantum Physics: Illusion or Reality?* Cambridge University Press, 1986.

Rae, Alastair I. M., *Quantum Mechanics*(2nd edn). Adam Hilger, Bristol, 1986.

Rhodes, Richard, *The Making of the Atomic Bomb*. Simon & Shuster, New York, 1986.

Riordan, Michael, *The Hunting of the Quark: A True Story of Modern Physics*. Simon & Shuster, New York, 1987.

Rohrlich, Fritz, *From Paradox to Reality*. Cambridge University Press, 1987.

Sachs, Mendel, *Einstein versus Bohr: the Continuing Controversies in Physics*. Open Court, La Salle, IL., 1988.

Sample, Ian, *Massive: The Hunt for the God Particle*. Virgin Books, London, 2010.

Schilpp, Paul Arthur(ed.), *Albert Einstein. Philosopher-Scientist*. The Library of Living Philosophers, Volume 1, Harper & Row, New York, 1959(first published 1949).

Schweber, Silvan S., *QED and the Men Who Made It: Dyson, Feynman, Schwinger, Tomonaga*. Princeton University Press, 1994.

Schweber, Silvan S., *Einstein & Oppenheimer: The Meaning of Genius*. Harvard University Press, 2008.

Scully, Robert J., *The Demon and the Quantum: From the Pythagorean Mystics to Maxwell's Demon and Quantum Mystery*. Wiley-VCH Verlag GmbH & Co., Weinheim, 2007.

Segrè, Emilio, *Enrico Fermi: Physicist*. University of Chicago Press, 1970.

Smolin, Lee, *Three Roads to Quantum Gravity*. Weidenfeld & Nicholson, London, 2000.

Smolin, Lee, *The Trouble with Physics: The Rise of String Theory, the Fall of a Science and What Comes Next*. Penguin, London, 2006.

Snow, C.P., *The Physicists*. Macmillan, London, 1981.

Squires, Euan, *The Mystery of the Quantum World*. Adam Hilger, Bristol, 1986.

Stachel, John(ed.), *Einstein's Miraculous Year: Five Papers that Changed the Face of Physics*. Princeton University Press, 2005.

t' Hooft, Gerard, *In Search of the Ultimate Building Blocks*. Cambridge University Press, 1997.

Ter Haar, D., *The Old Quantum Theory*. Pergamon Press, Oxford, 1967.

Tomonaga, Sin-itiro, *The Story of Spin*. University of Chicago Press, 1997.

Treiman, Sam, *The Odd Quantum*. Princeton University Press, 1999.

Veltman, Martinus, *Facts and Mysteries in Elementary Particle Physics*. World Scientific, London, 2003.

Waerden, B.L. van der, *Sources of Quantum Mechanics*. Dover Publications, New York, 1968.

Weyl, Hermann, *Symmetry*. Princeton University Press, 1952.

Wheeler, John Archibald(with Kenneth Ford), *Geons, Black Holes and Quantum Foam*. W.W. Norton & Company, New York, 2000.

Wheeler, John Archibald and Zurek, Wojciech Hubert(eds.), *Quantum Theory and Measurement*. Princeton University Press, 1983.

Wigner, Eugene, *The Recollections of Eugene P. Wigner, as Told to Andrew Szanton*. Basic Books, New York, 1992.

Woit, Peter, *Not Even Wrong*. Vintage Books, London, 2007.

Zee, A., *Quantum Field Theory in a Nutshell*. Princeton University Press, 2003.

Zee, A., *Fearful Symmetry: The Search for Beauty in Modern Physics*. Princeton University Press, 2007(first published 1986).

插图来源

1. AIP Emilio Segrè Visual Archives
2. Hebrew University of Jerusalem Albert Einstein Archives, courtesy AIP Emilio Segrè Visual Archives
3. AIP Emilio Segrè Visual Archives, Margrethe Bohr Collection
4. Deutsche Verlag, courtesy AIP Emilio Segrè Visual Archives, Brittle Books Collection
5. Max-Planck Institute, courtesy AIP Emilio Segrè Visual Archives
6. Niels Bohr Institute, courtesy AIP Emilio Segrè Visual Archives
7. Photograph by Benjamin Couprie, Institut International de Physique Solvay, courtesy AIP Emilio Segrè Visual Archives
8. Photograph by Paul Ehrenfest, courtesy AIP Emilio Segrè Visual Archives
9. Harvey of Pasadena, courtesy AIP Emilio Segrè Visual Archives
10. AIP Emilio Segrè Visual Archives
11. AIP Emilio Segrè Visual Archives
12. Harvey of Pasadena, courtesy AIP Emilio Segrè Visual Archives
13. AIP Emilio Segrè Visual Archives, Segrè Collection
14. AIP Emilio Segrè Visual Archives
15. AIP Emilio Segrè Visual Archives, Marshak Collection
16. Courtesy of the University of California, Santa Barbara